PRAKTISCHE
ASTRONOMIE

DK

PRAKTISCHE ASTRONOMIE

DEN STERNENHIMMEL ENTDECKEN

WILL GATER UND **ANTON VAMPLEW**
FACHBERATUNG **JACQUELINE MITTON**

DK Penguin Random House

DK London
Lektorat
Jonathan Metcalf, Liz Wheeler, Angeles Gavira Guerrero,
Peter Frances, Frankie Piscitelli, Miezan van Zyl

Gestaltung und Bildredaktion
Karen Self, Michael Duffy, Mark Lloyd

Umschlaggestaltung
Mark Cavanagh

Herstellung
Anna Vallarino, David Almond

Für DK produziert von
cobaltid
www.cobaltid.co.uk

Lektorat
Marek Walisiewicz, Kati Dye, Louise Abbott, Sarah Tomley, Robin Sampson

Gestaltung und Bildredaktion
Paul Reid, Lloyd Tilbury, Darren Bland, Claire Dale, Rebecca Johns

Neuausgabe
DK London / Delhi
Lektorat
Jonathan Metcalf, Liz Wheeler, Angeles Gavira Guerrero,
Rohan Sinha, Peter Frances, Tina Jindal

Gestaltung und Bildredaktion
Karen Self, Sudakshina Basu, Michael Duffy, Rupanki Arora Kaushik,
Francis Wong, Arshti Narang, Rakesh Kumar, Umesh Singh Rawat

Umschlaggestaltung
Suhita Dharamjit, Sophia MTT

Herstellung
Meskerem Berhane, Sunil Sharma, Kavita Varma

Für die deutsche Ausgabe:
Projektbetreuung Manuela Stern
Herstellungskoordination Franziska Creutzburg
Herstellung Inga Reinke

Titel der englischen Originalausgabe: Stargazing for Beginners

Übersetzung Martin Kliche
Lektorat Dr. Stephan Matthiesen

Neuausgabe
Übersetzung Dr. Stephan Matthiesen
Lektorat Rolf Sauermost

ISBN 978-3-8310-4248-7
5902-318755-21866-04

Druck und Bindung Leo Paper Products, China

MIX
Papier | Fördert gute Waldnutzung
FSC www.fsc.org FSC® C018179

www.dk-verlag.de

Hinweis
Die Informationen und Ratschläge in diesem Buch sind von den Autoren und vom Verlag sorgfältig erwogen und geprüft, dennoch kann eine Garantie nicht übernommen werden. Eine Haftung der Autoren bzw. des Verlags und seiner Beauftragten für Personen-, Sach- und Vermögensschäden ist ausgeschlossen.

Warnhinweis
Blicken Sie niemals durch ein direkt auf die Sonne gerichtetes Teleskop oder Fernglas, ohne sich vorher zu überzeugen, dass geeignete Schutzmaßnahmen getroffen wurden (s. S. 192–193). Ein ungeschützter Blick, selbst durch ein kleines Sucherfernrohr, kann das Auge dauerhaft schädigen. Verlag und Autoren übernehmen keine Haftung für hierdurch entstehende Schäden.

INHALT

EINFÜHRUNG

Menschen blicken seit undenklichen Zeiten zu den funkelnden Sternen auf und versuchen, diese unermessliche, unberührbare Weite unserer natürlichen Umgebung zu verstehen. In der Antike rief diese unbekannte Natur Staunen und Ängste hervor. Finsternisse waren dabei besonders gefürchtet. Warum verschwand die Sonne langsam, verdunkelte sich der Himmel und wurde die Luft kälter? Sogar heute kennen viele Kulturen noch Aberglauben über Finsternisse und Kometen. Auch wenn die moderne Wissenschaft viele Geheimnisse über den Weltraum gelüftet hat, sind die Menschen immer noch fasziniert von ihm. Dabei sind viele Disziplinen an der Erforschung beteiligt, die nicht nur die Chemie und Physik der Sterne und Galaxien erforschen, sondern auch Antworten auf philosophische Fragen über den

Anfang des Universums und mögliches Leben auf anderen Planeten suchen. Und dabei ist uns immer die schlichte Schönheit der Himmelsobjekte des Universums bewusst – viele Aufnahmen von Teleskopen wie Hubble sind atemberaubend.

Wenn man Sterne beobachtet, muss man zunächst herausfinden, was man sehen kann, wann und wie man es findet. Natürlich hält sich der Weltraum nicht immer an einen Stundenplan. Ein Komet kann z. B. unerwartet auftauchen. Aber heutzutage suchen viele Astronomen den Himmel mit ihren Teleskopen ab und benachrichtigen die Welt sofort über das Internet von solchen Ereignissen. Dieses Buch hilft dabei, Teil der astronomischen Gemeinschaft zu werden und selbst wertvolle Beiträge zu leisten. Das Buch erklärt zunächst die verschiedenen Himmelsobjekte wie Planeten, Sterne und Nebel und zeigt dann, wie man sich am Nachthimmel zurechtfindet. Danach folgen praktische Tipps zum Kauf und zur Benutzung von Teleskopen sowie Informationen, wie man seine Beobachtungen mit Skizzen und Astrofotografie aufzeichnet. Anschließend führt das Buch auf, was man sieht: Karten stellen die Sternbilder vor, ein weiteres Kapitel bietet detaillierte Informationen über die Planeten und Sterne unserer Galaxie. Bereits nach den ersten Beobachtungen wird man überrascht sein, wie viele Objekte man am Nachthimmel entdeckt und ihre Natur versteht. Nach kurzer Zeit findet man Planeten, identifiziert Sterne, folgt ihren Bewegungen, erkennt Sternbilder und entdeckt andere durch Starhopping (engl.: von Stern zu Stern hüpfen). Viel Glück bei der Beobachtung

1

DAS UNIVERSUM VERSTEHEN

Das Universum umfasst alles, das existiert – von winzigen Atomen bis zu den größten Galaxien. Durch Beobachtungen ergründen Astronomen den Anfang des Universums und verfolgen seine Entwicklung durch Untersuchung der Sterne, Planeten, Nebel und Galaxien.

DAS UNIVERSUM

Das Universum ist der unermesslich weite Raum, der von den großen Galaxienhaufen bis zu den kleinsten Teilchen alles enthält, das wir kennen. Astronomen sammeln Licht von Galaxien, die Milliarden Lichtjahre entfernt sind, um seine Entwicklung seit seinem Anfang zu verfolgen.

ERFORSCHUNG VON DER ERDE AUS
Mit Teleskopen wie dem südlichen Gemini-Teleskop in Chile können Astronomen in die Tiefe des Universums sehen, um seinen Ursprung zu erforschen.

Der Urknall

Das Universum entstand vermutlich vor 13,8 Milliarden Jahren in einer gewaltigen Explosion, die man den Urknall nennt. Ein überzeugendes Glied der Beweiskette dieses energiereichen Beginns ist die allgegenwärtige Mikrowellenstrahlung, die man kosmische Hintergrundstrahlung oder 3-Kelvin-Strahlung nennt. Während sich das Universum seit dem Urknall ausdehnt, hat es auch die Wellenlänge der Strahlung gestreckt, die es als junges Universum abgegeben hat. Die früher energiereiche, kurzwellige Strahlung erscheint heute als energiearme, langwellige Mikrowellen. Winzige Veränderungen der Materiedichte im jungen Universum wirkten wie Keime, an denen sich Materie zusammenlagerte und die Grundlage für die Entstehung der riesigen Galaxienhaufen bildeten. Die Fingerabdrücke dieser »Keime« kann man noch heute als winzige Abweichungen der kosmischen Hintergrundstrahlung erkennen.

MIKROWELLENHINWEISE
Die kosmische Hintergrundstrahlung erscheint in allen Richtungen am Himmel. Die Aufnahme der WMAP-Raumsonde zeigt mit unübertroffener Klarheit bereits winzige Abweichungen ihres Signals. Die Strahlung wurde von Arno Penzias und Robert Wilson 1964 entdeckt.

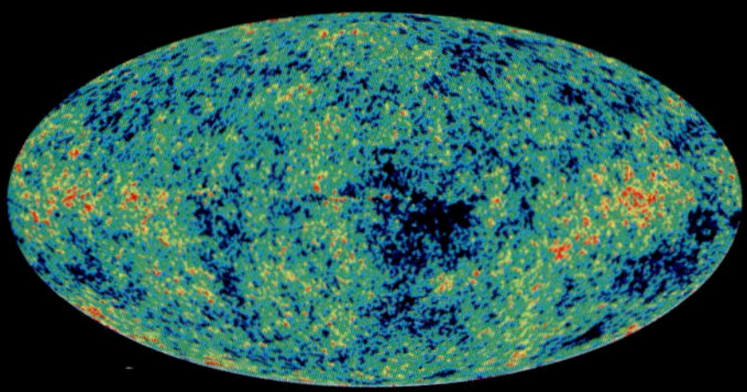

Die ersten Sterne

Die ersten Sterne erschienen vermutlich ungefähr 180 Millionen Jahre nach dem Urknall. Sie waren wahrscheinlich gigantische Objekte – ungefähr 100- bis 1000-mal so groß wie die Sonne – und sie bestanden fast vollständig aus Wasserstoff und Helium. Die Sterne unserer Galaxie und die benachbarter Galaxien unterscheiden sich vollständig von denen der ersten Generation. Über Milliarden Jahre entstanden neue Generationen Sterne und erzeugten neue chemische Elemente, die nach ihrem Untergang das Universum mit schwereren Elementen anreicherten. Kohlenstoff, Sauerstoff, Eisen und Silizium entstanden durch Kernfusionen in den heißen Zentren der Sterne, während sich die schwersten Elemente nach Supernovaexplosionen bildeten. Ohne diese aufeinanderfolgenden Sterngenerationen würden wir nicht existieren, weil die Elemente nicht vorhanden wären, aus denen wir bestehen.

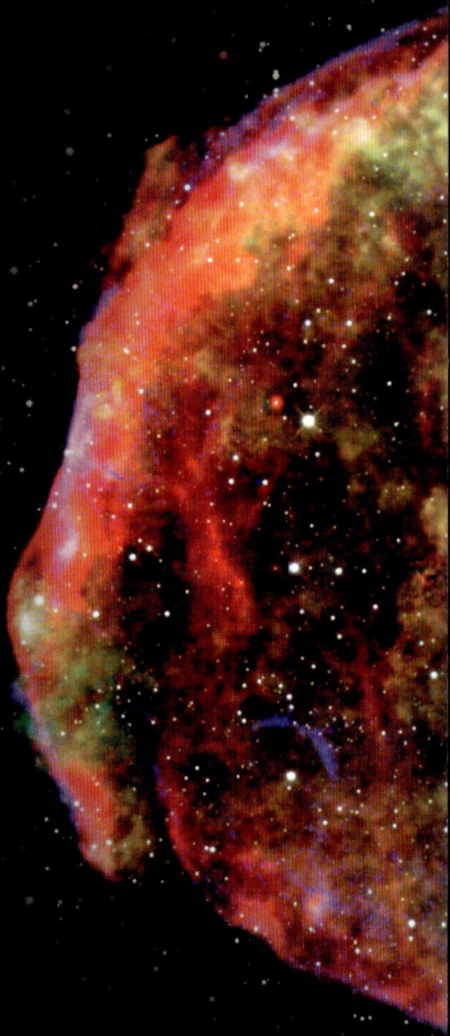

SUPERNOVAÜBERREST
Der Urknall erzeugte Wasserstoff, Helium und Spuren von Lithium, aber alle schwereren Elemente des Universums entstanden in riesigen Sternen – die schwersten bildeten sich, wenn Sterne als Supernovae explodierten.

Im Alter von 500 000 Jahren enthielt das Universum die Keime der Galaxienhaufen entlang filamentartiger Streifen und Leerräume.

Im Alter von 1,3 Milliarden Jahren bildeten sich erste Galaxien in verdichteten Gebieten, die viel Staub und junge Sterne enthielten.

Im Alter von 13,8 Milliarden Jahren (dem derzeitigen Alter) ist das Universum aus Supergalaxienhaufen aufgebaut.

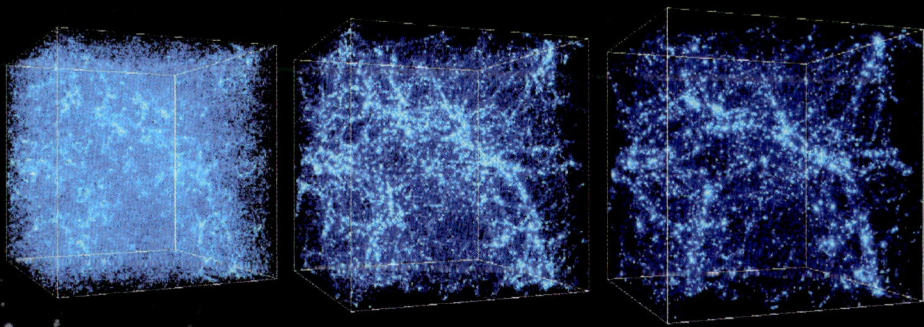

WACHSENDES UNIVERSUM
Astronomen haben mit komplizierten Computersimulationen die Entstehung der Galaxien und Galaxienhaufen des Universums nachgestellt. Diese Bilder zeigen das Ergebnis dieser Simulation vom Beginn des Universums kurz nach dem Urknall bis 13,8 Milliarden Jahre später (also bis in unsere heutige Zeit). Dabei bestätigte sich ihre Annahme, dass das moderne Universum riesige netzwerkartige Stränge aus Galaxienhaufen und auch große, offenbar leere Gebiete enthält. Die Simulationen bestätigten auch die Auswirkungen einer geheimnisvollen Substanz auf die Entstehung der Galaxien, die man Dunkle Energie nennt.

Die ersten Galaxien

Galaxien sind gewaltige Ansammlungen aus Sternen. Die ersten Galaxien entstanden wahrscheinlich ungefähr 400 Millionen Jahre nach dem Urknall. Diese frühen Gruppen ähnelten jedoch nicht modernen Galaxien wie unserer Milchstraße. Beobachtungen mit Teleskopen auf einer Erdumlaufbahn wie dem Hubble-Weltraumteleskop zeigten, dass die frühsten Galaxien klein und irregulär geformt waren. Untersuchungen lassen vermuten, dass in diesen frühen Galaxien viele neue Sterne entstanden und dass sie die Bausteine der modernen Galaxien sind. Mit der Zeit stießen diese kleineren Galaxien zusammen und verschmolzen zu größeren. Ihr Aufbau glich den Galaxien in unserer Nachbarschaft, die man heute auch bereits mit Amateurteleskopen beobachten kann.

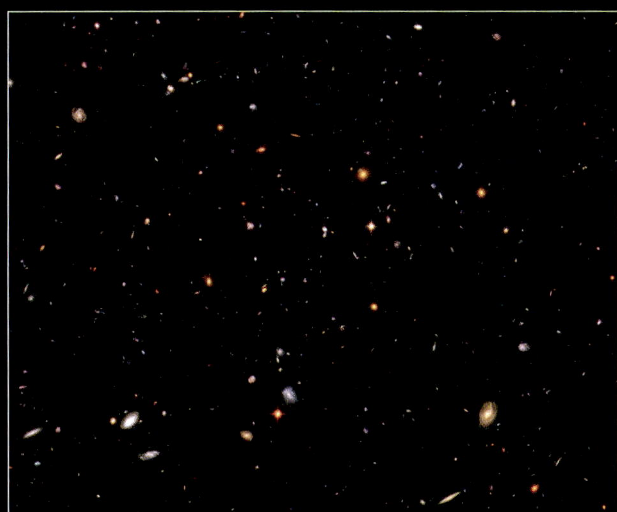

IN DIE VERGANGENHEIT SEHEN
Die Ultra Deep Field-Aufnahme des Hubble-Weltraumteleskops entstand mit einer Belichtungszeit von einer Million Sekunden und zeigt einige der frühsten und entferntesten Galaxien. Diese liegen als kleine rote Punkte hinter den viel helleren Galaxien und zählen zu ersten Galaxien, die nach dem Urknall entstanden sind.

MIT BLOSSEM AUGE

Mit bloßem Auge sieht man viele verschiedene Himmelsobjekte wie Objekte des Sonnensystems, Sterne unserer Galaxie und sogar Nachbargalaxien.

Was erkennen unsere Augen?

In klaren Nächten erscheint der Himmel als Kuppel mit funkelnden Sternen, die sich von Horizont zu Horizont erstreckt. Abseits der Lichter der Städte bietet sich ein tieferer Blick dieses majestätischen Nachthimmels mit den unzähligen Sternen unserer Galaxie, der Milchstraße, die sich als milchiges Band über den Himmel spannt. Der Himmel bietet auch kurzlebige Ereignisse wie Sternschnuppen oder den gelegentlich auftretenden Glanz des Polarlichts. Manchmal sieht man die Planeten, unsere Begleiter im All, wie sie langsam am Firmament entlang wandern, während sie um die Sonne kreisen. Der Mond ist dagegen immer anwesend. Sein helles Licht überstrahlt häufig dunkle Sterne. Er ist selbst ein faszinierendes Objekt, das mit dunklen »Meeren« wie auch mit Kratern und Gebirgen überzogen ist.

DAS SPEKTAKEL BEGINNT
Den Nachthimmel kann man kaum besser als mit bloßem Auge genießen. Er bietet so viel Interessantes, das man ohne Hilfsmittel sieht.

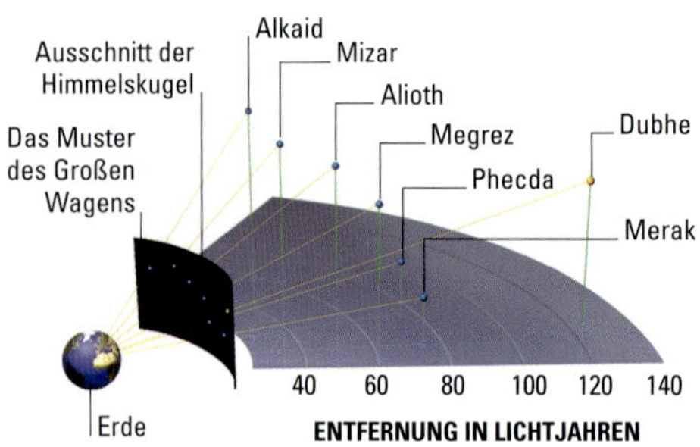

EFFEKT DER PERSPEKTIVE
Sternbilder entstehen perspektivisch von unserem Standort. Auf der Erde sieht man den Großen Wagen. Von anderen Orten der Galaxie gesehen bilden diese Sterne andere Muster.

DER TIERKREIS
Der Tierkreis ist das Band der Sternbilder um die Ekliptik, der scheinbaren Bahn der Sonne.

Die Sternbilder

Über viele Jahre haben Menschen Geschichten erfunden, um die Muster der Sterne zu erklären. Diese Muster stellen Personen oder Objekte aus antiken und relativ modernen Mythologien dar. Der Nachthimmel ist heute durch die Internationale Astronomische Vereinigung in 88 Gebiete unterteilt, die Sternbilder. Die Sterne eines Sternbildes sind nicht unbedingt eng benachbart – diese Gruppierungen stellen nur eine angenehme Art dar, einen bestimmten Abschnitt des Himmels eindeutig zu identifizieren.

Unsere galaktischen Nachbarn

Die meisten Objekte, die man mit bloßem Auge am Nachthimmel sieht, sind Sterne unserer eigenen Galaxie – der Milchstraße –, aber in dieser Ecke des Universums sind wir nicht allein. Die Milchstraße und über 30 Nachbargalaxien bilden einen Galaxienhaufen, den man Lokale Gruppe nennt. Zu dieser Gruppe gehören mehrere Galaxien, die man in dunklen Nächten bereits mit bloßem Auge sieht. Sie erscheinen als kleine, dunstige Flecken zwischen den Hintergrundsternen. Zwei der bekanntesten Objekte für das bloße Auge in der südlichen Hemisphäre sind zwei Galaxien der Lokalen Gruppe: die Kleine Magellansche Wolke und die Große Magellansche Wolke.

ANDROMEDANEBEL
Der Andromedanebel ist die größte Galaxie der Lokalen Gruppe. Er liegt etwa 2,5 Millionen Lichtjahre von der Erde entfernt.

LICHTJAHRE ENTFERNT

Sobald man eine Lampe einschaltet, sieht man ihr Licht sofort, weil die Lichtgeschwindigkeit (300 000 km pro Sekunde) im Vergleich zur Entfernung zu den Augen unermesslich groß ist. Dagegen sind die Entfernungen im All so riesig, dass Licht entfernter Objekte viel mehr Zeit benötigt. Astronomen berechnen Entfernungen in Lichtjahren. Dabei entspricht ein Lichtjahr der Strecke, die Licht in einem Jahr zurücklegt. Deshalb ist das Licht entfernter Objekte wie Sterne bereits vor vielen Jahren abgegeben worden. Wir sehen ein Objekt nicht, wie es heute aussieht, sondern, wie es in der Vergangenheit aussah.

Unsere **Heimatgalaxie** – die **Milchstraße** – ist nur eine von vielen **Milliarden** Galaxien des Universums.

Die Galaxie, in der wir leben

Unsere Galaxie, die Milchstraße, ist eine riesige Ansammlung aus 200 bis 400 Milliarden Sternen. Alle Sterne, die wir mit bloßem Auge sehen, gehören zur Milchstraße. Die Spiralgalaxie (siehe S. 26) besitzt einen Durchmesser von etwa 180 000 Lichtjahren und ist etwa 2000 Lichtjahre dick. Nach jüngsten Erkenntnissen besitzt die Milchstraße zwei Hauptspiralarme. Sie bestehen aus hellen jungen Sternen und in einer dieser beiden Spiralarme befindet sich die Sonne. Durch die Spiralarme ziehen sich Staubwolken, die man am Nachthimmel leicht als dunkle Fahnen erkennt, die sich durch die helleren Gebiete der Galaxie ziehen. Das Zentrum der Galaxie besteht aus einem Bauch aus älteren Sternen. Diesen Bauch sieht man, wenn man in Richtung der Sternbilder Skorpion (Scorpius) und Schütze (Sagittarius) blickt. Die Scheibe der Galaxie und ihre Spiralarme strahlen von beiden Seiten dieses Gebietes ab.

DIE MILCHSTRASSE
Unsere Galaxie kann man als verschwommenes Band am Nachthimmel erkennen. Könnte man von oben auf unsere Galaxie blicken, würde man ihre Spiralarme sehen (unten).

DIE PLANETEN

Lange vor der Erfindung der Teleskope bemerkten Astronomen, dass sich mehrere helle Lichter im Lauf von vielen Tagen vor den Sternen im Hintergrund bewegten. Die alten Griechen nannten diese wandernden Objekte »Planeten« (griechisch »Wandelsterne«).

Das Sonnensystem

Das Sonnensystem ist das Gebiet des Weltalls, in dem sich die Sonne und alle durch ihre Schwerkraft beeinflussten Himmelsobjekte befinden. Es besteht aus acht Planeten, mehreren Zwergplaneten und Milliarden Kleinkörpern wie Kometen und Planetoiden. Sie kreisen um die Sonne, ein gelber Stern im Zentrum des Sonnensystems, der seit 4,57 Milliarden Jahren scheint. Viele Planeten besitzen eigene Monde, von denen jeder eine faszinierende Welt ist. Hinter den Planeten liegt der kalte, äußere Bereich des Sonnensystems. Hier befindet sich der Edgeworth-Kuipergürtel aus kleinen, eisigen Körpern. Der Gürtel geht in eine riesige Wolke aus Kometen über, die man Oortsche Wolke nennt. Sie umhüllt das gesamte Sonnensystem.

JUPITER WANDERT IN DAS STERNBILD JUNGFRAU
Die Sonne kreist scheinbar auf einer Bahn, die man Ekliptik nennt. Weil alle Planeten in einer Ebene nahe des Sonnenäquators kreisen, bewegen sie sich auch entlang der Ekliptik. Die Sternbilder, durch die sie wandern, nennt man die Tierkreissternbilder.

Planeten, Zwergplaneten und Planetoiden

Die Himmelskörper, die um die Sonne kreisen, werden in drei Klassen eingeteilt: Planeten, Zwergplaneten und kleine Körper des Sonnensystems. Ein Planet umkreist nur die Sonne und seine Masse ist so groß, dass er durch seine eigene Schwerkraft eine kugelförmige Gestalt angenommen und seine Bahn von anderen Kleinkörpern freigeräumt hat. Ein Zwergplanet kreist ebenfalls um die Sonne und ist nahezu kugelförmig, er ist aber nicht groß genug, um seine Bahn freizuräumen. Dagegen besitzen Kleinkörper wie die meisten Planetoiden und Kometen eine zu geringe Schwerkraft, um kugelförmige Gestalt anzunehmen.

Die Sonne stellt **99,8 Prozent** der Masse des Sonnensystems dar.

UM DIE SONNE KREISEN
Im Sonnensystem gibt es eine unglaubliche Vielfalt an Welten von den riesigen gasförmigen Leviathanen mit ihren großen Mondfamilien und Ringsystemen bis zu kleinen Gesteinswelten, wie unsere Erde.

ENTSTEHUNG DER PLANETEN

Die uns heute bekannten Planeten wie die Erde entstanden vor ungefähr 4,56 Milliarden Jahren. Die Sonne und alle Planeten des Sonnensystems gingen aus einer großen Wolke aus Gas und Staub hervor, die man den Sonnennebel nennt. Als sich die Sonne aus dem Nebel bildete, war sie von einer gewaltigen Scheibe umgeben, der protoplanetarischen Scheibe. Das Material dieser Scheibe verklumpte zu kleinen Körpern, den sogenannten Planetesimalen. In Sonnennähe entstanden die erdähnlichen, inneren Planeten – Merkur, Venus, Erde und Mars –, die vorwiegend aus Gestein und Metallen aufgebaut sind. Weiter außerhalb in den kühleren Regionen des jungen Sonnensystems bildeten eisige Planetesimale Planetenkerne. Diese fingen Gase aus der Scheibe ein, sodass die Gasriesen entstanden: Jupiter, Saturn, Uranus und Neptun. Ähnliche Prozesse wurden inzwischen auch um andere Sterne beobachtet, um die wohl neue planetarische Systeme entstehen.

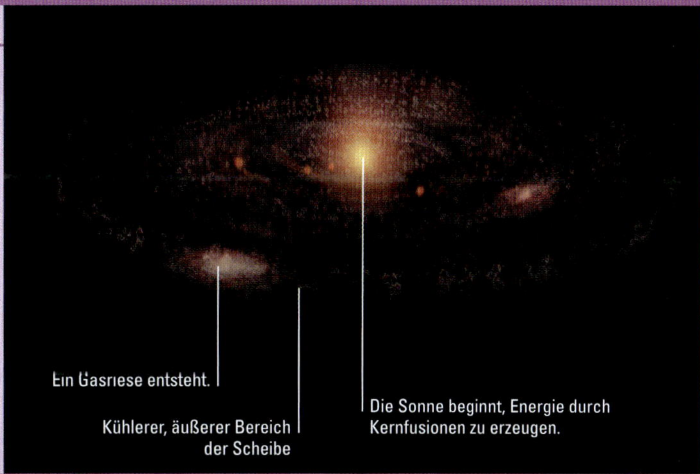

WAS IST EIN STERN?

Der Nachthimmel ist mit zahllosen funkelnden Lichtern übersät. Jedes Licht ist ein Stern – einer von vielen Milliarden, die zur Milchstraße gehören. Die Erforschung der Sterne zeigt, wie Planeten und sogar Menschen entstanden sind.

EIN HIMMEL VOLLER HAUPTREIHENSTERNE
In jedem Bereich des Nachthimmels befinden sich etwa 90 Prozent der Sterne, die wir sehen, in dem mittleren Abschnitt ihres Lebens. Sterne mit ähnlicher Masse wie die Sonne verbringen ungefähr zehn Milliarden Jahre im Stadium der Hauptreihe, während kleinere weitaus länger leben.

LEBENSLAUF EINES STERNS
Sterne durchlaufen mehrere Stadien in ihrem Leben. Die Reihenfolge und Länge jedes Stadiums hängen von der Masse eines Sterns ab.

PROTOSTERN
Sterne entstehen in kalten Wolken interstellarer Materie, die unter ihrer Schwerkraft kollabiert.

KOLLABIERENDER PROTOSTERN
Während Temperatur und Druck im Zentrum der kollabierenden Wolke ansteigen, flacht das Material nahe des Zentrums scheibenförmig ab. Kernreaktionen setzen ein.

Kleine Protosterne ohne Kernfusion werden zu »misslungenen Sternen«, die man Braune Zwerge nennt.

ERFOLGREICHER STERN
Wenn Kernreaktionen einsetzen, sind junge Sterne noch instabil. Sie drehen sich schnell, haben starke Winde und stoßen Material von ihren Polen ab.

STABILER STERN
Bei Sternen mit einer Masse von mehr als 0,08 Sonnenmassen beginnen Kernreaktionen, sodass der Protostern zum Stern wird. In der abgekühlten Scheibe entstehen Planeten. Der Stern befindet sich im mittleren Stadium seines Lebens.

Das Licht der Nacht

Ein Stern ist eine gewaltige Kugel aus Gas, die vorwiegend aus Wasserstoff besteht. Diese Kugeln sind so groß und massiv, dass Temperatur und Druck in ihren Zentren hoch genug sind, um Wasserstoffkerne zu verschmelzen. Diesen Vorgang nennt man Kernfusion. Dadurch erzeugen sie ungeheure Mengen Energie wie das Licht, das wir als funkelnden Stern am Himmel sehen. Durch die Kernfusion wird Wasserstoff in Helium umgewandelt und bei weiteren Reaktionen entstehen nach und nach schwerere Elemente – die Sterne erzeugen alle Elemente des Universums, die schwerer als Helium sind, wie Sauerstoff, Stickstoff und Eisen.

FUNKELNDE LICHTER
Wenn das Licht eines Sterns durch die Erdatmosphäre läuft, trifft es auf unstete Luftbewegungen. Sie brechen und stören ständig das Licht, sodass der Stern für Beobachter auf der Erde scheinbar funkelt.

Ein Stern wird geboren

Sterne entstehen in großen Wolken aus Gas und Staub, die man Nebel nennt. Je kälter diese Wolken sind, umso wahrscheinlicher reagieren sie auf Störungen der Schwerkraft wie die Druckwellen einer Supernova. Dadurch bilden sich dichtere Stellen aus Gasen, die kollabieren und noch dichter werden, bis ein Protostern entsteht. Schließlich steigen Temperatur und Druck im Zentrum so weit an, dass Kernfusionen einsetzen. Die Kernreaktionen erzeugen Energie, sodass der Stern leuchtet und sein Entstehungsnebel verdampft. In diesem Stadium, in dem sich der Stern auf der Hauptreihe befindet, verbringt er den größten Teil seines Lebens.

Unsere **Sonne** ist ein Zwergstern in ungefähr 150 Millionen km Entfernung, der sich jetzt im Hauptreihenstadium seines Lebens befindet.

Untergang eines Sterns

Obwohl unsere Sonne gemessen an den Planeten des Sonnensystems gewaltig groß ist, ist sie kein besonders großer Stern. Andere Sterne unserer Galaxie besitzen die 100-fache Masse. Die Masse eines Sterns bestimmt seinen Lebenslauf und was mit ihm an seinem Lebensende geschieht. Massive Sterne wandeln Wasserstoff sehr viel schneller um, sodass ihre Leben kürzer sind – etwa mehrere Millionen Jahre – und sie sterben rasch. Sterne mit niedrigerer Masse verbrauchen ihren Wasserstoffvorrat viel langsamer und leben mehrere Milliarden Jahre wie die Sonne, die etwa zehn Milliarden Jahre existieren wird. Wenn Sterne mit ähnlicher Masse wie die Sonne sterben, dehnen sie sich zu Roten Riesen aus. Später kollabieren sie und werden zu Weißen Zwergen im Zentrum eines planetarischen Nebels. Sterne mit niedrigerer Masse schrumpfen und erblassen zu dunklen Zwergsternen. Sehr massereiche Sterne explodieren als Supernovae. Anschließend werden einige zu Neutronensternen und andere zu massiven Schwarzen Löchern.

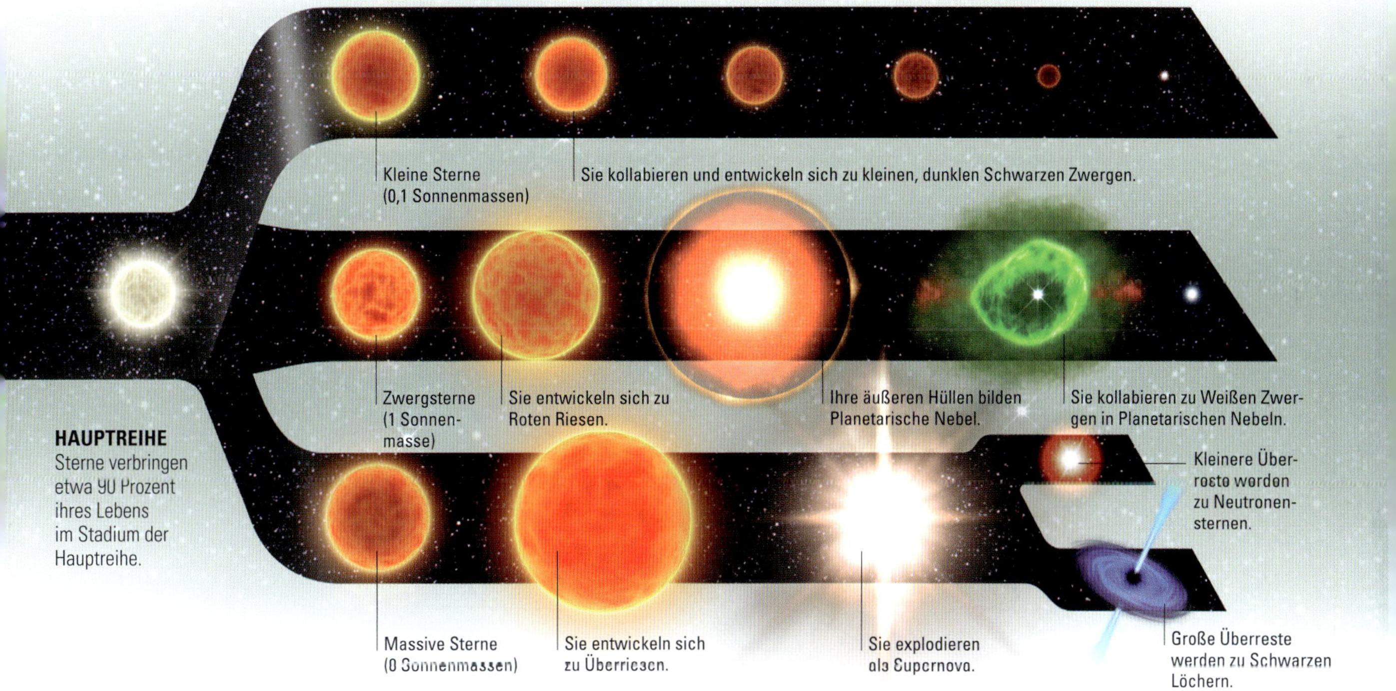

Entwicklung eines Überriesen

ÜBERRIESEN
Überriesen sind sehr massive Sterne, die ihren Brennstoffvorrat verbraucht haben und auf enorme Größe angeschwollen sind. Die Durchmesser der größten Überriesen sind etwa 1000-mal größer als der der Sonne. Am Nachthimmel leuchten diese Überriesen bläulich und rötlich. Der helle Stern Antares (oben) ist ein roter Überriese im Sternbild Skorpion (Scorpius).

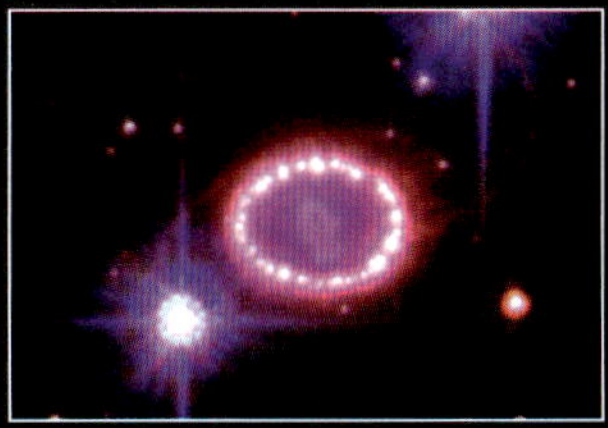

SUPERNOVAE
Die Fusionsreaktionen erlöschen schließlich im Überriesen und der Druck innerhalb des Sterns reicht nicht mehr aus, die Schwerkraft auszugleichen. Der Stern kollabiert – der Eisenkern wird zu einem extrem dichten Kern aus Neutronen. Die äußeren Hüllen implodieren und werden mit hoher Geschwindigkeit abgestoßen. Sie explodieren und setzen dabei riesige Energien frei.

NEUTRONENSTERNE
Wenn der Kern des Sterns kleiner als drei Sonnenmassen ist, wird er zu einem Neutronenstern. Diese sehr dichten Sterne bestehen fast ausschließlich aus Neutronen. Sie drehen sich extrem schnell und besitzen starke Magnetfelder. Einige emittieren zwei Strahlen aus Radiowellen von ihren magnetischen Polen, die wie Suchlichter durch das All kreisen – man nennt sie Pulsare.

SCHWARZE LÖCHER
Wenn der Kern des Sterns nach der Explosion größer als drei Sonnenmassen ist, kollabiert der Kern weiter und wird zu einem Schwarzen Loch. Dieses Gebiet im Weltall besitzt eine so starke Schwerkraft, dass es alles anzieht – sogar Licht. Deshalb kann man Schwarze Löcher nicht direkt beobachten, sondern nur ihre Auswirkungen auf ihre Umgebung.

VIELFÄLTIGE STERNE

Farbe, Helligkeit und Größe der Sterne geben Astronomen Aufschluss über ihre Entwicklung und über die Eigenschaften des Universums.

Farbe und Helligkeit

Die Sterne am Nachthimmel leuchten in verschiedenen Farben und mit unterschiedlicher Helligkeit. Die Farbe eines Sterns hängt von seiner Oberflächentemperatur ab. Einige Sterne leuchten rötlich (die kälteren), während andere hell bläulich oder weißlich (die heißesten) scheinen. Die auf der Erde beobachtete Helligkeit eines Sterns hängt von seiner tatsächlichen Helligkeit wie auch von dem Abstand zur Erde ab. Einige sehr helle Sterne erscheinen lichtschwach, weil sie weit entfernt sind. Umgekehrt kann ein Stern mit kleiner Leuchtkraft in Erdnähe relativ hell scheinen. Um Sterne miteinander zu vergleichen, nutzen Astronomen die absolute Helligkeit. Sie entspricht der Helligkeit, die ein Stern in einer bestimmten Entfernung zur Erde besitzt (normalerweise 32,6 Lichtjahre). Die scheinbare Helligkeit beschreibt dagegen, wie hell ein Stern am Himmel erscheint. Für Amateurastronomen ist deshalb die unterschiedliche scheinbare Helligkeit interessanter als die absolute.

DIE FARBEN DES NACHTHIMMELS
Sterne leuchten mit verschiedenen Farben. Massive weiße, heiße Sterne haben ein kurzes Leben, sodass wir immer junge Sterne sehen. Nur kältere Sterne leben länger, sodass alle alten Sterne rot leuchten – obwohl auch junge rot leuchten können.

Das Hertzsprung-Russell-Diagramm

Das Hertzsprung-Russell-Diagramm (HRD) stellt die Beziehung zwischen verschiedenen physikalischen Eigenschaften der Sterne dar. Jeder Stern wird mit seiner Oberflächentemperatur und Leuchtkraft (die Gesamtmenge der abgegebenen Energie) eingetragen. Auf der Temperaturskala befindet sich die »0« auf der rechten (statt linken) Seite der Horizontalachse – Sterne mit höherer Temperatur stehen weiter links im Diagramm. Sterne oben links sind heiß und hell, während solche unten rechts kalt und »dunkel« sind.

GRÖSSE UND HELLIGKEIT
Sterne, die relativ lichtschwach sind (wie Sirius, der hellste Stern am Nachthimmel), können heller als leuchtstärkere erscheinen, weil sie sehr viel näher zur Erde liegen.

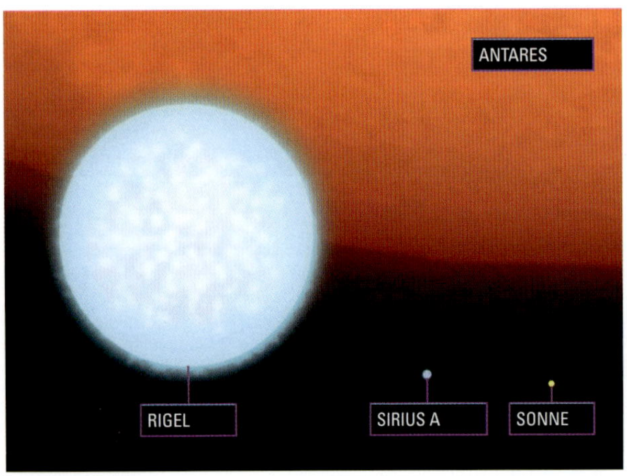

DAS HERTZSPRUNG-RUSSELL-DIAGRAMM

Als das H-R-Diagramm ursprünglich entwickelt wurde, stellten Astronomen fest, dass alle Sterne zu verschiedenen Gruppen zählen, die wie bei Roten Riesen ihre unterschiedlichen Lebensstadien präsentieren. Die Sonne liegt auf dem diagonalen Streifen, den man Hauptreihe nennt (siehe S. 16–17).

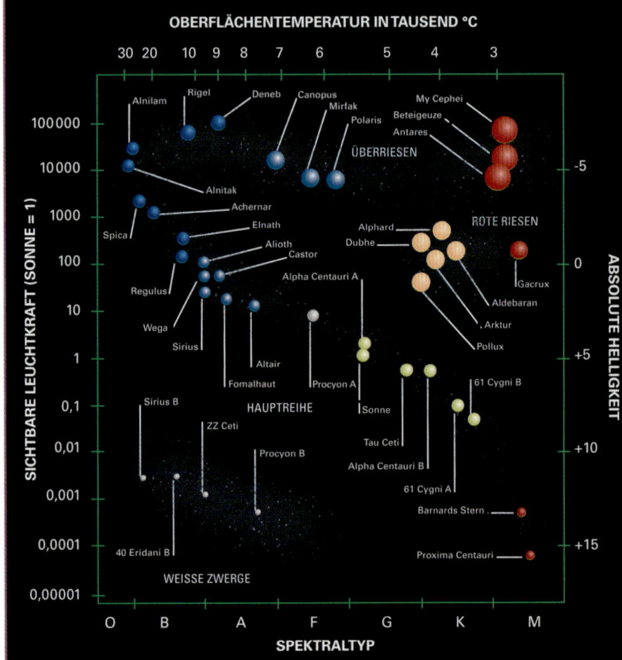

MEHRFACHSTERNE
Albireo (Beta Cygni) kann man leicht unter den Sternen der Milchstraße im Kopf des Sternbildes Schwan (Cygnus) beobachten. Sogar kleine Teleskope zeigen die beiden Hauptsterne dieses Mehrfachsystems, die bläulich und gelb leuchten.

Doppelsterne und Mehrfachsysteme

Wahrscheinlich besitzen die meisten Sterne des Universums einen benachbarten Begleiter. Ein Sternpaar, das gegenseitig umeinander und um einen gemeinsamen Schwerpunkt (den man Baryzentrum nennt) kreist, nennt man ein Doppelsternsystem. Ein Stern kann aber auch mehr als nur einen Begleiter besitzen. Viele sehr schöne Mehrfachsysteme am Nachthimmel wie das prächtige blau-gelbe Albireo-System (links) und Epsilon Lyrae (das »Doppel-Doppel«-Sternsystem aus vier Sternen) im Sternbild Leier (Lyra) kann man bereits mit kleinen Teleskopen beobachten. Optische Doppelsterne sind dagegen Sterne, die nur scheinbar nebeneinander am Himmel stehen (aus unserer Perspektive), die aber nicht durch Schwerkraft aneinander gebunden sind. Ein klassisches Beispiel eines optischen Doppelsterns ist das Paar Alpha und Beta Centauri im Sternbild Zentaur (Centaurus). Sie liegen tatsächlich 4,3 und 500 Lichtjahre von der Erde entfernt.

Veränderliche Sterne

Einige Sterne am Nachthimmel leuchten nicht immer gleichmäßig. Diese Helligkeitswechsel sind manchmal schwer zu erkennen, weil sich die scheinbare Helligkeit dieser veränderlichen Sterne über Tage, Monate oder sogar Jahre ändert. Diese Helligkeitsänderungen erfolgen aus unterschiedlichen Gründen, von Änderungen im Stern selbst bis zur Bedeckung durch einen dunkleren Begleitstern, wenn sich dieser vor ihm befindet.

Amateur- und Berufsastronomen untersuchen veränderliche Sterne (kurz: Veränderliche) aus mehreren Gründen, aber insbesondere deshalb, weil sie Hinweise auf die verschiedenen Stadien in ihrer Entwicklung liefern. Die Forschung über Veränderliche zählt zu den Gebieten der Astronomie, in denen Amateure, die Veränderliche regelmäßig beobachten, die Wissenschaftler unterstützen können. Sie zeichnen die Helligkeiten eines Veränderlichen über einen längeren Zeitraum auf und tragen diese Daten als Lichtkurve in ein Diagramm ein (rechts). Eine Lichtkurve umfasst sämtliche Helligkeiten von der dunkelsten bis zur hellsten und zurück zur dunkelsten Phase. Sie zeigt, wie sich die Helligkeit des Sterns mit der Zeit verändert, und dient zur Bestimmung der Natur der Veränderlichkeit. Den Zeitraum zwischen zwei Bergen oder Tälern auf einer Lichtkurve nennt man die Periode eines Veränderlichen.

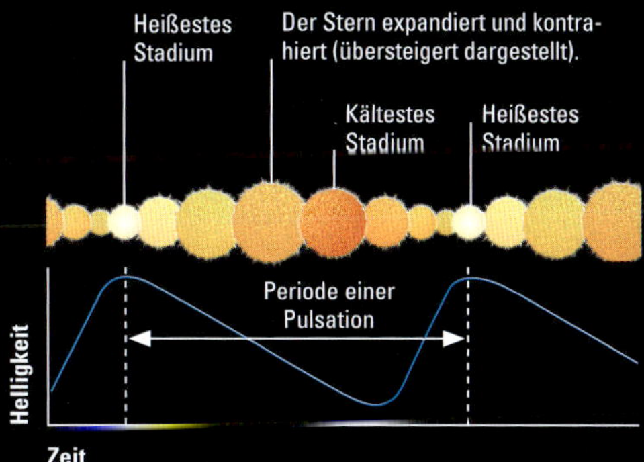

LICHTKURVE EINES PULSATIONSVERÄNDERLICHEN

PULSATIONS-VERÄNDERLICHE
Diese Sterne schwellen an und kontrahieren, sodass ihre Temperatur steigt und fällt. Bei Kontraktion wird der Stern heller, während er beim Anschwellen dunkler wird. Zu den zwei Arten der Pulsationsveränderlichen zählen die Cepheiden mit regelmäßigem, vorhersagbarem Lichtwechsel (links) und die Mira-Veränderlichen, deren Pulsationsperioden sich ändern.

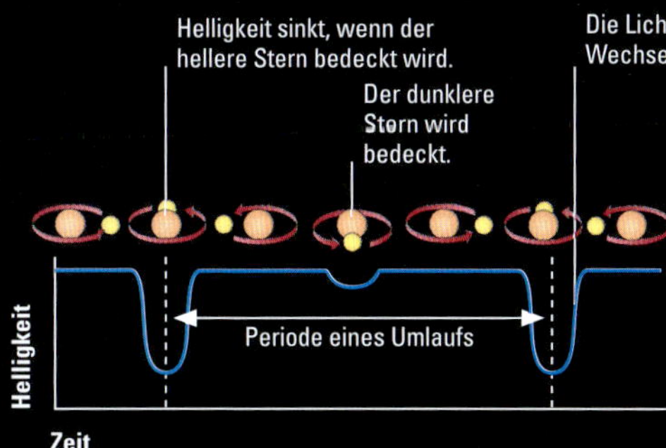

LICHTKURVE EINES BEDECKUNGSVERÄNDERLICHEN

BEDECKUNGS-VERÄNDERLICHE
Bedeckungsveränderliche sind Doppelsterne, bei denen sich ein Stern regelmäßig vor den anderen schiebt und ihn bedeckt. Dadurch ist ein Stern ganz oder teilweise nicht mehr sichtbar, sodass die gesamte Helligkeit des Doppelsterns messbar abnimmt.

KATAKLYSMISCHE VERÄNDERLICHE
Kataklysmische Veränderliche sind Doppelsterne aus einem Weißen Zwerg und einem kühleren Hauptreihenstern. Dabei zieht der Weiße Zwerg Material von seinem Begleiter ab und löst dadurch eine große thermonukleare Explosion aus, sodass seine Helligkeit sprunghaft ansteigt und er eine Nova wird – ein neu sichtbarer Stern. Diese Aufnahme zeigt die Nova Cygni 1992, deren Explosion man sogar mit bloßem Auge verfolgen konnte.

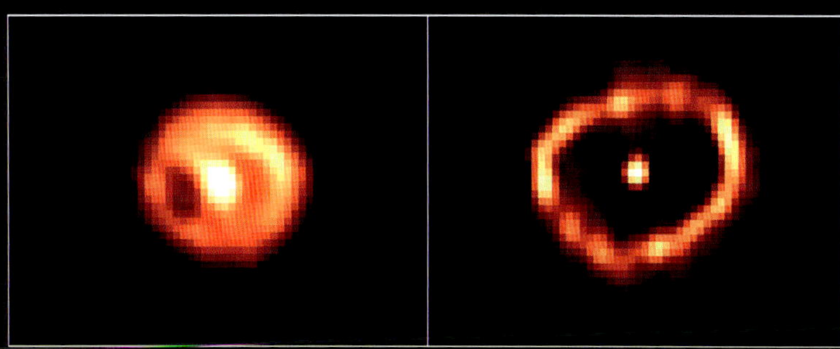

NEBEL

Wenn man den Nachthimmel mit einem Teleskop – oder auch Ferngläsern – absucht, trifft man schnell auf einen glühenden Nebel oder einen Haufen funkelnder Sterne. Sie zählen zu den schönsten Himmelsobjekten, die man sieht.

Was sind Nebel?

Der größte Teil unserer Galaxie besteht aus äußerst dünnen Gasen wie Wasserstoff und Helium sowie Staub. Diese Mischung füllt den Raum zwischen den Sternen und wird deshalb auch interstellares Medium genannt. Dichtere Gebiete aus Gas und Staub im Weltall nennt man Nebel. Viele davon kann man an unserem Nachthimmel beobachten.

Nebel besitzen verschiedene Formen und Größen und stammen aus unterschiedlichen Quellen. Die großen Nebel können sich über mehrere Lichtjahre erstrecken wie der große Lagunennebel im Sternbild Schütze (Sagittarius), der einen Durchmesser von ungefähr 100 Lichtjahren hat. In einigen Nebeln entstehen neue Sterne, während andere wiederum die Überreste untergegangener Sterne sind. Nebel sind Zeugen der Lebensläufe der Sterne und sehr interessante Himmelsobjekte für Amateurastronomen und Wissenschaftler.

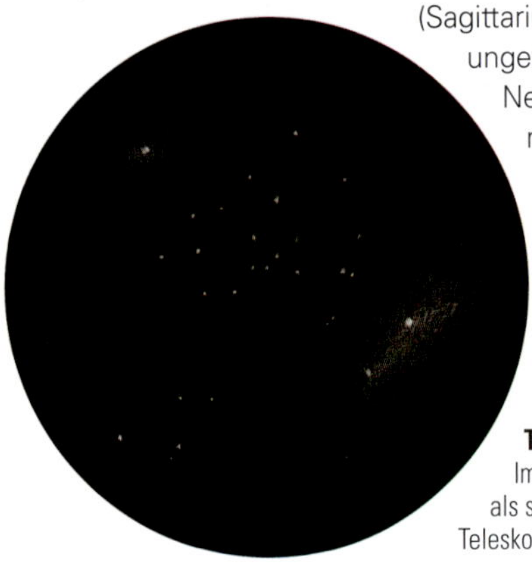

TELESKOPANSICHT
Im Teleskop erscheint ein heller Emissionsnebel als schwach glühender Himmelsabschnitt, wie diese Teleskopaufnahme des Lagunennebels zeigt.

Stellare Kinderstube

Einige Nebel des Nachthimmels sind Gebiete in den Spiralarmen unserer Galaxie, aus denen neue Sterne hervorgehen. Diese Sternentstehungsgebiete sind Wolken aus Gas (vorwiegend Wasserstoff), die zum Teil in einer bestimmten, rubinrötlichen Farbe glühen. Nach Störungen zerfallen sie manchmal in kleinere Wolken, in denen neue Sterne entstehen (siehe S. 16–17). Viele Sternentstehungsgebiete wie der Orionnebel (M42) und der Lagunennebel (M8) sind lohnenswerte Anblicke im Teleskop. In diesen stellaren Kinderstuben befinden sich häufig Haufen aus hellen, heißen jungen Sternen in den Gaswolken (in denen sie entstanden sind), sodass sich ihre Beobachtung im doppelten Sinn lohnt.

DER ADLERNEBEL
Der Adlernebel (eingesetztes Bild) zählt zu den aufregendsten Gebieten der Sternentstehung und wird seit Jahrhunderten untersucht. Eine berühmte Aufnahme des Hubble-Weltraumteleskops wurde »Säulen der Schöpfung« genannt. Dieses unglaubliche Bild zeigt turmartige Wolken aus Gas und Staub im Herzen des Nebels, in denen neue Generationen von Sternen entstehen.

Nebelarten

EMISSIONSNEBEL
Emissionsnebel sind Gaswolken, die eine benachbarte Strahlungsquelle zum Leuchten anregt – normalerweise ist diese Quelle ein Stern oder ein Sternhaufen. Sehr häufig sind Emissionsnebel auch gleichzeitig Sternentstehungsgebiete wie der riesige Lagunennebel (M8, oben). In ihm befinden sich Sternhaufen aus jungen Sternen, die aus dem Nebel hervorgegangen sind. Die starke Strahlung der heißen, jungen Sterne bringt die Gaswolke zum Glühen. Dadurch emittiert das Gas Licht, das man von der Erde mit Teleskopen sehen kann. Viele Emissionsnebel kann man in klaren, dunklen Nächten mit guten Ferngläsern oder einem kleinen Teleskop sehr gut beobachten.

DUNKELNEBEL
Vor dem Hintergrund eines hellen Nebels oder eines reichhaltigen Sternfelds hebt sich manchmal ein Dunkelnebel wie eine Silhouette ab. Dunkelnebel sind Wolken aus Gas und Staub, die das Licht der Sterne oder hellen Nebel hinter ihnen blockieren. Der Pferdekopfnebel im Sternbild Orion (oben) zählt zu den bekanntesten Dunkelnebeln. Er besitzt ungefähr die 300-fache Masse der Sonne. In der dunklen Wolke, aus der er herausragt, entstehen neue Sterne. Der Kohlensacknebel im Sternbild Kreuz des Südens (Crux) am südlichen Himmel ist ein weiteres bekanntes Beispiel. Er blockiert das Licht eines dichten Sternfelds hinter ihm und ist mit Ferngläsern gut zu beobachten.

REFLEXIONSNEBEL
Die meisten Nebel enthalten auch winzige Staubteilchen, die das Licht eines benachbarten Sterns reflektieren. Die Dichte des Staubs um junge Sterne ist ausreichend, um eine optische Wirkung zu erzielen. Nebel, die aufgrund des reflektierten Lichts scheinbar leuchten, nennt man deshalb Reflexionsnebel. Weil die Staubteilchen das kurzwellige blaue Licht besser streuen, erscheinen diese Nebel normalerweise mit blassblauer Farbe. Die strähnenartigen Streifen um den hellen Stern Merope im Sternhaufen der Plejaden (oben) zeigen die charakteristische blaue Farbe. Während man Merope auch mit kleinen Teleskopen leicht auffindet, ist der Nebel um den Stern sehr viel schwerer zu beobachten.

PLANETARISCHER NEBEL
Planetarische Nebel sind die abgestoßenen Hüllen von Zwergsternen, die als Rote Riesen untergehen. William Herschel prägte 1785 den Begriff Planetarische Nebel, weil sie ihn an Planeten erinnerten. Während ein Roter Riese untergeht, stößt er seine äußere Atmosphäre ab, sodass ein sehr heißer Kern übrig bleibt – diese dichte Kugel nennt man einen Weißen Zwerg. Planetarische Nebel werden durch Magnetfelder und auch durch den Einfluss anderer Sterne verzerrt. Ihre unglaublichen Formen – wie der Hantelnebel (oben) – machen sie zu den faszinierendsten Objekten des Nachthimmels. Dieses Stadium ihres Sternlebens ist relativ kurz, bis der Nebel sich schließlich im interstellaren Medium auflöst.

STERNHAUFEN

Nebel sind nicht die einzigen Juwelen, die den Nachthimmel schmücken. Sternhaufen bieten dem Betrachter ebenfalls bereits mit einfachen Ferngläsern oder großen Teleskopen faszinierende Anblicke.

Offene Sternhaufen

Mehr als 1000 funkelnde Offene Sternhaufen befinden sich in den Spiralarmen unserer Galaxie. Diese Sternhaufen entstehen als eine Gruppe neuer Sterne in einem Nebel. Anschließend bläst ihr Strahlungsdruck Gas und Staub des Nebels weg, sodass eine Gruppe junger Sterne zurückbleibt, die man am Nachthimmel als glitzernden Offenen Sternhaufen sieht.

Offene Sternhaufen sind meistens kleiner als Kugelsternhaufen (siehe unten) und enthalten weniger Sterne. Junge Offene Sternhaufen werden häufig von wenigen massiven, blau-weißen Sternen beherrscht, aber alle Offene Sternhaufen enthalten Sterne unterschiedlicher Massen. Sie sind alle gleich alt, sie haben sich nur aufgrund ihrer Masse unterschiedlich entwickelt. Mit der Zeit entfernen sie sich voneinander in der Galaxie, sodass sich der Sternhaufen ständig weiterentwickelt.

OFFENER STERNHAUFEN
Der Butterfly-Sternhaufen ist ein Offener Sternhaufen relativ junger, blauer Sterne. Er liegt in einem reichhaltigen Sternfeld der Milchstraße im Sternbild Skorpion (Scorpius).

Kugelsternhaufen

Ein Kugelsternhaufen ist eine dicht gepackte Kugel aus sehr alten Sternen. Die Milchstraße besitzt etwa 150 Kugelsternhaufen, von denen sich die meisten in einem Halo (siehe rechte Seite) befinden. In der Größe reichen sie von Riesenhaufen wie Omega Centauri, der viele Millionen Sterne enthält, bis zu kleineren mit nur 10 000 Sternen. Kugelsternhaufen sind häufig über zehn Milliarden Jahre alte Objekte, denen Gas und Staub fehlt – in ihnen entstehen keine neuen Sterne und sie besitzen keine jungen Sterne. Die Sternhaufen halten durch Schwerkraft zusammen und verlieren keine Sterne, sodass sie mit ihren Mitgliedern altern. Die Chemie dieser Sternhaufen in unserer Galaxie lässt vermuten, dass sie die Überreste der Entstehung der Milchstraße sind.

KUGELSTERNHAUFEN
Der Kugelsternhaufen M15 im Sternbild Pegasus erscheint als kleiner glühender Fleck in einem kleinen Teleskop, während ein größeres die dicht gepackte Kugel aus Sternen auflöst.

Der **Amateurastronom** J. Abraham Ihle entdeckte 1665 als Erster einen **Kugelsternhaufen** – M22.

Sternhaufen beobachten

Die beiden verschiedenen Typen von Sternhaufen sind in der Milchstraße unterschiedlich verteilt. Kugelsternhaufen befinden sich in einem Halo um die Scheibe der Galaxie und werden oft mit Bienen verglichen, die um ihren Korb schwirren. Offene Sternhaufen findet man dagegen häufiger in oder in der Nähe der Spiralarme, wo in den reichhaltigen Wolken aus Gas und Staub neue Sterne entstehen.

In einem kleinen Teleskop oder Fernglas erscheinen Kugelsternhaufen häufig als runde graue Flecken vor dem dunklen Hintergrund des Weltalls. Erst größere Linsen- oder Spiegelteleskope lösen die Sternhaufen auf. Offene Sternhaufen sind im Allgemeinen einfacher zu beobachten als Kugelsternhaufen. Bereits mit einem guten Fernglas erkennt man einzelne Sterne in Offenen Sternhaufen. Mit einem hochwertigen kleinen Linsenteleskop bieten Offene Sternhaufen häufig einen faszinierenden dreidimensionalen Anblick.

STERNHAUFEN IN DER MILCHSTRASSE
Die verschiedenen Orte der Offenen und Kugelsternhaufen in der Milchstraße zeigen ihr verschiedenes Alter und ihre Bahnen. Offene Sternhaufen haben junge Sterne und sitzen in den Spiralarmen, während Kugelsternhaufen mit alten Sternen unabhängige Bahnen haben und sich in einem Halo befinden.

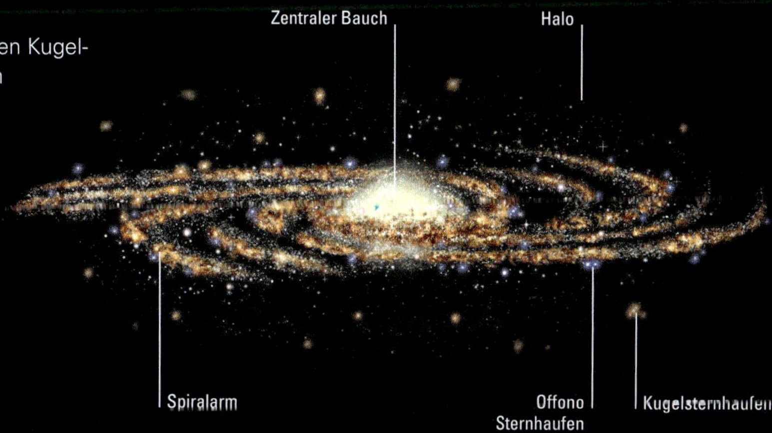

Sehenswerte Sternhaufen

DIE PLEJADEN
Sternbild: Stier (siehe S. 126–127)
Die Plejaden (oder das Siebengestirn) zählen zu den schönsten Offenen Sternhaufen. Man sieht sie schon mit bloßem Auge sogar aus Vorstädten als eine Gruppe aus sechs hellen, blauen Sternen. Ein einfaches Fernglas zeigt unzählige andere dunklere Sterne in ihrer Umgebung.

M13
Sternbild: Herkules (siehe S. 102–103)
M13 (auch Herkules- oder Großer Kugelsternhaufen) ist der größte Kugelsternhaufen der nördlichen Halbkugel, der mehrere Hunderttausend Sterne enthält. Im Fernglas erscheint er als runder Fleck, doch schon ein Teleskop zeigt eine Kugel aus funkelnden Sternen.

M39
Sternbild: Schwan (siehe S. 104–105)
M39 liegt in einem dichten Sternfeld der Milchstraße. Dieser alte Offene Sternhaufen ist 200–300 Millionen Jahre alt und liegt etwa 800 Lichtjahre von der Erde entfernt. Der große, lockere Sternhaufen bietet einen schönen Anblick mit einem kleinen Teleskop.

OMEGA CENTAURI
Sternbild: Zentaur (siehe S. 142–143)
Omega Centauri ist ein großer Kugelsternhaufen der südlichen Halbkugel. Er besteht aus mehreren zehn Millionen Sternen, sodass einige Astronomen vermuten, er sei kein Sternhaufen, sondern der Kern einer Zwerggalaxie, die von der Milchstraße verschluckt wurde.

DIE HYADEN
Sternbild: Stier (siehe S. 126–127)
In der Nähe der Plejaden bietet das helle »V« der Hyaden einen unverwechselbaren Anblick und markiert den Kopf des Stiers. In nur 150 Lichtjahren Entfernung bedeckt dieser Offene Sternhaufen eine große Fläche am Himmel, die man am besten mit dem Fernglas betrachtet.

47 TUCANAE
Sternbild: Tukan (siehe S. 152–153)
Dieser Kugelsternhaufen, den man mit bloßem Auge sieht, zählt zu den schönsten am Himmel. Er liegt in der Nähe der Kleinen Magellanschen Wolke. Mit der Größenklasse 4,9 bietet er auch mit einem kleinem Teleskop einen faszinierenden Anblick als eine Kugel aus zahllosen Sternen.

PRAESEPE
Sternbild: Krebs (siehe S. 130–131)
Praesepe (M44) ist ein wunderschöner, heller Offener Sternhaufen. Mit der Größenklasse 3,7 ist der Sternhaufen mit bloßem Auge als dunstiger Fleck erkennbar, während ein Fernglas oder ein kleines Teleskop die unzähligen Einzelsterne voneinander trennen.

DOPPELSTERNHAUFEN: NGC 869 & 884
Sternbild: Perseus (siehe S. 122–123)
Der Doppelsternhaufen besteht aus zwei Offenen Sternhaufen, die scheinbar eng benachbart sind. NGC 884 ist 3,2 Millionen Jahre alt und NGC 869 ist 5,6 Millionen Jahre alt. Beide sieht man mit bloßem Auge in dunklen Nächten und ein kleines Teleskop zeigt bereits Einzelheiten.

STERNE UND GALAXIEN
Diese Hubble-Aufnahme zeigt Hunderte Sterne, die zu unserer eigenen Galaxie, der Milchstraße, gehören. Als verschwommene Flecken sind auch zahlreiche weitere Galaxien sichtbar.

GALAXIEN

Eine Galaxie ist eine riesige Ansammlung aus Sternen, Gas und Staub, die durch Schwerkraft zusammenhält. Galaxien können einige Billionen oder nur wenige Millionen Sterne enthalten.

Was ist eine Galaxie?

Galaxien haben viele Formen, von großen runden Wolken aus Sternen bis zu komplizierten Wirbeln mit Armen voller Sterne. Sie erstrecken sich von wenigen Tausend Lichtjahren bis zu mehr als 100 000 Lichtjahren Durchmesser. Unsere Sonne ist nur ein Stern unter den Milliarden der Milchstraße, die selbst nur eine unter Hundertmilliarden anderer Galaxien ist. Die Milchstraße ist Mitglied einer Galaxiengruppe, der Lokalen Gruppe, zu der auch der Andromedanebel (M31) und etwa 45 andere Galaxien gehören wie die Große und Kleine Magellansche Wolke. Galaxienhaufen werden durch Schwerkraft zusammengehalten. Dieselbe Kraft zieht auch Galaxienhaufen zu Supergalaxienhaufen zusammen. Die Lokale Gruppe gehört zum Virgo-Supergalaxienhaufen.

M74
Die Spiralgalaxie M74 liegt 32 Millionen Lichtjahre entfernt im Sternbild Fische. Sie ist etwas kleiner als die Milchstraße und ihre Arme enthalten Gebiete glühender Gase.

Galaxienarten

Die vier Hauptarten der Galaxien – Spiral-, elliptische, linsenförmige und irreguläre Galaxien – sind unten aufgeführt. Der Astronom Edwin Hubble klassifizierte Galaxien nach ihrer Form. Elliptischen Galaxien stellte er ein »E« vor und eine Zahl zwischen 0 und 7, um ihre Abweichung von einer gleichmäßigen Kugel aufzuzeigen (0 ist eine gleichmäßige Kugel). Linsenförmige Galaxien werden mit S0 gekennzeichnet. Spiralgalaxien sind in zwei Gruppen aufgeteilt. Balkenspiralgalaxien haben den Vorsatz »SB« und Spiralgalaxien nur ein »S«. Eine Erweiterung teilt irreguläre Galaxien in die Arten »Irr I«, mit Spuren einer Struktur, und »Irr II« ein, die vollständig unorganisiert sind.

SPIRALGALAXIEN
Spiralgalaxien stellen ungefähr ein Drittel der Galaxien in unserer Nachbarschaft im Universum dar. Von ihrem Zentrum aus alten Sternen gehen Spiralarme voller heller, junger Sterne aus. In diesen Galaxien entstehen meistens viele neue Sterne, weil sie viel Gas und Staub enthalten. Balkenspiralgalaxien wie NGC 6217 (oben) besitzen einen Balken aus Sternen in ihrem Zentrum.

ELLIPTISCHE GALAXIEN
Elliptische Galaxien sehen wie große »Kleckse« aus und enthalten meist alte rote und gelbe Sterne. Im Gegensatz zu Spiralgalaxien besitzen sie kaum Sternentstehungsgebiete. Die größten Galaxien sind fast kugelförmig. Im Bild (oben) wird ein starker Materiestrahl (Jet) von einem supermassiven Schwarzen Loch im Zentrum der elliptischen Galaxie M87 herausgeschleudert.

LINSENFÖRMIGE GALAXIEN
Linsenförmige Galaxien besitzen häufig einen großen, fast kugelförmigen Kern aus alten Sternen, den eine Scheibe aus Gas und Sternen umgibt, die ihnen ihre Linsenform verleiht. Die Scheibe enthält Sterne und Gas wie die Spiralgalaxien, aber linsenförmige Galaxien – wie die im Coma-Haufen – haben keine Spiralarme, junge Sterne oder glühende Sternentstehungsgebiete.

IRREGULÄRE GALAXIEN
Irreguläre Galaxien haben keine klar beschreibbare Form und enthalten häufig viel Gas, Staub und heiße, blaue Sterne. Einige Galaxien zeigen Strukturen wie zentrale Balken und besitzen häufig weite, pinkfarbene Sternentstehungsgebiete. NGC 2366 (oben) ist eine Zwerggalaxie mit Sternentstehungsgebieten, die zehnmal größer sind als die der viel größeren Milchstraße.

Aktive Galaxien

Im tiefen Universum wurden Galaxien entdeckt, die große Mengen an Strahlung aus ihren Zentren emittieren. Diese Galaxien nennt man aktive Galaxien. In ihren Zentren liegen supermassive Schwarze Löcher (siehe S. 17), die ständig Gas und Staub der sich drehenden Scheibe anziehen. Dadurch werden ungeheure Mengen hochenergetischer Strahlung sowie zwei starke Materiestrahlen (Jets) freigesetzt, die aus zwei Seiten der Schwarzen Löcher hervorschießen. Die meisten Galaxien haben Schwarze Löcher in ihren Zentren, von denen aber die meisten inaktiv sind, sodass das Material innerhalb der Galaxien bleibt.

Von den aktiven Galaxien kennt man vier Arten: Blazare, Quasare, Seyfert- und Radiogalaxien. Sie haben scheinbar unterschiedliche Eigenschaften, aber ihre unterschiedliche Erscheinung hängt vermutlich von ihrer Aktivität und dem Winkel ab, unter dem wir sie sehen. Die entferntesten Objekte, die wir kennen, sind unglaublich helle Quasare.

QUASAR
Der helle Quasar PG 0052+251 befindet sich im Zentrum einer Spiralgalaxie, die etwa 1,4 Milliarden Lichtjahre entfernt ist.

Galaxien beobachten

Galaxien liegen häufig Millionen Lichtjahre von der Erde entfernt und sind eine interessante Herausforderung für Amateurastronomen. Im Gegensatz zu Sternen nehmen Galaxien mehr Platz ein und ihre Oberflächenhelligkeit ist relativ niedrig. Doch weil nur wenige Galaxien mit bloßem Auge sichtbar sind, braucht man mindestens Ferngläser und idealerweise ein großes Teleskop, um sie zu beobachten. Sie wurden früher häufig mit Nebeln verwechselt – durch ihre enorme Entfernung zur Erde erschienen sie in kleinen Teleskopen als schwache Lichtflecken (dies gab einigen Galaxien wie dem Andromedanebel ihren Namen). Bei einigen helleren Galaxien kann man sogar Strukturen wie Spiralarme oder Staubfahnen erkennen.

ANDROMEDA BEOBACHTEN
Der Andromedanebel ist die hellste Galaxie am nördlichen Himmel. Die 2,5 Millionen Lichtjahre entfernte Galaxie zählt zu den entferntesten Objekten, die man mit bloßem Auge sieht.

LICHT AUFTRENNEN

Wenn man in den Nachthimmel sieht, versteht man manchmal nur schwer, was man sieht. Die Untersuchung des Lichts verrät die Zusammensetzung eines entfernten Sterns, das Alter einer Galaxie und was ein benachbarter Nebel enthält.

Was ist Licht?

Licht ist eine Form der Energie, die man elektromagnetische Strahlung nennt. Sie breitet sich als Welle durch durchsichtige Materialien wie Luft aus, aber auch im leeren Raum (im Gegensatz zu Schallwellen, die immer ein Medium benötigen). Sichtbares Licht ist ein Wellenlängenbereich dieser elektromagnetischen Strahlung, den unsere Augen erkennen – verschiedene Wellenlängen erscheinen als verschiedene Farben des Regenbogens oder des Farbspektrums. Die Wellenlängen kann man mit einem Prisma trennen, das weißes Licht in seine einzelnen Farben aufteilt. Rotes Licht hat längere Wellenlängen als blaues. Sichtbares Licht ist aber nur ein kleiner Teil des elektromagnetischen Spektrums, zu dem auch Röntgenstrahlen mit kürzeren Wellenlängen und Radiowellen bei längeren gehören, die unsere Augen nicht sehen können. Strahlungen aus dem gesamten elektromagnetischen Spektrum erreicht uns aus allen Richtungen des Universums.

KÜRZERE WELLENLÄNGEN
Rigel ist ein blau-weißer Stern, der sichtbares Licht kurzer Wellenlängen abgibt. Seine Temperatur wird auf über 12 000 °C geschätzt.

LÄNGERE WELLENLÄNGEN
Der rötliche Stern Beteigeuze erzeugt Licht bei längeren Wellenlängen. Seine Oberflächentemperatur beträgt nur 3400 °C.

Lichtpakete

Elektromagnetische Strahlen verhalten sich wie Wellen, doch diese Wellen bestehen aus winzigen Paketen oder Energieteilchen, die man Photonen nennt. Die Wellenlänge bestimmt, wie viel Energie ein Photon besitzt. Bei kürzeren Wellenlängen hat ein Photon mehr Energie als bei längeren. Photonen der Röntgenstrahlung sind energiereicher als solche des Infrarots und deshalb auch gefährlicher. Heißere Objekte (wie blau-weiße Sterne) emittieren nicht nur insgesamt mehr Strahlung als kühlere (wie interstellare Staubwolken), sondern auch einen höheren Anteil an energiereicheren Photonen mit kürzeren Wellenlängen. Die Stärke, mit der ein astronomischer Detektor Strahlung registriert, hängt meist von der Anzahl der Photonen ab, nicht von ihrer Energie. Bei gleicher Photonenzahl ist ein roter Stern dunkler als ein weißer, da die Photonen energieärmer sind.

BEGRENZTE SICHT
Die meisten Amateurastronomen beobachten nur im sichtbaren Lichtbereich.

BEOBACHTUNGEN BEI ANDEREN WELLENLÄNGEN

Amateurastronomen beobachten vorwiegend Wellenlängen, die ihre Augen als sichtbares Licht wahrnehmen. Doch Berufsastronomen nutzen in ihren großen Sternwarten die vielen anderen Wellenlängen als Schlüssel, um den Kosmos zu erforschen. Auf der Erde kommen sieben Arten der elektromagnetischen Strahlen an (siehe rechts, von den energieärmsten bis zu den energiereichsten Wellenlängen).

DURCHSCHEINENDE AUFNAHMEN
Beobachtungen bei verschiedenen Wellenlängen ermöglichen, unterschiedliche Bereiche eines Objekts zu untersuchen und sogar durch dichte Wolken aus Gas und Staub zu blicken. Das Bild links ist eine Infrarotaufnahme des Zentrums der Milchstraße mit vielen Sternen. Das Bild rechts zeigt dieses Zentrum im sichtbaren Licht mit einer Staubfahne, die das Licht der Sterne dahinter blockieren.

Radiowellen
Viele der interessantesten Objekte des Universums emittieren Radiowellen. Dazu zählen Pulsare, aktive Galaxien und riesige Wolken aus Wasserstoff.

Mikrowellen
Die bedeutendste Mikrowellenstrahlung stammt vermutlich vom Urknall. Die kosmische Hintergrundstrahlung (siehe S. 10) ist die uralte Reststrahlung, die von der energiereichen Geburt des Universums übrig geblieben ist.

Infrarot
Sterne, Planeten und sogar unsere Körper geben infrarote Strahlung ab. Diese Strahlung dringt im Gegensatz zu sichtbarem Licht sogar durch dichte, staubige Nebel und eignet sich daher gut, um diese Objekte zu erforschen.

Sichtbares Licht
Das Licht der Sterne, Planeten, Galaxien und anderen Himmelsobjekte, das in dunklen Nächten auf die Erde strahlt und das wir mit unseren Augen sehen, ist das sichtbare Licht.

Ultraviolett
Heiße junge Sterne setzen starke ultraviolette Strahlen frei. Die Beobachtung des Universums im ultravioletten Licht zeigt, wo neue Sterne entstehen.

Röntgenstrahlen
Röntgenstrahlung ist energiereicher als ultraviolette Strahlung. Sie wird von sehr energiereichen Objekten wie Schwarzen Löchern und dem superheißen Gas zwischen Galaxien in einem Galaxienhaufen emittiert.

Gammastrahlen
Sie sind die energiereichste Art der elektromagnetischen Strahlung, die uns aus dem Weltall erreicht. Bemerkenswerte Quellen dieser Strahlen sind Gammastrahlenausbrüche. Sie entstehen vermutlich dann, wenn ein massiver Stern explodiert oder wenn zwei Neutronensterne zusammenstoßen.

Fingerabdruck eines Sterns

Licht verrät sehr viel über die Zusammensetzung des Universums, weil es von der Natur seiner Quelle, der Entfernung seiner Ausbreitung und seiner Wechselwirkung mit anderer Materie beeinflusst wird. Die verschiedenen chemischen Elemente und Verbindungen in Nebeln, Sternen, Galaxien und Planetenatmosphären werden durch einzigartige Fingerabdrücke enthüllt, die das Licht erzeugt, das von ihnen stammt oder durch sie scheint. Das Licht, das diese Objekte abgeben, kann man in sein Spektrum aufteilen, das diese chemischen Fingerabdrücke enthält.

Dunkle Linien, die Absorptionslinien, befinden sich in den Spektren der Sterne. Mit ihrer Hilfe kann man die Bestandteile ihrer Atmosphären untersuchen. Sie werden durch Photonen erzeugt, die von Atomen in der Atmosphäre absorbiert werden. Die Zusammensetzung der Nebel zeigen helle Linien in ihren Spektren. Sie emittieren Licht, das vorher von einem Stern angeregt wurde.

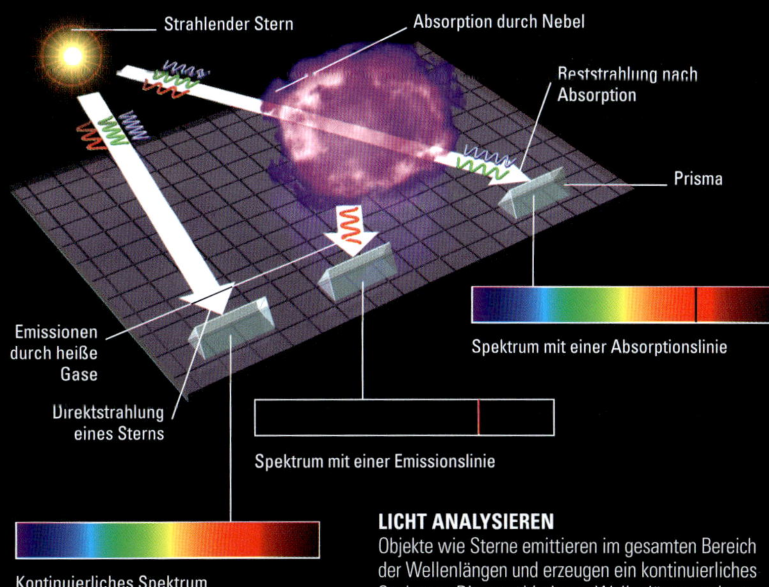

LICHT ANALYSIEREN
Objekte wie Sterne emittieren im gesamten Bereich der Wellenlängen und erzeugen ein kontinuierliches Spektrum. Die verschiedenen Wellenlängen zeigen sich, wenn die Strahlung in einem Prisma aufgeteilt wird. Absorptionen erzeugen dunkle Linien im Spektrum, während Emissionen zu hellen führen.

2

BLICK NACH OBEN

Um Objekte am Nachthimmel zu finden, stellen sich Astronomen die Erde im Zentrum einer Kugel vor. Damit verfolgen sie die scheinbare Bewegung der Sterne, die tatsächlich durch die Erdrotation entsteht. An dieser Himmelskugel werden auch die Positionen der Sterne bestimmt.

DIE BEWEGUNG DES HIMMELS

Von der Erde aus gesehen wandern die Sterne, Planeten und der Mond um uns herum. Tatsächlich resultieren diese Bewegungen aus der täglichen und jährlichen Bewegung unseres Planeten.

Unsere geozentrische Sicht

Seit den alten Griechen, Babyloniern und Ägyptern versuchen Menschen, die scheinbaren Bewegungen der Sterne, Planeten, der Sonne und des Monds zu verstehen. Für sie befand sich die Erde fest im Zentrum des Universums, und die Himmelskörper bewegten sich um sie. Diese Bewegungen bildeten die Grundlage für Kalender, um Feiertage und Zeiten für den Ackerbau festzulegen. Erst im 16. Jahrhundert fand der polnische Astronom Nikolaus Kopernikus, dass man die Bewegungen der Himmelskörper auch erklären kann, ohne dass die Erde das Zentrum des Universums bildet. Die Beobachtungen der Venus und des Jupiter durch Galileo Galilei und andere, nachdem 1609 das Teleskop erfunden wurde, und die Entdeckung der Gesetze zur Planetenbewegung von Johannes Kepler bestätigten, dass die Erde und die anderen Planeten um die Sonne kreisen.

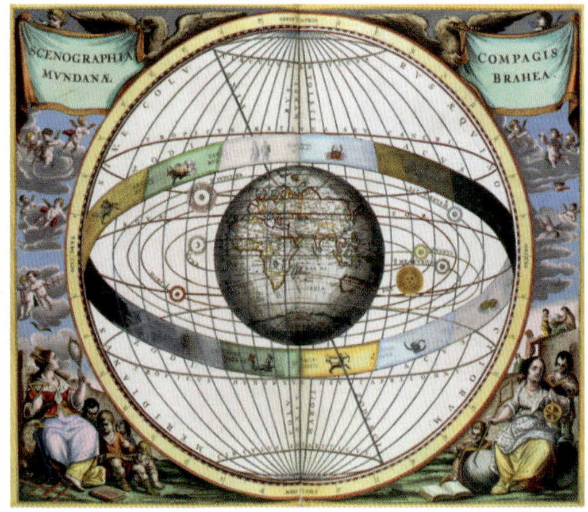

MODELLE DER BEWEGUNGEN
Im späten 16. Jahrhundert entwickelte der dänische Astronom Tycho Brahe eine Theorie des geozentrischen Universums, in dem die Sonne mit den anderen Planeten die Erde umkreist.

Tägliche Rotation

Die offensichtlichste Bewegung der Erde ist ihre Rotation um ihre Achse, die man sich als Stab zwischen dem Nord- und dem Südpol vorstellen kann. Alle 24 Stunden vollendet die Erde eine vollständige Umdrehung um ihre Achse gegenüber der Sonne und erzeugt die Tag- und Nachtzyklen. Erst durch diese Rotation gehen die Sonne und die Sterne scheinbar im Osten auf, wandern am Himmel entlang und gehen im Westen unter. Die Zeit der Erde für eine Umdrehung gegenüber der Sonne (vom Mittag eines Tages bis zum Mittag des nächsten) nennt man einen Sonnentag oder einen synodischen Tag.

MONDAUFGANG
Der Zyklus von Tag und Nacht entsteht durch die Rotation der Erde um ihre Achse.

AUSWIRKUNG DES BREITENGRADS

Die Erdrotation beeinflusst das, was man am Nachthimmel sieht, je nach Breitengrad des Beobachters unterschiedlich. Direkt am Nordpol steht ein Beobachter auf der Erdachse. Er sieht alle Sterne des nördlichen Himmels, während die am südlichen Himmel durch die Erde selbst verdeckt sind. Zudem kreisen diese Sterne scheinbar um einen Punkt am Himmel direkt über dem Beobachter (in der Nähe des Polarsterns Polaris) und gehen nie auf oder sinken unter den Horizont. Wenn der Beobachter zum Äquator geht, ändert sich die Ansicht. Durch die Erdrotation gehen ständig neue Sterne auf und andere unter. Zwischen den Polen und dem Äquator hängt das Aussehen des Nachthimmels von dem Breitengrad ab.

Die Auswirkung der Erdrotation erkennt man deutlich auf Langzeitaufnahmen, wenn der Kameraverschluss über Minuten oder Stunden geöffnet bleibt. Durch die Erdrotation wandern die Sterne scheinbar um einen Winkel von einem Grad um den Himmelspol in je vier Minuten der Belichtung. Die Sternspuren in Langzeitaufnahmen sind eine Folge der Erdrotation.

STANDORT	SCHEINBARE BEWEGUNGEN	ANSICHT DES BEOBACHTERS	SPUREN DER STERNE
NORDPOL 	Die Sterne kreisen scheinbar um einen Punkt direkt über dem Kopf. Sie bewegen sich am Nordpol scheinbar im Uhrzeigersinn und gegen den Uhrzeigersinn am Südpol.	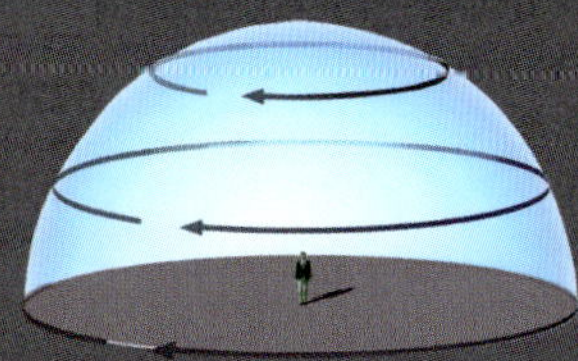	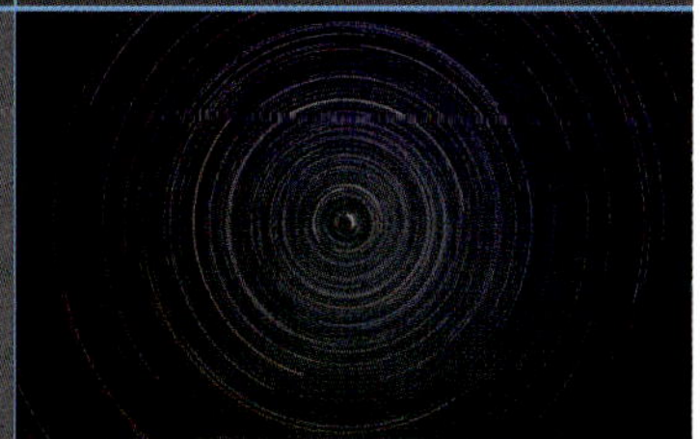
MITTLERE BREITEN 	An Orten zwischen den Polen und dem Äquator gehen die Sterne scheinbar im Osten auf, queren den Himmel schräg und gehen im Westen unter. Abhängig vom Breitengrad sind einige Sterne immer sichtbar, während andere gar nicht sichtbar sind.	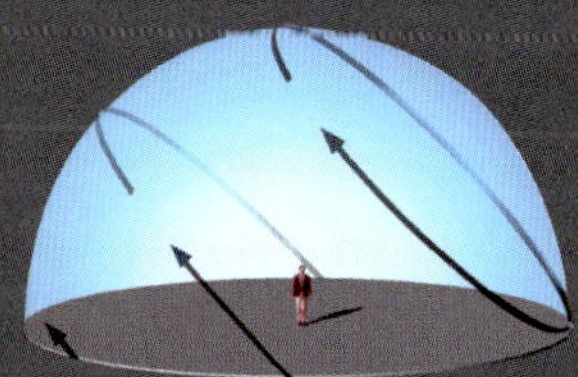	
ÄQUATOR 	Die Sterne gehen scheinbar senkrecht im Osten auf, wandern über dem Kopf entlang, bevor sie im Westen untergehen. Durch die Erdrotation sind alle Bereiche des Himmels im Laufe von 24 Stunden zu bestimmten Zeiten sichtbar.	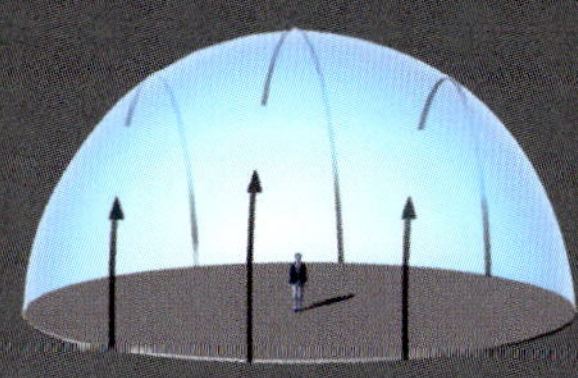	

Siderische Tage und Sonnentage

Während sich die Erde alle 24 Stunden einmal um ihre Achse dreht, wandert sie gleichzeitig um die Sonne. Für diesen Umlauf benötigt sie ein Jahr. In der Zeit, in der die Erde sich einmal dreht, ist sie auf ihrer Umlaufbahn ein Stück weiter. Aus astronomischer Sicht führt dies zu zwei verschiedenen Arten der Tage: der normale 24-stündige mittlere Sonnentag (links) und der siderische Tag. Der Begriff siderisch bedeutet »auf die Sterne bezogen« und dieser Tag entspricht einer Erdrotation gegenüber den Sternen. Er dauert 23 Stunden 56 Minuten und 4 Sekunden. Der Zeitunterschied zwischen den beiden Tagen beträgt fast 4 Minuten.

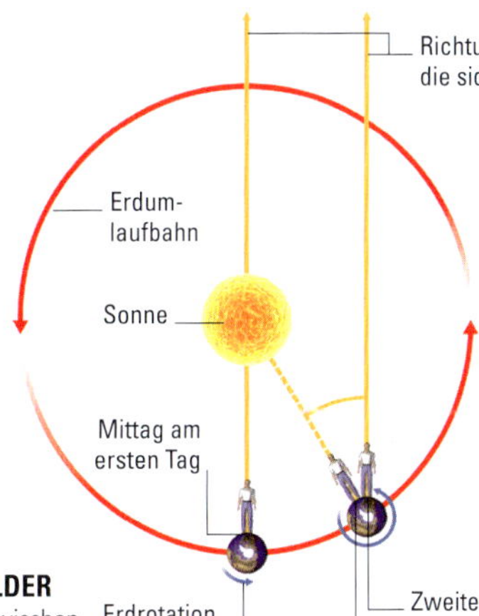

EINHOLEN SPIELEN

Wenn die Erde nicht um die Sonne kreist, sondern an einem Punkt bleibt, erscheinen die Sonne und die Sterne in denselben Positionen alle 23 Stunden 56 Minuten und 4 Sekunden. Doch weil die Erde um die Sonne kreist, muss sie sich 4 Minuten zusätzlich drehen, damit die Sonne wieder an derselben Stelle steht.

1. April 20.00 Uhr

8. April 20.00 Uhr

15. April 20.00 Uhr

WANDERNDE STERNBILDER

Durch den Zeitunterschied zwischen siderischen und mittleren Sonnentagen verschieben sich die Sterne scheinbar jeden Tag am Nachthimmel etwas weiter westwärts.

Erdumlaufbahn und Ekliptik

Ein Jahr ist die Zeit, in der die Erde einmal um die Sonne kreist. Doch aus der geozentrischen Sichtweise sind die Rollen vertauscht und die Sonne wandert scheinbar um die Erde. Wenn die Sonne ein Jahr lang jeden Tag zur selben Zeit einen Abdruck am Himmel hinterlassen könnte, würde man nach einem Jahr einen vollständigen Kreis um die Erde erkennen. Diesen Kreis nennt man die Ekliptik, in dem die Ebene der Erdumlaufbahn die gedachte Himmelskugel schneidet. Neben der Erde und ihrem Mond kreisen alle großen Planeten in der Ebene der Ekliptik um die Sonne – und folgen scheinbar derselben Bahn wie die Sonne um die Erde. Nachdem das Sonnensystem in einer großen, sich drehenden Scheibe aus Material entstanden war, kreisten die großen Objekte ungefähr in derselben Ebene um die Sonne. Deshalb benutzt man zur Vereinfachung die Ekliptik als Bezugssystem für das gesamte Sonnensystem.

ORTE DER FINSTERNISSE
Alle Planeten kreisen um die Sonne in derselben Ebene – der Ekliptik. Der Begriff Ekliptik bedeutet »Orte der Finsternisse«. Mond- und Sonnenfinsternisse kommen nur dann vor, wenn die Mondumlaufbahn die Ekliptik schneidet.

GENEIGTER PLANET
Die Erdachse ist immer im selben Winkel auf ihrer Umlaufbahn geneigt, während die Erde um die Sonne kreist.

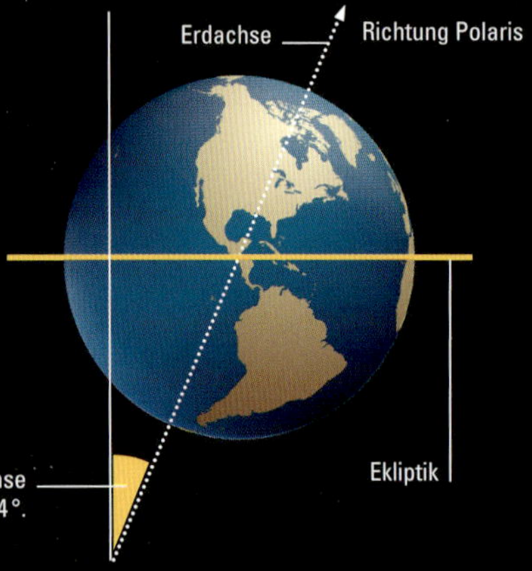

Neigung der Erdachse

Die meisten Globen der Erde in Schulen oder Museen zeigen unseren Planeten zu einer Seite geneigt. Eine Linie durch die Pole weicht in einem Winkel von 23,4 Grad von der Senkrechten ab. Dieser Winkel entspricht genau dem, in dem der Erdäquator die Ekliptik schneidet. In diesem Winkel neigt sich unser Planet auf seiner Umlaufbahn zur Sonne hin oder von ihr weg. Wenn man die Erdachse am Nordpol verlängert, weist sie auf die Nähe des Polarsterns Polaris. Dieser Stern steht deshalb das ganze Jahr über scheinbar am gleichen Ort. Alle anderen Sterne kreisen um ihn, während sich die Erde dreht. Die Sonne steht dagegen für die meisten Gebiete im Sommer höher am Himmel und im Winter tiefer, während sich die Länge der hellen Tageszeiten mit den Jahreszeiten ändert.

SONNENSTÄNDE
In mittleren Breiten ändert sich der Stand der Sonne mit den Jahreszeiten. Dieses zusammengesetzte Bild zeigt die tägliche Sonnenbahn zu drei verschiedenen Jahreszeiten. Zur Sommersonnenwende steht die Sonne die längste Zeit am Himmel. Zur Wintersonnenwende sind die Stunden des Tageslichts kürzer.

Tierkreis

Während die Planeten entlang der Ekliptik um die Sonne kreisen, wandern sie scheinbar vor dem Hintergrund von einigen Sternbildern, die in der Nähe der Ekliptik liegen. Für unsere Vorfahren waren diese Bewegungen sehr wichtig und sie verbanden sie mit Mythen, Legenden und Orakeln. Diese Sternbilder nannten sie den Tierkreis oder Zodiakus – das griechische Wort für Tierkreis. Auch heute noch wandern die Planeten durch die Sternbilder des Tierkreises. Gelegentlich sieht man einige Planeten auch in anderen Sternbildern in der Nähe der Ekliptik wie dem Walfisch (Cetus) und sogar Orion, dem Jäger.

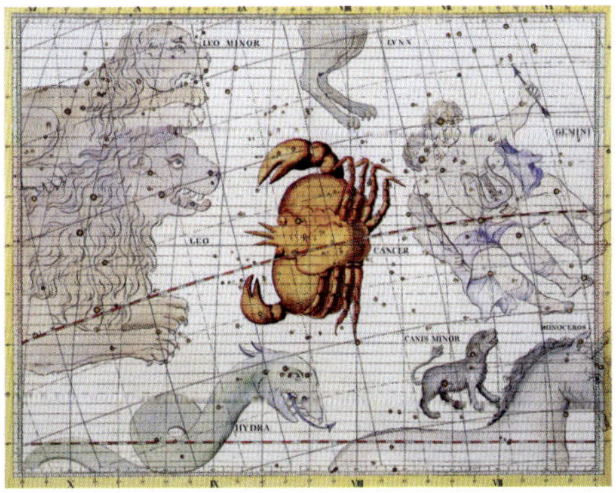

TIERKREISZEICHEN
Die Astrologie teilt den Tierkreis – den Ring aus Sternbildern entlang der Ekliptik – in zwölf gleiche Zonen, die jeweils ihr eigenes Zeichen besitzen.

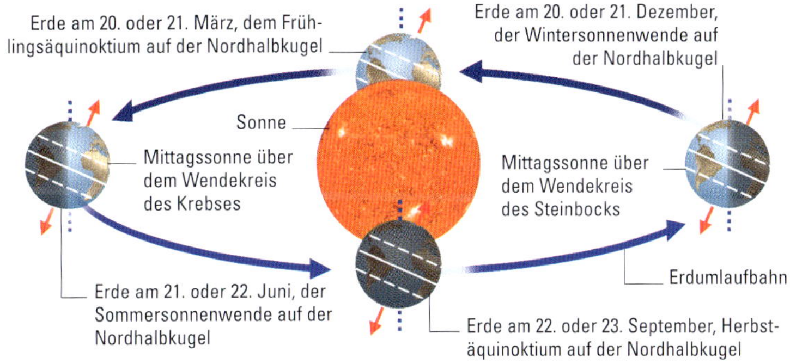

SOMMER UND WINTER
Die beiden Erdhalbkugeln neigen sich innerhalb eines Jahres zur Sonne oder von ihr weg. Auf der Halbkugel, die sich zur Sonne neigt, ist Sommer.

Jahreszeiten

Durch die Neigung der Erdachse gegenüber der Ebene ihrer Umlaufbahn entstehen die Jahreszeiten. Jedes Jahr um den 21. Juni ist der Nordpol am weitesten zur Sonne (23,4°) geneigt. Dieser Zeitpunkt markiert den Sommeranfang auf der nördlichen Halbkugel. Zur selben Zeit neigt sich der Südpol am weitesten von der Sonne weg, sodass auf der südlichen Halbkugel der Winter einsetzt. Astronomisch nennt man diese Daten die Sommer- oder Wintersonnenwende (je nach Standort). Sechs Monate später hat die Erde die Hälfte ihrer Umlaufbahn um die Sonne absolviert und der Nordpol neigt sich am stärksten von der Sonne weg – dann erlebt die nördliche Halbkugel die Wintersonnenwende und die südliche die Sommersonnenwende. Genau zwischen den beiden Sonnenwenden liegen die Äquinoktien oder Tagundnachtgleichen, an denen Tag und Nacht gleich lang sind.

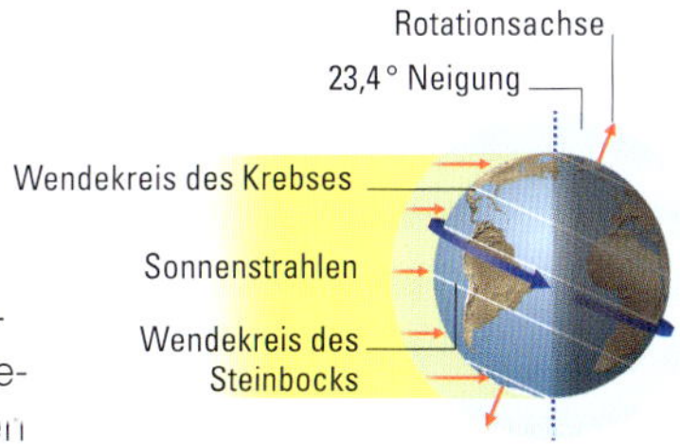

WÄRMENDES LICHT
Die Sonne erwärmt die Gebiete der Erde stärker, die näher zu ihr weisen.

DER HIMMEL ALS KUGEL

Um die Positionen der Sterne zu bestimmen, stellt man sich die Erde im Zentrum einer riesigen Kugel vor, an der die Sterne haften. Die Erde dreht sich in dieser Kugel von Westen nach Osten und vollendet eine Umdrehung in einem Tag.

UNSERE ANSICHT DER HIMMELSKUGEL

Alle Himmelskörper haben ihren Ort auf der Himmelskugel, ihr Anblick hängt aber vom Standort des Beobachters auf der Erde ab. Ein Beobachter am Nordpol sieht alle Objekte vom Himmelsäquator bei 0° Deklination bis zu dem Punkt über seinem Kopf, der bei +90° Deklination in der Nähe des Polarsterns liegt. Er sieht jedoch nur die nördliche Hälfte der Himmelskugel. Ein Beobachter am Südpol erlebt die entgegengesetzte Situation. Am Äquator sieht man dagegen alle Körper zwischen -90 bis +90° Deklination und kann innerhalb eines Jahres den gesamten Himmel beobachten. Bei mittleren Breiten sieht man abhängig vom Breitengrad seines Standorts immer nur einen Teil der anderen Himmelshalbkugel.

BEGRENZTE SICHT
Der Standort bestimmt, welche Körper man beobachten kann.

Die Himmelskugel

Damit Astronomen Objekte am Himmel auffinden, benutzen sie Koordinaten wie auf der Erde. Orte auf der Erde lokalisiert man mit einem Gitter um den Planeten, das aus »horizontalen« Linien der Breitengrade und »senkrechten« Linien der Längengrade besteht. Die Breitengrade beschreiben, wie weit nördlich oder südlich ein Ort vom Äquator entfernt liegt, während die Längengrade zeigen, wie weit westlich oder östlich er sich vom Nullmeridian befindet – eine Linie von Pol zu Pol durch Greenwich in London.

Das Prinzip der Breiten- und Längengrade wurde auf die Himmelskugel übertragen – eine gedachte Kugel um die Erde, auf der alle Himmelskörper liegen. Auf der Himmelskugel nennt man die Breitengrade Deklination, während die Längengrade Rektaszension (RA) heißen. Die Positionen aller Himmelskörper kann man mithilfe dieser Koordinaten bestimmen.

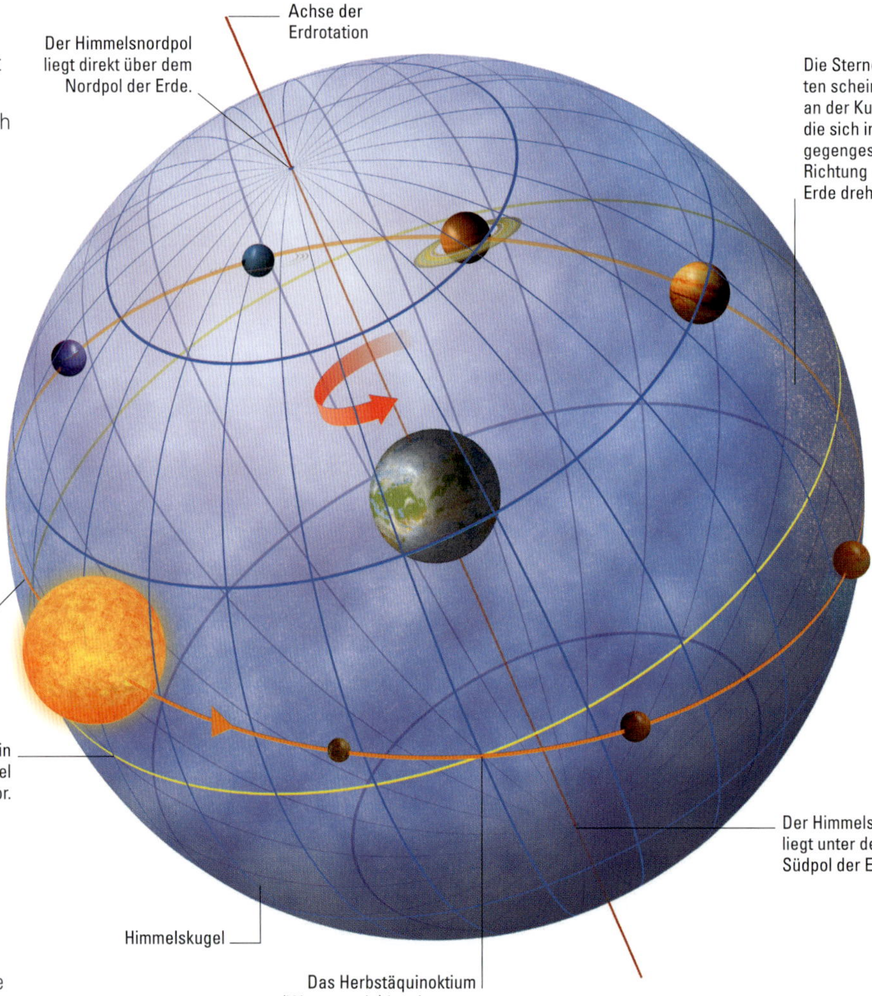

POSITIONEN BESTIMMEN
Die Vorstellung, dass sich die Sterne an einer Kugel um die Erde befinden, stammt aus der Astronomie der alten Griechen, sie bleibt aber ein nützliches Konzept. Dadurch besitzen Sterne Himmelskoordinaten, die den Breitengraden und Längengraden auf der Erde entsprechen.

Himmelskoordinaten

Von den beiden Himmelskoordinaten ist die Deklination leichter zu verstehen. Wenn man den Erdäquator auf die Himmelskugel überträgt, erhält man den Himmelsäquator, an dem die Deklination den Wert Null besitzt. Wie bei den Breitengraden auf der Erde sind die Einheiten der Deklination Grade und Minuten, um den Winkel gegenüber dem Himmelsäquator zu bestimmen. Deklinationen nördlich des Äquators besitzen positive Werte, während sie südlich davon negativ sind.

Die Rektaszension (RA) wird dagegen in Stunden und Minuten gemessen und nicht in Grad wie die Längengrade auf der Erde. Eine Stunde Rektaszension an der Himmelskugel entspricht 15 Längengraden auf der Erde. Diese Koordinate misst den Winkel in Stunden und nicht Grad, weil sich der Himmel in einer Stunde scheinbar um 15° weiterdreht. Die Rektaszension beginnt an dem Punkt, an dem die Sonne im Frühling auf der Ekliptik den Himmelsäquator überquert. Doch diese Position ist nicht dauerhaft, weil sie sich durch das Kreiseln der Erdachse (Präzession) ändert (siehe Kasten rechts). Dadurch verschiebt sich das gesamte Himmelsgitter jedes Jahr leicht. Deshalb sind die Koordinaten eines bestimmten astronomischen Objekts tatsächlich nur für ein bestimmtes Datum korrekt.

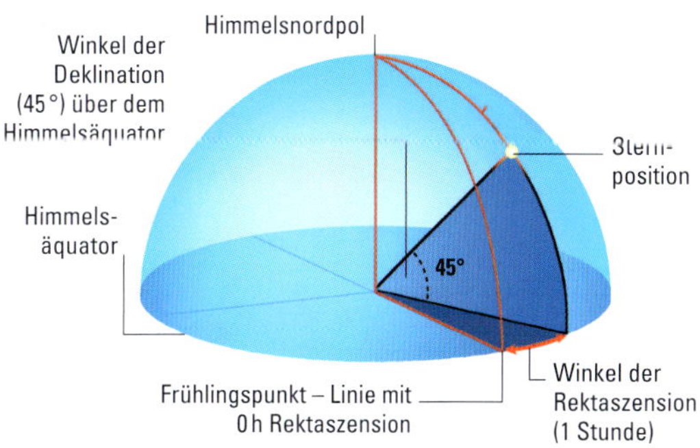

STERNPOSITION
Das Diagramm (oben) zeigt, wie die Himmelskoordinaten eines Sterns bestimmt werden. Der Stern hat eine Deklination von +45° und eine Rektaszension von 1 Stunde.

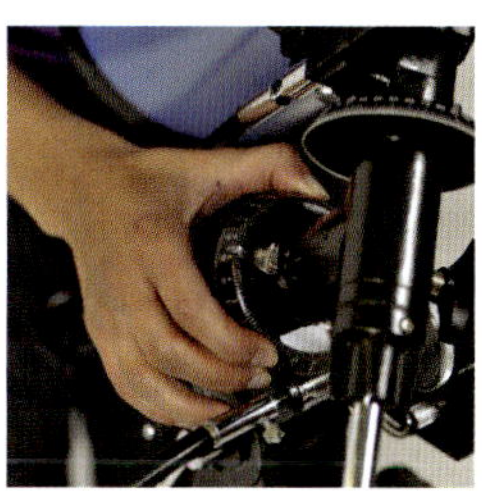

STERNE SUCHEN
Mit einem Teleskop auf einer Äquatorialmontierung (siehe S. 55) können Astronomen Sterne lokalisieren, wenn deren Äquatorialkoordinaten bekannt sind. Über zwei Stellschrauben werden die Koordinaten für die Deklination und die Rektaszension des Sterns eingestellt.

Altazimut-Koordinaten

Mithilfe der Deklination und der Rektaszension kann man die Position eines Himmelskörpers sehr genau bestimmen. Doch für einfache Beobachtungen wird normalerweise ein anderes Koordinatensystem eingesetzt, das man Horizontalsystem oder Altazimut nennt. Hier dient der Horizont als Referenzpunkt, von dem aus die Position eines Himmelskörpers beschrieben wird. Die Höhe (Alt) wird vom Horizont aus in Grad gemessen, während das Azimut die Position in dem Winkelabstand von Norden auf dem Horizont in Grad bestimmt. Einen Planeten kann man z. B. bei 270° Azimut und 45° Höhe lokalisieren. Der Azimut-Wert wird häufig von Beobachtern nur kurz mit den Himmelsrichtungen eines Kompasses angegeben und die Höhe durch ein einfaches »hoch«, und man hört beispielsweise Beschreibungen wie »im Westen und 45° hoch«.

SICHTHORIZONT
Altazimut-Koordinaten richten sich am Horizont des Beobachters aus, um Objekte am Himmel schnell aufzufinden.

PRÄZESSION

Die Erde dreht sich nicht gleichmäßig, sondern torkelt wie ein Kreisel, sodass sich die Richtung ihrer Achse ändert. Für Amateurastronomen ist diese Abweichung aber nicht bedeutsam, weil ein Umlauf 25 850 Jahre dauert. Dabei ändert sich das Verhältnis der Erde zur Himmelskugel langsam mit der Zeit, sodass sich auch Sternpositionen verändern.

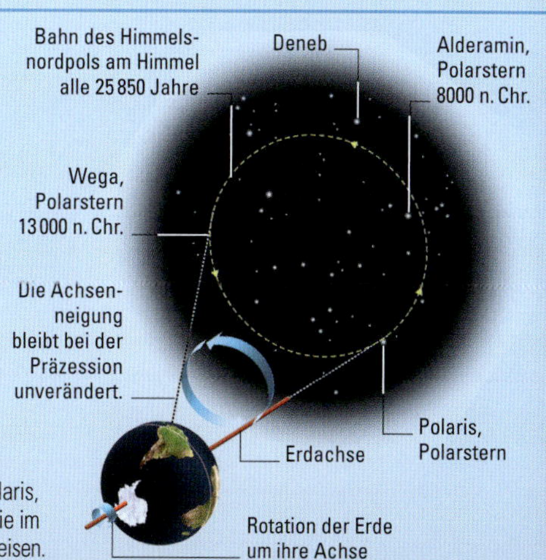

BEWEGLICHE POLE
Die Erdachse weist heute auf Polaris, doch durch die Präzession wird sie im Jahr 8000 n. Chr. auf Alderamin weisen.

STERNSPUREN
Während sich die Erde um ihre Achse dreht, dreht sich der Himmel scheinbar über unserem Kopf. Langzeitaufnahmen zeigen die Bewegungen der Sterne als kreisförmige Spuren um den Himmelspol.

ORIENTIEREN AM NACHTHIMMEL

Wenn man die Zeit und den Standort kennt und etwas über die relative Größe und Helligkeit der Himmelskörper weiß, ist man bestens vorbereitet, um sich am Nachthimmel zu orientieren.

Sich zurechtfinden

Während sich die Erde um ihre Achse dreht und um die Sonne kreist, ändert sich die Sicht auf die Sterne von der Erdoberfläche aus recht schnell. Deshalb bildet den Ausgangspunkt für jede astronomische Beobachtung das Wissen über das Datum und die Uhrzeit wie auch über den Breitengrad des Beobachtungsortes. Mit diesen Informationen zeigen eine drehbare Sternkarte, eine einfache Sternkarte oder ein Computerprogramm (siehe unten und andere Seite), welche Objekte wo und zu welcher Uhrzeit sichtbar sind.

DIE RICHTUNG ANZEIGEN
Ein einfacher Kompass ist sehr nützlich. Er zeigt die Himmelsrichtung an und mit ihm kann man eine Teleskopmontierung ungefähr am Nachthimmel ausrichten.

ALTE STERNMUSTER
Die Menschen haben die Anordnung der Sterne seit Jahrhunderten benannt und benutzt. Die ältesten Sternbilder sind bereits über 3000 Jahre alt, während die jüngsten erst im 18. Jahrhundert eingeführt wurden.

Die Sternbilder benutzen

Die besten Wegweiser am Nachthimmel sind die Sternbilder. Diese Sternmuster nutzten schon die Seefahrer, um sich auf den Meeren zu orientieren, und Astronomen, um sich an der Himmelskugel zurechtzufinden. Die großen Sternbilder zu kennen und sie als Wegweiser zu benutzen, ist auch für moderne Sterngucker wichtig. Sternkarten unterstützen einen dabei, aber sie sind kein Ersatz für Beobachtungen im Freien, um ein Gespür für den Nachthimmel zu erwerben. Sterne leuchten oft nicht so hell (oder schwach) wie erwartet und Sternbilder erscheinen viel größer oder unauffälliger als angenommen. Man sucht zunächst bekannte Sternbilder und nutzt sie als Ausgangspunkt, um dunklere Sternbilder und ihre Sterne aufzufinden. Bereits nach kurzer Zeit erkennt man auch die weniger bekannten Sternbilder, sodass die Orientierung am Nachthimmel zu einer einfachen Aufgabe wird.

Eine drehbare Sternkarte benutzen

Eine drehbare Sternkarte (oder Planisphäre) ist ein einfaches Gerät, mit dem man schnell herausfindet, was man am Nachthimmel sieht. Sie ist ein idealer Begleiter für Beobachtungen mit bloßem Auge und besonders nützlich, wenn man im Freien ohne Computerzugang oder einen dicken Sternatlas unterwegs ist. Sie besteht aus einer Scheibe mit einem ovalen Fenster, die auf einer runden Sternkarte sitzt. Das ovale Fenster zeigt die gesamte Halbkugel des Himmels über dem Beobachter und ist drehbar, um die in einem bestimmten Monat sichtbaren Sterne anzuzeigen. Drehbare Sternkarten kann man nur innerhalb eines Bereichs bestimmter Breitengrade benutzen. Man muss also eine dem eigenen Standort entsprechende Sternkarte kaufen, um nicht die falsche Ansicht des Himmels zu erhalten.

DREHBARE STERNKARTE
Auf der Sternkarte sind die Himmelsrichtungen, Datum und Uhrzeit angegeben. Hellere Sterne sind durch größere Punkte markiert als dunklere Sterne. Das ovale Fenster zeigt die Sterne, die zu einer bestimmten Zeit sichtbar sind.

DATUM UND ZEIT SETZEN
Durch Drehen der Scheibe stellt man Datum und Zeit der Beobachtung ein. In dem Beispiel (oben) ist der 12. August um 23 Uhr eingestellt.

AUSRICHTEN UND SCHAUEN
Man hält die Sternkarte über den Kopf und richtet sie an den Himmelsrichtungen aus, sodass die Markierung »Norden« auch nach Norden weist. Das ovale Fenster zeigt alle Sternbilder, die zur eingestellten Zeit über dem Horizont sichtbar sind. Der Rand des Fensters entspricht dabei dem Horizont des Beobachters.

TRAGBARES PLANETARIUM
Einige Planetariumsprogramme laufen sogar auf Smartphones. Sie zeigen die Ansicht des Nachthimmels, nachdem der Benutzer Standort, Uhrzeit und Datum eingegeben hat.

Sternatlanten und Programme benutzen

Drehbare Sternkarten oder einfache Sternkarten wie die auf den Seiten 210–233 sind gute Orientierungshilfen am Nachthimmel, aber sie bilden notgedrungen den gesamten Himmel auf kleinem Raum ab. Eine Alternative ist ein Sternatlas – ein Buch, das mehr detaillierte Karten des gesamten Himmels enthält. Einige Atlanten führen Sterne bis zur Größenklasse 6,5 auf – sie eignen sich zur Beobachtung mit Ferngläsern und bloßem Auge –, während andere sogar Sterne aufführen, die noch schwächer sind und sich deshalb besser für Teleskope eignen. Manche Atlanten enthalten für jede Karte zusätzliche Angaben wie die Zeiten der Meteorschauer, Listen mit sehenswerten Veränderlichen und ausgesuchten, lohnenswerten Objekten.

In jüngerer Zeit wurde das Prinzip der Sternkarten auf astronomische Software übertragen – oft Planetariumsprogramme genannt. Es gibt viele verschiedene Softwarepakete. Einfache Programme zeigen die Positionen der Sterne, Planeten und des Monds für den jeweiligen Standort an, während andere ausführliche Kataloge der Sterne und Himmelsobjekte enthalten. Einige Programme bilden den Himmel detailgetreu ab und bieten sogar die Möglichkeit, ein Teleskop mit dem Computer zu steuern. Manche Programme drucken auch Sternkarten aus oder lassen sich in einem Modus mit rotem Licht betreiben, um sie auf einem Notebook auch im Freien nutzen zu können. Das ausgezeichnete Programm Stellarium, das man kostenlos im Internet herunterladen kann, ist auch für Anfänger ideal geeignet.

Helligkeit und Größenklasse

Um ein Himmelsobjekt am Nachthimmel aufzufinden und zu identifizieren, muss man seine Helligkeit kennen. Dabei muss man zwischen der absoluten Helligkeit – wie hell es tatsächlich ist – und seiner scheinbaren Helligkeit unterscheiden – wie hell es einem Beobachter auf der Erde erscheint. Für Beobachter ist die scheinbare Helligkeit meist wichtiger.

Die scheinbare Helligkeit unterscheidet sich von der absoluten, weil weiter entfernte Sterne dunkler erscheinen – wie eine Taschenlampe, die in einiger Entfernung weniger hell aussieht. Der Stern Alpha Centauri hat eine höhere scheinbare Helligkeit als Beteigeuze, weil er sehr viel näher an der Erde liegt, aber Beteigeuze hat eine höhere absolute Helligkeit, weil er leuchtstärker ist.

Ein Maß für die scheinbare Helligkeit ist die Größenklasse. Dem Stern Wega weist man die Größenklasse Null zu; hellere Objekte haben eine negative Größenklasse. Eine Abnahme der Größenklasse um den Wert 1 entspricht ungefähr einer Zunahme der Helligkeit um das 2,5-Fache.

AUSGEWÄHLTE SCHEINBARE HELLIGKEITEN

OBJEKT	SCHEINBARE HELLIGKEIT
Die Sonne	-26,7
Der Mond	-12,6
Venus	-4,7
Mars	-2,9
Jupiter	-2,9
Merkur	-1,9
Sirius (hellster Stern am Himmel)	-1,4
Saturn	-0,3
Ganymed (Jupitermond)	4,6
Planetoid Vesta	5,3
Uranus	5,5
Dunkelste Objekte für bloßes Auge	um 6,0
Neptun	7,7
Pluto	13,8

HELLE UND DUNKLE STERNE
Je höher der Wert der Größenklasse, desto dunkler ist ein Objekt. Sirius, der hellste Stern am Nachthimmel (rechts), hat eine scheinbare Helligkeit von -1,4. Das Hubble-Weltraumteleskop hat Sterne der Größenklasse +30 entdeckt.

Erforschung nach Katalog

Neben den Sternen und Sternbildern bietet der Nachthimmel Tausende interessante Himmelsobjekte. Viele Objekte wurden bereits beobachtet, aufgelistet und benannt. Heute existiert eine Reihe von Katalogen, die diese interessanten Nebel, Galaxien, Sternhaufen und weitere verzeichnen. Viele Astronomen nutzen diese Listen als Anregung für ihre Beobachtungen.

Die bekannteste Objektliste ist der Messier-Katalog, der über 100 interessante »Deep-Sky-Objekte« (Objekte außerhalb des Sonnensystems) enthält. Objekte in diesem Katalog werden durch den Buchstaben »M« für Messier gekennzeichnet wie M42 (der Orionnebel) und M45 (die Plejaden). Die Messier-Objekte sind so berühmt, dass einige Amateurastronomen zu einem Messier-Marathon aufbrechen. Dabei versuchen sie, innerhalb einer Nacht so viele Messier-Objekte wie möglich zu beobachten. Der viel umfangreichere Neue Generalkatalog (NGC; engl.: New General Catalogue) umfasst über 7800 Objekte und der Indexkatalog (IC; engl.: Index Catalogue) über 5000 Objekte. Beide Kataloge führte Johan Ludvig Emil Dreyer im 19. Jahrhundert ein. Einige Objekte besitzen sowohl Messier- als auch NGC-Nummern.

KATALOGNUMMERN
Der rötliche Emissionsnebel des Orion hat die Messier-Nummer 42. Der blaue Nebel NGC 1977 darunter ist ein Reflexionsnebel, den benachbarte Sterne erleuchten und ihm seine Farbe geben.

MESSIER UND MÉCHAIN

Die Mehrheit des Messier-Katalogs erfasste der französische Astronom Charles Messier (1730–1817) im 18. Jahrhundert. Messier war ein erfahrener Astronom und Kometenjäger, der 21 Kometen entdeckte. Er stellte seinen heute berühmten Katalog der Himmelsobjekte zusammen, um sie nicht mit Kometen zu verwechseln. Messier und sein Kollege Pierre Méchain suchten mehrere Jahre den Nachthimmel ab und entdeckten dabei die meisten Objekte des Katalogs. Der Messier-Katalog enthält heute 110 Objekte, die eine reichhaltige Auswahl der schönsten Himmelsobjekte darstellen.

CHARLES MESSIER

DER MESSIER-KATALOG
Die Grafik (links) zeigt alle 110 Messier-Objekte, vom Krebsnebel (M1), einem Supernovaüberrest, oben links bis zur elliptischen Zwerggalaxie M110 unten rechts.

Größen bestimmen

Wenn man die scheinbare Größe eines Sternbilds oder den scheinbaren Abstand zwischen zwei Objekten kennt, kann man sich gut am Himmel zurechtfinden. Diese Abstände werden in Grad gemessen – er beschreibt den scheinbaren Winkel zwischen zwei Objekten. Bei Beobachtungen mit bloßem Auge dienen Hände bei ausgestrecktem Arm gegen den Hintergrund als nützliches Hilfsmittel.

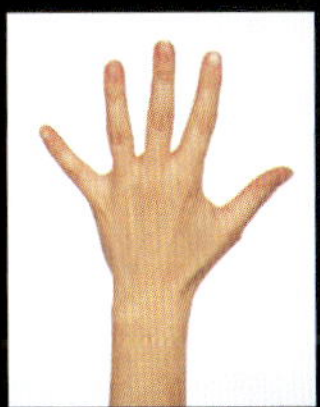

HANDSPANNE Die gespreizte Hand entspricht bei ausgestrecktem Arm ungefähr 22°.

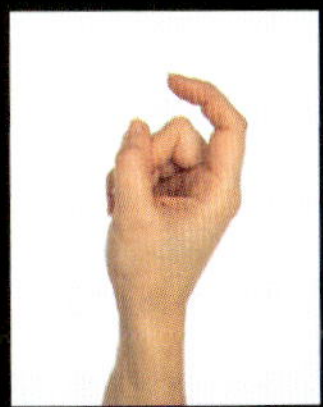

FINGERGELENKE Das erste Fingerglied ist von der Seite etwa 3°, das zweite 4°, das dritte 6° lang.

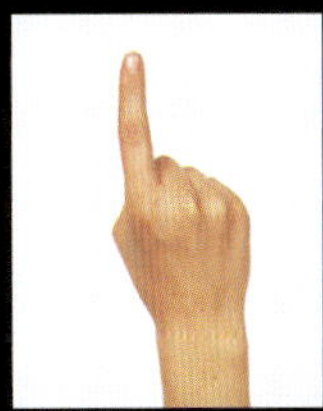

FINGERBREITE Ein Finger bei ausgestrecktem Arm bedeckt den Mond (weniger als 1°).

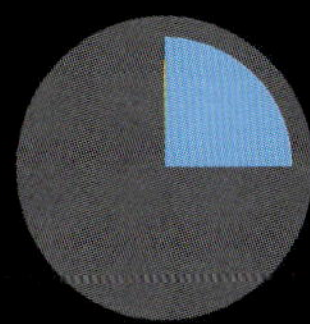

Mit seinen Händen kann man größere Gebiete am Himmel ausmessen. Wenn man jedoch ein Teleskop benutzt, in dem das Sichtfeld gewöhnlich kleiner als ein Grad ist, nützt dieses Hilfsmittel nicht. Bei kleineren Objekten wird ein Grad in 60 gleich große Abschnitte unterteilt, die man Bogenminuten nennt. Diese Messgröße besitzt als Einheit das Symbol ′ (z. B. 43′). Für noch kleinere Objekte wird die Bogenminute in 60 Bogensekunden eingeteilt, mit dem Symbol ″ als Einheit. Bei der Beobachtung von Sternhaufen, Nebeln oder dem Abstand zwischen Doppelsternen sind Bogenminuten und Bogensekunden die gebräuchlichen Einheiten.

WINKELABSTAND

OBJEKT ODER ENTFERNUNG	UNGEFÄHRE WINKELGRÖSSE
Abstand vom Großen Wagen zu Polaris	28°
Länge des Großen Wagens	24°
Abstand der Zeigersterne des Kreuz des Südens	6°
Abstand der Zeigersterne im Großen Wagen	5°
Kleiner Finger bei ausgestrecktem Arm	1°
Die Sonne (durchschnittliche Größe)	32′
Der Mond (durchschnittliche Größe)	31′
Abstand zwischen Jupiter und Ganymed (dem hellsten seiner Hauptmonde)	6′
Auflösung des bloßen Auges (die Möglichkeit, dass das Auge zwei Objekte trennt, die sehr eng nebeneinander stehen)	3′ 25″
Maximale Größe der Venus	1′
Größter Krater auf dem Mond	1′
Kleinstes Objekt, das ein Auge noch als Scheibe und nicht als Lichtpunkt erkennt	1′
Maximale Größe des Jupiter	49″
Abstand der Sterne im Doppelstern Beta(β) Cygni im Sternbild Schwan (Cygnus)	30″
Kleinstes Objekt einer definierten Größe, das man mit einem Teleskop von der Erde aus sieht	1″
Größenlimit für das Hubble-Weltraumteleskop	0,1″

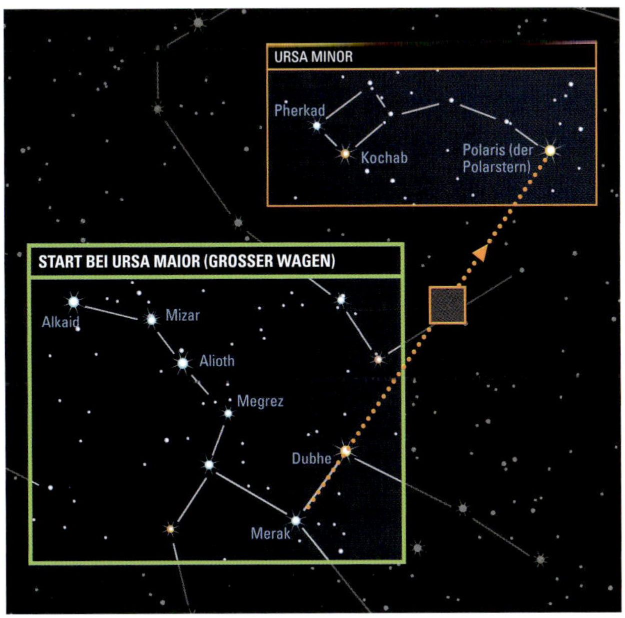

Starhopping

Eine bewährte Methode, sich am Nachthimmel zu orientieren, bietet das Starhopping (engl.: von Stern zu Stern hüpfen). Dabei dienen bekannte Sterne oder Sterngruppen als Ausgangspunkt zu anderen Sternen und Himmelsobjekten. Diese Methode ist nicht nur bei Beobachtungen mit bloßem Auge hilfreich, sondern auch mit einem Teleskop oder Fernglas. Starhopping ist aber nicht die einzige hilfreiche Methode zur Orientierung, sondern sie dient auch dazu, mit der Zeit die verschiedenen hellen Sterne und wichtigen Sternbilder kennenzulernen.

Man kann auf diese Art von Sternbild zu Sternbild (siehe S. 84, 106, 114, 136 und 140) gelangen oder einen kleineren Bereich absuchen – um dunkle Objekte wie Galaxien mit dem Okular eines Teleskops aufzufinden. Dazu sucht man sich zuerst einen hellen Stern in der Nähe seines Ziels bei kleiner Vergrößerung. Danach bewegt man sich mithilfe einer Sternkarte oder eines Programms von Stern zu Stern, bis das gesuchte Ziel im Okular erscheint.

STELLARE WEGWEISER Das Starhopping, das in diesem Buch wie hier vom Großen Wagen zu Polaris (siehe S. 84) beschrieben ist, bietet einen hervorragenden Einstieg, um sich am Nachthimmel zurechtzufinden.

BEDINGUNGEN FÜR KLARE SICHT

Was in einer Nacht am Himmel sichtbar ist, hängt von vielen Faktoren wie dem Standort, der Lichtverschmutzung, Luftströmungen und Staubteilchen in der Atmosphäre ab.

KLARER WELTRAUM
Auf einer Erdumlaufbahn in 559 km Höhe kann das Hubble-Weltraumteleskop oberhalb der Luftturbulenzen und der Verschmutzung unserer Atmosphäre ungestört beobachten.

HOHE ERWARTUNGEN
Die besten Sichtbedingungen auf der Erde findet man in großen Höhen oberhalb der Atmosphärenschichten der Luftverschmutzung. Ein Ort wie Mount Pinos in Kalifornien (USA; oben) zog früher Hunderte Amateurastronomen an, doch inzwischen hat die zunehmende Bebauung zu zusätzlicher Lichtverschmutzung (siehe rechte Seite) geführt.

Realistische Ansichten

Nur wenige Menschen sind von den Aufnahmen entfernter Galaxien und Nebel der Weltraumteleskope wie dem Hubble-Weltraumteleskop und der großen Sternwarten auf der Erde nicht fasziniert. Ausgezeichnete Ansichten erlauben auch mittelgroße Amateurteleskope, aber man muss realistisch einschätzen können, was man sieht und was nicht. Was man sehen kann, hängt von der Art des Teleskops und den Sichtverhältnissen ab, die auf diesen Seiten erklärt werden.

WAS KANN MAN SEHEN?

Ein Amateurastronom mit einem guten 300 mm-Spiegelteleskop (siehe S. 54) kann bei guten Sichtbedingungen die unten aufgeführten Himmelsobjekte beobachten.

MOND	Krater, Ebenen, Gebirge und andere Strukturen sieht man in vielen Einzelheiten.
PLANETEN	Jupiter erscheint in der gleichen Größe wie einige mittelgroße Mondkrater. Seine Wolkenbänder, die Galileischen Monde und eventuell der Große Rote Fleck sind sichtbar. Mars erscheint so groß wie ein Baseball in einer Entfernung von 3 m. Einzelheiten seiner Oberfläche sind sichtbar, wenn sich Mars der Erde nähert (siehe S. 180). Uranus erscheint als winziger grünlicher Punkt.
STERNE	Im Teleskop erscheinen Sterne heller, aber sie sind immer noch nur Lichtpunkte.
DEEP-SKY-OBJEKTE	Galaxien und Nebel erscheinen als verschwommene Lichtflecken. Sternhaufen sind hell und ähneln Juwelen.
FARBE	Nur einige Planeten und wenige große Sterne wie Beteigeuze und Rigel im Sternbild Orion erscheinen farbig. Das menschliche Auge ist jedoch nicht empfindlich genug, um die Farben der Nebel zu erkennen. Die Aufnahmen dieser Objekte z. B. in diesem Buch entstanden mit CCD-Kameras als Langzeitaufnahmen (siehe S. 66).

Die Auswirkungen der Atmosphäre mindern

Ein häufig übersehener Faktor, der die Erscheinung eines Himmelsobjekts für den Beobachter beeinflusst, ist seine Höhe am Himmel. Sterne scheinen am Horizont tatsächlich ungefähr drei Größenklassen schwächer als direkt über dem Kopf. Wenn ein Stern hoch steht, muss sein Licht eine dünnere Atmosphärenschicht durchdringen, als wenn er tief über dem Horizont steht. Die Atmosphäre enthält Staubteilchen, die einen Teil des Lichts absorbieren, insbesondere in der Nähe von Städten. Luftturbulenzen stören ebenfalls den Anblick der Sterne. Am besten sieht man Himmelsobjekte, wenn man wartet, bis sie ihren höchsten Stand am Nachthimmel einnehmen.

VORTEIL ÜBERKOPF
Ein Objekt zu beobachten, wenn es direkt über dem Betrachter steht, reduziert die Atmosphärenschichten, durch die sein Licht dringt, und verbessert die Sicht.

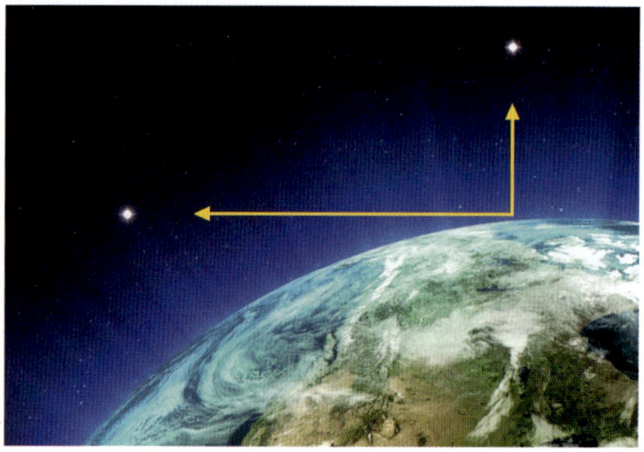

Dunkle Nächte

Viele Beobachter wissen, dass sie in ländlichen Gegenden ausreichend entfernt von den Lichtern großer Städte eine klare Sicht auf Objekte am Nachthimmel haben. Dieses unerwünschte Leuchten – die Lichtverschmutzung – ist ein Problem, weil das Licht von Straßenlaternen, Werbeschildern und anderen Quellen in die Atmosphäre abstrahlt und den Kontrast zwischen dem dunklen Hintergrund und Objekten mindert. Anders ausgedrückt sieht man in besonders dunklen Nächten auch dunklere Objekte. Die schwächsten Objekte, die man mit bloßem Auge in Städten sieht, haben die Größenklasse 3,5, während erfahrene Astronomen an dunklen Orten Objekte bis zur Größenklasse 6,5 sehen.

Hellere Objekte wie der Mond, die Planeten Venus, Jupiter und Saturn sowie die meisten bekannten Sternbilder sind gute Ziele für Beobachtungen auch in lichtverschmutzten Städten, doch für schwächere Objekte wie etwa Deep-Sky-Objekte sollte man den dunklen Himmel abseits der Siedlungen aufsuchen.

Eine weitere Quelle der Lichtverschmutzung stellt für Beobachter von Himmelsobjekten der Mond dar, insbesondere um die Zeit des Vollmonds. Der Vollmond mindert den Kontrast und stört die Dunkelanpassung des menschlichen Auges (siehe S. 48). Wenn Mondlicht in unsere Atmosphäre eindringt, färbt sich der Himmel in ein helles, blasses Blau, das alle dunklen Objekte in dem großen Hof um den Mond überstrahlt. Die beste Beobachtungszeit ist deshalb vor Mondaufgang, nach Monduntergang oder bei Neumond.

GUTE BELEUCHTUNG
Einige Stadtverwaltungen sind sich des Problems der Lichtverschmutzung bewusst und installieren eine bessere Straßenbeleuchtung, die den Anteil des Lichts reduziert, der nach oben in den Nachthimmel abstrahlt und die Sichtbarkeit mindert.

SICHTBEDINGUNGEN

Mit dem Begriff »Seeing« beschreiben Astronomen Störungen in der Atmosphäre. Bei Beobachtungen mit einem Teleskop und hohen Vergrößerungen, stören Turbulenzen im Teleskop (lokales Seeing) und in der Atmosphäre die Aufnahmen feinster Details. Wenn das Seeing schlecht ist, können Astronomen nur Vergrößerungen von etwa dem 100-fachen nutzen, während sie bei guten Bedingungen Vergrößerungen von bis zu dem 300-fachen erzielen.

Das Seeing kann man mit der Antoniadi-Skala einteilen, die für Beobachtungen des Monds und der Planeten entwickelt wurde. Diese einfache Skala benutzt die römischen Ziffern von I bis V. Auf der Skala bezeichnet I das beste, perfekte Seeing ohne Bildunruhe. II präsentiert leichte Störungen, aber ruhige Luft für mehrere Sekunden. III steht für mittelmäßige Luftunruhe. IV bedeutet schlechtes Seeing durch ständiges Wabern, während bei V das Seeing extrem schlecht ist, sodass man kaum noch Einzelheiten erkennt.

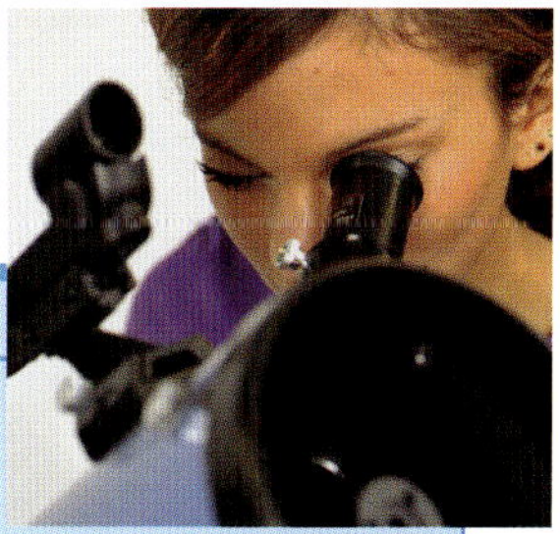

SICHTGRENZEN
Schlechtes Seeing begrenzt die nützliche Vergrößerung eines Teleskops.

Turbulenz und Transparenz

Lokale Luftturbulenzen können tief greifende Auswirkungen auf die Sicht haben. Wenn die Sonne den ganzen Tag auf Asphalt scheint, bleibt der Platz auch noch in der Nacht warm, sodass er die Luft darüber erwärmt und verwirbelt. Bei Teleskopbeobachtungen von diesem Platz sieht man den Nachthimmel durch eine Luftverwirbelung hindurch, welche die Sicht stört. Zur Abhilfe sucht man sich einen Platz, der tagsüber im Schatten lag, um Temperaturunterschiede zu reduzieren. Aus gleichem Grund sollte man ein Teleskop nicht im Haus aufstellen oder ein Objekt beobachten, das sich über einem Gebäude befindet: Die aufsteigende warme Luft erzeugt Verwirbelungen.

Turbulenzen kommen auch im kleineren Maßstab vor. Wenn man ein Teleskop aus einem warmen Gebäude in eine kalte Nacht mitnimmt, können Temperaturänderungen im Instrument zu verschwommenen Bildern im Okular führen. Deshalb stellt man ein Teleskop zunächst für etwa eine Stunde in die kalte Nacht, bis es die gleiche Temperatur wie die umgebende Luft hat.

ATMOSPHÄRISCHE TRANSPARENZ
Bei bewölktem Himmel sind Beobachtungen unmöglich, aber auch ein dunstiger Himmel mit Wasserdampf macht Beobachtungen schwierig. Ein heller Halo um den Mond zeigt eine geringe atmosphärische Transparenz an.

3

BEOBACHTEN UND DOKUMENTIEREN

Ein gutes Fernglas oder Teleskop ermöglicht dem Beobachter tiefere Blicke in das Weltall. Nachdem man den Umgang mit diesen Instrumenten gelernt hat, möchte man seine Beobachtungen z. B. mithilfe der Astrofotografie dokumentieren oder aufzeichnen, was man gesehen hat.

VORBEREITUNGEN

Um den Nachthimmel zu erkunden, braucht man keine besondere Ausrüstung – Neugierde, Geduld und ein wenig vernünftige Vorbereitung.

Braucht man ein Teleskop?

Astronomie kann jeden erfreuen, der gut sieht. Auch ohne optische Hilfsmittel kann man Sternbilder betrachten, die Bahnen von fünf Planeten am Himmel verfolgen, Sternhaufen wie die Plejaden entdecken, Meteore und den Orionnebel (M42) beobachten. Ein gutes Fernglas oder Teleskop erweitern natürlich die Möglichkeiten, auch dunklere Objekte zu sehen. Viele Astronomen raten aber dazu, am Anfang mit bloßem Auge zu beobachten, um sich mit dem Nachthimmel vertraut zu machen, bevor man sich eine optische Ausrüstung kauft.

SICHT MIT BLOSSEM AUGE
Manchmal erlebt man den Reichtum des Nachthimmels am besten mit bloßem Auge. Für viele verschiedene Objekte braucht man überhaupt keine Ausrüstung, um sie zu sehen.

Vorbereitung

Die besten Nächte für die Astronomie sind die klarsten – und oft auch die kältesten! Wenn man sich aber auf niedrige Temperaturen einstellt, fühlt man sich bei seiner Beobachtung wohler. Eine warme Mütze, fingerfreie Handschuhe – damit man noch hantieren kann – und eine warme, winddichte Jacke sind hierfür notwendig. Eine Thermoskanne heißen Tees oder Kaffees ist dabei immer willkommen. Vorher prüft man jedoch, ob man alle Utensilien zur Beobachtung dabeihat – wenn man noch einmal ins Haus zurückgehen muss, verlieren die Augen ihre Dunkelanpassung (siehe unten). Bei der Beobachtung steht man längere Zeit im Freien, sitzt sogar oder hockt auf feuchtem Boden, um durch ein Okular zu sehen. Bequeme Schuhe und wasserdichte Hosen sollten daher nicht fehlen.

BEKLEIDUNG
Warme und bequeme Kleidung eignet sich am besten für nächtliche Beobachtungen. Warm eingepackt kann man länger im Freien den Nachthimmel beobachten.

Dunkelanpassung

In dunklen Nächten können unsere Augen Sterne bis zur Größenklasse 6 unterscheiden. Wenn man seine Augen etwa 30–60 Minuten an die Dunkelheit gewöhnt, kann man in klaren Nächten sogar Sterne der Größenklasse 6,5 erkennen. Dieses Phänomen nennt man Dunkelanpassung. Unsere Augen besitzen zwei verschiedene Lichtrezeptoren: Zapfen, die am besten im Tageslicht arbeiten, und Stäbchen, die besser in der Dämmerung funktionieren. Die Stäbchen benötigen einige Zeit, um sich an die neuen Lichtverhältnisse anzupassen. Man kann dunkle Objekte auch sehen, wenn man etwas seitlich neben das Objekt blickt (mit bloßem Auge oder Teleskop). Dadurch fällt das Licht dieses Objekts auf die empfindlicheren Stäbchenzellen im Auge.

SICHERES LICHT
Eine rote LED-Leuchte oder eine Taschenlampe mit einem Rotfilter erhält die Dunkelanpassung der Augen.

SICH BETEILIGEN

Die Astronomie muss keine einsame Beschäftigung sein. In vielen Städten gibt es astronomische Vereinigungen, die sich regelmäßig treffen, um Ausrüstung vorzustellen, Workshops abzuhalten und zu Vorträgen von Wissenschaftlern einzuladen. Einige Vereine haben eigene Beobachtungsorte oder sogar eigene Sternwarten mit großen Teleskopen. Astronomische Vereinigungen organisieren auch »Sternpartys« oder »Starpartys«, bei denen sie gemeinsam mehrere Nächte den Nachthimmel beobachten. Es gibt viele Wege, andere Astronomen zu treffen, mit der fantastischen Chance, verschiedene Teleskope kennenzulernen.

STERNPARTY
Überall auf der Welt beobachten Astronomen gemeinsam weit entfernt von der Lichtverschmutzung den Nachthimmel, um ihr Hobby zu teilen.

Beobachtungen aufzeichnen

In einer Zeit, in der erschwingliche Digitalkameras – an Teleskopen – lebhafte Bilder des Himmels aufnehmen (siehe S. 64), scheint es veraltet, Beobachtungen mit Bleistift und Papier aufzuzeichnen. Doch Notizen und Zeichnungen in einem Beobachtungsbuch sind eine ausgezeichnete Möglichkeit, sein Auge für Einzelheiten astronomischer Objekte wie Planetenoberflächen oder Nebel zu trainieren. Obwohl Digitalkameras erstaunliche Bilder machen, zeigen sie nicht immer, was man mit seinen Augen sieht.

Kaum etwas eignet sich besser als eine Zeichnung zur Dokumentation, was man mit bloßem Auge oder im Teleskop oder Fernglas gesehen hat. Bei Himmelsobjekten wie Sternhaufen, Nebel und Galaxien beginnt man mit den Sternen. Dazu orientiert man sich zunächst an einigen der helleren Sterne, die man im Okular sieht. Sobald man diese genau übertragen hat, füllt man die Zwischenräume mit schwächeren Sternen und skizziert Nebel oder Galaxien. Für unterschiedliche Schattierungen der Nebel oder Galaxien wählt man verschieden harte Bleistifte und verwischt die Ränder mit den Fingerkuppen. Hellere Gebiete in einem Nebel kann man mit einem Radiergummi hervorheben. Bei Skizzen des Monds zeichnet man zuerst bekannte Merkmale genau auf, bevor man detaillierte Linien, Schatten und andere Merkmale einfügt. Einige Zeichner malen die unterschiedlichen Schattierungen der Mondoberfläche nicht aus, sondern setzen Punkte unterschiedlich dicht nebeneinander.

Viele Astronomen zeichnen ein Negativ – mit Bleistift auf weißem Papier. Dann scannen sie die Zeichnung ein und invertieren das Bild mit einem Grafikprogramm, um helle Sterne vor dunklem Hintergrund zu erhalten. Bei Sonnenbeobachtungen ergeben gelbe, rote und weiße Pastellfarben oder Kreide auf schwarzem Karton besonders eindrucksvolle Bilder.

EIN BEOBACHTUNGSBUCH FÜHREN

Eine sinnvolle Dokumentation enthält bestimmte Fakten, um ungewöhnliche oder interessante Beobachtungen (wie neue Merkmale auf Planeten oder ein ungewöhnliches Aufhellen eines Sterns) im Kontext festzuhalten. Ein Beobachtungsbuch sollte mindestens enthalten:

- Name des Beobachters und Standort
- Name und/oder Koordinaten des Objekts
- Uhrzeit und Datum der Beobachtung
- Einzelheiten zur Ausrüstung (Okular, Teleskop etc.)
- Beobachtungsbedingungen (Seeing, Transparenz, Wetter und mehr)
- Himmelsrichtungen jeder Zeichnung oder Fotografie
- andere interessante Anmerkungen

ROSETTENNEBEL
Eine Skizze eines Nebels wie des Rosettennebels (oben) beginnt man mit den helleren Sternen (rechts), die ein Gerüst für dunklere Objekte bilden. Dabei erhalten hellere Sterne dickere Punkte.

MONDKRATER CLAVIUS
Um die Mondoberfläche wie den Clavius-Krater (oben) zu skizzieren, konzentriert man sich zunächst auf Merkmale, die hervorstechen. Nachdem man die Umrisse aufgezeichnet hat, schattiert man die Flächen wie die Kraterränder und -böden (rechts) mit angewinkeltem Bleistift oder Holzkohle.

FERNGLÄSER

Ferngläser zählen zu den beliebtesten Instrumenten eines Astronomen, weil sie leicht zu transportieren und überall schnell einsetzbar sind.

Warum Ferngläser?

Ferngläser sind klein, transportabel, vorteilhaft und müssen nicht eingerichtet werden. Sie bilden Objekte im Okular aufrecht ab (im Gegensatz zu Teleskopen, die ein auf dem Kopf stehendes Bild erzeugen) und sind einfach zu bedienen. Sie eignen sich durch ihr großes Sehfeld für Streifzüge über den Himmel und zur Beobachtung größerer Objekte wie den Andromedanebel (M31). Ferngläser sind sicherlich nicht nur eine »zweitrangige« Alternative zu Teleskopen. Tatsächlich benutzen die meisten erfahrenen Beobachter regelmäßig ein Fernglas, um ihre Beobachtungen mit Teleskopen zu unterstützen.

Selbst mit einem kleinen Fernglas kann man die vier größten Jupitermonde, herausragende Gebirgszüge, Krater und die glatten Ebenen auf dem Mond sowie die Spiralarme der Milchstraße erkennen. Die meisten Galaxien und Nebel erscheinen als kleine graue, verschwommene Flecken, wobei man in klaren Nächten ohne viel Lichtverschmutzung einige Strukturen in helleren Nebeln wie M42 im Sternbild Orion erblicken kann.

DIE PLEJADEN
Offene Sternhaufen wie die Plejaden erscheinen im Fernglas als glitzerndes, nahezu dreidimensionales Relief.

OBJEKTE ZUR BEOBACHTUNG MIT FERNGLÄSERN

OBJEKTNAME	OBJEKTART	STERNBILD
M42	Emissionsnebel	Orion
NGC 884 & 869	Offener Sternhaufen	Perseus
M31	Galaxie	Andromeda
M22	Kugelsternhaufen	Schütze
M33	Galaxie	Dreieck
M13	Kugelsternhaufen	Herkules
M45	Offener Sternhaufen	Stier
NGC 5139	Kugelsternhaufen	Zentaur

Ferngläser benutzen

Vor der Beobachtung brauchen unsere Augen einige Zeit, um sich der Dunkelheit anzupassen. Um Objekte hoch am Himmel zu betrachten, ohne sich den Hals zu verrenken, setzt man sich am besten in einen Liegestuhl, auf eine Liege oder auf eine wasserdichte Decke auf den Boden. Oder man stützt sich auf seine Ellbogen auf einen Zaun oder eine Mauer.

Zunächst sucht man einen hellen Stern und stellt mit seiner Hilfe die Schärfe ein (mit dem Fokussiertrieb), sodass er als heller, scharfer Lichtpunkt im Okular erscheint. Dann sucht man das Gebiet um den Stern ab, um die Einzelheiten kennenzulernen, die jetzt sichtbar sind. Nachdem man die Umgebung des Sterns kennt, orientiert man sich am Himmel mithilfe einer Sternkarte und sucht verschiedene Himmelsobjekte über andere Sterne auf.

WEITES SEHFELD
Ferngläser mit zehnfacher Vergrößerung zeigen ein Sehfeld von ungefähr 6–8° und eignen sich deshalb gut für größere Phänomene wie große Sternfelder, die für ein Teleskop zu groß sind.

ENTSPANNTES SEHEN
In einem Liegestuhl kann man den Himmel bequem beobachten, weil das Fernglas auf den Armen ruht.

FERNGLÄSER SCHARF STELLEN

Über die Drehachse stellt man den Abstand der Okulare mit dem der Augen überein. Die meisten Ferngläser besitzen zwei Räder – einen Fokussiertrieb und einen Dioptrienausgleich am Okular.

1 Dazu schließt man das Auge am Okular mit Ausgleich und stellt die Schärfe über den Fokussiertrieb ein.

2 Dann schließt man das andere Auge und stellt mit dem Dioptrienausgleich die Schärfe an diesem Auge ein.

Ferngläser für die Astronomie

Ferngläser vergrößern Objekte und sammeln mehr Licht als das bloße Auge, sodass dunklere Objekte heller erscheinen. Sie enthalten Linsen und Prismen, die das Bild »aufrecht stellen«, sodass man sein Ziel leichter auffindet. Ferngläser, mit denen man z. B. Vögel beobachtet, eignen sich wahrscheinlich auch für den Nachthimmel. Doch wenn man sich ein neues Fernglas besonders für die Astronomie kauft, sollte man einige Dinge beachten.

WAHL DES OBJEKTIVS
Die Größe des Objektivs oder der Öffnung eines Fernglases bestimmt, wie viel Licht es sammelt. Größere Öffnungen erzeugen normalerweise hellere Bilder.

Bauarten

Es gibt zwei verschiedene Bauarten von Ferngläsern, die Dachkant- und die Porroprismen. Porroprismen besitzen einen N-förmigen Strahlengang, sie sind breiter und sperriger als die geraden, kompakteren Dachkantprismen. Bei begrenztem Budget bieten Porroprismen-Ferngläser meistens eine bessere, hellere Optik als Dachkantprismen-Ferngläser und mehr Wert für ihren Preis.

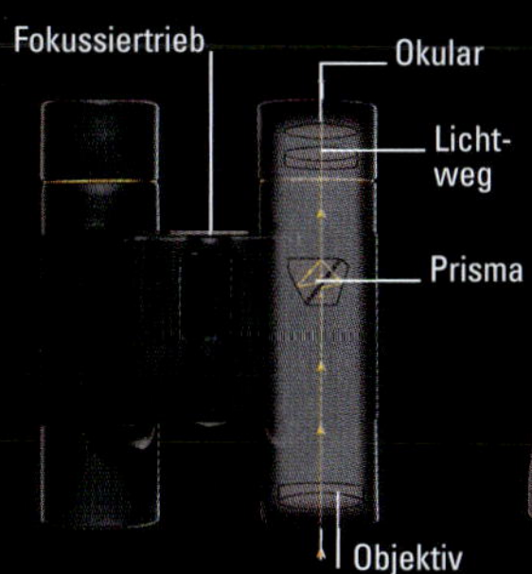

DACHKANTPRISMEN
Bei dieser Bauart fällt Licht durch zwei eng benachbarte Prismen und ermöglicht eine kompakte Bauform.

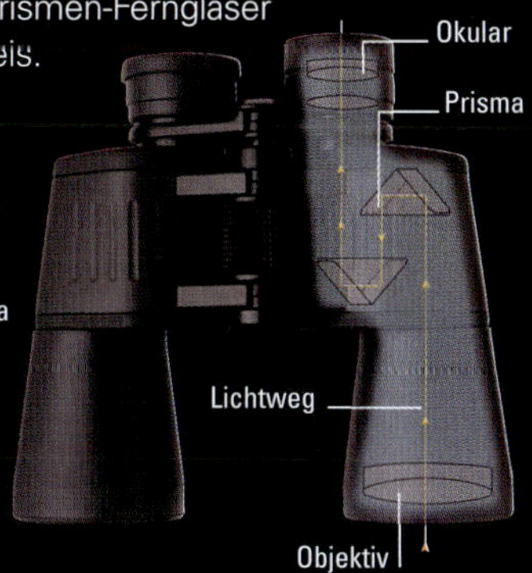

PORROPRISMEN
Durch den N-förmigen Strahlengang ist diese Bauart sperriger. Das Objektiv ist größer und erzeugt helle Bilder.

Vergrößerung und Öffnung

Ferngläser sind normalerweise mit zwei Zahlen gekennzeichnet wie 10 × 50. Die erste Ziffer gibt die Vergrößerung des Fernglases wieder und zeigt an, um wie viele Male ein Objekt gegenüber dem bloßem Auge größer abgebildet wird. Hohe Vergrößerungen scheinen attraktiv, weil sie Objekte größer abbilden. Aber sie verstärken auch jeden Ruck, wenn man das Fernglas ruhig halten will, sodass das Ziel im Okular verrutscht. Zehnfache Vergrößerungen stellen dazu einen guten Kompromiss dar.

Die zweite Ziffer gibt den Durchmesser in Millimetern der vorderen Linse (des Objektivs) wieder. Diese Linse sammelt das Licht dunkler Objekte, deshalb sind größere – bis zu einem bestimmten Punkt – besser. Für Anfänger sind Ferngläser mit einer Öffnung von mindestens 50 mm geeignet. Durch größere Objektive wird ein Fernglas größer, schwerer, teurer und bei längeren Beobachtungen schwerer ruhig zu halten.

Größere Modelle mit 25-facher Vergrößerung und 120 mm breiten Objektiven bieten eine außergewöhnliche Sicht des Himmels. Sie sind aber sehr teuer und brauchen ein Stativ, um erschütterungsfreie Bilder aufzunehmen.

GLÄSER UND OPTIK

Im Allgemeinen bedeutet ein höherer Kaufpreis auch eine bessere optische Qualität. Gute Modelle besitzen hochwertige Bak-4-Gläser und ihre Linsen sind mehrfach oder vollständig mehrfach vergütet. Diese Vergütungen reduzieren das Streulicht der Optik und verbessern somit den Bildkontrast. Eine weitere Überlegung beim Kauf von Ferngläsern betrifft die Austrittsblende. Sie zeigt an, wie hell die Sicht durch ein Fernglas ist, und wird in Millimetern gemessen. Zur Berechnung teilt man den Durchmesser des Objektivs durch die Vergrößerung. Ferngläser mit einer Austrittsblende zwischen 5 und 7 mm eignen sich am besten.

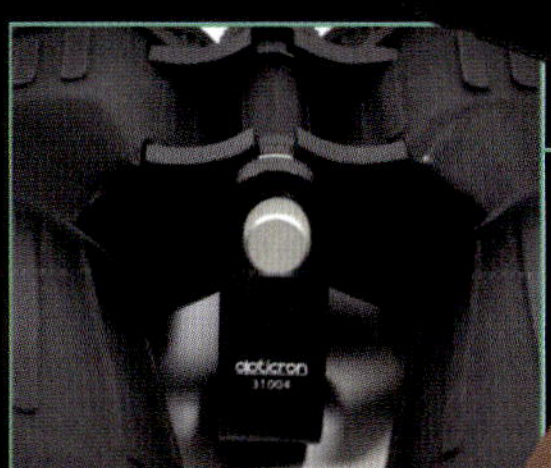

GROSSE FERNGLÄSER
Ferngläser mit starker Vergrößerung und großen Öffnungen sollte man mit einem Stativ benutzen.

OPTIK VON TELESKOPEN

Ein Teleskop erschließt am Nachthimmel neue Dimensionen der Beobachtung. Die Wahl eines geeigneten Teleskops erfordert Basiswissen über optische Eigenschaften.

DIE SUMME SEINER BAUTEILE
Die Optik eines Teleskops, das Zubehör und die Montierung beeinflussen die Leistung.

DAS RICHTIGE TELESKOP
Teleskope mit kleiner Öffnung zeigen hellere Sternhaufen, Galaxien und Nebel, aber dunklere Objekte erfordern eine große Öffnung.

Die Bauteile eines Teleskops

Die Aufgabe eines Teleskops ist einfach – es sammelt Licht und vergrößert die Ansicht. Alle Teleskope bestehen aus drei Bauteilen. Das Rohr enthält die Optik, die aus Linsen, Spiegeln oder aus beiden besteht. Die Montierung trägt das Rohr und ermöglicht, dass man das Teleskop genau ausrichten kann. Das Stativ ist der Träger, auf dem das Rohr und die Montierung befestigt sind.

Teleskope, Montierungen und Stative werden in einer Vielzahl verschiedener Bauweisen angeboten. Beim Kauf des ersten Teleskops hängt die Wahl vom eigenen Budget, der Tragbarkeit und wesentlich von den astronomischen Interessen ab. Einige Teleskope bieten einen guten Kompromiss zwischen Preis und klarer Sicht, aber solche Alleskönner eignen sich nicht für bestimmte Aufgaben. Fähigkeiten und Anwendungen eines Teleskops hängen von seiner optischen Bauweise ab.

Taukappe

Licht sammeln

Die meisten Himmelsobjekte am Nachthimmel sind nicht deshalb schwer zu beobachten, weil sie zu klein sind, sondern weil sie zu dunkel sind. Deshalb ist die wichtigste Kennzahl eines Teleskops nicht seine Fähigkeit der Vergrößerung eines Objekts, sondern die Größe (Öffnung) seiner Linse oder seines Spiegels, des Objektivs. Man gibt sie in Millimeter an. Mit einer größeren Öffnung kann eine Linse oder ein Spiegel mehr Licht sammeln und mehr Einzelheiten abbilden. Ein Vergleich mit seinem körpereigenen Teleskop – dem Auge, das eine Öffnung (die Pupille) von etwa 7 mm besitzt – und einem preiswerten Teleskop mit einer 60 mm-Linse zeigt, dass das Teleskop 70-mal mehr Licht als das bloße Auge sammelt, sodass dunkle Objekte ausreichend hell im Okular erscheinen.

120-mm-ÖFFNUNG

OBJEKTIVGRÖSSE
Die Öffnung, der Durchmesser des Objektivs, ist das wichtigste Kennzeichen eines Teleskops.

60-mm-ÖFFNUNG

GROSSE BRENNWEITE

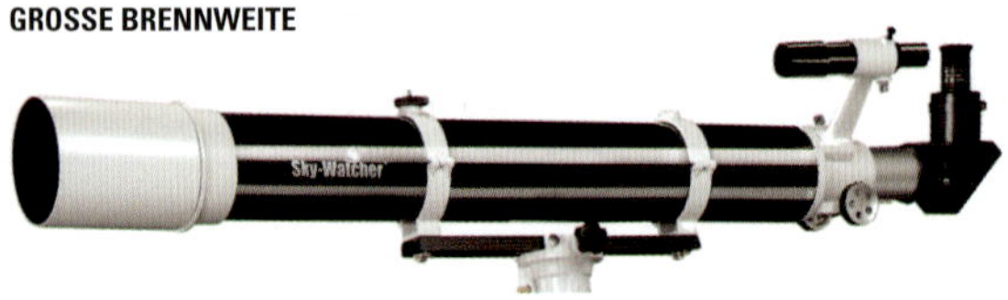

KLEINE BRENNWEITE

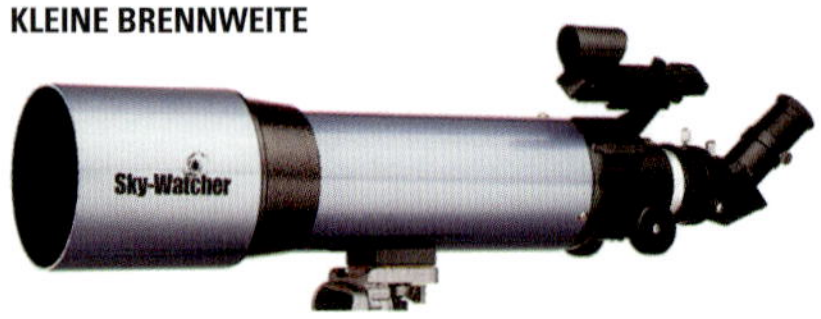

BRENNWEITE
Ein Teleskop mit einer großen Brennweite hat mit dem gleichen Okular eine stärkere Vergrößerung als eines mit einer kleinen Brennweite.

Brennweite und Öffnungsverhältnis

Nach der Öffnung ist die zweitwichtigste Angabe die Brennweite: der Abstand der Linse vom Brennpunkt (siehe rechts). Bei gleichem Okular erzeugt ein Teleskop mit großer Brennweite ein stärker vergrößertes Bild als eines mit kleiner Brennweite, aber das Sichtfeld ist kleiner. Eine große Brennweite wird für helle Objekte wie den Mond, die Planeten oder Doppelsterne bevorzugt. Dagegen ist eine kleine Brennweite besser für ausgedehntere Ziele wie die Sternfelder der Milchstraße.

Teilt man die Öffnung durch die Brennweite (beide in Millimeter), erhält man das Öffnungsverhältnis, sein Kehrwert ist die Blendenzahl. Sie ist vor allem für Fotografen interessant. »Schnelle« Teleskope mit großem Öffnungsverhältnis bzw. kleiner Blendenzahl (etwa Blende 5 oder »f/5«) eignen sich für lichtschwache Deep-Sky-Objekte.

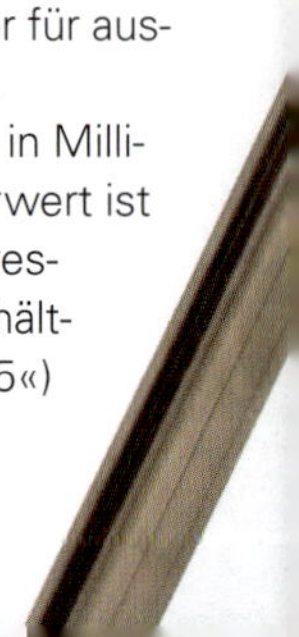

Optik und Vergrößerung

Das optische Herzstück eines Teleskops besteht aus zwei Komponenten, dem Rohr und dem Okular. Das Rohr, das auf der Innenseite geschwärzt ist, um Reflexionen zu verhindern, enthält an einem Ende eine Linse oder einen gewölbten Spiegel, das sogenannte Objektiv. Es bündelt Licht eines entfernten Objekts wie eines Sterns in einem Punkt – dem Brennpunkt – der sich direkt vor dem Okular am anderen Ende befindet. Wenn man Papier in den Brennpunkt hält, sieht man ein Abbild des Sterns auf ihm. Das Okular ist im Wesentlichen nur ein Vergrößerungsglas, um das Bild des Brennpunkts unterschiedlich stark je nach gewähltem Okular zu vergrößern.

Die Vergrößerung eines Teleskops beschreibt das Verhältnis, wie groß ein Objekt im Vergleich zum bloßen Auge erscheint – 25-fach oder 100-fach – und hängt von den Brennweiten des Teleskops und des Okulars ab. Um die Vergrößerung zu berechnen, teilt man die Brennweite des Teleskops durch die des Okulars. Ein Teleskop mit 2500 mm Brennweite und einem Okular mit einer Brennweite von 25 mm besitzt eine 100-fache Vergrößerung.

Durch Austausch des Okulars verändert sich auch die Vergrößerung. Ein Austausch ist aber nur innerhalb bestimmter Grenzen sinnvoll, die durch die Öffnung des Teleskops (siehe Tabelle, rechts) bestimmt werden. Als Faustregel gilt dabei, dass die Vergrößerung eines Okulars nicht mehr als das Doppelte des Objektivs (in Millimeter) betragen soll.

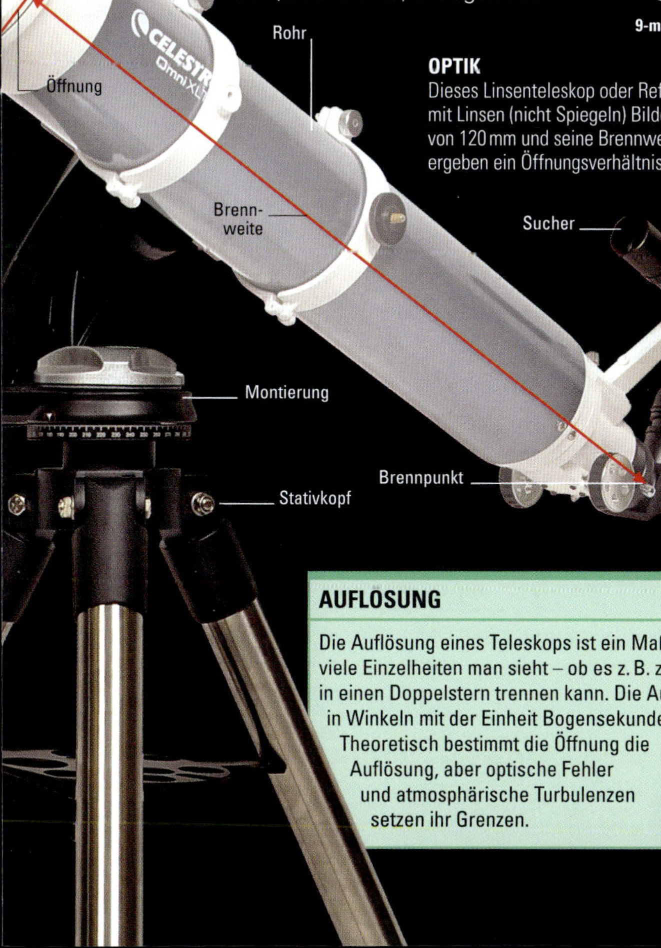

OPTIK
Dieses Linsenteleskop oder Refraktor erzeugt mit Linsen (nicht Spiegeln) Bilder. Seine Öffnung von 120 mm und seine Brennweite von 1000 mm ergeben ein Öffnungsverhältnis von f/8.3.

AUFLÖSUNG

Die Auflösung eines Teleskops ist ein Maß dafür, wie viele Einzelheiten man sieht – ob es z. B. zwei Sterne in einen Doppelstern trennen kann. Die Auflösung wird in Winkeln mit der Einheit Bogensekunde angegeben. Theoretisch bestimmt die Öffnung die Auflösung, aber optische Fehler und atmosphärische Turbulenzen setzen ihr Grenzen.

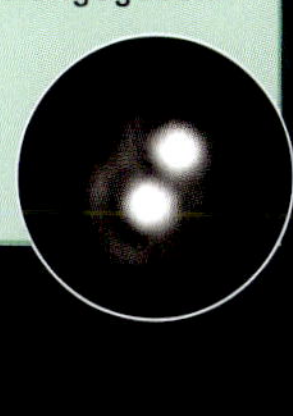

ÖFFNUNG UND VERGRÖSSERUNG

Die Vergrößerung eines Teleskops hängt von seiner Öffnung ab. Vergrößerungen um das 300-fache sind ungebräuchlich, weil sie nur Luftturbulenzen vergrößern.

TELESKOP-ÖFFNUNG		HÖCHSTE NUTZBARE VERGRÖSSERUNG	DUNKELSTE OBJEKTE SICHTBAR	AUFLÖSUNG
mm	Zoll			
60	2,4	120-fach	mag 11,6	1,9″
80	3,1	160-fach	mag 12,2	1,5″
90	3,5	180-fach	mag 12,5	1,3″
100	3,9	200-fach	mag 12,7	1,2″
120	4,7	240-fach	mag 13,1	1,0″
150	5,9	(300)-fach	mag 13,6	0,8″
200	7,9	(400)-fach	mag 14,2	0,6″
250	9,8	(500)-fach	mag 14,7	0,5″

9-mm-OKULAR

25-mm-OKULAR

OKULARVERGRÖSSERUNG
Der Austausch eines Okulars verändert die Vergrößerung eines bestimmten Teleskops. Okulare mit starker Vergrößerung sind nicht immer die besten, weil sie Bildkontrast und Helligkeit reduzieren und nur ein kleines Sehfeld bieten.

Okular

Das Okular eines Teleskops besteht aus mehreren Linsen in einem Metallzylinder, auf den an der Seite eine Zahl – die Brennweite in Millimeter – aufgedruckt ist. Eine kleine Auswahl Okulare bietet einen guten Bereich von Vergrößerungen. Ein Okular mit einer kurzen Brennweite von 9 mm eignet sich für hochauflösende Beobachtungen von Mond, Planeten und Doppelsternen. Eine Brennweite von 25 mm dient allgemeinen Beobachtungen, aber für Offene Sternhaufen und Nebel braucht man eine größere Brennweite von etwa 40 mm. Zusätzliche Vergrößerungen erhält man mit einer Barlowlinse. Sie wird vor das Okular in den Okularauszug gesteckt und verstärkt die Vergrößerung normalerweise um das 2-fache oder 3-fache.

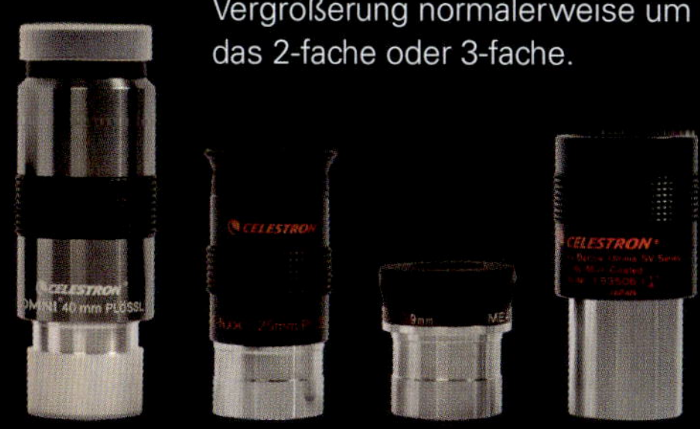

40 mm 25 mm 9 mm 2-FACHE BARLOWLINSE

TELESKOPMONTIERUNGEN

Die verschiedenen Bauarten und Montierungen von Teleskopen unterscheiden sich sehr in ihren Möglichkeiten, Kosten und Benutzerfreundlichkeit.

Linsen und Spiegel

Alle Teleskope vergrößern Bilder von Himmelsobjekten und hellen sie auf. Die drei Hauptbauarten des Teleskops – Reflektor, Refraktor und katadioptrisches Teleskop – erreichen dies auf unterschiedliche Weise und haben verschiedene Vor- und Nachteile. Ein Reflektor (Spiegelteleskop) sammelt das Licht mit Spiegeln und bündelt es im Okular, während der Refraktor (Linsenteleskop) dazu eine oder mehrere Linsen nutzt. Ein katadioptrisches Teleskop ist eine Mischung dieser Bauarten mit Linsen und Spiegeln.

BESONDERE TELESKOPE

Früher konnten nur Berufsastronomen Sonnenteleskope nutzen, heute sind sie auch für Amateure erhältlich. Sie lassen nur ein schmales Band von Wellenlängen durch, etwa die, in denen Wasserstoff leuchtet, um die Sonne sicher zu beobachten.

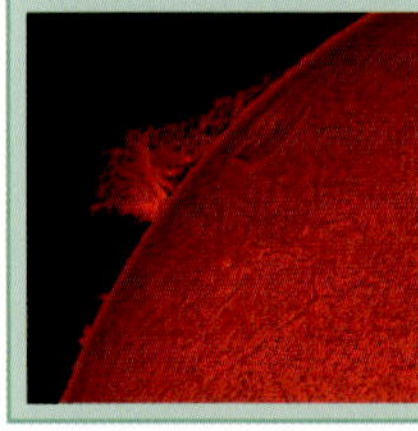

DYNAMISCHE PHÄNOMENE
Wasserstoff-Alpha-Sonnenteleskope zeigen spektakuläre Protuberanzen (Plasmaausbrüche).

OPTISCHE BAUART

ART	BESCHREIBUNG	VORTEILE	NACHTEILE
REFRAKTOR 	Ein Refraktor ist das klassische astronomische Teleskop und direkter Nachfolger der Teleskope von Galilei. In der einfachsten Form besteht es aus einem langen Rohr mit großer Linse (dem Objektiv) an einem Ende, die Licht sammelt und im anderen Ende bündelt. Dort vergrößert eine kleinere Linse, das Okular, das Bild und leitet es zum Betrachter. Refraktoren eignen sich sehr gut, um Körper wie den Mond, die Planeten und Doppelsterne zu beobachten.	Das robuste Instrument erfordert wenig Wartung, deshalb eignet es sich auch für Kinder und ist transportabel. Es erzeugt klare Bilder mit guter Schärfe. Ohne Spiegel oder andere Hindernisse im Rohr entstehen sehr kontrastreiche Bilder.	Im Allgemeinen teurer als ein Reflektor mit gleicher Öffnung. Es ist anfällig für chromatische Aberration – ein Abbildungsfehler, bei dem verschiedene Farben von der Linse in unterschiedlichen Punkten gebündelt werden. Bauform kann bei Beobachtungen hoch am Himmel unpraktisch sein.
REFLEKTOR 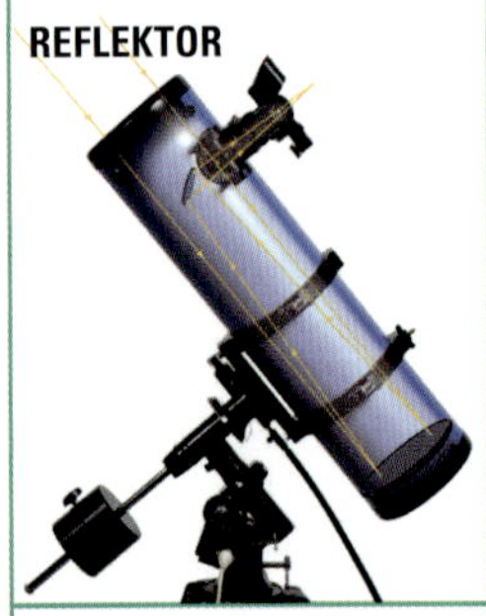	Der Newton-Reflektor – entworfen von dem englischen Forscher Sir Isaac Newton – besteht aus einem offenen Rohr aus Metall, Kunststoff oder Holz mit einem (meist parabolisch) gewölbten Spiegel am Ende. Der Spiegel sammelt Licht und reflektiert es auf einen kleineren Fangspiegel, der auf dünnen Streben (der »Spinne«) im Rohr sitzt. Der Lichtstrahl wird vom Fangspiegel im rechten Winkel aus dem Rohr in das Okular geführt, das das Bild vergrößert.	Das Teleskop ist relativ preiswert, hat eine große Öffnung und eignet sich gut für Himmelsobjekte. Das Okular an der Seite ist für die Beobachtung sehr bequem. Es zeigt keine chromatische Aberration (siehe oben), ist aber anfällig für Koma – der Rand des Sehfelds ist verzeichnet.	Das relativ zerbrechliche Gerät muss regelmäßig gewartet werden, damit die Spiegel genau ausgerichtet sind. Die Spiegelvergütung hält nur wenige Jahre. Das Instrument ist ein optischer Kompromiss, weil der zweite Spiegel Licht blockiert und Spitzen erzeugen kann, die scheinbar von hellen Objekten ausstrahlen.
KATADIOPTRISCHES TELESKOP 	Diese moderne Bauart erzeugt mit Linsen und Spiegeln Bilder. Es besteht aus einem kurzen Rohr, an dessen unterem Ende der Hauptspiegel sitzt. Am oberen Ende gleicht eine dünne Linse (oder Korrektorplatte) optische Abweichungen aus. Auf der Innenseite der Korrektorplatte sitzt ein kleiner zweiter Spiegel, der das Licht vom Hauptspiegel durch eine Öffnung im Hauptspiegel zum Okular leitet, das am unteren Ende des Rohrs angebracht ist.	Die kompakte Bauart bietet eine große Brennweite mit kurzem Rohr. Das Teleskop lässt sich auf eine Gabelmontierung setzen (siehe rechte Seite, oben rechts). Es ist weniger anfällig für chromatische Aberration und Koma. Ein vielseitiges Instrument.	Das Teleskop ist oft teurer als ein Reflektor mit vergleichbarer Öffnung. Durch die Bauart geht etwas Licht verloren, bevor der Lichtstrahl das Auge erreicht. Dadurch erscheint ein Objekt dunkler als durch einen gleich starken Reflektor – obwohl besondere Vergütungen diesen Verlust mindern.

Teleskopmontierungen

Eine Teleskopmontierung bietet eine feste, stabile Basis für die Optik. Sie trägt das Teleskop, ohne dass das Instrument wackelt, und erlaubt dem Betrachter, das Teleskop auf ein Ziel am Himmel auszurichten. Die Montierung ist eine Schlüsselkomponente des Aufbaus, insbesondere für die Astrofotografie. Bei der Wahl der Ausrüstung muss man bedenken, dass auch das beste Teleskop auf einer schlechten Montierung nutzlos ist. Beim Kauf sollte man daher ebenso viel Wert auf die Qualität der Montierung wie auf die Qualität des Teleskops legen.

KOMPAKTE MONTIERUNG
Eine kompakte Montierung mit Nachführung für ein kleines Teleskop oder eine Spiegelreflexkamera ist leicht transportierbar und eignet sich gut für die Astrofotografie an relativ unzugänglichen dunklen Beobachtungsorten und für Reisen.

DOBSON-MONTIERUNG

GABEL-MONTIERUNG

BAUARTEN
Die Dobson- und Gabelmontierung sind Varianten der azimutalen Bauart. Dobsons sind leicht aufzustellen und zur Deep-Sky-Beobachtung beliebt. Gabelmontierungen gibt es oft bei Goto-Teleskopen (siehe S. 62).

AUTOMATISCHE NACHFÜHRUNG

Ein kleiner Elektromotor an der Achse der Rektaszension (RA) bei einem polar ausgerichteten äquatorialen Teleskop verfolgt ein Objekt auf seiner Bahn entlang am Himmel (wobei man das Objekt zuerst im Okular suchen muss). Die Genauigkeit dieser Nachführung hängt von der Präzision des Mechanismus der Montierung ab.

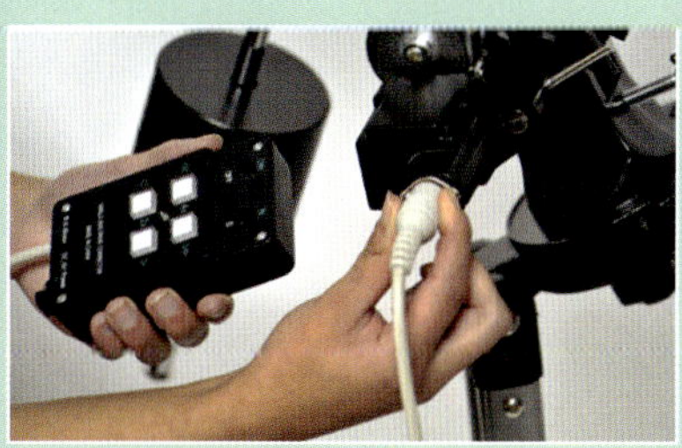

FEINEINSTELLUNG
Kleinere Anpassungen der Position kann man über ein Steuergerät eingeben.

Alt-azimutale oder äquatoriale Montierung?

Die beiden wichtigsten Teleskopmontierungen sind die azimutale (oder alt-azimutale) und die äquatoriale (oder parallaktische) Montierung. Die einfachere azimutale Montierung bewegt sich um zwei Achsen ähnlich wie ein Stativkopf – aufwärts und abwärts bis 90° (Höhe) und links oder rechts um 360° (Azimut). Sie ist leicht auszurichten und eignet sich für erfahrene Beobachter. Die Sterne wandern jedoch (oder bewegen sich scheinbar) nicht einfach auf- und abwärts bzw. von links nach rechts – ihre scheinbare Bahn ist ein Kreis um den Himmelspol. Die Verfolgung von Sternen ist mit dieser Montierung daher schwierig.

Hierfür ist die parallaktische oder äquatoriale Montierung besser geeignet. Sie hat wie die azimutale Montierung zwei Achsen im rechten Winkel zueinander, die man Rektaszension (RA) und Deklination nennt. Wenn man das Teleskop einmal am Himmelspol ausgerichtet hat (siehe S. 60), muss man es nur um eine Achse (RA) schwenken, um der Bahn eines Objekts zu folgen. Durch die Fähigkeit, ein Objekt glatt und nicht im Zickzackkurs zu verfolgen, eignet sich die äquatoriale Montierung für die Astrofotografie, weil dabei eine einzige Belichtung mehrere Minuten dauern kann und man das Objekt sehr viel leichter im Okular behält. Mithilfe der äquatorialen Montierung findet man auch leichter Sterne, wenn man ihre Koordinaten über Teilkreise einstellt (siehe S. 61). Eine parallaktische Montierung lehrt den Beobachter viele Einzelheiten über die scheinbare Bewegung der Sterne und Himmelskoordinaten. Anfänger sollten in Betracht ziehen, ein Goto-Teleskop (siehe S. 62) zu kaufen, das ihnen die Einstellungen abnimmt.

(ALT-)AZIMUTALE MONTIERUNG
Diese Montierung ist gewöhnlich leichter und kompakter als die äquatoriale. Um ein Himmelsobjekt zu verfolgen, muss man aber das Teleskop gleichzeitig in zwei Richtungen schwenken, was schwierig werden kann.

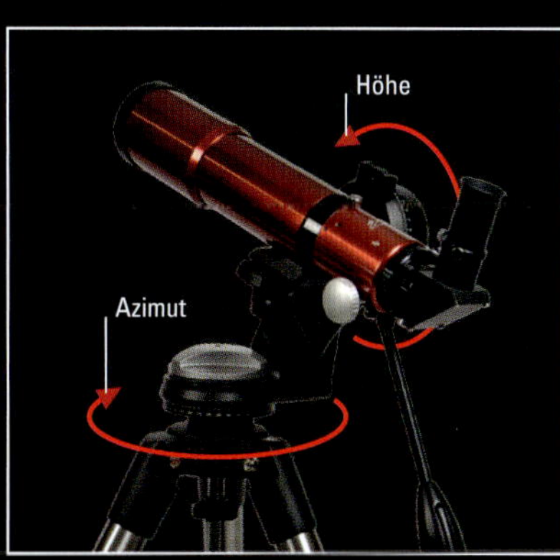

ÄQUATORIALE ODER PARALLAKTISCHE MONTIERUNG
Diese Montierung ist sehr schwer und erfordert Gewichte zum Ausgleich. Auf den ersten Blick erscheint ihre Bedienung sehr schwierig – aber nachdem man einmal die polare Ausrichtung (siehe S. 60) eingestellt hat, ist sie einfacher zu bedienen.

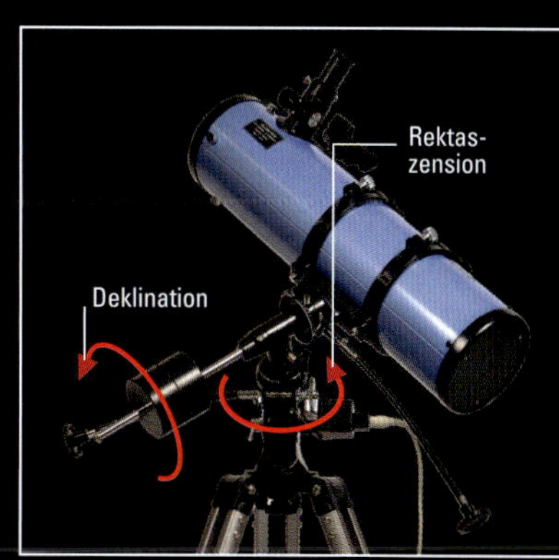

Ein Ziel aufsuchen

Ein Teleskop mit einem kleinen Sehfeld auf einen dunklen Stern auszurichten, kann sehr schwierig sein, und sogar große Ziele sind schwer ohne Suchfernrohr aufzufinden. Das Suchfernrohr ist ein kleines Linsenteleskop am Rohr des Hauptteleskops, das dazu dient, es auf das Ziel genau auszurichten. Es hat eine weitaus geringere Vergrößerung (normalerweise 6-fach oder 8-fach) als das Hauptteleskop und bildet einen weiten Bereich des Himmels relativ hell ab. Nachdem sein Fadenkreuz das Objekt erfasst hat, ist dieses Objekt auch im Hauptteleskop sichtbar. Das Suchfernrohr muss man bei jeder Verwendung genau mit dem Hauptteleskop (siehe unten) ausrichten.

Einige Astronomen bevorzugen einen Sucher, der die Sicht nicht vergrößert und den man Reflexvisier oder Rotpunktsucher nennt. Diese Sucher projizieren einen roten Punkt oder ein Fadenkreuz auf eine Glas- oder Kunststoffplatte, sodass der Punkt oder das Fadenkreuz im Sehfeld erscheint. Nachdem das Objekt mit dem Zielpunkt erfasst wurde, ist das Objekt im Teleskop sichtbar. Rotpunktsucher sind einfacher zu bedienen als Suchfernrohre, weil der gesamte Himmel im Blick bleibt und Objekte in ihrer Umgebung sichtbar sind und das Bild nicht auf dem Kopf steht (wie bei dem Suchfernrohr).

SUCHFERNROHR

Ein Suchfernrohr vergrößert die Ansicht und bildet einen Bereich von etwa 5–8 ° ab. Mithilfe eines Fadenkreuzes kann man das Ziel erfassen. Das Bild im Suchfernrohr steht auf dem Kopf und kann zunächst die Suche erschweren. Viele Anfängerteleskope besitzen einen sehr einfachen Sucher, den man später durch ein besseres Suchfernrohr ersetzen kann.

SICHT IM SUCHFERNROHR

ROTPUNKTSUCHER

Ein Rotpunktsucher zeigt mit einem kleinen roten Punkt an, auf welchen Abschnitt das Teleskop ausgerichtet ist. Dabei bleibt ein weiter Bereich sichtbar, um sich besser zu orientieren. Bei einigen Modellen lässt sich die Helligkeit des Punkts über einen Dimmer regulieren.

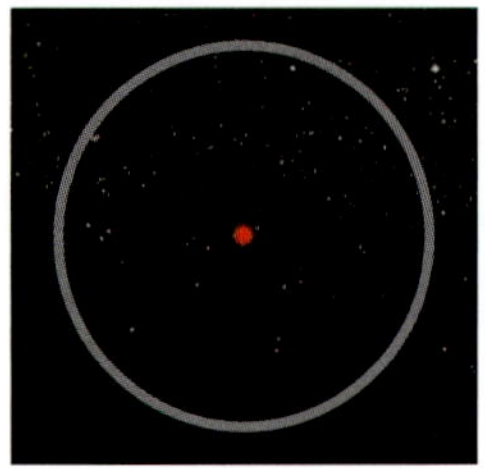

SICHT IM ROTPUNKTSUCHER

Suchfernrohr ausrichten

Das Ausrichten eines Suchfernrohrs oder Rotpunktsuchers mit dem Teleskop ist eine einfache und notwendige Aufgabe. Zunächst führt man eine grobe Ausrichtung bei Tageslicht an einem Ziel auf der Erde durch. Diese Ziele besitzen den Vorteil, dass sie sich nicht während der Ausrichtung bewegen und erleichtern so die Arbeit. Man sollte dabei aber immer darauf achten, dass das Suchfernrohr oder Teleskop nicht auf die Sonne weist.

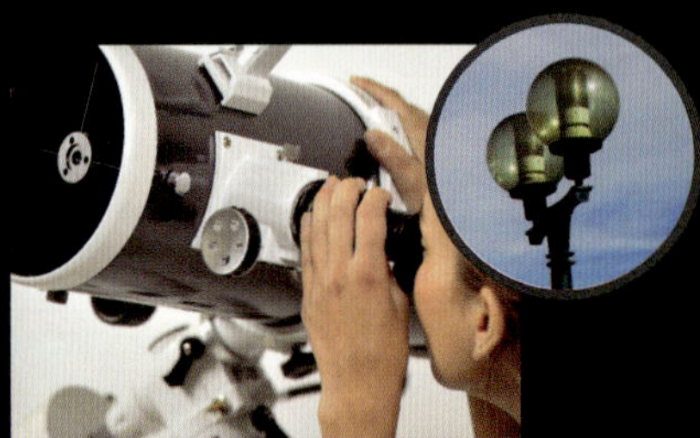

1 DAS TELESKOP AUSRICHTEN Bei Tageslicht wählt man ein entferntes Ziel wie eine Laterne und richtet das Teleskop so aus, dass sich das Ziel genau in der Mitte des Sehfelds befindet.

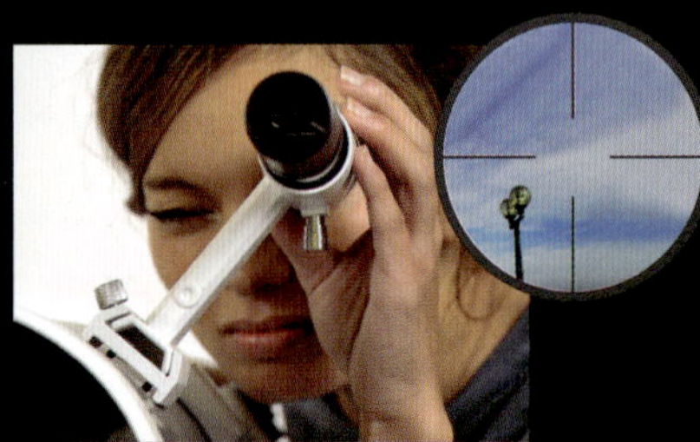

2 DAS SUCHFERNROHR ÜBERPRÜFEN Das Suchfernrohr oder der Rotpunktsucher wird ungefähr parallel am Teleskop befestigt. Beim Blick in das Okular befindet sich das Ziel wahrscheinlich nicht im Zentrum.

3 DAS SUCHFERNROHR EINSTELLEN Mit den Einstellschrauben am Suchfernrohr kann man geringe Abweichungen von der Ausrichtung des Teleskops ausgleichen. Anschließend überprüft man die Ausrichtung beider Instrumente.

4 ENDGÜLTIGE AUSRICHTUNG Nachdem beide Spektive ausgerichtet sind, arretiert man die Einstellschrauben. Wenn man das Suchfernrohr hin und wieder mit dem Teleskop ausrichtet, wird seine Benutzung einfacher.

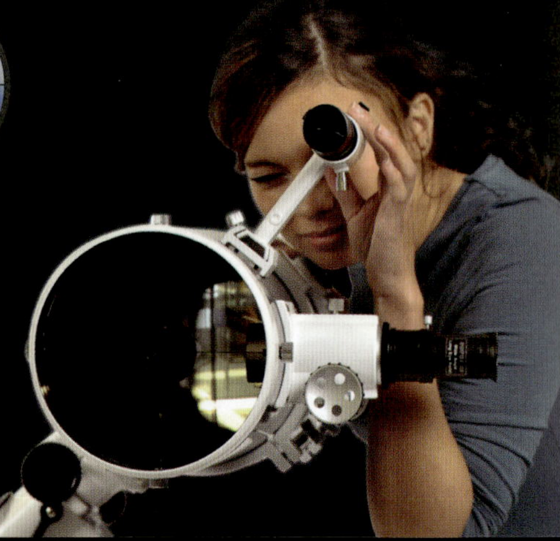

Veränderte Sicht

Die Sicht durch einige astronomische Teleskope ist umgekehrt – oben ist unten, links ist rechts – und man sieht den Himmel, als ob man auf dem Kopf steht. Diese Ansicht erschwert die Suche nach Objekten oder den Vergleich der Sicht durch ein Teleskop mit einer Sternkarte. Viele Astronomen benutzen deshalb Zubehör wie das Zenitokular, das diese Inversion korrigiert und eine angenehmere Beobachtungshaltung ermöglicht. Das Zenitokular enthält einen Spiegel oder ein Prisma, das das Licht um 90° umlenkt – mit diesem rechten Winkel sieht man von oben in das Okular und nicht von unten und belastet deshalb den Nacken weniger. Das Zenitokular korrigiert das Bild vertikal (sodass oben auch oben ist und unten auch unten), aber es bleibt horizontal seitenverkehrt. Ein weiteres Zubehör, das man Umkehrlinse nennt, dreht das Bild seitlich, sodass das Bild vertikal und horizontal seitenrichtig abgebildet wird.

Dieser zusätzliche Komfort geht jedoch zu Lasten des Bilds, weil der optische Apparat des Zenitokulars bis zu zehn Prozent des einfallenden Lichts absorbieren und streuen kann. Aus diesem Grund gewöhnen sich einige Astronomen eher an die anfangs sehr ungewöhnlichen Verschiebungen der Bilder. Dieses Verhalten kann man tagsüber testen. Dazu richtet man sein Teleskop auf eine entfernte Laterne und bewegt sein Teleskop, um sich an diese Bildverschiebungen zu gewöhnen.

ANSICHT MIT BLOSSEM AUGE

ANSICHT IM TELESKOP

VERKEHRTE WELT
Ein Zenitokular korrigiert das Bild vertikal, sodass im Teleskop nur die horizontale Achse seitenverkehrt erscheint.

ZENITOKULARE
Ein Zenitokular sitzt zwischen dem Teleskop und dem Okular. Sein größter Vorteil ist eine angenehmere Haltung während der Beobachtung mit Refraktoren und katadioptrischen Teleskopen, bei denen das Okular am unteren Rohrende sitzt.

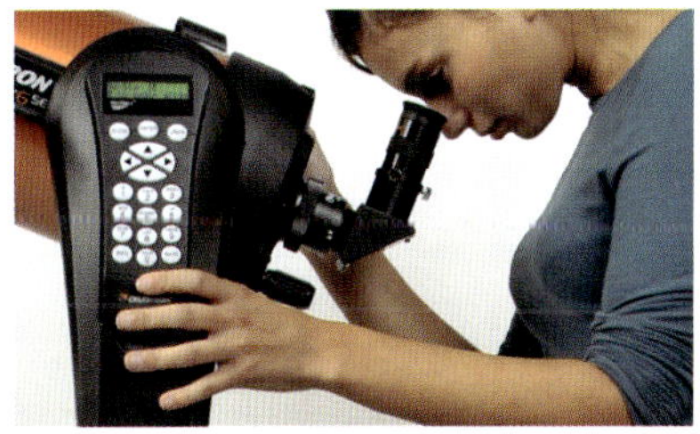

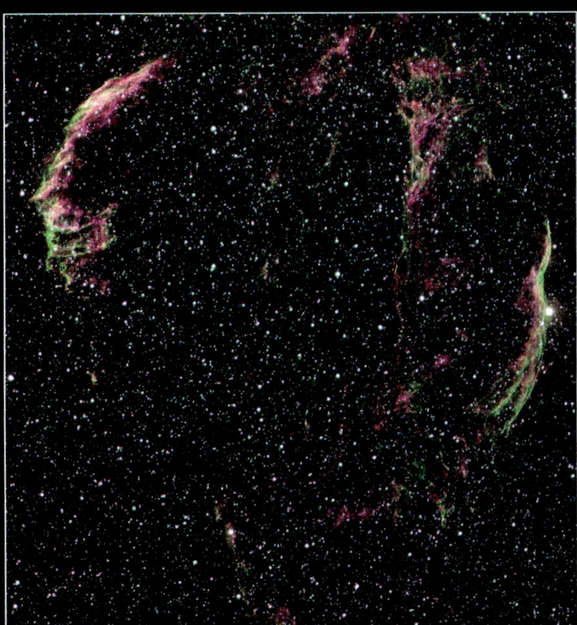

FILTER FÜR DEEP-SKY-OBJEKTE (GALAXIEN UND NEBEL)
Einige Beobachter benutzen spezielle Schmalbandfilter, um größeren Kontrast zwischen der Dunkelheit des Hintergrunds und Nebeln zu erzielen – wie hier beim Schleiernebel, einem großen Supernovaüberrest im Sternbild Schwan (Cygnus).

Filter benutzen

Filter sind optische Gläser, die bestimmte Bereiche des Farbspektrums blockieren, während sie für andere Wellenlängen (Farben) durchlässig sind. Dadurch können sie die Sicht des Nachthimmels erheblich verbessern. Unter den Hunderten verschiedener Filter besitzen einige spezielle Funktionen, während die einfachen Farbfilter Einzelheiten der Merkmale eines Planeten hervorheben. Ein Gelbfilter zeigt z. B. mehr Einzelheiten der Polkappen des Mars. Ein Blaufilter verstärkt den Kontrast der Wolkenbänder und des Großen Roten Flecks in der Jupiteratmosphäre. Mondfilter reduzieren die Lichtintensität der sehr hellen Mondoberfläche. Andere Filter dämpfen das orangefarbene Glühen der Lichtverschmutzung und spezielle Schmalbandfilter lassen nur bestimmte Wellenlängen – die mit Lichtemissionen verschiedener glühender Gase zusammenhängen – passieren. Andere Spezialfilter werden eingesetzt, um Bilder von Galaxien bis zu Planeten aufzunehmen.

FILTER EINSETZEN
Filter werden meist auf die Rückseite des Okulars geschraubt, das dann an das Teleskop gesetzt wird. Filter können bestimmte Aspekte des Anblicks hervorheben, aber sie reduzieren auch die Lichtmenge

KAUFEN UND AUFSTELLEN

Ein Teleskop seiner Wahl zu kaufen, es sorgfältig und akkurat aufzubauen, wird die eigene Erfahrung bei der Beobachtung enorm stärken.

Austarieren und ausrichten

Nach dem Kauf eines Teleskops sollte man sich ausreichend Zeit nehmen, um seine Optik, Stativ und Montierung sorgfältig aufzubauen. Die Benutzung eines genauen Aufbaus und eines gut austarierten und ausgerichteten Teleskops bereitet viel Freude und nur wenig Probleme während der Beobachtung. Jedes Teleskop ist unterschiedlich, deshalb liest man die Bedienungsanleitung vorher durch oder fragt einen erfahrenen Astronomen um Hilfe. Die kurze und allgemeine Anleitung (unten) behandelt die wichtigsten Schritte beim Aufbau eines Amateurteleskops – ein Reflektor auf einer motorisierten äquatorialen Montierung. Man kann das Teleskop zwischen den Beobachtungsnächten teilweise aufgebaut lassen, sodass man einige Schritte nur einmal ausführt.

KAUFBERATUNG

Vor dem Kauf sollte man genau überlegen, was man beobachten will, und den Rat eines Fachhändlers einholen. Generell wählt man innerhalb seines Budgets die größte Öffnung. Sie beträgt mindestens 100 mm bei einem Spiegel-/katadioptrischen Teleskop oder 60 mm bei einem Refraktor. Auch die Montierung und das Stativ sollten nicht die preiswertesten sein – sie sind ebenso wichtig wie die Optik. Mit einer äquatorialen Montierung lernt man viel über Himmelskoordinaten, angenehmer ist jedoch ein Teleskop mit Motornachführung oder ein Goto-Teleskop (siehe S. 62–63).

REFLEKTOR FÜR KINDER

GOTO-TELESKOP

Aufstellen des Teleskops

1 STATIV AUSTARIEREN Das Stativ steht auf einem ebenen, festen Boden. Über die Stativbeine stellt man die obere Platte mit einer Wasserwaage genau horizontal ein.

AUSTARIERTES STATIV

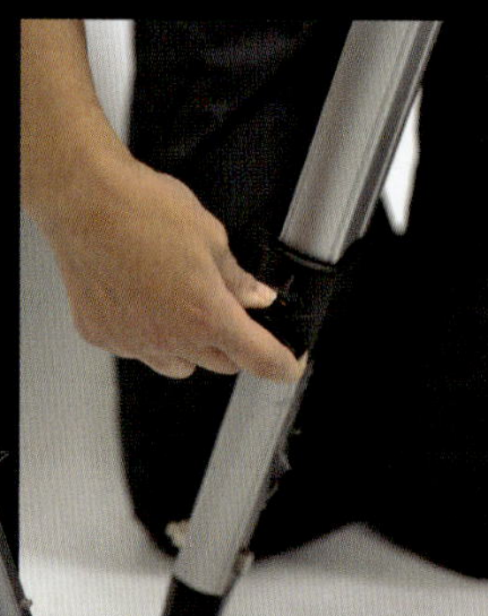

2 STATIVBEINE Die einzelnen Abschnitte der Stativbeine sollte man nicht vollständig ausziehen, weil das Stativ dadurch instabiler steht und die Feineinstellung der Höhe erschwert. Anschließend überprüft man sorgfältig, ob die Sicherungsschrauben der Stativbeine festgezogen sind.

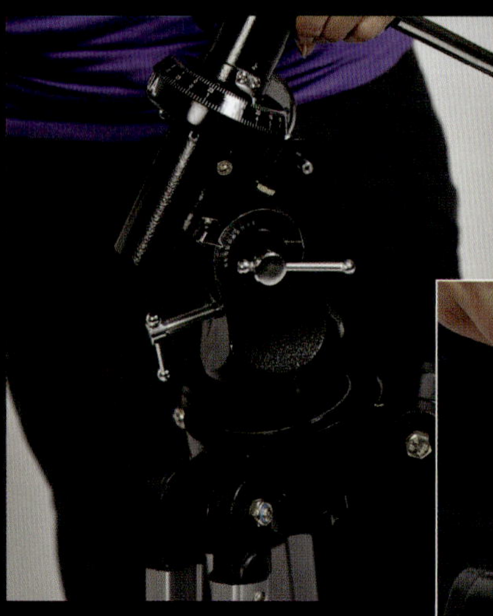

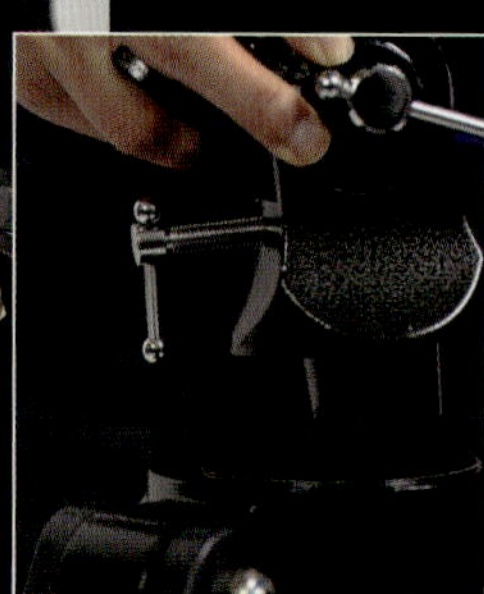

3 MONTIERUNG AUFSETZEN Die Montierung setzt man vorsichtig auf das Stativ, sodass das untere Ende der Montierung in die Öffnung des Stativkopfs passt.

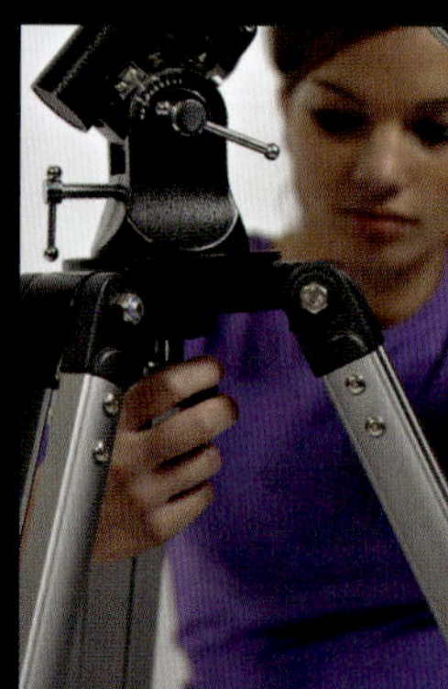

4 MONTIERUNG SICHERN Die Montierung wird mit einer Schraube unterhalb des Stativkopfs gesichert.

5 MOTORANTRIEB ANBRINGEN Dann bringt man den Motorantrieb an der Montierung an und achtet darauf, dass die Zahnräder des Motors genau mit denen der Montierung ineinandergreifen.

6 NÖRDLICHE AUSRICHTUNG

Bei einer äquatorialen Montierung muss man überprüfen, ob die Rektaszensionsachse (der lange Teil des zentralen T der Montierung) ungefähr zum nördlichen (oder südlichen) Himmelspol weist (siehe S. 60 für weitere Einzelheiten).

7 GEGENGEWICHTE ANBRINGEN

Die Gegengewichte werden auf den Schaft geschoben und mit einer Mutter gesichert. Normalerweise befindet sich am Ende des Schafts eine Sicherungsschraube. Sie verhindert ein Abrutschen der Gegengewichte, wenn sich die Mutter löst. Diese Schraube muss anschließend wieder eingesetzt werden.

STATIV UND MONTIERUNG

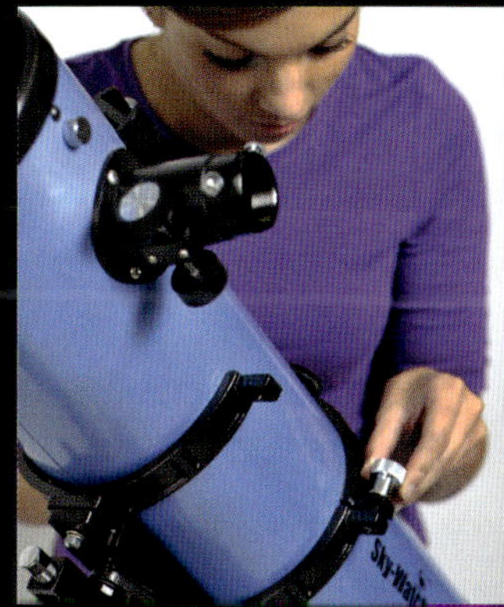

8 DAS TELESKOP AUFSETZEN

Auf die Montierung wird das Rohr des Teleskops gesetzt. Dazu legt man das Teleskop in die Schellen, schließt diese und sichert das Teleskop mit den Schrauben.

9 DREHKNÖPFE ANBRINGEN

Die biegsamen Wellen mit Drehknöpfen werden angeschraubt. Mit ihnen kann man Rektaszension und Deklination fein verstellen.

10 MOTOR EINSETZEN

Die Steuereinheit verbindet man mit dem Motor, aber noch nicht mit der Stromquelle.

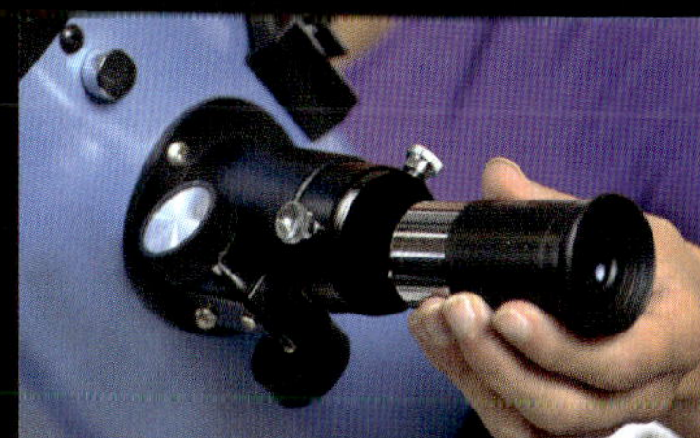

11 SUCHER UND OKULAR EINSETZEN

Das ausgewählte Okular und das Suchfernrohr oder der Rotpunktsucher werden in ihre Halterungen eingesetzt und gesichert. Der Sucher wird mit dem Teleskop ausgerichtet (siehe S. 56).

DIE MONTIERUNG AUSTARIEREN

Der nächste wichtige Schritt ist das Austarieren der Montierung. Dadurch kann man das Teleskop bewegen, ohne dass es seine Position verliert. Dazu müssen beide Achsen der Montierung austariert werden, wobei man mit der Rektaszension (RA) beginnt.

12 REKTASZENSION (RA) AUSTARIEREN

Während man mit einer Hand das Teleskop stützt, löst man die Klammern der RA-Achse. Dann verschiebt man das Gegengewicht so lange auf dem Schaft, bis das Gewicht des Teleskops ausgeglichen ist. An diesem Punkt sichert man es mit der Mutter.

13 DEKLINATION AUSTARIEREN

Um die Montierung in der anderen Bewegungsrichtung – der Deklination – auszutarieren, positioniert man sie so, dass das Teleskop auf einer Seite übersteht. Dann löst man die Klammern der Deklinationsachse. Mit einer Hand stützt man das Teleskop, damit es sich nicht zur Seite neigt. Dann löst man die Schellen am Teleskop und lässt das Rohr langsam hin- und hergleiten, bis es austariert ist. Dann werden die Klammern wieder geschlossen.

14 EINSCHALTEN

Wenn der Motor an der Batterie angeschlossen ist, wird die polare Ausrichtung eingestellt (siehe S. 60).

AUFGEBAUTES TELESKOP MIT STATIV UND MONTIERUNG

Polare Ausrichtung

Der Nachthimmel dreht sich um die Rotationsachse der Erde, an deren Enden sich die Himmelspole befinden. Die äquatoriale Montierung besitzt den Vorzug, dass sie, wenn sie einmal auf diese Rotationsachse ausgerichtet wurde, die Sterne auf ihren Bahnen verfolgen kann. Astronomen benutzen die äquatoriale Montierungen auch, um Objekte aufzufinden, wenn sie ihre Himmelskoordinaten kennen. Die polare Ausrichtung bereitet Anfängern häufig Sorgen, aber sie fällt mit etwas Übung leichter. Die polare Ausrichtung wird an der Montierung und nicht am Teleskop durchgeführt.

KREISBEWEGUNGEN
Sterne bewegen sich scheinbar auf kreisförmigen Bahnen um die Pole.

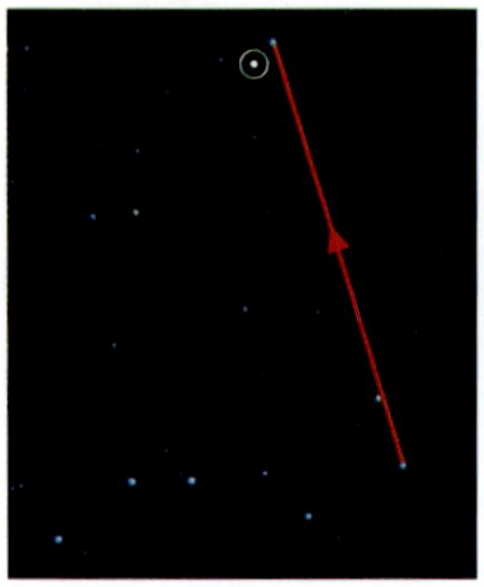

NÖRDLICHER HIMMELSPOL

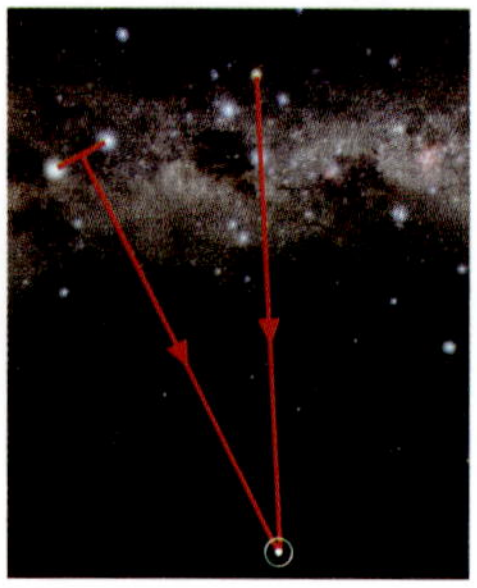

SÜDLICHER HIMMELSPOL

Wo befinden sich die Himmelspole?

Der nördliche Himmelspol liegt sehr nahe am Stern Polaris im Sternbild Kleiner Bär (Ursa Minor). Schnell kann man eine äquatoriale Montierung an diesem Stern ausrichten, aber für genauere Beobachtungen braucht man einen Polsucher (siehe unten), um den Himmelspol aufzufinden.

Der südliche Himmelspol ist schwerer aufzufinden, weil um ihn nur wenige bekannte Sterne liegen. Zur Lokalisierung nimmt man zwei virtuelle Linien. Die erste Linie ist eine Senkrechte zur Verbindung der Sterne Alpha und Beta Centauri, während die zweite eine Verlängerung der großen Achse des Kreuz des Südens ist. Der südliche Himmelspol liegt auf dem Schnittpunkt dieser Linien. Ein Polarsucher vereinfacht eine genaue Ausrichtung.

Geschätzte polare Ausrichtung

Für gelegentliche einfache Beobachtungen kann man die polare Ausrichtung schnell abschätzen. Dazu sucht man mit einem normalen Kompass Norden (wenn der Beobachter auf der Nordhalbkugel steht) oder Süden (wenn der Beobachter auf der Südhalbkugel steht). Dann hebt man das Teleskop mit Stativ und Montierung an und richtet die Polachse der Montierung nach Norden (oder Süden). Mit dem Einstellungsknopf unten an der Montierung stellt man auf der Skala den Breitengrad seines Standorts möglichst genau ein. Die Montierung ist nun annäherungsweise auf den Himmelspol ausgerichtet.

Die Polachse (oder Rektaszensionsachse) der Montierung ist der lange Teil des T im Zentrum der Montierung, der im rechten Winkel zum Gegengewichtsschaft steht.

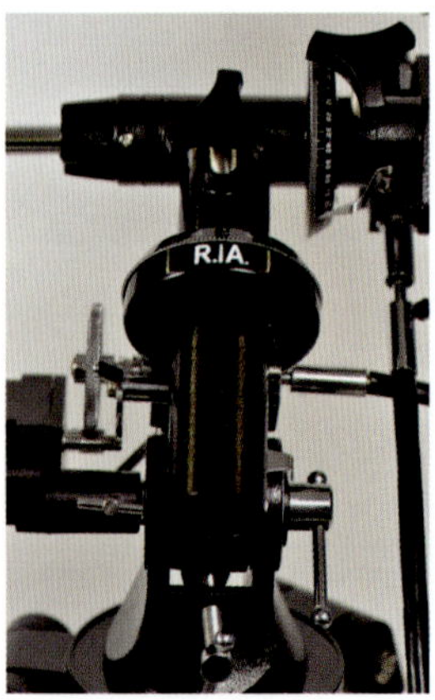

SCHNELLE AUSRICHTUNG
Die Polachse der äquatorialen Montierung weist nach Norden (links). Dann löst man die Mutter, um den Breitengrad des eigenen Standorts auf der Skala einzustellen (oben).

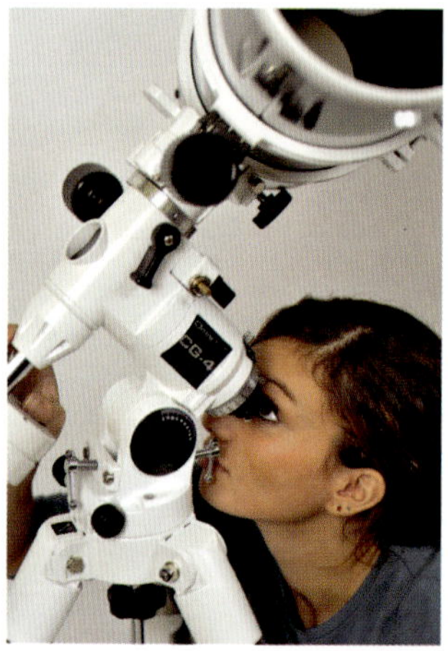

POLARSICHT
Wenn man in einen Polsucher für die nördliche Halbkugel blickt (links), sieht man wahrscheinlich Gitter mit mehreren Sternbildern und einem Kreis mit zentralem Fadenkreuz. Dann sucht man Polaris und verändert die Achsen so, dass der Stern im Kreis in der korrekten Richtung des Sternbilds liegt (unten).

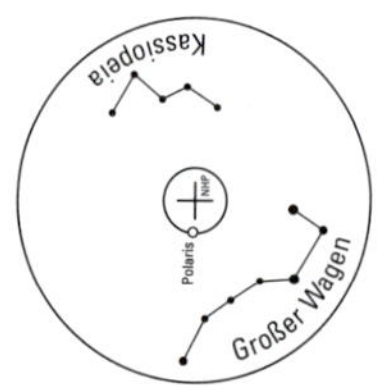

Genaue polare Ausrichtung

Für längere Beobachtungszeiten oder um Objekte für die Astrofotografie genau zu verfolgen, muss man die Montierung sehr genau am nördlichen (oder südlichen) Himmelspol ausrichten. Dazu eignet sich eine Montierung mit einem Polsucher. Dieser ist ein kleines Teleskop, das in der Polachse der Montierung sitzt. Ein Blick durch den Polsucher zeigt mehrere Markierungen, die die Lage des Himmelspols in Bezug auf benachbarte Sterne wie Polaris in der nördlichen Hemisphäre anzeigen. Durch geringe Veränderungen an den Höhen- und Azimuteinstellrädern der Polachse bringt man die Sicht im Teleskop in Übereinstimmung mit den Markierungen, sodass die Montierung auf den Himmelspol ausgerichtet ist.

TEILKREISE VERWENDEN

Wenn Teleskop und Montierung austariert und polar ausgerichtet sind, kann man seine Beobachtungen beginnen. Zunächst wählt man Objekte mit einer (drehbaren) Sternkarte oder mit Planetariumsprogrammen aus oder lokalisiert Ziele mit ihren bekannten Himmelskoordinaten über die beiden Teilkreise (Einstellringe) an der äquatorialen Montierung. Der Deklinationsring ist fest angebracht. Der Rektaszensionsring (RA) dagegen ist drehbar und muss zunächst eingestellt werden. Dazu richtet man das Teleskop zuerst auf einen Stern mit bekannten Koordinaten. Man wählt dafür einen hellen Stern, der ganzjährig sichtbar ist. Auf der Nordhalbkugel eignet sich Dubhe im Kasten des Großen Wagens im Sternbild Großer Bär (Ursa Maior). Diesen Stern zentriert man im Okular. Dann stellt man den RA-Ring auf seine Himmelskoordinaten ein (RA 11 h 03 m 43,7 s). Der Deklinationsring zeigt bereits die korrekte Deklination (+61 ° 45 ′ 03 ″), wenn das Teleskop richtig aufgebaut wurde. Jetzt findet man jeden Stern über seine Koordinaten. Dazu löst man beide Achsen und richtet das Teleskop so aus, dass RA- und Deklinationsringe seine Koordinaten zeigen. Im Okular ist dann der Stern sichtbar.

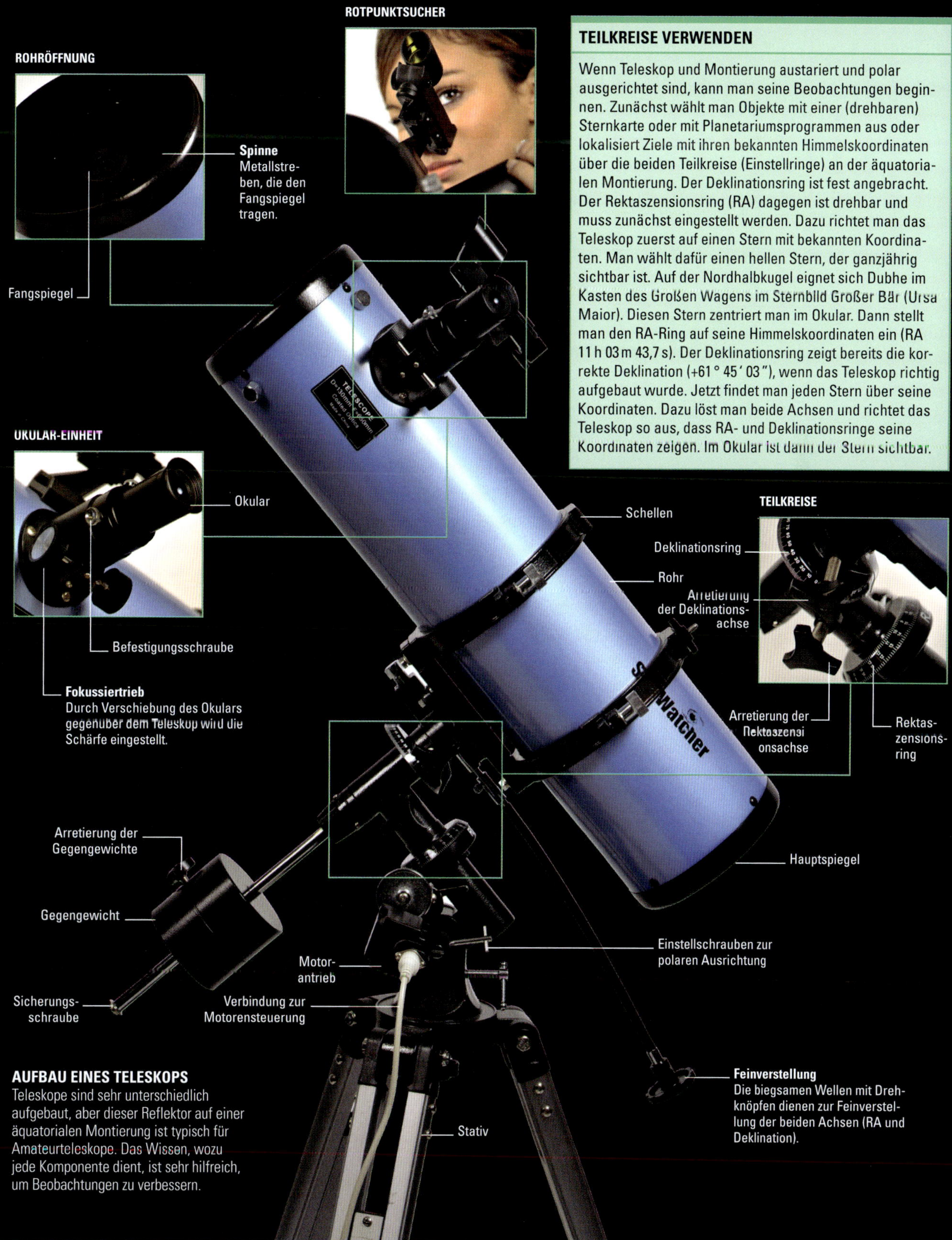

AUFBAU EINES TELESKOPS
Teleskope sind sehr unterschiedlich aufgebaut, aber dieser Reflektor auf einer äquatorialen Montierung ist typisch für Amateurteleskope. Das Wissen, wozu jede Komponente dient, ist sehr hilfreich, um Beobachtungen zu verbessern.

GOTO-TELESKOPE

Computertechnologie und eine bezahlbare Optik schenkten uns die Goto-Teleskope. Diese Instrumente erleichtern sogar Anfängern das Navigieren am Nachthimmel.

Schnell und einfach beobachten

Viele Amateurteleskope sind mit Montierungen und einer Fernbedienung und elektrisch angetriebener Nachführung (siehe S. 55) ausgerüstet, um mit dem Instrument Sterne am Himmel zu verfolgen. Ein Goto-Teleskop (von engl. »go to« für »gehe zu«) hat ebenfalls Motoren, aber die Automatik bietet weitaus mehr. Wenn es ausgerichtet ist, kann ein Goto-Teleskop automatisch viele verschiedene Himmelsobjekte ansteuern, ohne dass der Beobachter sie manuell einstellen oder suchen muss. Es hat einen Handcomputer (die Steuerkonsole), auf dem das gewünschte Ziel aus einer Liste ausgewählt wird. Die intelligente Elektronik steuert die Montierung und richtet das Teleskop auf das Ziel aus. Wenn man sich unsicher ist, bieten einige Konsolen sogar Touren der sehenswertesten Himmelsobjekte an, die in einer bestimmten Nacht und von einem bestimmten Standort aus sichtbar sind.

COMPUTER-GESTEUERT
Einige Goto-Teleskope kann man an ein Notebook anschließen, sodass ein Programm sie steuert. Einige Konsolen kann man über das Internet aktualisieren, sodass sie auch neu entdeckte Objekte finden.

SELBSTFÜHREND
Ein Goto-Teleskop verbessert nicht die Sicht auf Himmelsobjekte, aber es erleichtert, sie aufzufinden. Zur Benutzung braucht man nur noch wenig über die Himmelskoordinaten zu wissen oder muss sich nicht mithilfe der Sternbilder orientieren können.

Wie funktioniert ein Goto-Teleskop?

Damit ein Goto-Teleskop richtig funktioniert, muss es ausgerichtet sein. Eine äquatoriale Montierung muss polar ausgerichtet sein, während Goto-Teleskope auf einer Gabelmontierung in eine vorher festgelegte Ausgangsposition gebracht werden müssen, die in der Bedienungsanleitung beschrieben ist. Nachdem man Montierung und Handcomputer eingeschaltet hat, werden Datum, Uhrzeit und Standort eingegeben. Der Handcomputer richtet dann das Teleskop auf die Position aus, an der sich ein heller Stern zu dieser Uhrzeit und diesem Datum befinden sollte. Dann bestätigt man, dass man den Stern im Okular sieht, oder zentriert den Stern im Okular. Diese Ausrichtung wiederholt man für drei weit auseinanderliegende Sterne, damit der Handcomputer seine genaue Position erfasst. Anschließend können Goto-Teleskope automatisch Tausende Objekte aus ihrem Datenbestand auffinden, weil sie genau »wissen«, wie sie ausgerichtet sind.

Aufstellen eines typischen Goto-Teleskops

1 TELESKOP MONTIEREN
Mit einer Wasserwaage justiert man das Stativ. Dann setzt man Montierung und Teleskop auf den Stativkopf und sichert beide

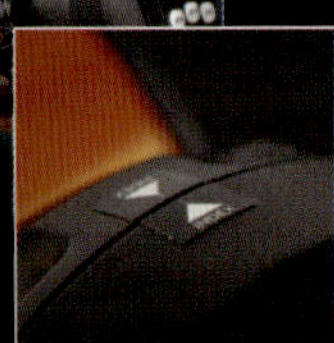

2 POSITION SETZEN
Das Teleskop und die Montierung bringt man in ihre Ausgangsposition. Bei einem Teleskop auf einer Gabelmontierung (oben) braucht man nur zwei Pfeile einzustellen. Eine äquatoriale Montierung muss man polar ausrichten (siehe S. 60).

3 TELESKOP VORBEREITEN
Die Montierung verbindet man mit der Stromquelle, schaltet sie ein und entfernt die Schutzkappe

4 DATEN EINGEBEN
Datum, Uhrzeit und Standort werden in der Konsole gespeichert. Bei einigen Goto-Teleskopen wählt man seinen Standort aus einer Liste

GPS-TELESKOPE

Einige hochwertige Goto-Teleskope erleichtern die Beobachtung zusätzlich. Sie sind mit GPS (Global Positioning System) ausgestattet und stellen jedes Mal, wenn das Instrument eingeschaltet wird, automatisch Datum, Uhrzeit und Standort ein. Einige besitzen sogar Sensoren, die einen unebenen Boden entdecken, und justieren das Teleskop automatisch waagerecht, bevor sie mit der Ausrichtung beginnen.

PLANETEN VERFOLGEN
Goto-Sucher finden und verfolgen Sterne, Himmelsobjekte und Planeten wie Jupiter. Gute Goto-Sucher kosten wesentlich mehr als konventionelle Sucher und eignen sich gut für Astronomen mit viel Geld und wenig Zeit.

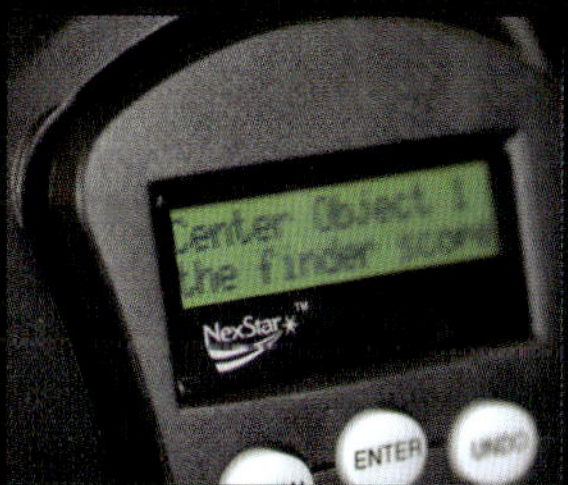

5 TELESKOP AUSRICHTEN
Die Ausrichtungsmethoden unterscheiden sich zwischen den Modellen. Dazu wählt man normalerweise einen hellen Stern wie Sirius mit der Konsole, sodass das Teleskop automatisch berechnet, wo es den Stern auffinden kann.

6 AUSRICHTUNG EINSTELLEN
Der gewählte Stern sollte im Okular erscheinen. Sieht man ihn aber nicht, zentriert man ihn über die Einstellungstasten der Konsole mithilfe eines Suchers oder Rotpunktsuchers im Okular. Die Schritte 5 und 6 wiederholt man mit zwei bis drei weiteren Sternen.

7 ZIEL EINGEBEN
Das Goto-Teleskop ist eingerichtet. Um den Himmel zu untersuchen, sucht man den Namen des gewünschten Ziels (wie Jupiter) in der Liste der Konsole und drückt »Go-To« oder »Enter«. Das Teleskop zentriert das ausgesuchte Ziel im Okular.

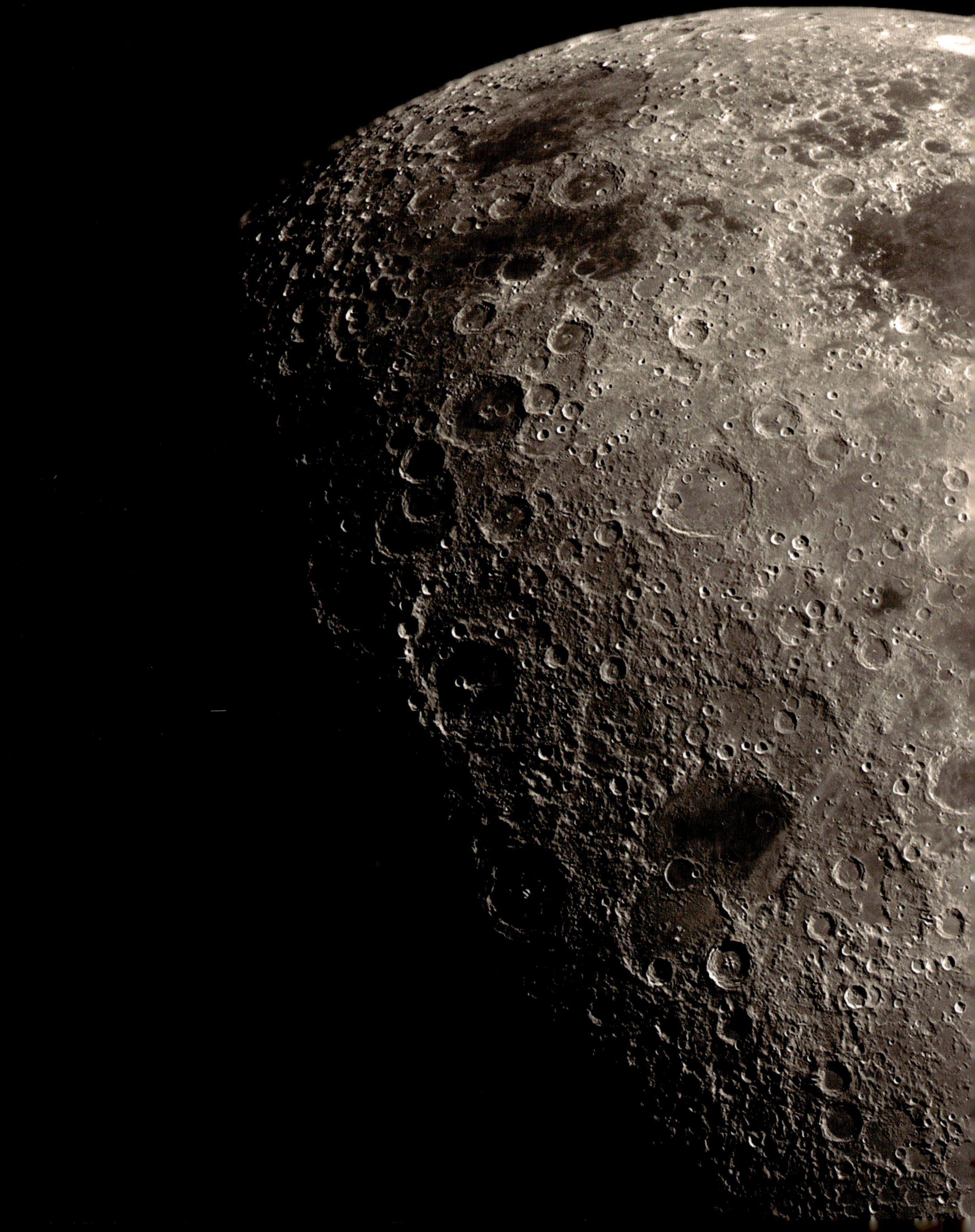

DEN MOND EINFANGEN
Die mit Kratern übersäte Mondoberfläche wurde mit einer Digitalkamera aufgenommen, die am Okular eines Teleskops angebracht war. Diese Technik nennt man afokale Okularprojektion.

ASTROFOTOGRAFIE

Mit einem Universum voller sehenswerter Objekte und einem sich ständig ändernden Himmel kann die Astrofotografie eine sehr lohnenswerte und aufregende Erfahrung für alle Astronomen sein.

Wahl der Aufnahmen

Aufnahmen des Nachthimmels kann man auf vielfältige Arten machen. Für die einfachste Methode braucht man nur eine Digitalkamera und ein Teleskop. Die fortschrittlichen genau gesteuerten Teleskope erfordern jedoch astronomisches Fotografiezubehör und besondere Bildbearbeitungssoftware. Wie jede andere Fähigkeit erfordert auch die Astrofotografie Geduld und den Willen, zu lernen. Wenn man aber die Grundlagen kennt, kann jeder großartige Bilder aufnehmen.

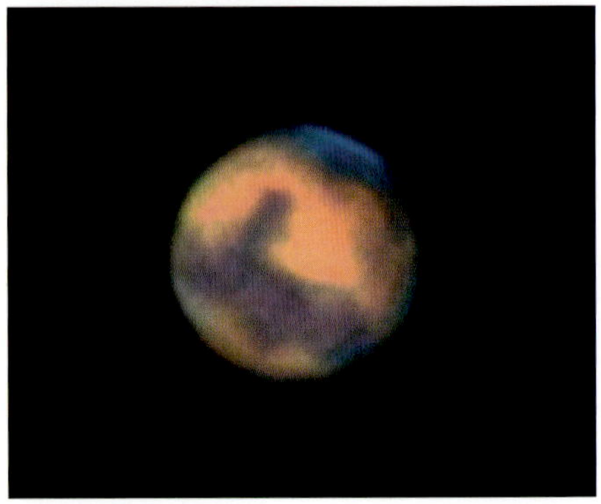

MARS NÄHERT SICH
Die Polkappen des Mars sind in der Aufnahme einer Webcam sichtbar, als sich der Planet 2007 in Oppositionsstellung der Erdumlaufbahn näherte.

Afokale Okularprojektion

Zu den einfachsten und preiswertesten Arten der Astrofotografie zählt die afokale Okularprojektion oder Digiskopie. Dazu richtet man das Objektiv einer Kompaktkamera oder eines Smartphones auf das Okular eines Teleskops oder sogar Fernglases aus. Der Vorteil der afokalen Okularprojektion ist ihre Einfachheit und Direktheit. Die meisten Kompaktkameras und Smartphones ergeben gute Bilder des Monds oder heller Planeten. Sucht man eine Kamera speziell für die afokale Okularprojektion, bietet sich eine Digitalkamera mit großem Bildschirm an, an der man die Belichtungszeit manuell einstellen kann.

STABILE MONTIERUNG
Mit einem einfachen und preiswerten Adapter kann man das Objektiv eines Smartphones genau und sicher auf das Okular eines Teleskops ausrichten.

TIPPS FÜR DIE AFOKALE OKULARPROJEKTION

- Das Objektiv einer digitalen Kompaktkamera richtet man so genau wie möglich auf das Okular des Teleskops aus.
- Man teste verschiedene Abstände zwischen Objektiv und Okular, um das beste Ergebnis zu erzielen.
- Die Kamera setzt man auf ein stabiles Stativ, während man sie auf das Okular einstellt, oder man benutzt einen Adapter (oben), um die Kamera vor dem Okular zu befestigen.
- Das eingebaute Blitzlicht der Kamera schaltet man aus und nutzt auch nicht den Auto-Modus – Versuch und Irrtum wird zu den besten Einstellungen führen.
- Damit die Kamera weniger erschüttert wird, wenn man den Auslöser drückt, benutzt man den Selbstauslöser.

MONDMOSAIK
Diese Aufnahme des Mondes zeigt, was man mit einfacher afokaler Okularprojektion erreichen kann. Das Bild zeigt klar die Krater und Ebenen der Mondoberfläche und wurde aus mehreren Aufnahmen mit einem frei erhältlichen Grafikprogramm zusammengesetzt.

Astronomie mit einer Webcam

Ein großes Problem für die Astrofotografie sind störende Luftverwirbelungen in der Erdatmosphäre, die das »Seeing« oder Verschwimmen von Objekten (siehe S. 45) verursachen. Einzelaufnahmen bei schlechtem Seeing können verschwommen und ohne Einzelheiten sein. Man kann dieses Problem mit mehreren Aufnahmen pro Sekunde umgehen und ein Video herstellen. Ein kurzes Video kann man mit einem entsprechenden Programm – wie das ausgezeichnete RegiStax (siehe unten rechts) und AutoStakkert! – in Einzelbilder teilen. Die besten Bilder mit der schärfsten Abbildung und den geringsten Störungen der Atmosphäre filtert das Programm heraus und führt sie zu einem Endbild zusammen, das wesentlich mehr Einzelheiten und Klarheit als die Rohaufnahmen zeigt.

Einige Webcams eignen sich sehr gut, um Videos des Monds und der Planeten aufzunehmen. Viele Amateurastronomen haben bereits ausgezeichnete Aufnahmen gemacht. Heute gibt es gute spezielle webcamähnliche Mond- und Planetenkameras mit hoher Bildrate, um detailreiche Bilder aufzunehmen.

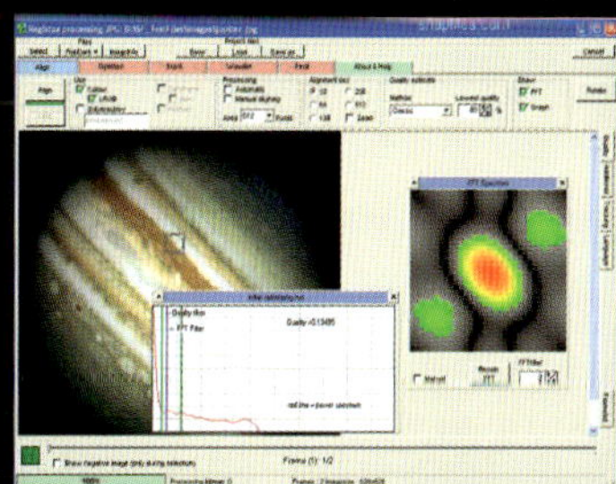

AUFNAHMEN MIT HOHER BILDRATE
Spezielle Astronomiekameras werden einfach anstelle des Okulars in das Teleskop eingesetzt (oben). Einige besitzen gute Programme, während die Videobearbeitung mit Programmen wie RegiStax (rechts) erfolgt.

MIT EINER WEBCAM DEN MOND UND DIE PLANETEN AUFNEHMEN

1 Zunächst stellt man das Teleskop auf und achtet darauf, dass die Nachführung genau den Mond oder den Zielplaneten verfolgt. Dann richtet man die Software der Webcam und den Computer ein.

2 Das Ziel zentriert man im Okular und ersetzt dann das Okular durch die Webcam. Dann überprüft man, dass sie mit dem Programm verbunden ist und korrekt mit der Software kommuniziert.

3 Mit der Videoeinstellung des Programms fokussiert man das Bild, sodass die Merkmale des Planeten oder des Monds scharf abgebildet sind.

4 Dann stellt man die Belichtungszeit ein (bei manchen Geräten über die Steuerungssoftware).

5 Im Programm stellt man die Länge der Aufzeichnung ein wie z. B. 60 Sekunden. Für einen Planeten sollte man keine zu lange Belichtungszeit wählen, weil er sich in dieser Zeit um seine Achse dreht und dadurch Einzelheiten verschwimmen.

6 Dann starte man die Kamera. Sie zeichnet ein kurzes Video auf (eine Videodatei mit dem AVI-Format).

7 Nach der Aufzeichnung überspielt man das Video in sein Programm zur Videobearbeitung. Mithilfe der Anweisungen des Programms erstellt man das gewünschte Endbild.

Eine digitale Spiegelreflexkamera benutzen

Durch die zunehmende Verbreitung von Digitalkameras und den Erfinderreichtum der Astrofotografie kann man erstaunlich klare Bilder von großflächigen Sternbildern bis zu Farbaufnahmen dunkler Nebel und Galaxien aufnehmen.

Digitale Spiegelreflexkameras (DSLR) sind keine ausgesprochen astronomischen Kameras, aber sie haben sich in den letzten Jahren als gut geeignet für die Astrofotografie erwiesen. DSLRs besitzen viele Vorteile gegenüber den kleineren Kompaktkameras. Der Verschluss einer DSLR kann beliebig lange geöffnet bleiben, sodass die lichtempfindlichen Sensoren der Kamera mehr Licht einfangen – diese Möglichkeit ist sehr wichtig bei Aufnahmen von Galaxien oder Nebeln. DSLR-Sensoren sind auch größer als die von Kompaktkameras. Sie reagieren deshalb auch auf geringere Lichtmengen und sind weniger anfällig für elektronisches Rauschen (unerwünschte Störungen des Sensors, die auf dem Bild als feine Körner erscheinen), sodass sie klarere Bilder erzeugen.

GROSSFLÄCHIGE AUFNAHMEN
Eine kurze Belichtungszeit von etwa 30–60 Sekunden mit einer DSLR auf einem Stativ zeigt Sternbilder, die Sternfelder der Milchstraße und vielleicht sogar helle Nebel.

Vielseitige Kameras

DSLRs sind sehr vielseitig, weil sie austauschbare Objektive haben. Ein Standardzoomobjektiv, das gewöhnlich zur Grundausstattung gehört und eine Brennweite von 18–55 mm hat, eignet sich für großflächige Aufnahmen des Nachthimmels. Man kann es gegen Objektive mit längerer Brennweite austauschen, um eine stärkere Vergrößerung und einen kleineren Ausschnitt zu erhalten. Mit einer DSLR kann man beliebig lange belichten. Doch jede Belichtung über mehr als nur wenige Sekunden erzeugt eine Aufnahme mit Spuren der Sterne, die als Bögen am Himmel erscheinen, während sich die Erde unter ihnen dreht. Wenn bei längeren Belichtungszeiten das Objekt im Okular zentriert bleiben soll, muss man die DSLR auf eine äquatoriale Montierung mit Motornachführung (siehe unten) setzen. Die längsten Belichtungszeiten erfordern besondere, wesentlich genauere Nachführungssysteme.

FILTER GEGEN LICHTVERSCHMUTZUNG

Lichtverschmutzung ist der Fluch der Astrofotografie. Bei den meisten Standorten zeigen Langzeitaufnahmen das Licht, das Natrium- und Quecksilberleuchtstoffröhren abgeben. Glücklicherweise geben die Straßenlaternen nur Licht in einem eng begrenzten Wellenlängenbereich ab, das man durch geeignete Filter entfernen kann, die das Licht dieser Quellen in diesen Wellenlängen blockieren.

ORION GEFILTERT
Die gefilterte Aufnahme des Orion (rechts) zeigt mehr Kontraste als die ungefilterte (oben rechts).

PRIMÄRFOKUS
Eine Kamera direkt am Teleskoprohr vergrößert Objekte im Bild, sie braucht aber eine genaue Nachführung.

HUCKEPACK
Eine Huckepack-Kamera folgt der Bewegung der Sterne zusammen mit dem Teleskop, auf dem es befestigt ist.

FOTOMONTIERUNG
Kleine, leicht transportierbare Montierungen mit Nachführung sind beliebt für DSLRs und Weitwinkelfotos.

Verfolgung mit einer DSLR

Langzeitaufnahmen von Himmelsobjekten kann man nur mit einer Kamera machen, die den scheinbaren Bewegungen am Nachthimmel folgt. Eine Möglichkeit sind motorisierte Fotomontierungen, eine andere das Huckepack-Verfahren (oder »Piggy-backing«) einer DSLR auf einem Teleskop mit äquatorialer Montierung. Diese Methode eignet sich für Langzeitaufnahmen einer großen Fläche, um Nebel oder Galaxien aufzunehmen, die einen weiten Bereich bedecken.

Bei einer anderen Methode entfernt man das Objektiv der Kamera und verbindet sie über einen Adapter mit dem Teleskop, sodass das Teleskop selbst zum Kameraobjektiv wird. Diese Primärfokus-Technik erlaubt langzeitige (mehrere Minuten) Detailaufnahmen von Galaxien, Nebeln und Sternhaufen, sie erfordert aber eine Montierung mit Nachführung, die das Ziel am Nachthimmel sehr genau verfolgen kann. Sie ist ein besonderes Gebiet der Astrofotografie.

CCD-Aufnahmen

Charge Coupled Devices (CCDs; engl.: ladungsgekoppelte Elemente) sind geeignete Kameras für die Astronomie, mit denen viele Astrofotografen Bilder dunkler Objekte wie Sternhaufen, Nebel und Galaxien aufnehmen. Ein CCD wandelt Licht, das auf einen Chip fällt, in elektrische Signale um. Diese Signale ergeben das Bild des Beobachtungsobjekts, das dann auf einen Computer übertragen wird. Spezielle CCD-Chips für die Astrofotografie bieten Vorteile gegenüber DSLRs, weil sie für geringe Lichtmengen optimiert sind, vor allem in Wellenlängen, die Himmelsobjekte abgeben. Einige werden gekühlt, um thermisches Rauschen zu unterdrücken. Es gibt Monochrom-CCDs (Farbbilder kombiniert man dann aus Einzelaufnahmen mit Farbfiltern), aber auch Farb-CCDs.

CCD-BILDBEARBEITUNG
Um die Rohdaten eines CCD in ein fertiges Bild umzuwandeln, ist meist eine erhebliche Computerleistung nötig.

CCD-KAMERAS
Einige CCDs haben Kühlelemente für die rauscharme Langzeitaufnahme von Deep-Sky-Objekten (links), andere können den Mond oder die Planeten mit hoher Bildrate aufnehmen (rechts).

GEKÜHLTE CCD

CCD MIT HOHER BILDRATE

FARBIGE WHIRLPOOL-GALAXIE
Diese sensationelle Aufnahme der Whirlpool-Galaxie im Sternbild Jagdhunde (Canes Venatici) entstand mit einem 360 mm katadioptrischen Teleskop und durch Kombination der roten, grünen und blauen Kanäle des Grafikprogramms.

4

WEGWEISER

Astronomen haben den Himmel in Abschnitte unterteilt, die eine bestimmte Gruppe Sterne umfassen. Diese 88 Gruppen sind die Sternbilder. Wenn man die Sternbilder kennt, gelangt man durch »Starhopping« von einem Gebiet zum anderen und entdeckt sehenswerte Objekte.

DIE STERNBILDER

Die Sternbilder helfen Astronomen, sich am Nachthimmel zu orientieren. Dazu haben sie ihn in Abschnitte aufgeteilt, die Sternanordnungen enthalten und leicht zu entdecken sind.

Die Geburtsstunde der westlichen Sternbilder

Die Vorstellung von Sternbildern gibt es bereits seit Jahrtausenden. Wandmalereien in den Lascaux-Höhlen in Südfrankreich sind etwa 16000 Jahre alt und zeigen vielleicht die frühesten Abbildungen eines Sternbilds, das wir heute als Stier (Taurus) kennen. Diese frühen Kulturen haben die Tiere ihrer Heimat, ihre Umgebung und die Sterne als Teile der Natur miteinander verbunden. Doch der erste Nachweis der Sternbilder und auch der Anfang der Astronomie stammen aus der griechischen Antike. In seinem Gedicht *Phaenomena* beschrieb Aratos (um 315–um 245 v. Chr.) 47 Sternbilder, die auf dem verlorenen Werk des Griechen Eudoxos (um 400–um 340 v. Chr) beruhten. Dieser wiederum übernahm sie von den alten Ägyptern, die ihr Wissen vermutlich aus babylonischen, sumerischen und phönizischen Quellen hatten. Etwa um 150 n. Chr. vereinte der Astronom Ptolemäus sein eigenes und frühere griechische Werke in seinem Buch *Almagest*, das auch einen Sternkatalog und eine Liste mit 48 Sternbildern enthielt. Weit über 1000 Jahre später kam sein »Buch« nach Italien und wurde ins Lateinische übersetzt. Aus dieser Zeit besitzen die Sternbilder ihre lateinischen Namen.

EINE FRÜHE STERNKARTE?
Das Gemälde eines Stiers aus der Altsteinzeit in den Höhlen von Lascaux könnte das Sternbild Stier (Taurus) darstellen. Die Punkte oberhalb der Schulter des Stiers sehen manche Forscher als Bild des Offenen Sternhaufens der Plejaden.

Sternbilder sind ein Produkt der **menschlichen Vorstellung** und des Willens, die **Geheimnisse** des Himmels zu ordnen.

Chinesische Sternbilder

Unsere modernen, westlichen Sternbilder stammen aus frühen griechischen Werken, ergänzt durch Beobachtungen westlicher Seefahrer und Astronomen. Aber auch viele andere Kulturen auf der Welt besaßen ihre eigenen Sternbilder. So teilten die Chinesen der Antike bereits um 3000 v. Chr. den Himmel in 31 Regionen aus drei Gebieten und 28 Wohnsitzen auf. Die einzelnen Gebiete wurden durch »Wände« aus Asterismen (Sternanordnungen) getrennt und lagen um den nördlichen Himmelspol. Dagegen entsprechen die chinesischen Wohnsitze dem westlichen Tierkreis, nur dass sie auf den monatlichen Bewegungen des Monds beruhen und nicht dem jährlichen Lauf der Sonne (obwohl der Unterschied zwischen beiden Bahnen nicht sehr groß ist). Die chinesischen Sternbilder kennen auch vier mythische Tiere: den blauen Drachen des Ostens (Frühling), den roten Vogel des Südens (Sommer), den weißen Tiger des Westens (Herbst) und die schwarze Schildkröte des Nordens (Winter). Jedes Tier steht für eine Himmelsrichtung und auch für eine der vier Jahreszeiten.

CHINESISCHE STERNKARTE
Diese Sternkarte wurde im 12. Jahrhundert auf einer Steintafel eingraviert. Die chinesische Astronomie benutzte andere Bezugspunkte als die westliche, um Sterne aufzufinden.

Erforschung und Sternbilder

Als westliche Seefahrer die Südhalbkugel befuhren, entdeckten sie riesige Gebiete am Nachthimmel ohne Sternbilder. Die antiken Griechen und Römer sahen den Himmel nur von der nördlichen Halbkugel aus, sodass sich ihre 48 antiken Sternbilder nicht bis zum südlichen Himmelspol erstreckten. Doch es dauerte nicht lange, bis Seefahrer und Astronomen die Lücken mit eigenen Sternbildern füllten. Gegen Ende des 16. Jahrhunderts wurden neue Sternbilder eingeführt. Die niederländischen Forscher Pieter Keyser und Frederick de Houtman führten die ersten zwölf Sternbilder ein, die Petrus Plancius auf Karten übertrug. Von nun an versuchten Astronomen, in jede Lücke Sternbilder einzufügen – in vielen Fällen ehrten sie damit ihren Mäzen oder König. Augustin Royer schuf z. B. 1679 aus mehreren Sternen des Widders (Aries) das neue Sternbild Lilie (Lilium), das Wappen seines Gönners, König Ludwig XIV. von Frankreich. Die Lilie wurde – wie viele andere auch – nicht als notwendig angesehen und als Sternbild wieder verworfen. Die Internationale Astronomische Union (IAU) legte schließlich auf ihrer ersten Versammlung 1922 die zu verwendenden Sternbilder eindeutig fest, sodass keine neuen mehr hinzukommen.

FIGUREN DER STERNBILDER
Der *Atlas Coelestis* aus dem Jahr 1729 zeigt die klassischen Darstellungen der ursprünglichen 48 Sternbilder des Ptolemäus und auch viele andere, die seither verworfen wurden.

BAYERS ORION
Johann Bayers Sternatlas *Uranometria* (wörtlich »den Himmel vermessen«) enthält vergrößerte Gravuren der Sternbilder wie das des Orion.

Den Himmel benennen

Die Namen der Sterne und Sternbilder wurden von dem deutschen Astronomen Johann Bayer vereinheitlicht. Zu Ehren der antiken griechischen Astronomen benannte er 1603 in seinem Sternatlas *Uranometria* die hellsten Sterne eines Sternbilds mit griechischen Buchstaben. Der erste Stern (normalerweise der hellste, aber nicht immer) in jedem Sternbild erhielt das Alpha vor dem Genitiv des lateinischen Namens des Sternbilds. Bei Orion besitzt der hellste Stern den arabischen Namen Beteigeuze, während er nach dem neuen Bayer-System auch Alpha Orionis oder α Orionis genannt wird. Die Genitive der Sternbildnamen muss man wie in jeder anderen Sprache lernen. Der Genitiv des Sternbilds Zwillinge (lat. Gemini) lautet z. B. Geminorum und der für Pegasus lautet Pegasi. Zusätzlich erhielten alle Sternbilder eine Abkürzung aus drei Buchstaben, um ihre Namen schneller und leichter zu schreiben. Für Orion lautet sie Ori, sodass man den Stern Beteigeuze auch als α Ori benennen oder beschreiben kann.

KARTEN DER STERNBILDER

Dieser Abschnitt zeigt Karten der Sternbilder, die bekannte und auffällige Sternmuster oder auch sehenswerte Himmelobjekte enthalten.

Die Karten der Sternbilder lesen

Die Sternbildkarten sind so ausgerichtet, dass Norden am oberen und Süden am unteren Kartenrand liegen. Sie haben alle denselben Maßstab, um die relativen Größen der Sternbilder einzuschätzen. Jede Karte zeigt die Figur des Sternbildes (die Linien, die die hellsten Sterne verbinden) und seine Grenzen – wie sie von der Internationalen Astronomischen Union festgesetzt wurden – in roter Umrandung. Nur Sternbilder, die auffällige Sternmuster und/oder sehenswerte Deep-Sky-Objekte (d. h. ferne Objekte wie Nebel oder Galaxien) enthalten, sind hier aufgeführt. Eine vollständige Liste aller 88 offiziellen Sternbilder ist im Anhang (siehe S. 240–241) und auf Seite 77 aufgeführt.

BESCHREIBUNG DER STERNBILDER
Die bekanntesten und interessantesten Sternbilder des Himmels werden auf den nächsten Seiten vorgestellt. Sie erklären auch Einzelheiten zu den helleren und interessanteren Sternen und Deep-Sky-Objekten.

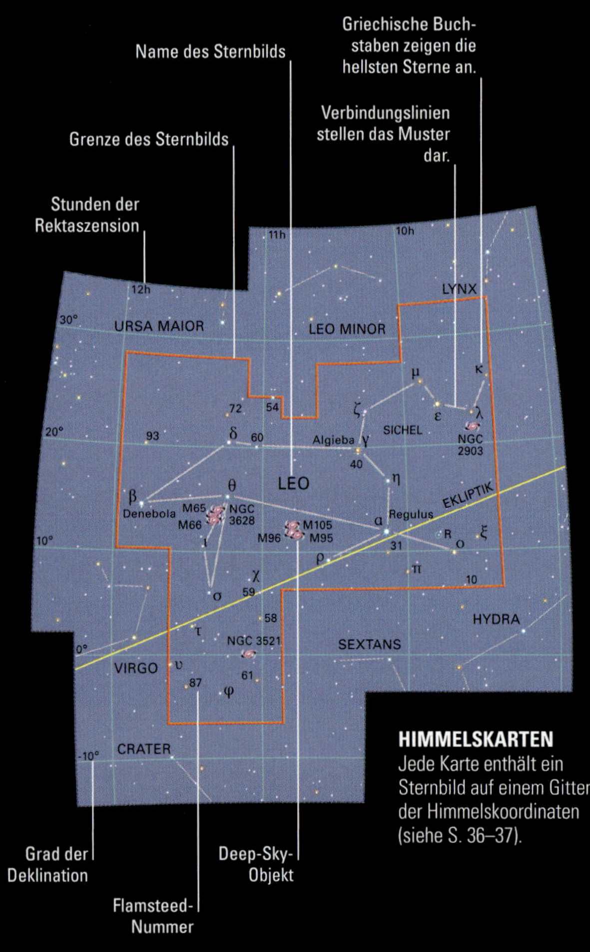

HIMMELSKARTEN
Jede Karte enthält ein Sternbild auf einem Gitter der Himmelskoordinaten (siehe S. 36–37).

Was eine Sternbildkarte enthält

Die Karten enthalten die Sterne eines Sternbilds bis zur Größenklasse 6,5, die man noch mit bloßem Auge sieht, sodass sie sich auch für Beobachtungen mit bloßem Auge oder dem Fernglas eignen. Sterne mit bemerkenswerter Farbe, Veränderliche oder interessante Deep-Sky-Objekte wie Sternhaufen, Nebel und Galaxien sind ebenso eingezeichnet.

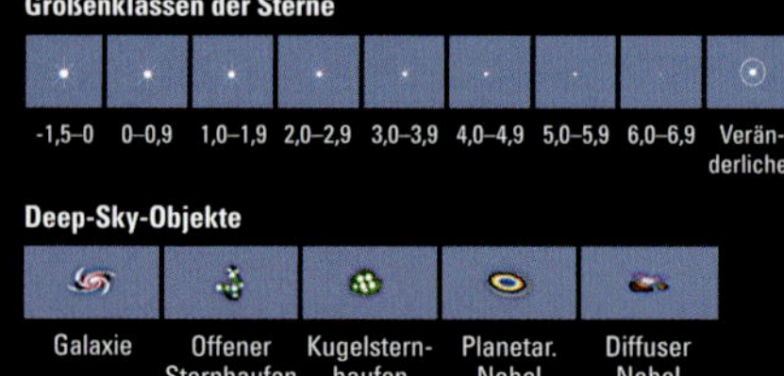

STERNE UND OBJEKTE
Punkte zeigen die scheinbare Helligkeit der Hauptsterne an.

DEEP-SKY-OBJEKTE
Symbole stellen verschiedene Deep-Sky-Objekte mit ihren Katalognummern dar.

BAYER-SYSTEM UND FLAMSTEED-NUMMERN

Die hellsten Sterne eines Sternbilds erhalten einen Buchstaben des griechischen Alphabets nach einem Katalog, den Johann Bayer (siehe S. 73) einführte. Enge Paare oder Sterngruppen teilen sich einen griechischen Buchstaben und werden durch einen oberen Index unterschieden. Schwächere Sterne tragen eine Zahl – wie 15 Orionis –, die Flamsteed-Nummer. Sie sind nach zunehmender Rektaszension (von rechts nach links in den Karten) nummeriert.

α Alpha	ν Ny
β Beta	ξ Xi
γ Gamma	ο Omikron
δ Delta	π Pi
ε Epsilon	ρ Rho
ζ Zeta	σ Sigma
η Eta	τ Tau
θ Theta	υ Ypsilon
ι Iota	φ Phi
κ Kappa	χ Chi
λ Lambda	ψ Psi
μ My	ω Omega

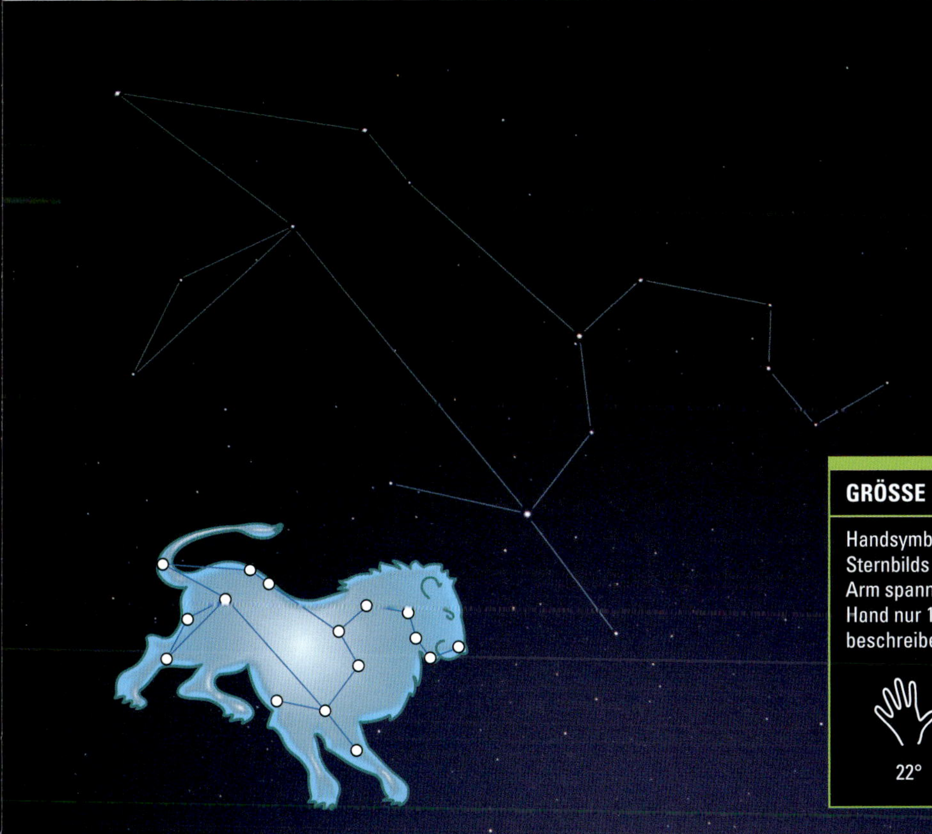

Sternbildmuster

Eine Skizze zeigt, wie man sich jedes Sternbild ursprünglich als Bild vorstellte. Von 88 Sternbildern hat der griechische Astronom Ptolemäus 48 aufgeführt; sie beruhten auf Charakteren der Mythologie. Viele Sternbilder stammen aus der griechischen Antike, während andere wie der Löwe (Leo) von mehreren Kulturen in unterschiedlicher Form vor Jahrtausenden aufgezeichnet wurden.

GRÖSSE BESTIMMEN

Handsymbole zeigen die scheinbare Größe eines Sternbilds an. Eine gespreizte Hand bei ausgestrecktem Arm spannt sich über 22°, während eine geschlossene Hand nur 10° bedeckt. Kombinationen der Symbole beschreiben die Breite und Tiefe eines Sternbilds.

STERNE BEOBACHTEN

Neben jeder Aufnahme zeigt ein kleines Symbol an, welche Ausrüstung (wenn überhaupt) man braucht, um das Objekt zu sehen. Objekte, die man z. B. mit bloßem Auge sieht, erhalten das Symbol 👁, während solche, die man nur im Teleskop sieht, mit dem Symbol gekennzeichnet sind.

Symbole der Sichtbarkeit

- Bloßes Auge
- Fernglas
- Teleskop
- Professionelle Sternwarte

M65
Diese Spiralgalaxie im Löwen (Leo) sieht man erst mit einem Amateurteleskop; sie ist deshalb mit dem Symbol markiert.

Sichtbare Sternbilder

Welche Sternbilder man sehen kann, hängt vom Breitengrad des eigenen Standorts auf der Erde ab (siehe S. 33). Sternbilder im äußersten Süden kann man von hohen nördlichen Breitengraden nicht sehen, weil sie niemals über dem Horizont aufgehen. Zu jedem Sternbild erläutert eine Tabelle, innerhalb welcher Breitengrade ein Sternbild vollständig sichtbar ist. Mithilfe der Karte (unten) kann man seinen geografischen Standort ermitteln. Das Sternbild Schütze (Sagittarius) der südlichen Halbkugel ist zwischen 44° N bis 90° S vollständig sichtbar. Ein Beobachter nördlich von 44° N wird deshalb nicht das gesamte Sternbild sehen. Einige Sternbilder wie Orion liegen über dem Himmelsäquator, sodass man sie nahezu von jedem Ort der bewohnten Welt sieht.

80° N
60° N
40° N
20° N
0°
20° S
40° S
60° S

VOLLSTÄNDIG SICHTBAR

Zu jedem Sternbild ist angegeben, innerhalb welcher Breitengrade es vollständig sichtbar ist. Diese einfache Karte (links) zeigt die Breitengrade für verschiedene Regionen der Welt. Wenn ein Sternbild dicht an der Nord- oder Südgrenze eines Beobachters liegt, geht es nicht weit über den Horizont auf und ist schwer zu sehen.

HIMMELSKARTEN

Die Karten der Seiten 76–81 bilden eine vollständige Karte des Nachthimmels und zeigen die Positionen der Sternbilder an der gesamten Himmelskugel.

Über die Karten

Die Himmelskugel wurde auf den folgenden Seiten in sechs Abschnitte geteilt – zwei für die nördlichen und südlichen Polargebiete und vier für die Äquatorialgebiete. Wenn man den Nachthimmel beobachtet, sieht man auf eine große Kuppel, die uns scheinbar umgibt. Aber in einem Buch muss der Himmel eben abgebildet sein. Dadurch erscheinen einige Sternbilder auf Papier leicht gestreckt im Gegensatz zu ihrer natürlichen Erscheinung, aber dieser Fehler ist tatsächlich nur an den Rändern der nördlichen und südlichen Polarkarten bemerkbar.

Das Kapitel Wegweiser wird im Anschluss an die Karten auf den Seiten 82–171 mit einem detaillierten Blick auf einzelne Sternbilder fortgesetzt. Sie beschreiben Objekte wie Nebel, Sternhaufen, Galaxien und interessante Sterne zur Beobachtung wie auch Routen zum Starhopping am Nachthimmel.

DIE GRÖSSE IST ENTSCHEIDEND
Sternbilder sind unterschiedlich groß und auffällig. Das größte Sternbild Wasserschlange (Hydra) ist 172 Vollmonde breit, während das Kreuz des Südens (Crux; oben) zu den auffälligsten zählt.

NORDPOLARHIMMEL

In einem Winkel von weniger als 1° neben dem nördlichen Himmelspol liegt der Stern Polaris, den man auch Nordstern oder Polarstern nennt. Er ist kein besonders heller Stern, aber dient immer noch an Land oder auf See zur Bestimmung des Nordpols und damit zur Reiserichtung. Weil die Erdachse fast direkt auf Polaris weist, scheint der Stern immer am selben Ort zu stehen, während sich der Himmel um ihn herum dreht. Die Winkelhöhe, in der Polaris über dem Horizont eines Beobachters steht, entspricht dem Breitengrad des Beobachters auf der Nordhalbkugel.

HIMMELSKUGEL

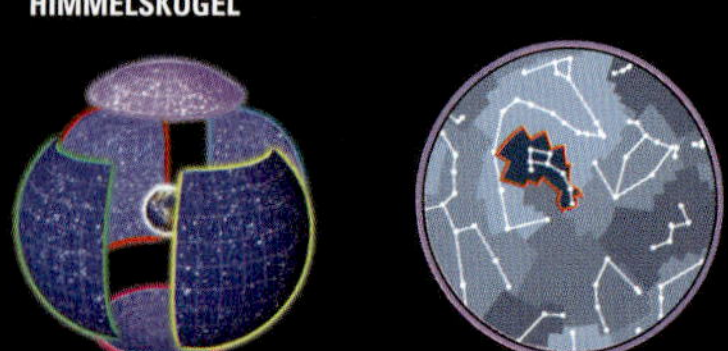

Größenklassen der Sterne

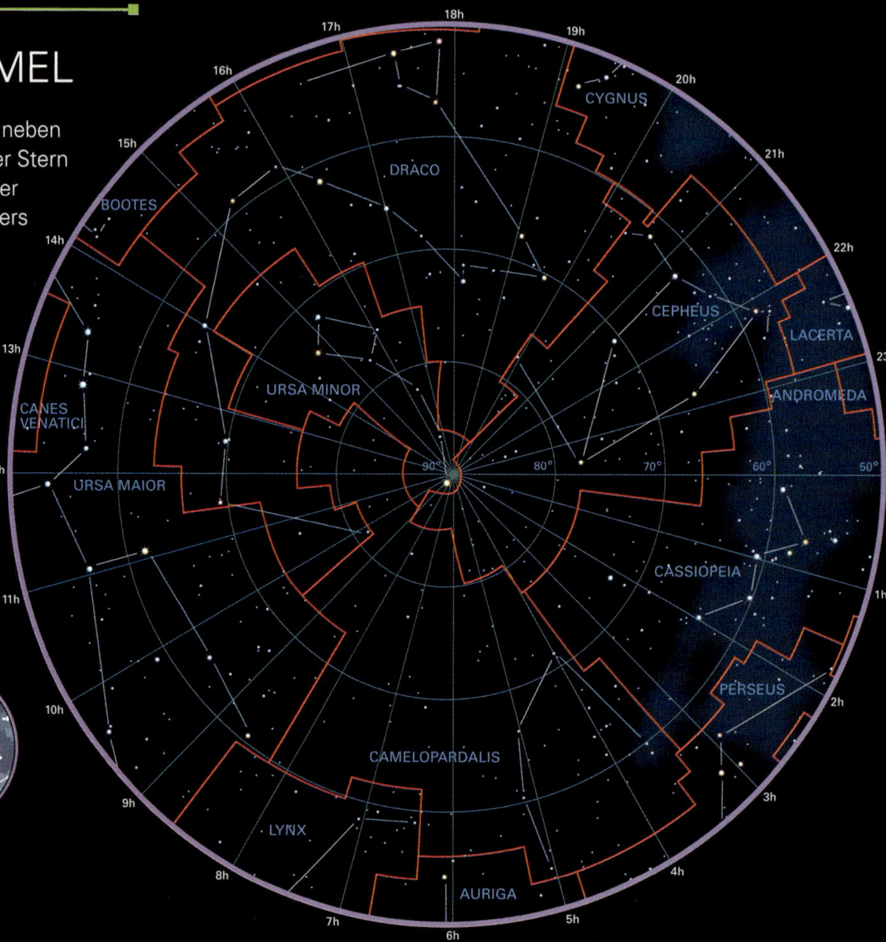

ALPHABETISCHE LISTE DER 88 STERNBILDER (LATEINISCHE NAMEN)

Hier sind die 88 Sternbilder aufgeführt. Einige sind auf den angegebenen Seiten genauer beschrieben.

Andromeda	S. 116
Antlia	
Apus	
Aquarius	S. 164
Aquila	S. 108
Ara	
Aries	S. 120
Auriga	S. 124
Bootes	S. 94
Caelum	
Camelopardalis	S. 90
Cancer	S. 130
Canes Venatici	S. 92
Canis Maior	S. 160
Canis Minor	S. 132
Capricornus	S. 166
Carina	S. 144
Cassiopeia	S. 88
Centaurus	S. 142
Cepheus	S. 90
Cetus	S. 162
Chamaeleon	
Circinus	
Columba	
Coma Berenices	S. 94
Corona Australis	
Corona Borealis	S. 98
Corvus	
Crater	
Crux	S. 138
Cygnus	S. 104
Delphinus	
Dorado	S. 150
Draco	S. 86
Equuleus	
Eridanus	
Fornax	
Gemini	S. 128
Grus	
Hercules	S. 102
Horologium	
Hydra	S. 156
Hydrus	
Indus	
Lacerta	
Leo	S. 130
Leo Minor	
Lepus	
Libra	S. 156
Lupus	
Lynx	
Lyra	S. 102
Mensa	
Microscopium	
Monoceros	S. 132
Musca	
Norma	S. 162
Octans	
Ophiuchus	S. 100
Orion	S. 134
Pavo	S. 154
Pegasus	S. 112
Perseus	S. 122
Phoenix	
Pictor	
Pisces	S. 112
Piscis Austrinus	
Puppis	S. 158
Pyxis	
Reticulum	
Sagitta	
Sagittarius	S. 168
Scorpius	S. 170
Sculptor	
Scutum	S. 166
Serpens (Caput)	S. 98
Serpens (Cauda)	S. 100
Sextans	
Taurus	S. 126
Telescopium	
Triangulum	S. 120
Triangulum Australe	
Tucana	S. 152
Ursa Maior	S. 82
Ursa Minor	S. 86
Vela	S. 148
Virgo	S. 96
Volans	
Vulpecula	S. 110

SÜDPOLARHIMMEL

Man erkennt bereits auf den ersten Blick auf den Südpolarhimmel, dass er im Gegensatz zum Nordpolarhimmel, der Reisenden mit Polaris hilft, keinen gleichwertigen Südstern besitzt. Im Süden bestimmen Beobachter mit einer komplizierten Methode den südlichen Himmelspol – mit Sternen der Sternbilder Kreuz des Südens (Crux) und Kentaur (Centaurus; siehe S. 140) –, weil er in einem dunklen und leeren Abschnitt des Himmels liegt. Die Sternbilder in der Nähe enthalten einige wunderschöne Sterne und liegen im Band der Milchstraße mit ihren Nebeln und Sternhaufen.

HIMMELSKUGEL

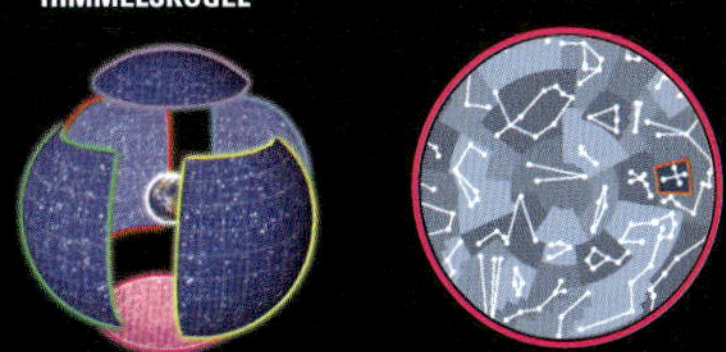

Größenklassen der Sterne

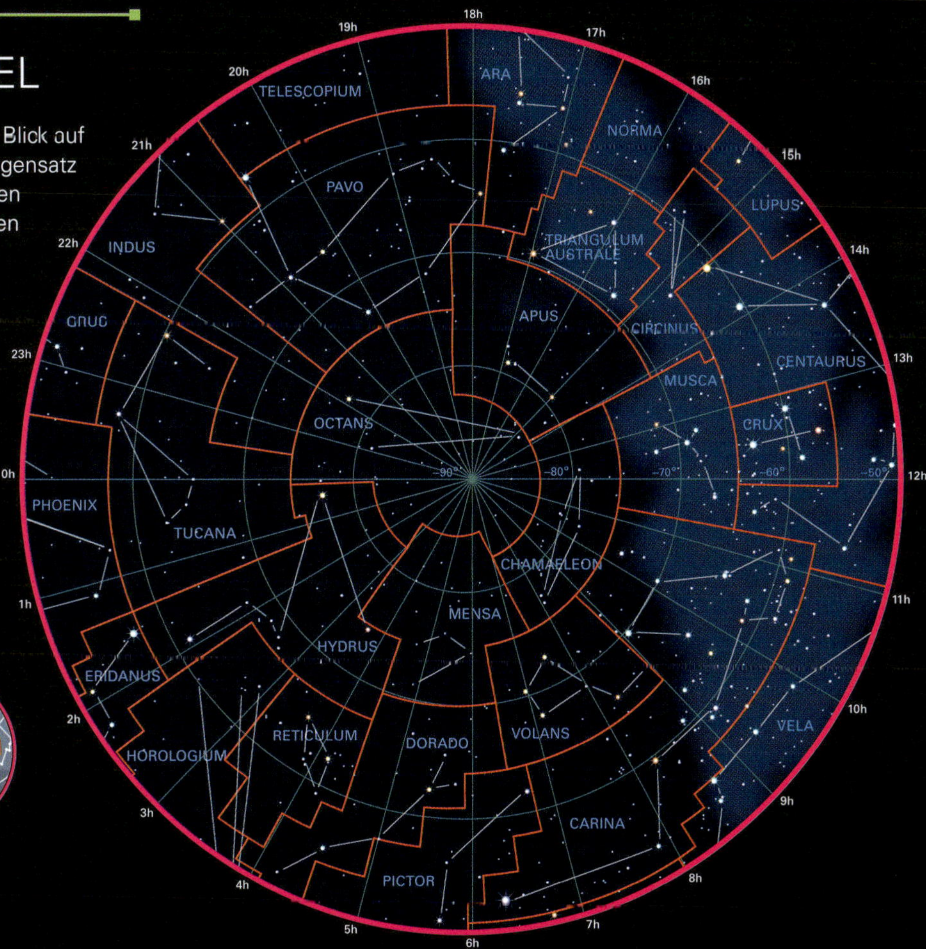

ÄQUATORHIMMEL KARTE 1

Diesen Himmelsabschnitt kann man auf der ganzen Welt am besten in den Nächten des Septembers, Oktobers und Novembers beobachten. Die Region beherbergt das Herbstäquinoktium (siehe S. 121) und sie enthält zum größten Teil leere Räume und dunkle Sterne. Dennoch bietet sie einige schöne Objekte zur Beobachtung. Im Sternbild Andromeda liegt der erstaunliche Andromedanebel (M31), die größte Nachbargalaxie der Milchstraße. Etwas nördlich des Himmelsäquators liegt das Pegasusquadrat. Dieser Asterismus dient als nützlicher Wegweiser der Region. Im Sternbild Walfisch (Cetus) befindet sich der wunderbare rote Veränderliche Mira. Der einzige helle Stern dieser Region ist Fomalhaut, der im Sternbild Südlicher Fisch (Piscis Austrinus) liegt.

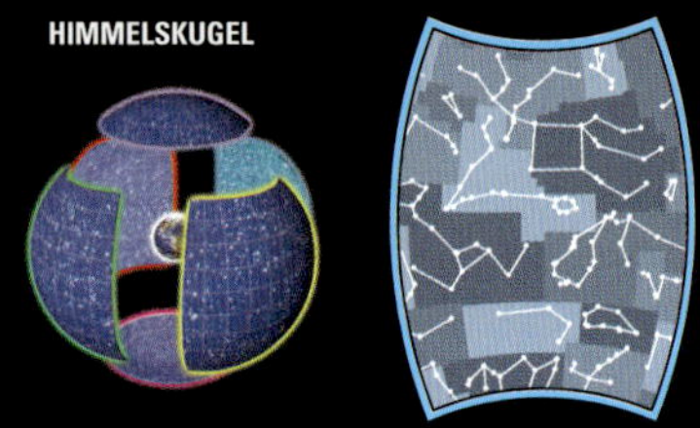

ÄQUATORHIMMEL KARTE 2

Diesen Himmelsabschnitt beobachtet man weltweit am besten an Abenden im Juni, Juli, August und September. Im Gegensatz zur vorherigen Himmelskarte enthält diese Region zahlreiche sehenswerte Sternmuster. Beobachter an dunkleren Standorten erleben die reichhaltigen Sternfelder der Milchstraße, deren Band man hier am besten sieht. Das nördliche Gebiet wird vom Sommerdreieck beherrscht, ein Asterismus der Sterne Deneb im Schwan (Cygnus), Wega in der Leier (Lyra) und Altair im Adler (Aquila). Weiter südlich liegt das wundervolle Sternbild Skorpion (Scorpius), und der Schütze (Sagittarius) nebenan enthält den Asterismus »Teapot«. Im Norden außerhalb der Milchstraße liegt das Sternbild Herkules (Hercules) mit dem Kugelsternhaufen M13.

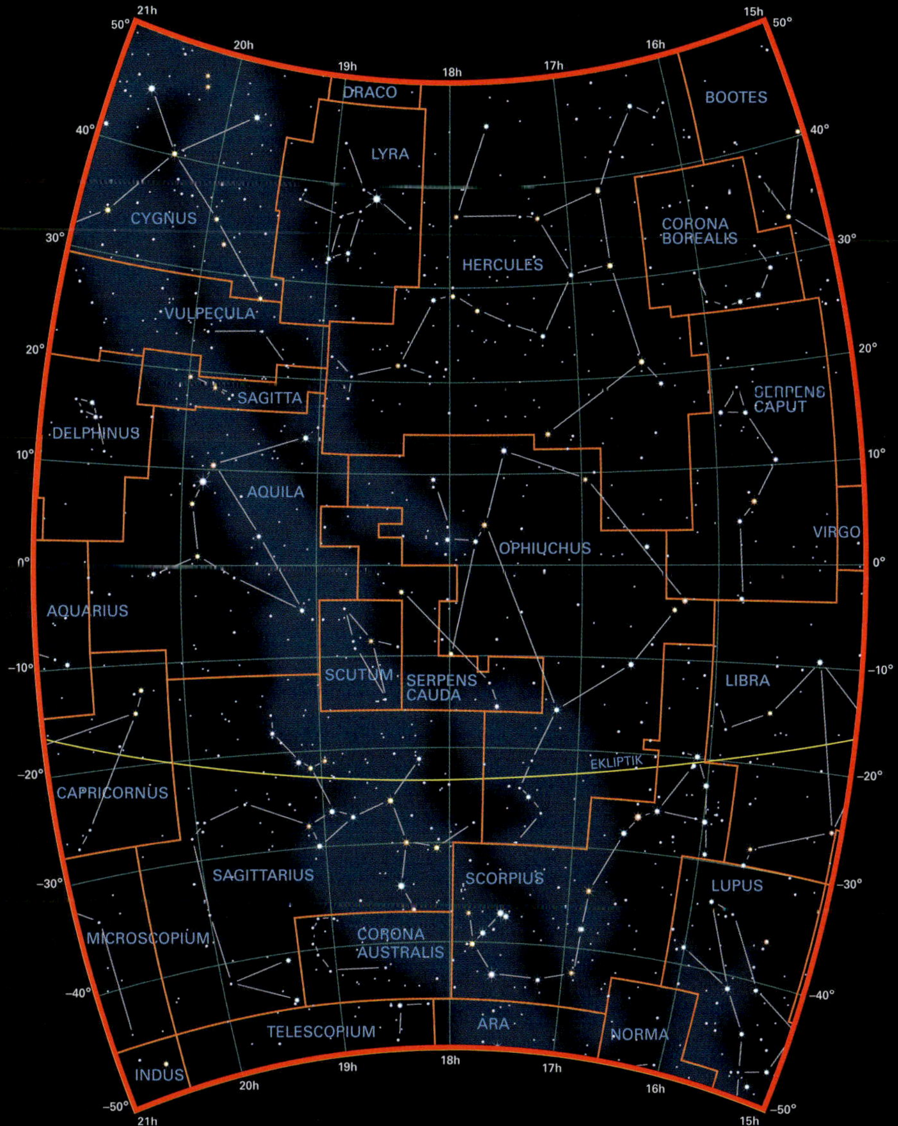

HIMMELSKUGEL

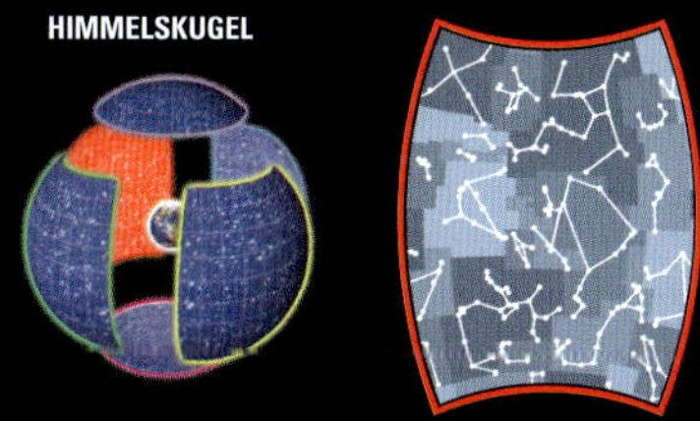

Größenklassen der Sterne

ÄQUATORHIMMEL KARTE 3

Diesen Himmelsabschnitt beobachtet man am besten an Abenden im März, April und Mai. Er enthält den dritt- und den fünfthellsten Stern des gesamten Nachthimmels: den rötlichen Arktur im Sternbild Bärenhüter (Bootes) – der auf der nördlichen Halbkugel im Frühling sichtbar ist – und den bläulichen Spica im Sternbild Jungfrau (Virgo). Die Jungfrau ist das zweitgrößte Sternbild und liegt nördlich des größten Sternbilds, der Wasserschlange (Hydra), die sich um die gesamte Region schlängelt. Oberhalb des Zentrums und etwas rechts davon liegen die Sterne des Löwen (Leo). Dieses Sternbild zählt zu den wenigen leicht erkennbaren, weil sein Kopf ein unverwechselbares umgekehrtes Fragezeichen aus sechs Sternen bildet.

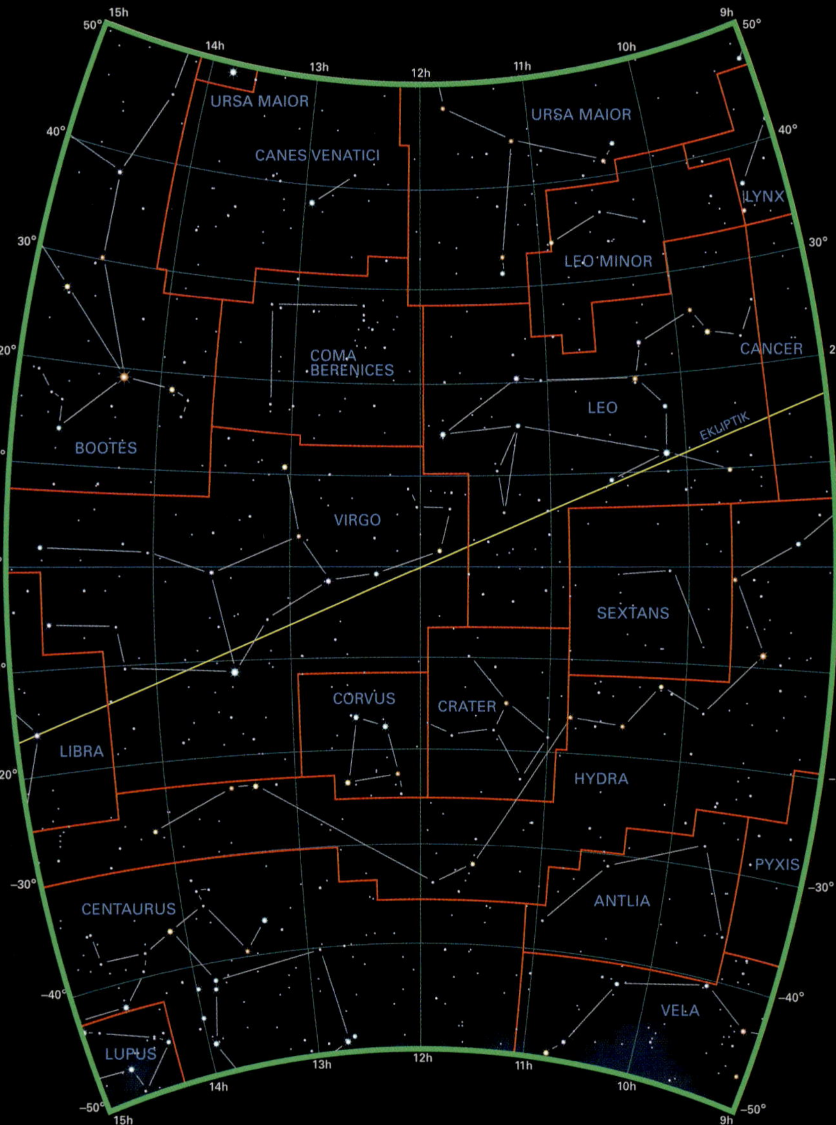

HIMMELSKUGEL

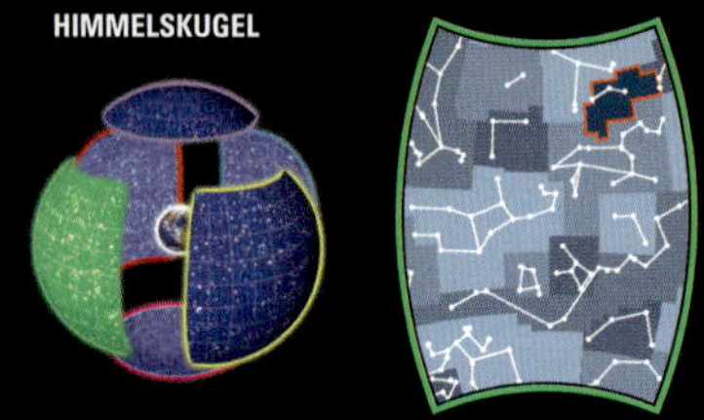

Größenklassen der Sterne

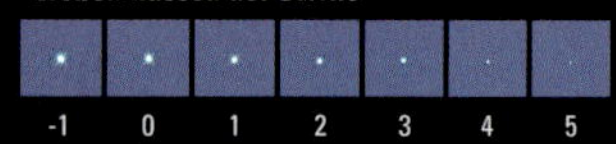

ÄQUATORHIMMEL KARTE 4

Dieser Himmelsabschnitt bietet sich für Beobachtungsabende im Dezember, Januar und Februar an. Diese Region zählt zu den hinreißendsten Abschnitten des Himmels, weil sie ganz einfach mehr helle Sterne als jede andere Region enthält. In ihr liegt das auffällige Sternbild Orion mit einer leicht erkennbaren Linie aus drei nahezu gleich hellen Sternen im seinem Zentrum, den man Oriongürtel nennt. Neben Orion liegt das Sternbild Stier (Taurus), das den hellen Stern Aldebaran und auch einen der schönsten Sternhaufen, M45, enthält – er ist allgemein als die Plejaden oder das Siebengestirn bekannt. Unterhalb seines Zentrums liegt das Sternbild Großer Hund (Canis Maior) mit dem Stern Sirius, dem Hundsstern – dem hellsten Stern am Nachthimmel.

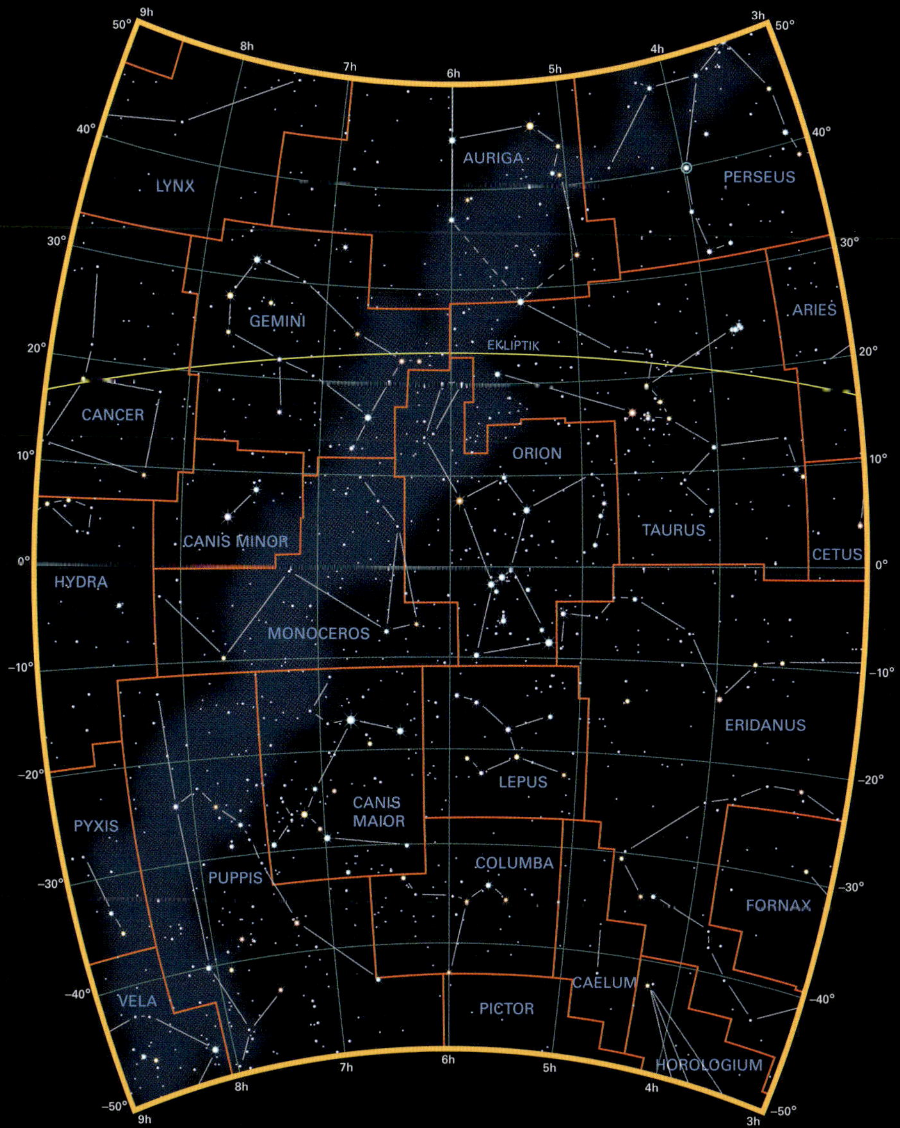

HIMMELSKUGEL

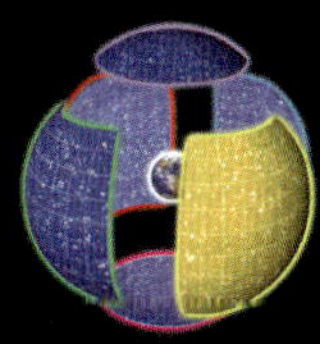

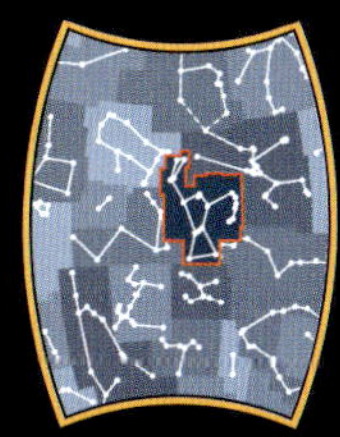

Größenklassen der Sterne

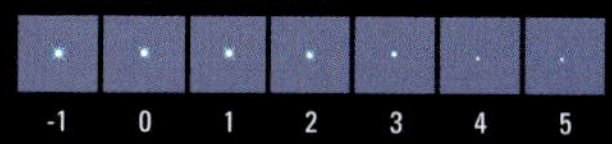

URSA MAIOR

Der Große Bär (Ursa Maior) enthält eine Gruppe aus sieben Sternen, die man Großen Wagen nennt. Dieser auffällige Asterismus zählt zu den bekanntesten und am leichtesten erkennbaren.

Der Große Bär (Ursa Maior) ist das drittgrößte Sternbild, nur die Jungfrau (Virgo) und, als größtes, die Wasserschlange (Hydra) sind größer. Doch das Sternbild ist interessanter als seine größeren Rivalen, weil es einige leicht sichtbare Himmelsobjekte – wie die Galaxie M81 und den schönen Doppelstern für das bloße Auge, Mizar – enthält. Am auffälligsten ist der helle Asterismus Großer Wagen, der in anderen Sprachen viele andere Namen hat, etwa Plough (engl.: Pflug) oder Big Dipper (große Schöpfkelle). Der Asterismus ist so einfach zu erkennen, dass viele Menschen ihn mit dem ganzen Sternbild gleichsetzen. Doch das ist nicht korrekt, da das gesamte Muster des Sternbilds mit seinen vielen dunkleren Sternen tatsächlich die Figur eines Bären darstellt.

Bestimmte Sterne im **Großen Bären** weisen in Richtung des **nördlichen Himmelspols.**

Mizar und Alkor

Die beiden Sterne Zeta (ζ) Ursae Maioris und 80 Ursae Maioris, Mizar und Alkor, bilden an der Deichsel einen berühmten Doppelstern, den man bereits mit bloßem Auge sieht. Doch dieser ist nur ein optischer Doppelstern, weil die Sterne nicht über ihre Schwerkraft aneinander gebunden sind. Ein kleines Teleskop zeigt, dass Mizar einen Begleiter in einem Abstand von 15 ″ besitzt. Die beiden Sterne umkreisen sich ungefähr alle 5000 Jahre. Diese Sterne zählen zu den schönsten Mehrfachsystemen des Nachthimmels. In der Sichtlinie liegt der rötliche Stern der Größenklasse 8 – Sidus Ludoviciana –, den der Astronom Johann Liebknecht 1772 entdeckte und zunächst für einen neuen Planeten hielt.

ÜBERBLICK
Das Sternbild Großer Bär bedeckt eine große Fläche des Himmels. Obwohl einige Sterne dunkel sind, kann man an dunklen Orten das gesamte Muster erkennen.

URSA MAIOR (UMa)
BREITE/HÖHE
GRÖSSENRANGLISTE **3**
VOLLST. SICHTBAR **90° N – 16° S**

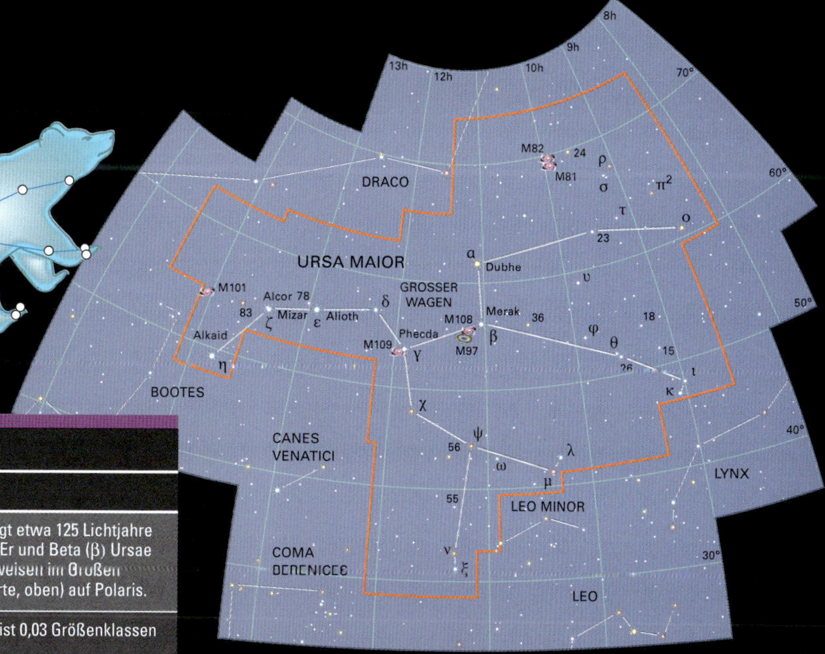

HIMMELSKARTE
Die sieben Sterne des Großen Wagens bilden Körper und Schwanz des Bären. Zwei dieser Sterne weisen auf den Polarstern (siehe Starhopping vom Großen Wagen aus, S. 84–85).

DEN GROSSEN BÄREN BEOBACHTEN

HAUPTSTERNE	GRÖSSENKL.	MERKMALE
Alpha (α) Ursae Maioris *Dubhe*	1,8	Der rote Riese liegt etwa 125 Lichtjahre von uns entfernt. Er und Beta (β) Ursae Maioris, Merak, weisen im Großen Wagen (siehe Karte, oben) auf Polaris.
Epsilon (ε) Ursae Maioris *Alioth*	1,8	Der hellste Stern ist 0,03 Größenklassen heller als Dubhe.
Zeta (ζ) Ursae Maioris *Mizar*	2,3	Er bildet einen optischen Doppelstern mit Alkor (4,0 mag) in 12' Abstand.

WICHTIGE OBJEKTE	GRÖSSENKL.	MERKMALE
M81, Bodes Galaxie	6,9	Die Spiralgalaxie ist das wichtigste Mitglied einer Gruppe aus 34 Galaxien in diesem Sternbild.
M82, Zigarren-Galaxie	8,4	In der Spiralgalaxie entstehen viele neue Sterne durch den Einfluss von M81.
M97, Eulennebel	9,8	Der Planetarische Nebel ist ziemlich dunkel. Nur große Teleskope zeigen die eulenartigen Strukturen.
M101, Feuerrad- oder Pinwheel-Galaxie	8,3	Bei dieser Spiralgalaxie sieht man die Arme nur in großen Teleskopen.

M101
Mit Mizar und Alkaid, den letzten Sternen der Deichsel des Großen Wagens, bildet M101, die Feuerrad-Galaxie, ein Dreieck und ist von der Erde aus in Aufsicht sichtbar, sodass starke Teleskope ihre Spiralarme zeigen. Diese Galaxie ist wahrscheinlich doppelt so groß wie die Milchstraße.

M81 und M82

In Ferngläsern erscheint Bodes Galaxie oder M81 als verschwommener Flecken oberhalb der Schulter des Bären. Die erdnächste Galaxie außerhalb der Lokalen Gruppe liegt nur 12 Millionen Lichtjahre entfernt und erscheint als recht helles und großes Objekt. Deshalb und auch, weil eine zweite Galaxie, M82, etwas weiter nördlich liegt, ist M81 ein besonders gutes Ziel für Amateurbeobachter von Galaxien. M82 nennt man auch die Zigarren-Galaxie. Sie ist dunkler als M81, aber immer noch gut sichtbar. Diese beiden Galaxien sind eng benachbart. Aufnahmen von M82 zeigen, dass die Schwerkraft der Galaxie M81 sie beeinflusst.

GALAXIEN IM KONFLIKT
In der Seitenansicht ähnelt M82 (oben links) einer Zigarre. Nahaufnahmen (rechts) zeigen, dass sie von der Schwerkraft der Galaxie M81 (oben rechts) deformiert wurde und rote Streifen abwirft, die auf heftige Aktivitäten hinweisen.

STARHOPPING VOM GROSSEN WAGEN AUS

Der Große Wagen ist ein guter Wegweiser, weil er sich in der Nähe des Himmelsnordpols befindet. Für viele Beobachter der Nordhalbkugel geht er nie unter.

Der Große Wagen ist ein Asterismus aus sieben Sternen, die Teil des Sternbilds Großer Bär (Ursa Maior) sind. Dieser Asterismus erinnert an einen Kastenwagen mit Deichsel und ist deshalb leicht am Nachthimmel zu entdecken.

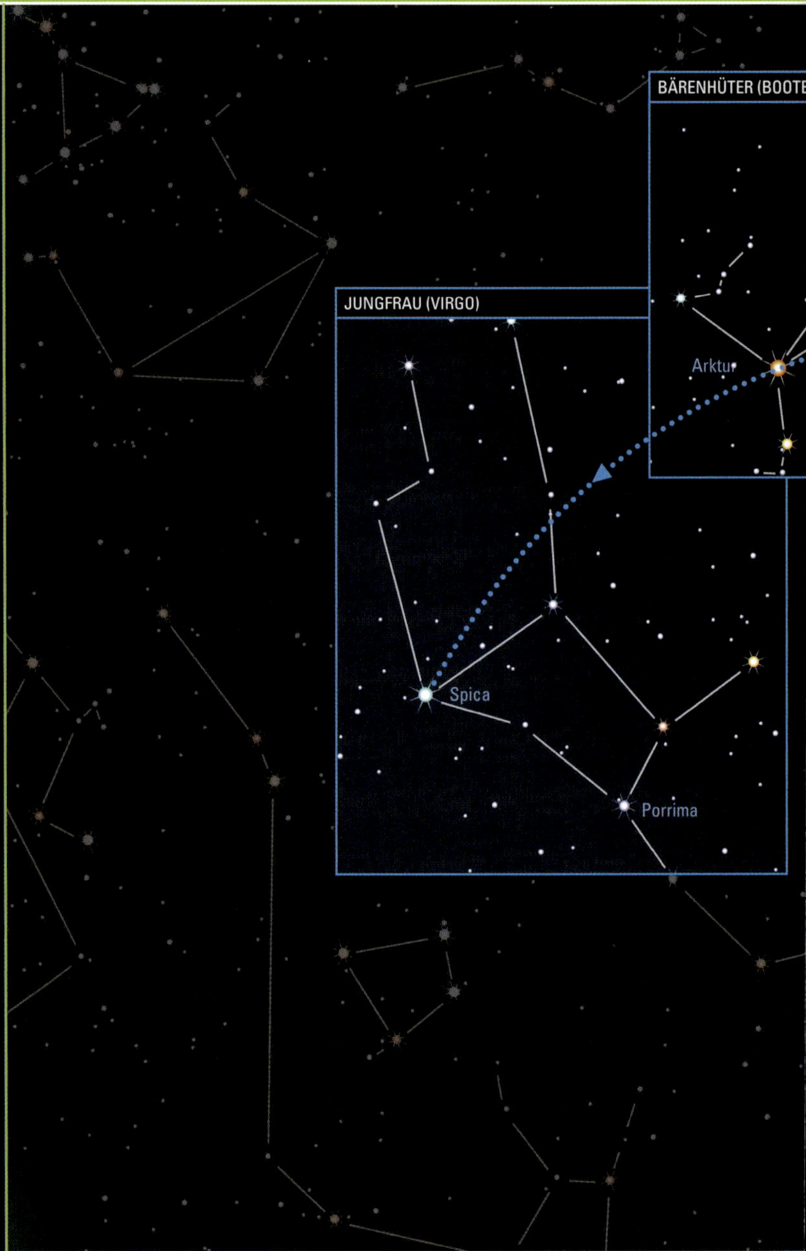

1 ZU URSA MINOR UND DEM POL

Zu den bedeutendsten Starhoppings der Nordhalbkugel zählt der Weg, der vom Großen Wagen zum Nordstern oder Polaris führt, der den nördlichen Himmelspol markiert. Dazu zieht man am hinteren Kasten eine Linie zwischen den beiden Sternen Merak und Dubhe, dem hellsten Stern im Bären. Dann verlängert man diese Linie ungefähr um das Fünffache bis zu Polaris im Kleinen Bären (Ursa Minor).

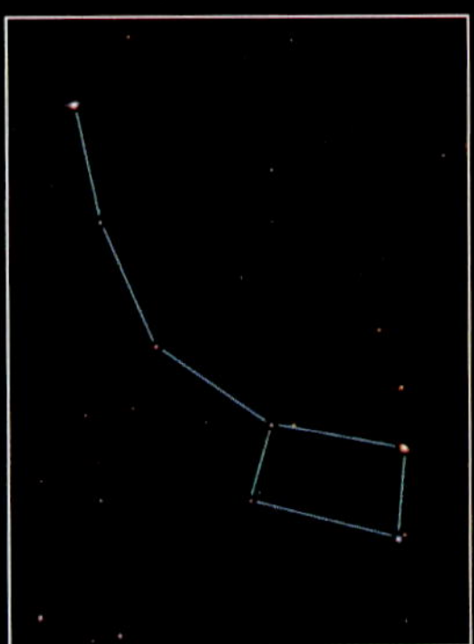

KLEINER BÄR (URSA MINOR)

2 ZU BOOTES UND DANN ZU VIRGO

Die Deichsel des Großen Wagens beugt sich von Mizar nach unten, dem vorletzten Stern der Deichsel. Wenn man eine Kurve der letzten drei Deichselsterne verlängert, weist diese auf Arktur, den goldenen Stern des Bärenhüters (Bootes) und vierthellsten Stern des Nachthimmels. Verlängert man diesen Bogen um das Doppelte, erreicht man den leicht bläulichen, hellen Stern Spica, den hellsten Stern der Jungfrau (Virgo).

BÄRENHÜTER (BOOTES)

3 ZU LEO

Von Megrez (Größenklasse 3,3), dem schwächsten Stern des Großen Wagens, zieht man eine Linie bis Phecda (den man auch Phad nennt) am Boden des Wagenkastens. Die Verlängerung dieser Linie geht durch das kleine und relativ unbedeutende Sternbild Kleiner Löwe (Leo Minor), bevor sie in dem auffälligen Muster des kauernden Löwen (Leo) mit seinem hellen Hauptstern Regulus (Größenklasse 1,4) endet.

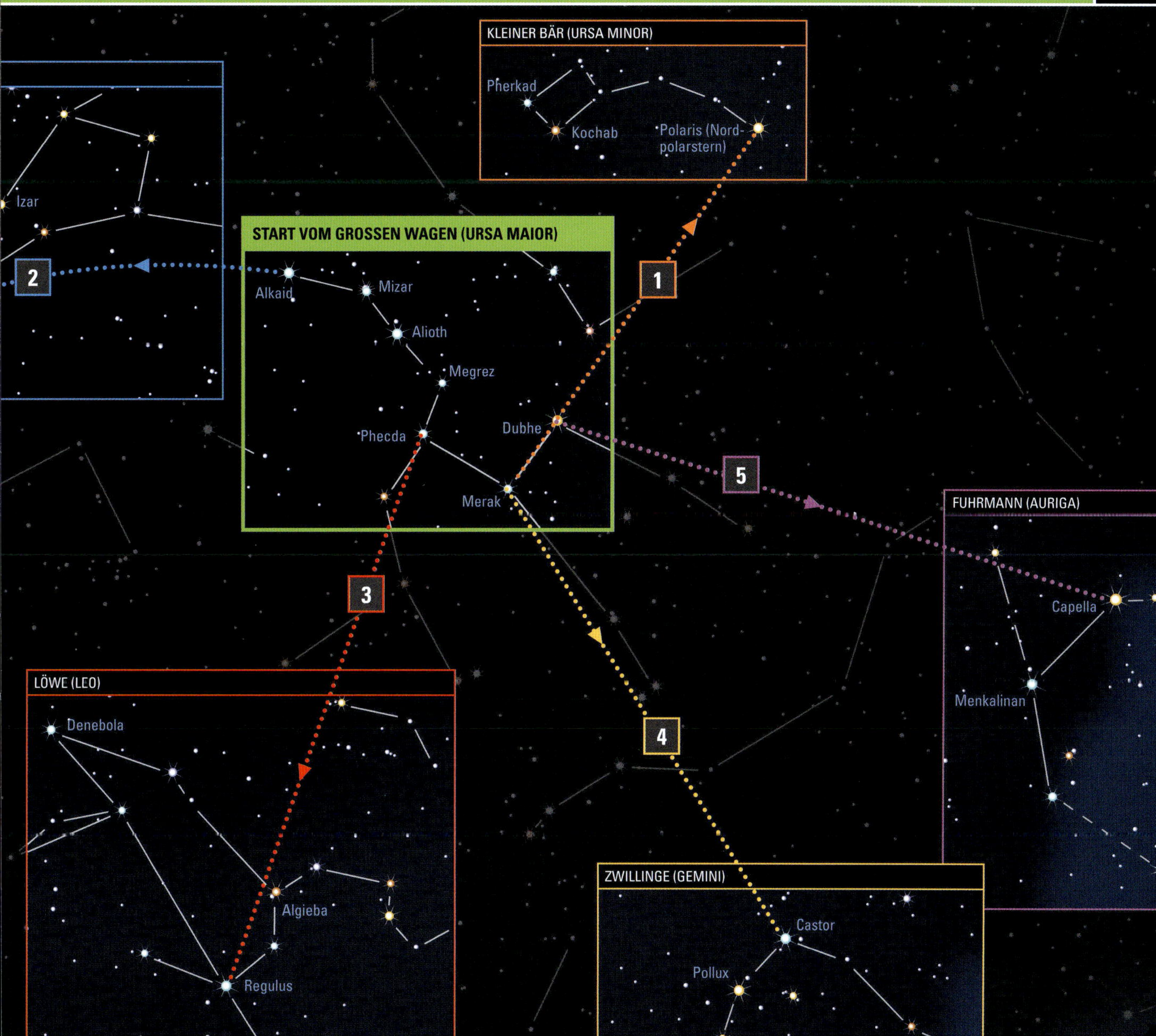

4 ZU GEMINI

Mizar ist der Stern, an dem sich die Deichsel wölbt, und der Ausgangspunkt der Reise zu den Zwillingen (Gemini). Dazu verlängert man eine Linie von Mizar durch Alioth und Megrez in der Deichsel. Diese Linie geht durch Merak am hinteren Wagenkasten. Ihre Verlängerung führt zu den beiden hellen Sternen Castor (Größenklasse 1,9) und dem warmfarbigen Pollux (Größenklasse 1,2), den Zwillingsbrüdern des Sternbilds.

FUHRMANN (AURIGA)

5 ZU AURIGA

Die beiden oberen Sterne des Wagenkastens sind der dunkle Megrez und der helle Dubhe. Verlängert man eine Linie zwischen diesen Sternen in entgegengesetzter Richtung der Deichsel, weist diese auf den sechshellsten Stern am Himmel, Capella, den Hauptstern des Fuhrmanns (Auriga). Der Himmel entlang dieser Route ist ziemlich leer, nur die dunklen Sterne des Bärenkopfes und des Sternbilds Luchs (Lynx) trifft man hier an.

URSA MINOR UND DRACO

Diese beiden Nachbarsternbilder haben etwas Gemeinsames: Ihr Hauptstern α ist heute (α Umi) bzw. war (α Dra) vor 5000 Jahren Polarstern.

Weder der Kleine Bär (Ursa Minor) noch der Drache (Draco) sind auffällige Sternbilder. Keiner ihrer Sterne ist heller als die 2. Größenklasse, sodass ihre Beobachtung in Gebieten mit Lichtverschmutzung schwierig ist. Doch in klaren, dunklen Nächten sind sie schnell erkannt, weil beide Sternbilder ein klares Muster von Sternen haben. Der Kleine Bär erscheint als Miniaturausgabe des Großen Wagens, während sich der Drache vom Großen Bären (Ursa Maior) über den Bärenhüter (Bootes) bis Herkules (Hercules) und der Leier (Lyra) windet. Der Drache ist ein großes Sternbild, das sich halb um den Himmelsnordpol schlängelt. Das Sternbild bietet nur wenige interessante Himmelsobjekte außer dem jährlichen Meteorschauer der Draconiden, der um den 9. Oktober gipfelt. Ny (ν) Draconis im Kopf des Drachen ist ein großartiger Doppelstern für Ferngläser. In einem kleinen Teleskop erkennt man NGC 6543, den Katzenaugennebel. Den Planetarischen Nebel sieht man jedoch nur als grünliches Oval. Der Kleine Bär enthält mehrere Doppelsterne, doch seine Hauptattraktion bildet Alpha (α) Ursae Minoris oder Polaris, der Polarstern.

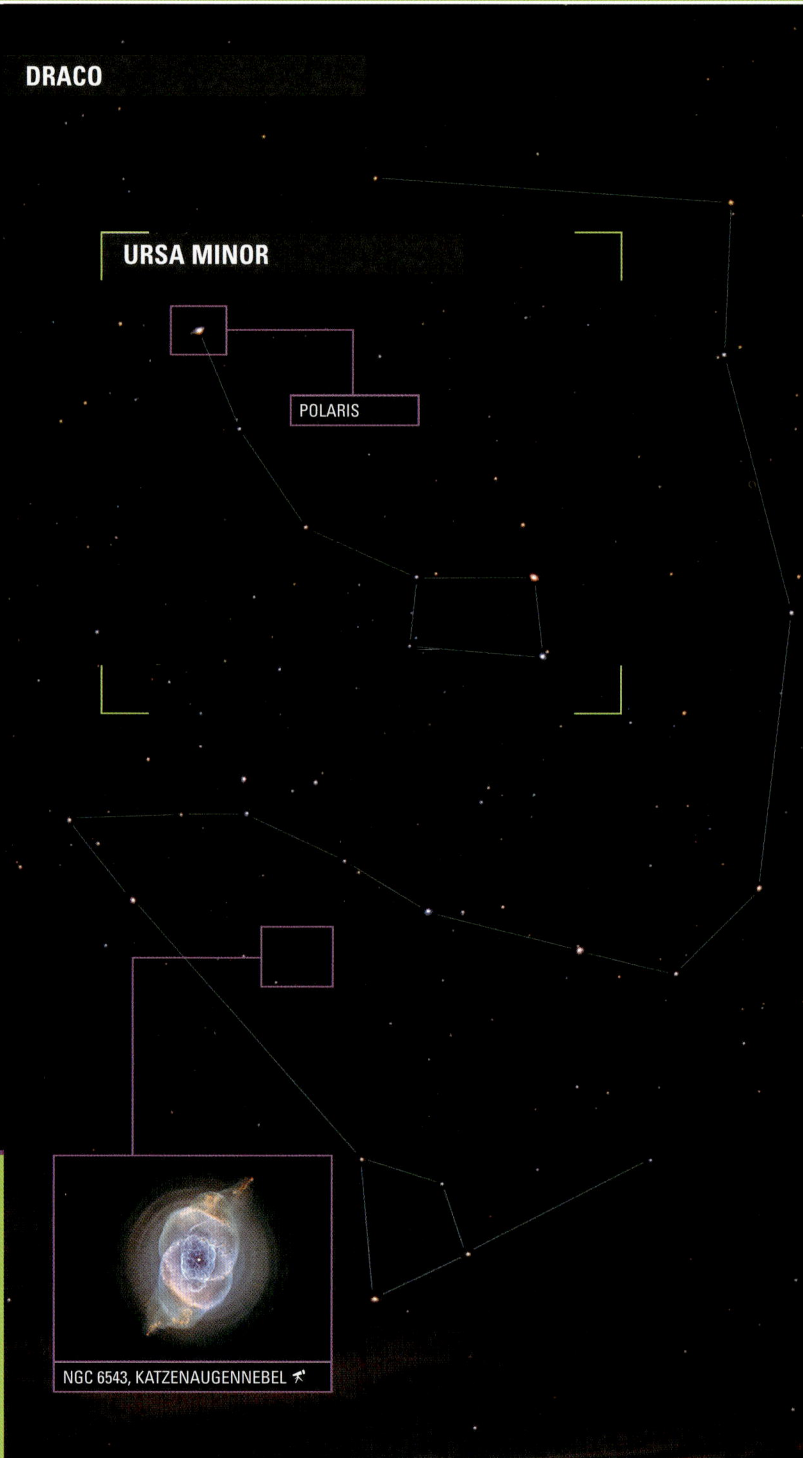

Der Polarstern

Viele Menschen glauben, dass der Polarstern ein sehr heller Stern ist. Doch dies ist leider ein Mythos, da die Größenklasse von Polaris nur 2,0 beträgt und er somit an 49. Stelle der hellsten Sterne steht. Er ist dennoch kein unbedeutender Stern. Sein Durchmesser beträgt das 30-fache dessen der Sonne. Vor mehreren Jahrtausenden war der Hauptstern des Drachen, Thuban, der Polarstern. Dieser Wechsel beruht auf der 25 800-jährigen Kreiselbewegung der Erdachse, die man Präzession nennt. Sie ändert ständig die Richtung, in die der Nordpol weist (siehe auch S. 60). Der Begriff Polarstern ist deshalb nur eine vorübergehende Bezeichnung für den Stern, der zu dieser Zeit am oder nahe am Himmelspol liegt.

ÜBERBLICK
Den Kleinen Bären findet man schnell vom Großen Bären aus (siehe S. 84–85). Um dieses Sternbild winden sich Körper und Schwanz des Drachen (Draco).

URSA MINOR (UMi)
BREITE/HÖHE
GRÖSSENRANGLISTE **56**
VOLLST. SICHTBAR **90° N – 0° S**

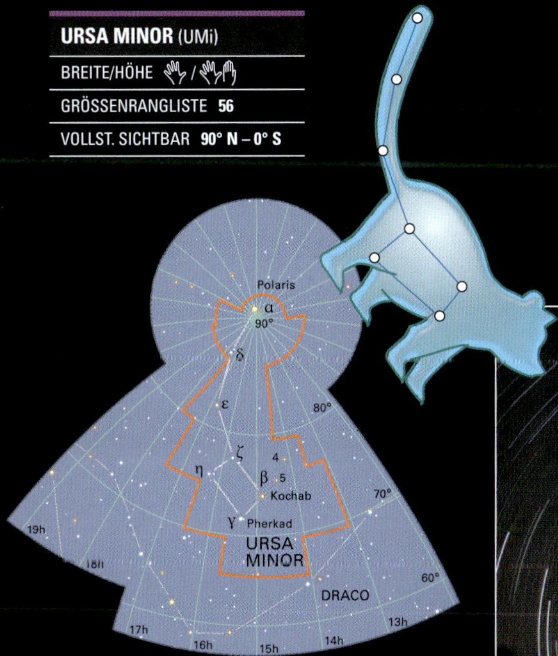

HIMMELSKARTE: URSA MINOR
Der Himmel um das Sternbild bietet nur die dunklen Sternbilder Giraffe (Camelopardalis), Drache (Draco) und Kepheus (Cepheus).

DEN KLEINEN BÄREN BEOBACHTEN

HAUPTSTERNE	GRÖSSENKL.	BESONDERE MERKMALE
Alpha (α) Ursae Minoris *Polaris*	2,0	Der blass-gelbe Stern befindet sich in einer Entfernung von ungefähr 430 Lichtjahren zur Erde.
Gamma (γ) Ursae Minoris *Pherkad*	3,0	Der relativ helle optische Doppelstern hat den Begleiter 11 Ursae Minoris der Größenklasse 5,0 und ist bereits mit bloßem Auge sichtbar.

POLARIS
Alpha (α) Ursae Minoris, den man als Polaris kennt, ist nicht hell, aber als (derzeitiger) Polarstern steht er scheinbar stationär am Nachthimmel. Diese Langzeitaufnahme zeigt, wie seine Nachbarsterne um ihn kreisen, während er eng am Himmelspol hängt. Man kann dieses Phänomen sehen, wenn man die Bewegung des Kleinen Bären über längere Zeiten beobachtet, weil Polaris das Schwanzende des Bären markiert.

DRACO (Dra)
BREITE/HÖHE
GRÖSSENRANGLISTE **8**
VOLLSTÄNDIG SICHTBAR **90° N – 4° S**

HIMMELSKARTE: DRACO
Der Drache ist das achtgrößte Sternbild. Der lange Drachenschwanz trennt den Großen vom Kleinen Bären.

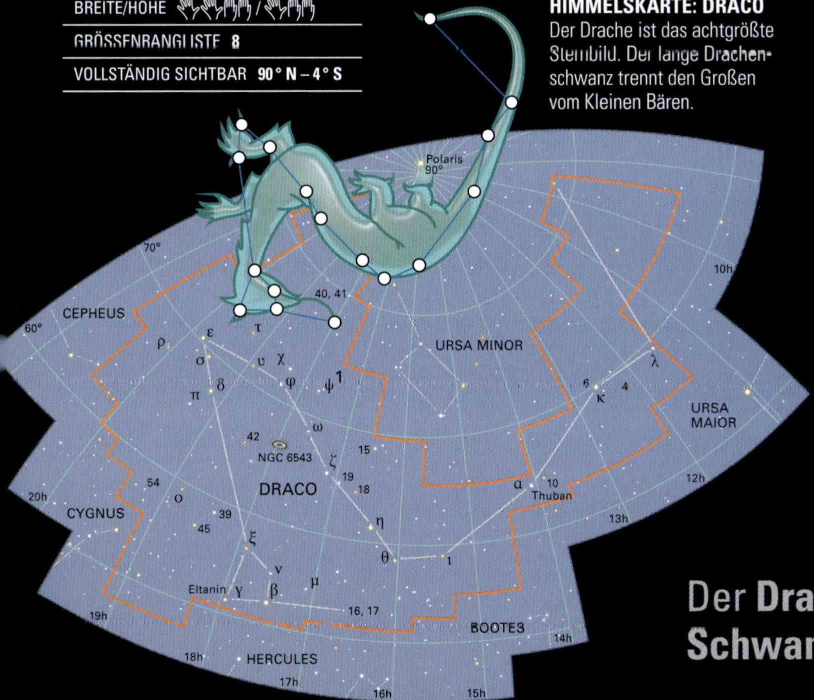

DEN DRACHEN BEOBACHTEN

HAUPTSTERNE	GRÖSSENKL.	BESONDERE MERKMALE
Alpha (α) Draconis *Thuban*	3,7	Ein bläulicher Stern, der mehr als eine Größenklasse dunkler ist als der hellste Stern Eltanin oder Gamma (γ) Draconis.
Ny (ν) Draconis *Kuma*	4,9	Der Doppelstern besitzt einen gleich hellen Begleiter im Abstand von 1′.
16 Draconis	5,1	Er bildet einen optischen Doppelstern der Größenklasse 5,5 mit 17 Draconis, den man im Fernglas sieht.

WICHTIGE OBJEKTE	GRÖSSENKL.	BESONDERE MERKMALE
NGC 6543, Katzenaugennebel	8,1	Der Planetarische Nebel liegt etwa 3600 Lichtjahre von der Erde entfernt.

Der **Drache** windet seinen **Körper** und **Schwanz** um den **Kleinen Bären**.

CASSIOPEIA

Die Königin Kassiopeia ist geradezu ein ideales Sternbild, mit einer schönen, auffälligen Form und vielen sehenswerten Objekten. Das Sternbild liegt mitten in dem Band der Milchstraße.

Nur wenige Sternbilder oder Asterismen (Sternmuster) erkennt man unmittelbar wie Orion, den Großen Wagen, das Kreuz des Südens (Crux) und auch Kassiopeia (Cassiopeia). Ihre fünf Hauptsterne bilden ein charakteristisches »W« (oder »M«, abhängig vom Standort), das sich an dunkleren Beobachtungsorten von der Milchstraße abhebt. Kassiopeia liegt auf der entgegengesetzten Seite des nördlichen Himmelspols vom Großen Wagen im Großen Bären (Ursa Maior). Für die meisten Beobachter der Nordhalbkugel befindet sich der Große Wagen nahe über dem Horizont, wenn Kassiopeia hoch am Himmel steht. An vielen nördlichen Standorten ist dieses zirkumpolare Sternbild deshalb immer am Nachthimmel sichtbar und sinkt niemals unter den Horizont.

Die Mythologie **verdammte Kassiopeia** dazu, ewig um den **Himmelspol** zu kreisen.

NGC 457, Eulenhaufen

Jedes Objekt, dessen Sterne ein Muster bilden, ist für einen Beobachter von großem Vorteil, weil er es leicht identifizieren kann, sobald er es einmal entdeckt hat. Bei dem Offenen Sternhaufen NGC 457 fallen zwei helle Sterne auf, die an die großen Augen einer Eule oder sogar an ET (aus dem gleichnamigen Kinofilm) erinnern. Der hellste Stern dieser Gruppe, Phi (φ) Cassiopeiae (das rechte »Auge«) ist tatsächlich kein Mitglied des Sternhaufens, sondern liegt 6700 Lichtjahre näher zur Erde. Dieses Phänomen bestätigt einmal mehr, dass alle Objekte im Universum scheinbar in derselben Entfernung fixiert sind, obwohl die Abstände zwischen den Objekten unermesslich groß sind.

GAMMA (γ) CASSIOPEIAE

NGC 457, EULENHAUFEN

ÜBERBLICK
Durch das auffällige »W« der fünf Hauptsterne von Kassiopeia zählt das Sternbild zu denen, die man am leichtesten am Nachthimmel entdecken kann.

CASSIOPEIA (Cas)	
BREITE/HÖHE	
GRÖSSENRANGLISTE	**25**
VOLLST. SICHTBAR	**90° N – 12° S**

M103
Der Offene Sternhaufen M103 liegt unterhalb des rechten (gekreuzten) Knies der Königin. Sein auffälligstes Merkmal ist eine Reihe aus drei Sternen, die dem Oriongürtel (siehe S. 134–135) ähnelt.

DIE KASSIOPEIA BEOBACHTEN

HAUPTSTERNE	GRÖSSENKL.	BESONDERE MERKMALE
Alpha (α) Cassiopeiae *Schedar (Schedir)*	2,2	Der orangefarbene Riese ist der hellste Stern im Sternbild, außer wenn der Veränderliche Gamma (γ) Cassiopeiae (unten) sein Helligkeitsmaximum erreicht.
Gamma (γ) Cassiopeiae *Tsih*	1,6–3,0	Der instabile, eruptive Veränderliche dreht sich so schnell, dass er periodisch Gas ausstößt.

WICHTIGE OBJEKTE	GRÖSSENKL.	BESONDERE MERKMALE
M52	7,3	Der Offene Sternhaufen erscheint im Fernglas als dunstiger Fleck mit einem orangefarbenen Stern.
M103	7,4	Der wunderschöne Offene Sternhaufen enthält eine Reihe aus drei farbigen Sternen.
NGC 457, Eulenhaufen	6,4	Der Offene Sternhaufen liegt 9000 Lichtjahre entfernt und bietet ein lohnendes Ziel für Ferngläser.
NGC 663	7,1	Den schönen Offenen Sternhaufen sieht man im Fernglas, aber noch besser mit einem kleinem Teleskop.

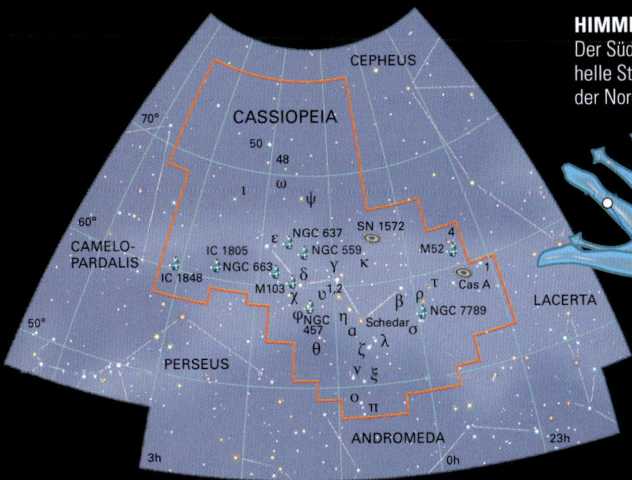

HIMMELSKARTE
Der Süden des Sternbilds hat helle Sterne und die Milchstraße; der Norden ist dagegen eher leer.

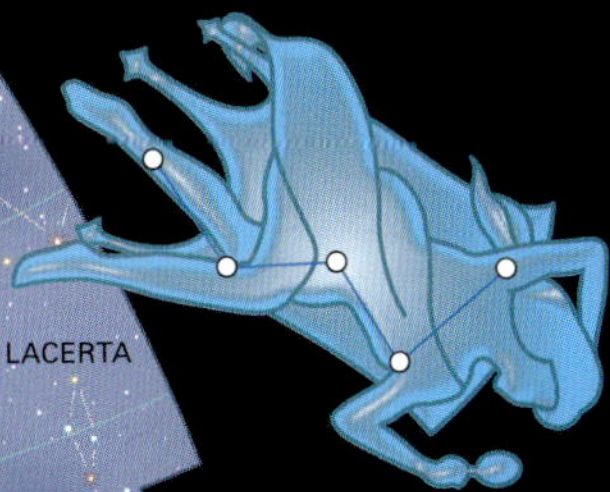

NGC 663
Viele Sterne dieses Offenen Sternhaufens drehen sich wie Gamma (γ) Cassiopeiae unglaublich schnell und stoßen periodisch Gas (Wasserstoff) ab.

M52 und die Milchstraße

Der Offene Sternhaufen M52 besteht aus über 180 Sternen, die etwa 5000 Lichtjahre entfernt sind. Er ist mit dem Fernglas leicht zu entdecken und bietet einen großartigen Anblick in einem kleinen Teleskop, das auch andere Sterne der Milchstraße zeigt. Wie M52 findet man nahezu alle Offenen Sternhaufen im Band der Milchstraße, weil dort in den Gas- und Staubwolken die Mehrheit der Sternhaufen entsteht. Unsere Galaxie ist eine große Spiralgalaxie aus Sternen und Nebeln, die sich als dichtes, milchiges Band über unserem Himmel spannt. Sternhaufen bilden sich in Nebeln, deshalb erscheinen die meisten Sternhaufen auch im Band der Milchstraße.

GESCHWISTERSTERNE
Wie alle Offenen Sternhaufen besteht auch M52 aus gleichaltrigen Sternen, die in einem Nebel aus Gas und Staub entstanden.

CEPHEUS UND CAMELOPARDALIS

König Kepheus (Cepheus) und die Giraffe (Camelopardalis) sind Sternbilder des hohen Nordens. Sie umschließen zusammen mit dem Kleinen Bären (Ursa Minor) den Himmelsnordpol.

Der südliche Bereich des Kepheus (Cepheus) enthält den nördlichsten Abschnitt des milchigen Bands unserer Galaxie, der Milchstraße. Wenn das Band sichtbar ist, findet man auch immer sehenswerte Beobachtungsobjekte. Kepheus enthält einen besonderen Veränderlichen, Delta (δ) Cephei, der sehr viel zur Erforschung der Veränderlichen (siehe unten) beigetragen hat. Aus Sicht eines Beobachters ist aber IC 1396 das außergewöhnlichste Objekt. Der enorme Nebel liegt in der Nähe des Sterns My (μ) Cephei, dem Granatstern. Den Nebel sieht man noch mit bloßem Auge, aber erst ein großes Teleskop zeigt Einzelheiten dieser großen und komplizierten Sternentstehungswolke. Er liegt südlich des Fundaments des leicht gestreckten »Hauses«, das seine Hauptsterne bilden. Das »Dach« weist auf das Sternbild Giraffe (Camelopardalis), das aber keine sehenswerten Sterne enthält, weil kein Stern der Giraffe heller als 4,0 mag ist. Nur ein interessantes Objekt findet man hier: Eine Reihe aus Sternen, die man Kembles Kaskade nennt.

Delta Cephei

Dieser Stern zählt zu den bedeutendsten Veränderlichen, weil man mit ihm den Abstand entfernter Objekte bestimmen kann. Weil seine Periode, über die die Helligkeit des Pulsationsveränderlichen wechselt, mit seiner Leuchtkraft zusammenhängt (Perioden-Leuchtkraft-Beziehung), kann man aus der gemessenen scheinbaren Helligkeit die Entfernung berechnen. Diese Beziehung gilt für alle Sterne des gleichen Typs, die man Cepheiden-Veränderliche nennt. Diese Bestimmungsmethode gilt auch für Sterne, die sich in weit entfernten Galaxien befinden. Mithilfe dieser Bestimmung konnte Edwin Hubble erstmals nachweisen, dass der Andromedanebel außerhalb der Milchstraße liegt.

CEPHEUS

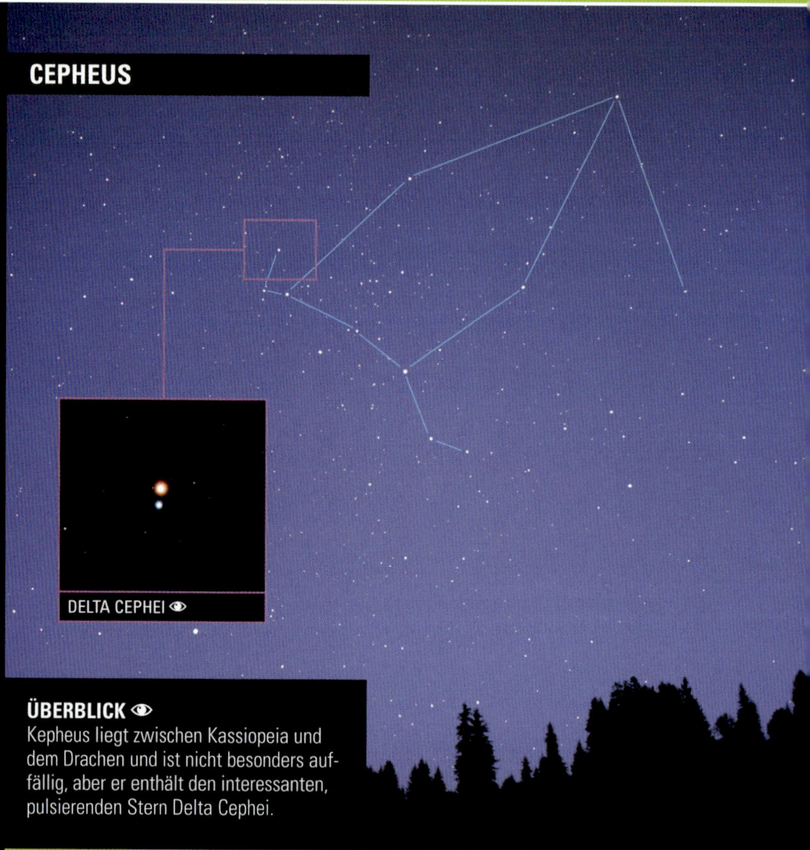

ÜBERBLICK
Kepheus liegt zwischen Kassiopeia und dem Drachen und ist nicht besonders auffällig, aber er enthält den interessanten, pulsierenden Stern Delta Cephei.

CAMELOPARDALIS

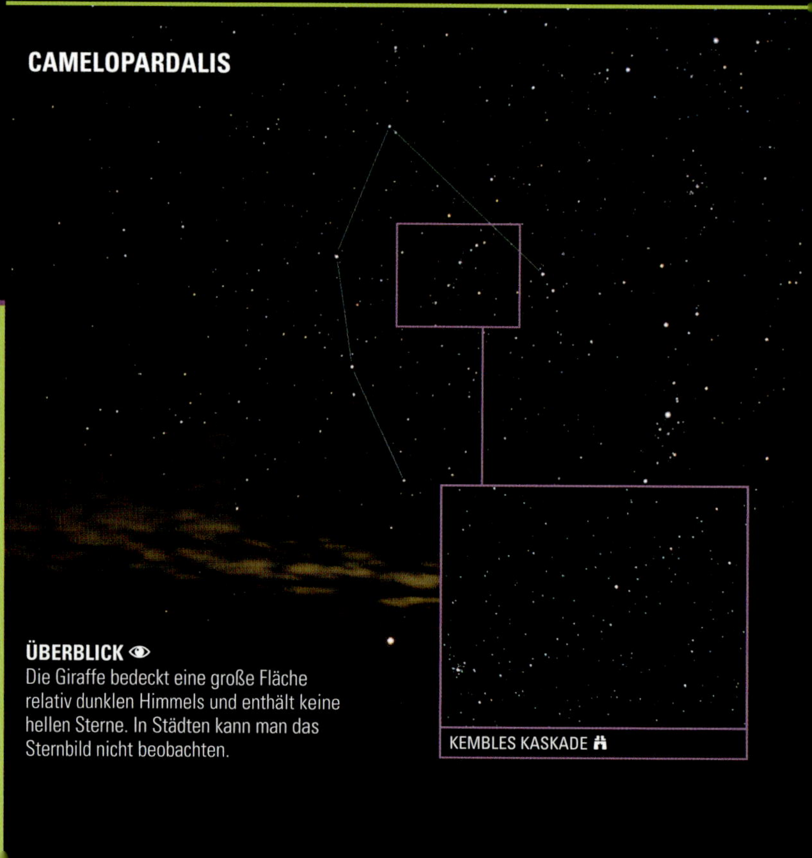

ÜBERBLICK
Die Giraffe bedeckt eine große Fläche relativ dunklen Himmels und enthält keine hellen Sterne. In Städten kann man das Sternbild nicht beobachten.

CEPHEUS (Cep)

BREITE/HÖHE

GRÖSSENRANGLISTE **27**

VOLLST. SICHTBAR **90° N – 1° S**

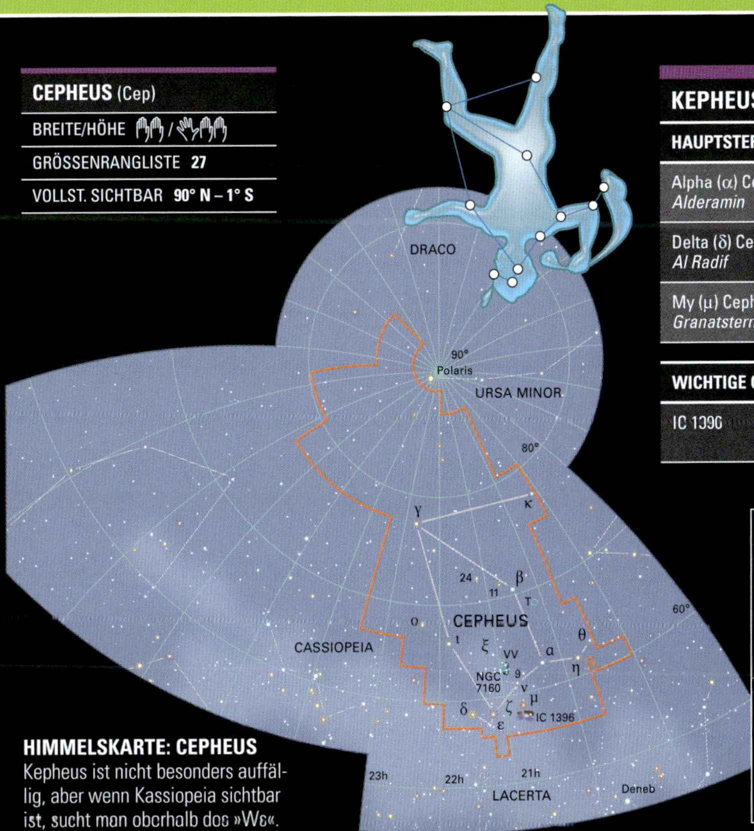

HIMMELSKARTE: CEPHEUS
Kepheus ist nicht besonders auffällig, aber wenn Kassiopeia sichtbar ist, sucht man oberhalb des »Ws«.

KEPHEUS BEOBACHTEN

HAUPTSTERNE	GRÖSSENKL.	BESONDERE MERKMALE
Alpha (α) Cephei *Alderamin*	2,5	Der weiße Stern entwickelt sich zur Zeit zu einem Roten Riesen.
Delta (δ) Cephei *Al Radif*	3,5–4,4	Der berühmte Veränderliche hat eine Periode von 5 Tagen und 9 Stunden.
My (μ) Cephei *Granatstern*	3,4–5,1	Der rote Überriese zählt zu den größten bekannten Sternen.

WICHTIGE OBJEKTE	GRÖSSENKL.	BESONDERE MERKMALE
IC 1396	6,0	Der Emissionsnebel liegt ungefähr 2400 Lichtjahre von der Erde entfernt.

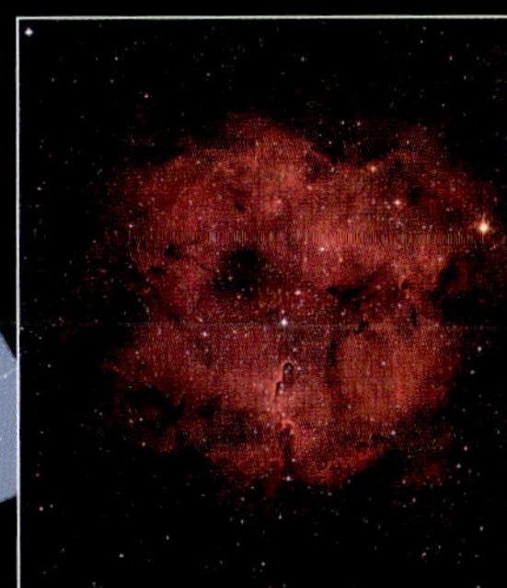

IC 1396
Der Sternhaufen liegt in einem der ausgedehntesten Nebel, den man sehen kann, und erstreckt sich über drei Grad. Die Fläche entspricht dem sechsfachen Durchmesser des Vollmonds. Über dem Nebel befindet sich der rote Stern My (μ) Cephei (am rechten Rand des Bilds). Sein Durchmesser ist ungefähr 1650-mal so groß wie der der Sonne.

CAMELOPARDALIS (Cam)

BREITE/HÖHE

GRÖSSENRANGLISTE **18**

VOLLST. SICHTBAR **90° N – 3° S**

DIE GIRAFFE BEOBACHTEN

HAUPTSTERNE	GRÖSSENKL.	BESONDERE MERKMALE
Alpha (α) Camelopardalis	4,3	Der blaue Überriese hat den 29-fachen Durchmesser der Sonne.

WICHTIGE OBJEKTE	GRÖSSENKL.	BESONDERE MERKMALE
Kembles Kaskade	7,0	Der Asterismus aus einer Reihe mit etwa 20 Sternen ist ein schönes Ziel für Ferngläser. An einem Ende liegt NGC 1502.

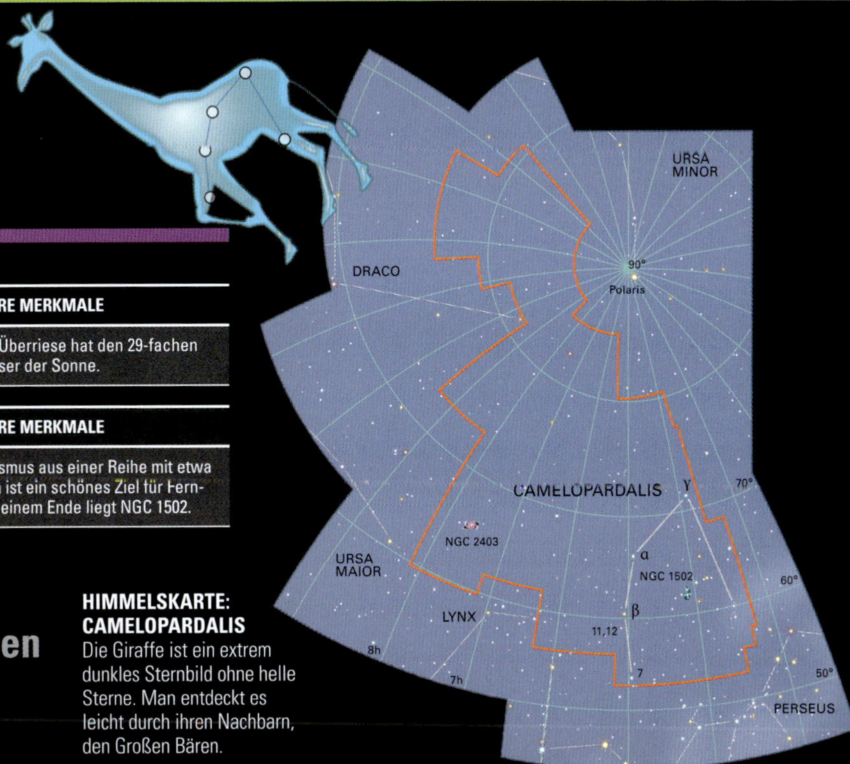

Die sanfte **Giraffe** hat den **Drachen,** den **Großen Bären** und den **Luchs** zum Nachbarn.

HIMMELSKARTE: CAMELOPARDALIS
Die Giraffe ist ein extrem dunkles Sternbild ohne helle Sterne. Man entdeckt es leicht durch ihren Nachbarn, den Großen Bären.

CANES VENATICI

Das Sternbild Jagdhunde (Canes Venatici) hat kein bemerkenswertes Sternmuster. Es enthält aber die großartige Whirlpool-Galaxie, M51, und einen interessanten Veränderlichen, den man La Superba nennt.

Die Jagdhunde (Canes Venatici) liegen am nördlichen Himmel zwischen dem Bärenhüter (Bootes) und dem Großen Bären (Ursa Maior). Das Sternbild führte der Astronom Johannes Hevelius im 17. Jahrhundert mit Sternen ein, die vorher Teil des Bärenhüters waren. Der hellste Stern Alpha (α) Canum Venaticorum wurde zu Ehren des englischen Königs Karl II. auch Cor Caroli genannt, dem lateinischen Ausdruck für »das Herz Karls«. Mit der dritten Größenklasse passt er sich seiner unauffälligen Umgebung an. Die Jagdhunde findet man dennoch leicht, weil sie sich etwas südlich der Deichsel des Großen Wagens befinden. Noch innerhalb des Sternbilds an der Grenze im Süden zum Haar der Berenike (Coma Berenices) liegt M3, einer der schönsten Kugelsternhaufen der Nordhalbkugel, den man von dunklen Standorten mit bloßem Auge sieht. Ein weiteres bemerkenswertes Himmelsobjekt liegt an der Grenze zum benachbarten Großen Bären: die berühmte Whirlpool-Galaxie, M51. Mit Ferngläsern oder einem kleinen Teleskop erkennt man einen dunstigen Fleck.

La Superba

Der Veränderliche Y Canum Venaticorum wurde von dem italienischen Astronomen Angelo Secchi »der Einzigartige« genannt, weil der tiefrote Stern, während ihn Secchi beobachtete, seine Helligkeit änderte. Der Stern liegt 710 Lichtjahre vom Sonnensystem entfernt. Er ist wie alle roten Veränderlichen ein Beispiel dafür, was einem Stern am Ende seiner Zeit als Hauptreihenstern (siehe S. 17) widerfährt, wenn sein Brennstoff zur Neige geht. Der Durchmesser des Sterns ist auf die vierfache Entfernung zwischen der Erde und der Sonne angewachsen und seine Helligkeit ändert sich alle 160 Tage. Er zählt auch mit einer Oberflächentemperatur von ungefähr nur 2000 °C zu den kältesten bekannten Sternen.

ÜBERBLICK
Cor Caroli und der dunkle Stern Beta (β) Canum Venaticorum, Chara, sind die einzigen Hauptsterne des Sternbilds Jagdhunde (Canes Venatici).

CANES VENATICI (CVn)

BREITE/HÖHE

GRÖSSENRANGLISTE **38**

VOLLST. SICHTBAR **90° N – 37° S**

HIMMELSKARTE
Die Jagdhunde liegen zwischen dem Großen Bären, dem Bärenhüter und dem Löwen. Bis zum 17. Jahrhundert gehörten seine Sterne zum Bärenhüter.

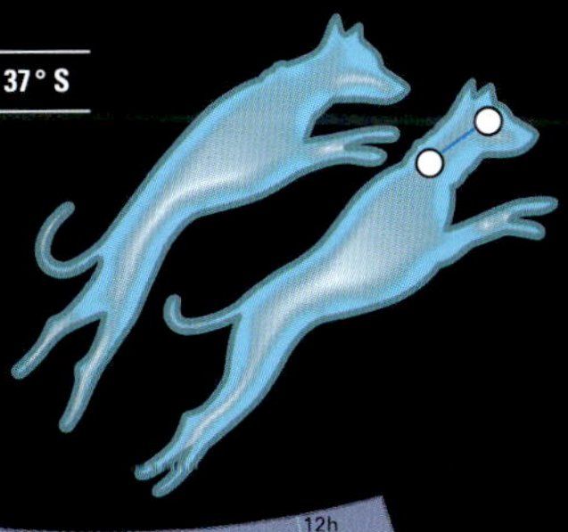

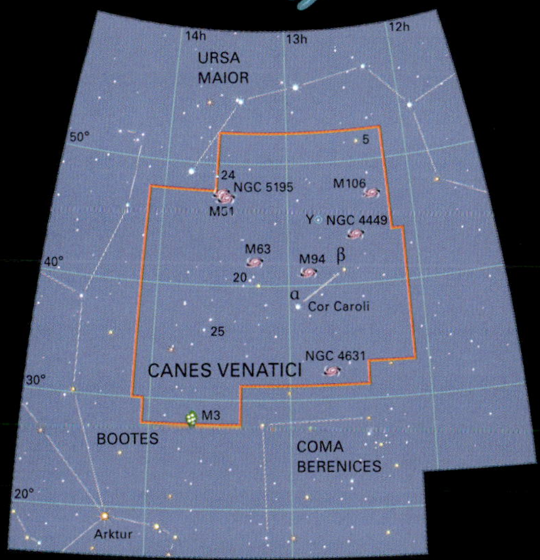

Die beiden Jagdhunde (Canes Venatici) ziehen an der **Leine** des **Bärenhüters** (Bootes).

DIE JAGDHUNDE BEOBACHTEN

HAUPTSTERNE	GRÖSSENKL.	BESONDERE MERKMALE
Alpha (α) Canum Venaticorum *Cor Caroli*	2,9	Der Durchmesser des weißen Doppelsterns ist 2,5-mal so groß wie der der Sonne. Sein Begleiter besitzt die Größenklasse 5,6.
Beta (β) Canum Venaticorum *Chara*	4,3	Der gelbe Stern ähnelt der Sonne bezüglich seiner Masse, seines Alters und Entwicklungsstadiums.
Y Canum Venaticorum *La Superba*	4,8 – 6,4	Der Veränderliche wechselt seine Helligkeit über eine Periode von 160 Tagen.

WICHTIGE OBJEKTE	GRÖSSENKL.	BESONDERE MERKMALE
M3	6,2	Den Kugelsternhaufen findet man auf halber Strecke zwischen den Sternen Arktur und Cor Caroli.
M51, Whirlpool-Galaxie	8,4	Diese Spiralgalaxie kann man nicht in Städten (Lichtverschmutzung), sondern nur an dunklen Orten sehen.

M3
Ungefähr 34 000 Lichtjahre von der Erde entfernt liegt einer der größten Kugelsternhaufen des Nordens mit etwa einer halben Million Sternen. Der schöne Anblick erscheint in einem kleinen Teleskop halb so groß wie der Vollmond, aber man sieht ihn auch mit bloßen Augen. Erst ein großes Teleskop mit einer 100-mm-Öffnung zeigt seine Einzelsterne.

M51, Whirlpool-Galaxie

Diese Galaxie nannte man früher Whirlpool-Nebel, bevor Mitte des 19. Jahrhunderts die Teleskope immer größer und besser wurden. Das größte und beste Teleskop der neuen Generation war das 1,8-m-Spiegelteleskop, das Lord Rosse 1845 baute. Er beobachtete in diesem Jahr als Erster die sternreiche Spiralstruktur von M51 und fertigte Zeichnungen davon an. Nach dieser Entdeckung wurden viele weitere Objekte untersucht, die man für Wolken aus Gas und Staub gehalten hatte. Die Whirlpool-Galaxie besteht aus einer Spiralgalaxie, die man von oben sieht, und einer kleinen, irregulären Galaxie. Die Galaxie ist etwa so groß wie die Milchstraße.

LEUCHTENDER WHIRLPOOL
Die Whirlpool-Galaxie zeigt erst in größeren Teleskopen ihre Spiralarme. Sie erscheint als verschwommenes Oval in kleineren Amateurteleskopen.

BOOTES UND COMA BERENICES

Der Bärenhüter (Bootes) ist das hellere dieser beiden Sternbilder und auch leichter zu erkennen. Das Haar der Berenike (Coma Berenices) enthält einen sehenswerten Kugelsternhaufen und mehrere Galaxien.

Das auffällige Sternbild Bärenhüter (Bootes) erstreckt sich vom Drachen (Draco) bis zur Jungfrau (Virgo) und wird von seinem leuchtstarken Hauptstern Alpha (α) Bootis oder Arktur beherrscht. Dieser Rote Riese ist gleichzeitig der hellste Stern der nördlichen Halbkugel und der vierthellste am Himmel. Um Arktur aufzufinden, verlängert man eine gedachte Kurve der Deichsel des Großen Wagen, des berühmten Musters im Großen Bären (Ursa Maior). Das Ziel dieses Starhoppings ist leicht an der Helligkeit und goldenen Farbe des Arkturs zu erkennen. Von Arktur ausgehend findet man die fünf Hauptsterne des Sternbilds Bärenhüter. Sie sind nur mäßig hell und bilden eine leicht erkennbare, drachenartige Form. Doch neben Arktur entdeckt man in dieser ruhigen Region nur das dunkle Sternbild Haar der Berenike (Coma Berenices). Ihr hellster Stern ist Beta (β) Comae Berenices, der mit einer Größenklasse von nur 4,3 sehr dunkel neben dem strahlenden Arktur mit der Größenklasse -0,04 erscheint.

M53

Von den 158 begleitenden Kugelsternhaufen der Milchstraße zählt M53 zu den am weitesten entfernten Kugelsternhaufen. Er liegt 60 000 Lichtjahre vom Zentrum der Milchstraße und 58 000 Lichtjahre vom Sonnensystem entfernt. Den Kugelsternhaufen M53 findet man in der Nähe des Sterns Alpha (α) Comae Berenices oder Diadem (er symbolisiert Berenikes Krone). In kleinen Teleskopen erscheint er als ein ovales, nebliges Objekt mit einem großen, hellen Zentrum. Kugelsternhaufen sind weite, alte Sternsysteme und gehören vermutlich zu den ersten Sternen, die in einer neuen Galaxie entstanden sind. Bis heute zählt zu den vielen Geheimnissen des Universums, wie und warum sie entstanden sind.

BOOTES

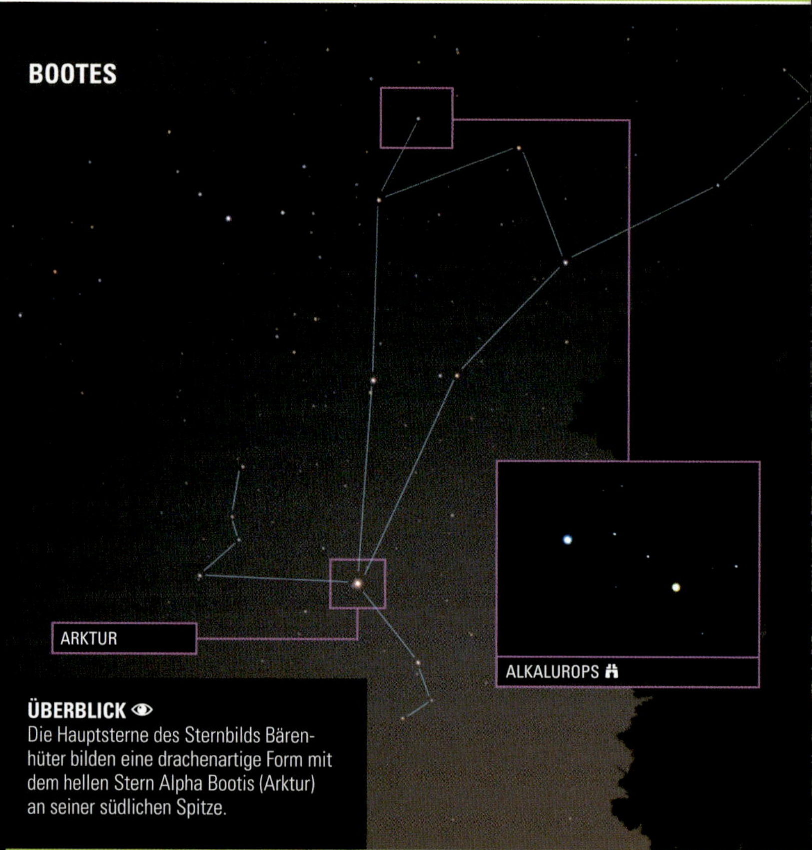

ÜBERBLICK
Die Hauptsterne des Sternbilds Bärenhüter bilden eine drachenartige Form mit dem hellen Stern Alpha Bootis (Arktur) an seiner südlichen Spitze.

COMA BERENICES

ÜBERBLICK
Die drei Hauptsterne des Sternbilds sind schwer zu entdecken. Doch wenn man Arktur im Bärenhüter gefunden hat, ist das Haar der Berenike nicht weit entfernt.

BOOTES (Boo)

BREITE/HÖHE	
GRÖSSENRANGLISTE	**13**
VOLLST. SICHTBAR	**90° N – 35° S**

HIMMELSKARTE: BOOTES
Der Norden von Bootes ist leer, aber aus ihm stammt der Meteorschauer der Quadrantiden, der seinen Höhepunkt jährlich um den 3. Januar hat.

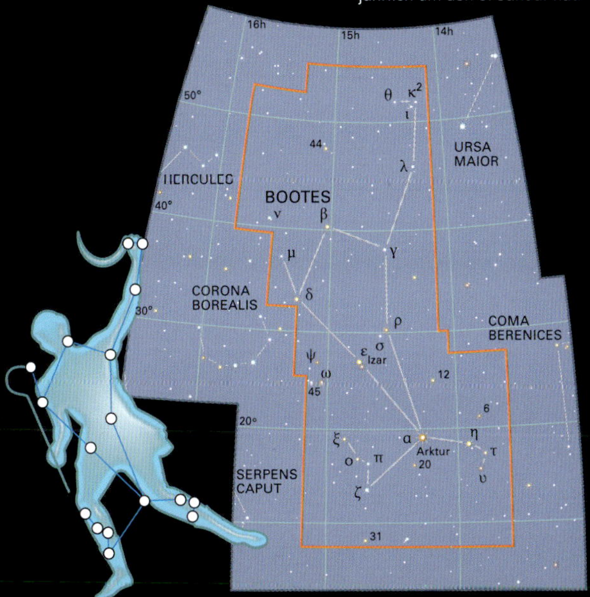

DEN BÄRENHÜTER BEOBACHTEN

HAUPTSTERNE	GRÖSSENKL.	BESONDERE MERKMALE
Alpha (α) Bootis *Arktur*	-0,04	Der Rote Riese ist ungefähr 75 Lichtjahre von unserem Sonnensystem entfernt.
My (μ) Bootis *Alkalurops*	4,3	Im Fernglas erkennt man einen Begleiter der Größenklasse 7,0 (der selbst aus zwei engen Sternen besteht). Sie sind gelb und bläulich.
Ny (ν) Bootis	5,0	Den Begleiter der 5. Größenklasse erkennt man mit bloßem Auge in einem Abstand von 10′30″. Die Sterne sind orangefarben und weiß.

ARKTUR
In seinem letzten Lebensstadium besitzt Arktur kaum noch Brennstoff und wird zu einem Roten Riesen. Sein Durchmesser ist zurzeit 25-mal so groß wie der der Sonne oder etwa 40 Millionen km, wobei er noch um das Zehnfache ansteigen wird. Wenn die Sonne denselben Prozess durchläuft, bläht sich ihre Atmosphäre bis jenseits der Erdumlaufbahn auf, sodass sämtliche inneren Planeten des Sonnensystems verglühen werden.

COMA BERENICES (Com)

BREITE/HÖHE	
GRÖSSENRANGLISTE	**42**
VOLLST. SICHTBAR	**90° N – 56° S**

HIMMELSKARTE: COMA BERENICES
Südlich von Gamma (γ) Comae Berenices liegt der Offene Sternhaufen Mel 111.

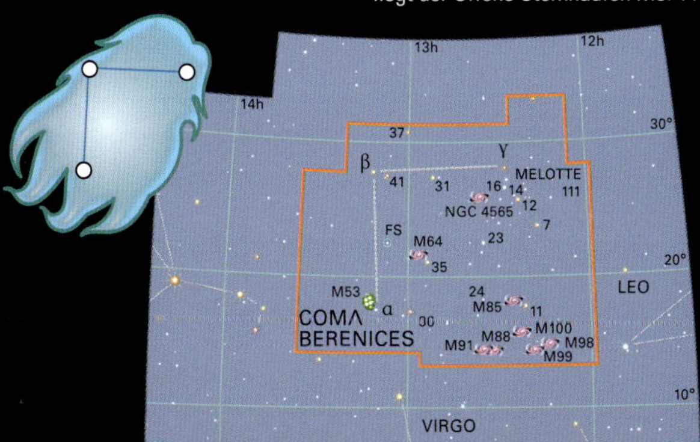

DAS HAAR DER BERENIKE BEOBACHTEN

HAUPTSTERNE	GRÖSSENKL.	BESONDERE MERKMALE
Alpha (α) Comae Berenices *Diadem*	4,3	Der Doppelstern liegt 65 Lichtjahre von der Erde entfernt.
24 Comae Berenices	5,0	Der Begleiter des großartigen Doppelsterns mit Größenklasse 6,7 ist 20″ entfernt. Die Sterne sind gelb und blau.

WICHTIGE OBJEKTE	GRÖSSENKL.	BESONDERE MERKMALE
M53	7,6	Der Kugelsternhaufen erscheint in einem kleinen Teleskop leicht oval.
Melotte (Mel) 111, der Coma-Sternhaufen	2,7	Der Offene Sternhaufen besteht aus ungefähr 45 Sternen.

MEL 111
Der Coma-Sternhaufen, den man auch Mel 111 nennt, sieht im Fernglas großartig aus. Früher war er das Schwanzbüschel des Löwen, bis das Sternbild Haar der Berenike im Jahr 1602 eingeführt wurde.

Königin Berenike von **Ägypten** opferte den **Göttern** Locken, als ihr **Mann** siegreich zurückkehrte.

VIRGO

Die Jungfrau (Virgo) ist das zweitgrößte Sternbild des Nachthimmels und beherbergt viele Tausend Galaxien des riesigen Virgo-Galaxienhaufens.

Der auffälligste Stern dieses großen, ausgedehnten Sternbilds ist Alpha (α) Virginis oder Spica. Der blaue Riese liegt etwa 220 Lichtjahre von uns entfernt direkt unterhalb der Ekliptik. Dadurch kann Spica vom Mond oder manchmal auch von den Planeten bedeckt sein – obwohl das Letztere äußerst selten vorkommt. Diese Bedeckungen boten bis zu den technischen Fortschritten der jüngsten Zeit einen Weg, Informationen über die Bahn des Monds zu erlangen. Spica ist einer von nur vier hellen Sternen, die auf diese Art bedeckt werden. Die anderen Sterne sind Antares im Skorpion (Scorpius), Regulus im Löwen (Leo) und Aldebaran im Stier (Taurus). Zu den bekanntesten Objekten des Sternbilds zählen die Sombrero-Galaxie und der Virgo-Galaxienhaufen, der als erdnächster nur 50 Millionen Lichtjahre entfernt ist. Seine hellsten Mitglieder sind riesige elliptische Galaxien, insbesondere M87 und M49.

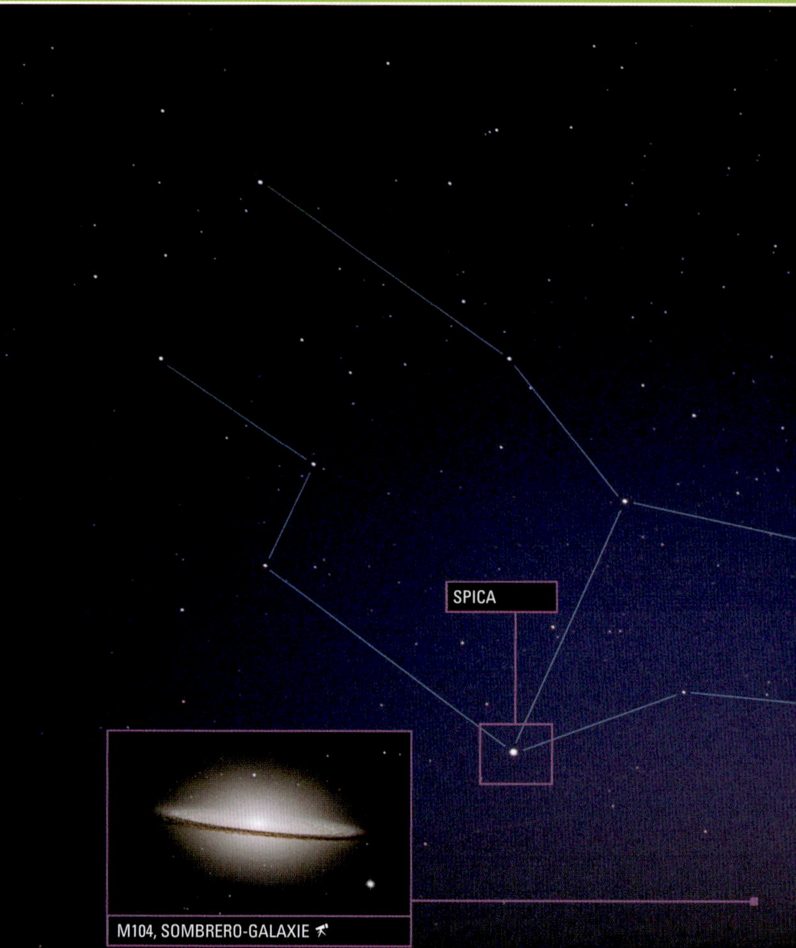

M104, SOMBRERO-GALAXIE

Spica (lat.: Kornähre) stellt eine **Korngarbe** in der linken Hand der **Jungfrau** dar.

M87

Im Zentrum des Virgo-Galaxienhaufens hat die Galaxie M87 einen Durchmesser, der ungefähr dem der Milchstraße entspricht. In einem kleinen Teleskop erscheint sie rundlich mit einem deutlich helleren Zentrum. Größere Teleskope zeigen ungewöhnliche geradlinige Merkmale, die tatsächlich Materialströme (Jets) darstellen. Genauere Untersuchungen zeigten, dass M87 ein faszinierendes Objekt ist – der Jet ist etwa 5000 Lichtjahre lang und bewegt sich nahezu mit Lichtgeschwindigkeit. Wahrscheinlich wird dieses Material von einem supermassiven Schwarzen Loch in ihrem Zentrum ausgestoßen. M87 emittiert auch Radiowellen und Röntgenstrahlen, die ebenfalls Hinweise auf ein Schwarzes Loch darstellen.

STRAHLENDE GALAXIE
M87 ist eine massive elliptische Galaxie, die gewaltige Materialströme (links) ausstößt und von sternartigen Kugelsternhaufen umgeben ist (oben).

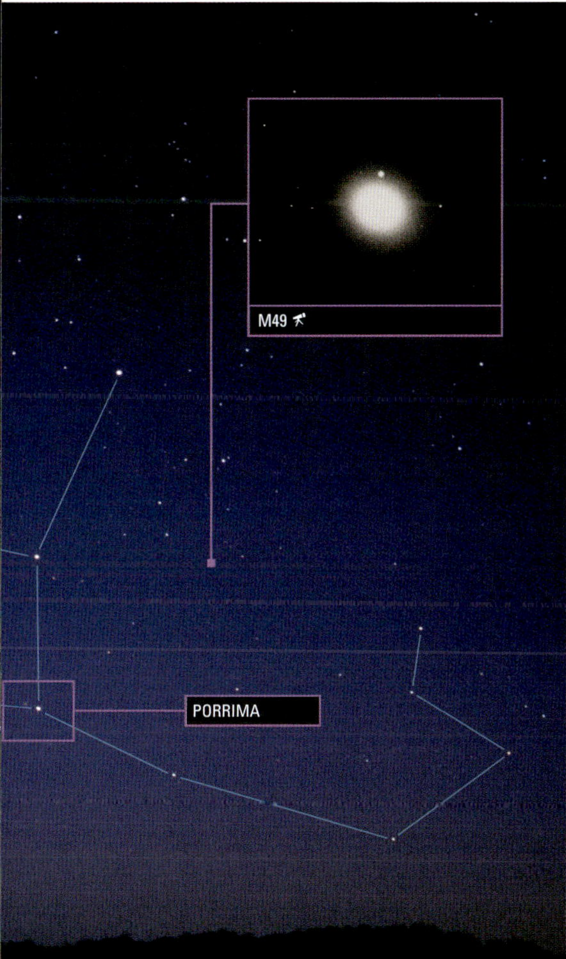

VIRGO (Vir)

BREITE/HÖHE

GRÖSSENRANGLISTE **2**

VOLLSTÄNDIG SICHTBAR **67° N – 75° S**

HIMMELSKARTE

Die Jungfrau erstreckt sich über den Himmelsäquator, sodass man sie sowohl im Norden als auch im Süden gleich gut sieht. Als ein Sternbild des Tierkreises liegt sie auf der Ekliptik.

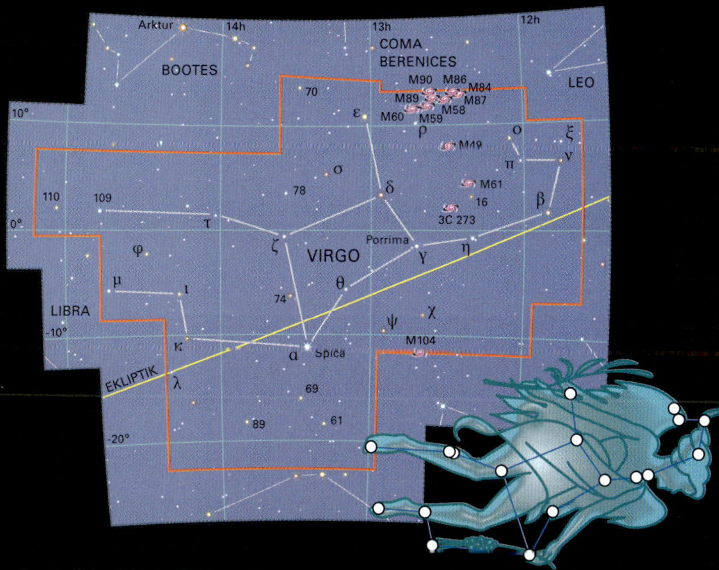

ÜBERBLICK

Trotz der vielen Galaxien ist Spica das einzige bemerkenswerte Objekt für das bloße Auge in diesem großen Sternbild. Er ist der fünfzehnthellste Stern des Himmels.

M104, Sombrero-Galaxie

Diese spektakuläre Galaxie hat eine reichhaltige Geschichte. Untersuchungen im frühen 20. Jahrhundert zeigten, dass sich M104 von der Milchstraße entfernt – dies führte zum Nachweis, dass sich das Universum ausdehnt, und unterstützte die Urknalltheorie. Man sieht die geschichtlich bedeutende Galaxie mit Ferngläsern, aber erst ein größeres Teleskop zeigt den Kern und die dunkle Fahne, die ihr die auffällige sombreroartige Erscheinung gibt. Von der Erde sieht man M104 sechs Grad oberhalb der Äquatorebene, sodass man ihren Kern und ihre Spiralarme erkennt. Die Sombrero-Galaxie gehört nicht zum Virgo-Galaxienhaufen, sondern liegt etwa auf zwei Drittel des Abstands von M87 zur Erde (siehe Kasten, rechts).

DIE JUNGFRAU BEOBACHTEN

HAUPTSTERNE	GRÖSSENKL.	BESONDERE MERKMALE
Alpha (α) Virginis *Spica*	1,0	Der blaue Stern ist ein so enger Doppelstern, dass beide Sterne eine elliptische Form annehmen.
Gamma (γ) Virginis *Porrima*	3,5	Der wunderschöne, weiße Doppelstern besitzt einen Begleiter gleicher Größenklasse. Der scheinbare Abstand zwischen ihnen ändert sich (siehe unten).

WICHTIGE OBJEKTE	GRÖSSENKL.	BESONDERE MERKMALE
M49	8,4	Die elliptische Galaxie ist 60 Millionen Lichtjahre entfernt.
M87	9,5	Die riesige elliptische Galaxie nennt man auch Virgo A.
M104, Sombrero-Galaxie	9,0	Die Spiralgalaxie mit einem dicken Staubring erinnert an den mexikanischen Hut.

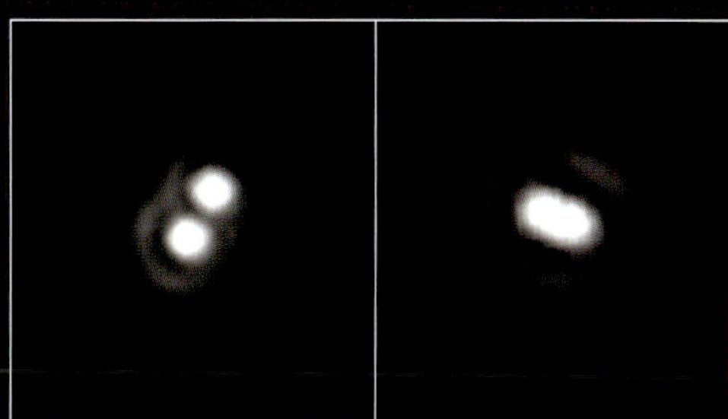

PORRIMA

Der Doppelstern Gamma (γ) Virginis oder Porrima wurde zuletzt im frühen 20. Jahrhundert in einem kleinen Teleskop getrennt beobachtet (links außen). Die beiden Sterne umkreisen sich zurzeit sehr eng (links), sodass nur ein großes Teleskop die Sterne auflösen kann.

CORONA BOREALIS UND SERPENS CAPUT

Die gekrümmte Gruppe stellt in diesem ruhigem Gebiet des Himmels die Nördliche Krone (Corona Borealis) dar, die direkt nördlich des Kopfs der Schlange (Serpens Caput) liegt.

Den Kopf der Schlange (Serpens Caput) findet man am besten mit der Nördlichen Krone (Corona Borealis), weil ihre sieben Hauptsterne einen Halbkreis bilden, dessen Enden fast nach Norden weisen. Die Nördliche Krone hat nur einen hellen Stern, Alpha (α) Coronae Borealis, dessen arabischer Name Alphecca lautet – der helle Stern des zerbrochenen Sternrings – und der auf lateinisch Gemma (Edelstein) heißt. Für die meisten Amateurastronomen sind keine Deep-Sky-Objekte sichtbar, aber das Sternbild bietet einige schöne Veränderliche und einen Doppelstern für Ferngläser, Ny (ν) Coronae Borealis. Südlich der Nördlichen Krone liegt der Kopf der Schlange. Ihr wichtigstes Merkmal ist ein einzelnes Deep-Sky-Objekt im Südwesten, der Kugelsternhaufen M5, dessen Beobachtung sich lohnt. Mit bloßem Auge sieht man in klaren Nächten nur einen verschwommenen Fleck, der aber ein leichtes Ziel für Ferngläser und ein lohnendes für kleine Teleskope ist.

R Coronae Borealis

Diesen sehr ungewöhnlichen Veränderlichen nennt man auch »die umgekehrte Nova«. Während eine normale Nova Material bis zu einem hellen Ausbruch anreichert, sammelt dieser Stern über mehrere Jahre Material, sodass seine Helligkeit abnimmt. Daher variiert die Helligkeit außerordentlich stark, von Größenklasse 5,8 bis zu einem Minimum um 14,8. Die Helligkeit des Sterns nimmt nach und nach ab, weil sich eine Kohlenstoffwolke wie Ruß in seiner Atmosphäre aufbaut. Wenn diese Wolke zu groß wird, stößt der Stern sie ab und erreicht wieder seine normale Helligkeit. In seiner hellsten Periode sieht man diesen bereits mit Ferngläsern, während man für seine dunkelste Periode ein Teleskop braucht.

CORONA BOREALIS

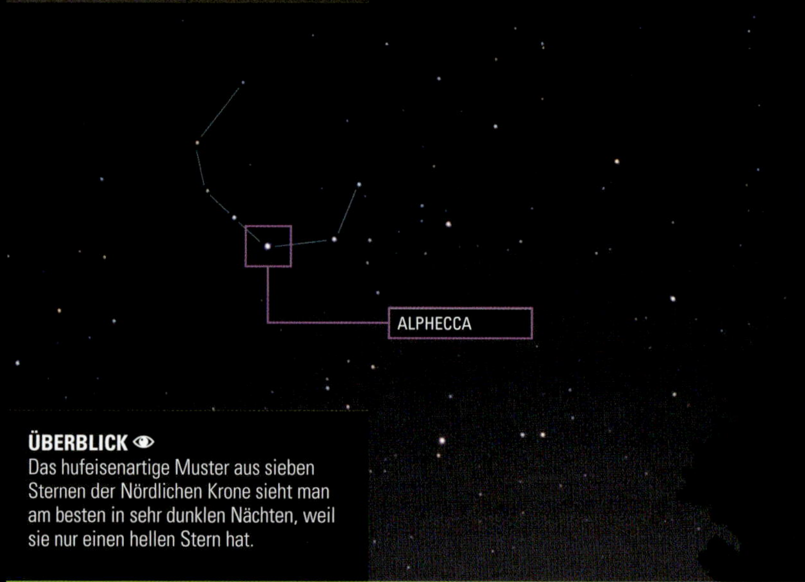

ÜBERBLICK
Das hufeisenartige Muster aus sieben Sternen der Nördlichen Krone sieht man am besten in sehr dunklen Nächten, weil sie nur einen hellen Stern hat.

SERPENS CAPUT

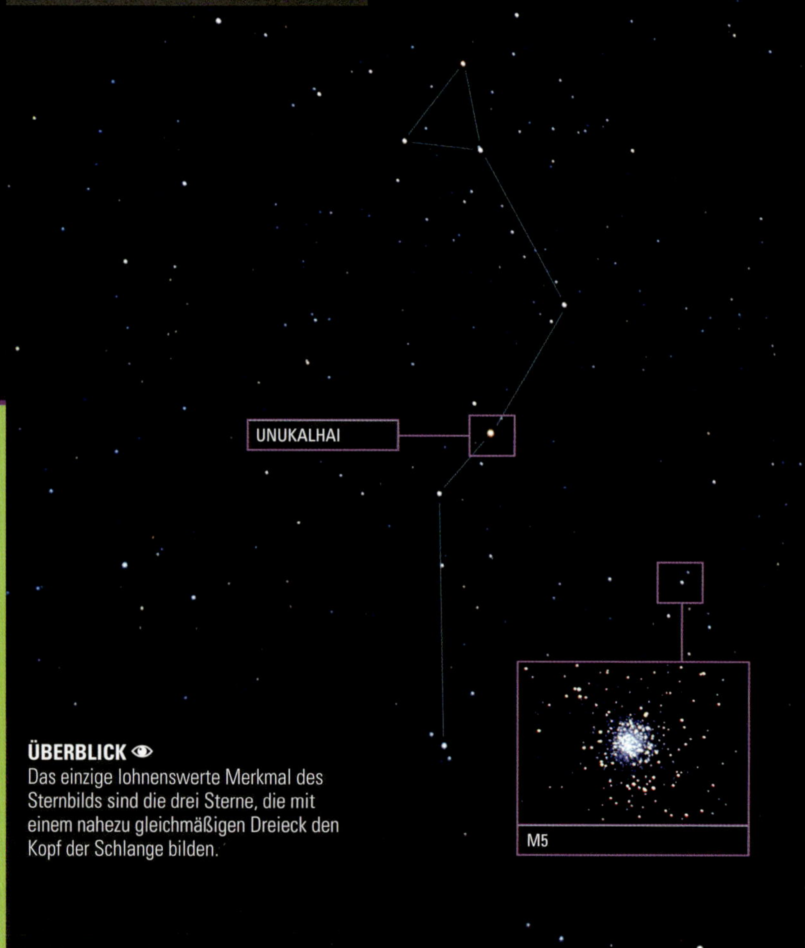

ÜBERBLICK
Das einzige lohnenswerte Merkmal des Sternbilds sind die drei Sterne, die mit einem nahezu gleichmäßigen Dreieck den Kopf der Schlange bilden.

CORONA BOREALIS (CrB)
BREITE/HÖHE
GRÖSSENRANGLISTE **73**
VOLLST. SICHTBAR **90° N – 50° S**

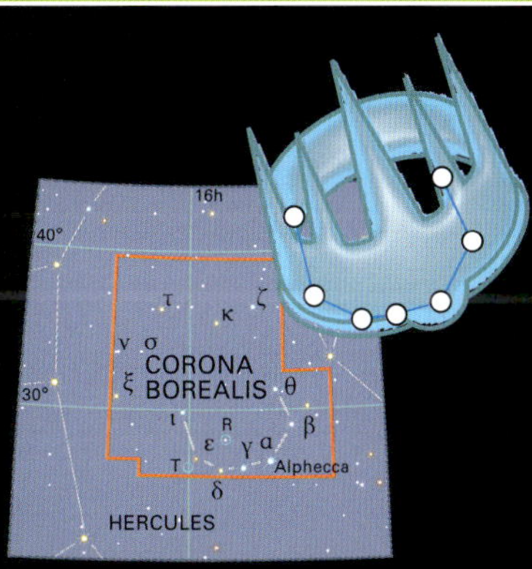

HIMMELSKARTE: CORONA BOREALIS
Die Krone liegt zwischen dem Keystone des Herkules (Hercules) und der drachenartigen Form des Bärenhüters (Bootes).

NY CORONAE BOREALIS
An der westlichen Grenze der Nördlichen Krone bilden die Sterne ν¹ und ν² einen wunderschönen Doppelstern für Ferngläser in verschiedenen rötlichen Farben.

DIE NÖRDLICHE KRONE BEOBACHTEN

HAUPTSTERNE	GRÖSSENKL.	BESONDERE MERKMALE
Alpha (α) Coronae Borealis *Alphecca*	2,2	Der helle Stern ist etwa 75 Lichtjahre von der Erde entfernt.
Ny-1 (ν¹) Coronae Borealis	5,2	Die rötlichen Sterne des weiten Doppelsterns sind nur 6′getrennt und ν² hat die Größenklasse 5,4.
R Coronae Borealis	5,8	Der irreguläre Veränderliche wird bis zur Größenklasse 14,8 dunkler.
T Coronae Borealis *Blaze-Stern*	10,8	Die wiederkehrende Nova ändert in einer Periode von etwa 9000 Tagen ihre Größenklasse von 10,8 auf 2,0.

Die Krone der minoischen Prinzessin **Ariadne** wurde von dem Gott **Dionysos** an den Himmel gesetzt.

SERPENS (Ser)
BREITE/HÖHE
GRÖSSENRANGLISTE **23**
VOLLST. SICHTBAR **74° N – 64° S**

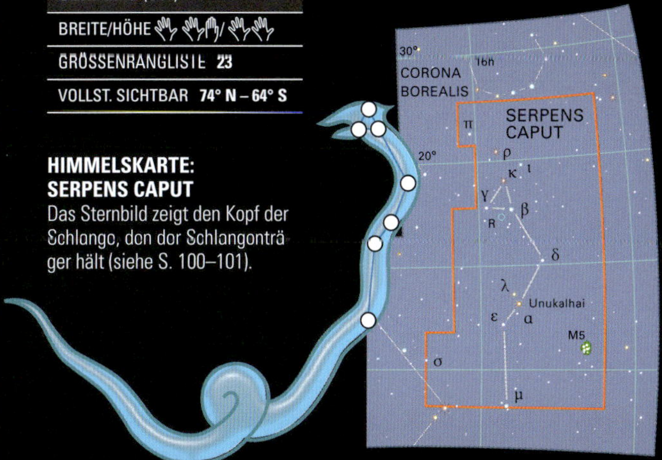

HIMMELSKARTE: SERPENS CAPUT
Das Sternbild zeigt den Kopf der Schlange, den der Schlangenträger hält (siehe S. 100–101).

DEN KOPF DER SCHLANGE BEOBACHTEN

HAUPTSTERNE	GRÖSSENKL.	BESONDERE MERKMALE
Alpha (α) Serpentis *Unukalhai*	4,6	Der Durchmesser des Roten Riesen ist 15-mal größer als der der Sonne.
R Serpentis	5,2	Der langperiodische Mira-Veränderliche wird über eine Periode von 356 Tagen bis zur Größenklasse 13,8 dunkler.

WICHTIGE OBJEKTE	GRÖSSENKL.	BESONDERE MERKMALE
M5	5,8	Den schönen Kugelsternhaufen sieht man im Fernglas oder kleinen Teleskop.

M5
M5 zählt zu den größten und ältesten Kugelsternhaufen. Er ist 165 Lichtjahre groß und ungefähr 13 Milliarden Jahre alt. Von der Erde ist er etwa 24 500 Lichtjahre entfernt und enthält vermutlich mindestens 100 000 Sterne. Die beste Sicht auf M5 hatte das Hubble-Weltraumteleskop außerhalb der Erdatmosphäre. Dieses Bild zählt zu den beeindruckendsten Hubble-Aufnahmen.

OPHIUCHUS UND SERPENS CAUDA

Die beiden Sternbilder werden häufig übersehen, obwohl sie Objekte enthalten, die dem Verständnis des Universums eine neue Perspektive geben: den Adlernebel und Barnards Stern.

Diese Sternbilder sind nicht nur am Himmel benachbart, sondern sie sind auch über die Mythologie miteinander verbunden. Der Name des Sternbilds Schlangenträger (Ophiuchus) lautete ursprünglich Ophiuchus vel Serpentarius. In klassischen Kunstwerken hält der Schlangenträger die Schlange mit beiden Händen. Den Kopf der Schlange (Serpens Caput) umfasst seine linke Hand, während seine rechte ihren Schwanz (Serpens Cauda) hält. Westlich des Sternbilds Schlangenträger findet man im Schwanz der Schlange eines der größten Sternentstehungsgebiete, den Adlernebel M16. Aus diesem Gebiet existieren beeindruckende Aufnahmen des Hubble-Weltraumteleskops. Der Schlangenträger ist das elftgrößte Sternbild und eine große, scheinbar leere Fläche. Bei näherer Betrachtung – z. B. durch Ferngläser – entdeckt man mehrere gute Kugel- und Offene Sternhaufen wie M10 und M12. Im Sternbild Schlangenträger liegt auch Barnards Pfeilstern. Man kann beobachten, wie er innerhalb von wenigen Jahren wandert.

Barnards Pfeilstern

Der rote Zwergstern ist in einer Entfernung von 5,9 Lichtjahren der viertnächste Stern der Sonne, aber er ist mit Größenklasse 9,5 sehr dunkel. Der Astronom Edward Barnard entdeckte ihn 1916 und bestimmte seine Bewegung am Nachthimmel, die unglaubliche zehn Bogensekunden (auch 10 ") pro Jahr beträgt. Dabei legt er in 188 Jahren eine Strecke zurück, die etwa der Breite des Vollmonds entspricht. Seine Eigenbewegung zählt zu den schnellsten der Sterne. Alle Sterne zeigen eine Eigenbewegung, doch die meisten sind zu weit entfernt oder zu langsam, um sie während eines Menschenlebens zu bemerken. Barnards Pfeilstern wandert zurzeit auf einer Linie zwischen Beta und 66 Ophiuchi nach Norden.

OPHIUCHUS

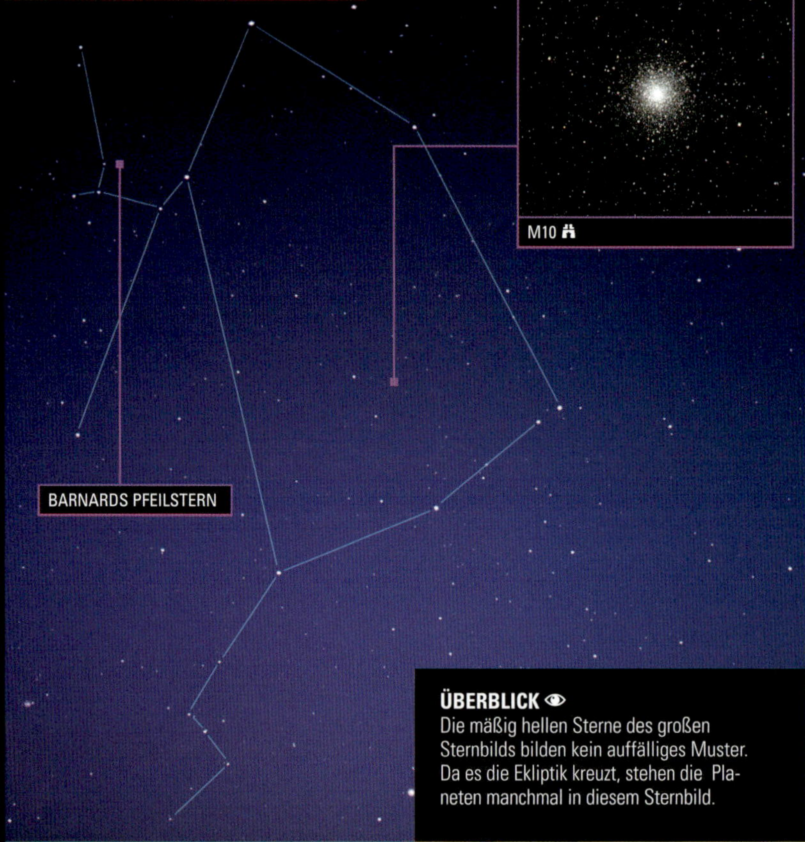

M10

ÜBERBLICK Die mäßig hellen Sterne des großen Sternbilds bilden kein auffälliges Muster. Da es die Ekliptik kreuzt, stehen die Planeten manchmal in diesem Sternbild.

SERPENS CAUDA

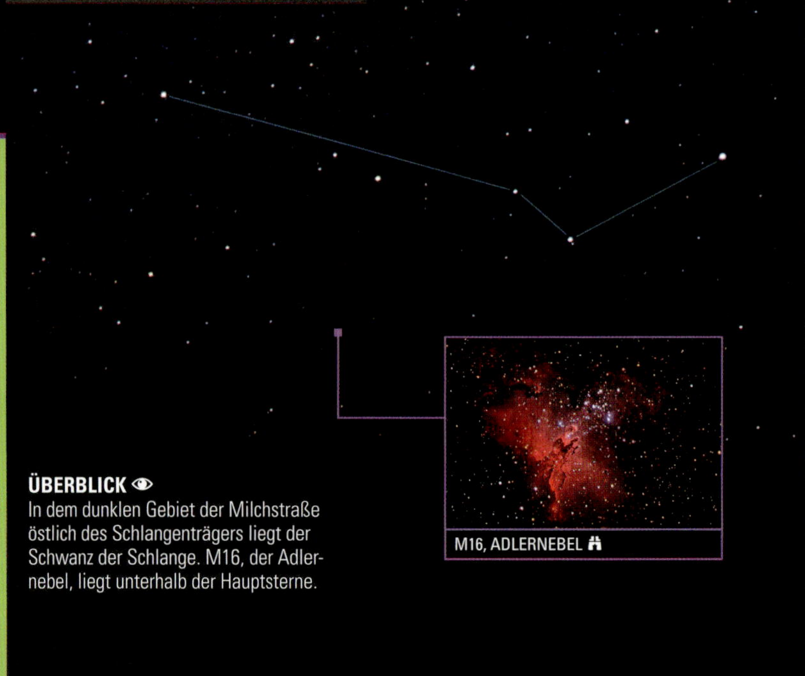

M16, ADLERNEBEL

ÜBERBLICK In dem dunklen Gebiet der Milchstraße östlich des Schlangenträgers liegt der Schwanz der Schlange. M16, der Adlernebel, liegt unterhalb der Hauptsterne.

OPHIUCHUS (Oph)

BREITE/HÖHE

GRÖSSENRANGLISTE **11**

VOLLST. SICHTBAR **59° N – 75° S**

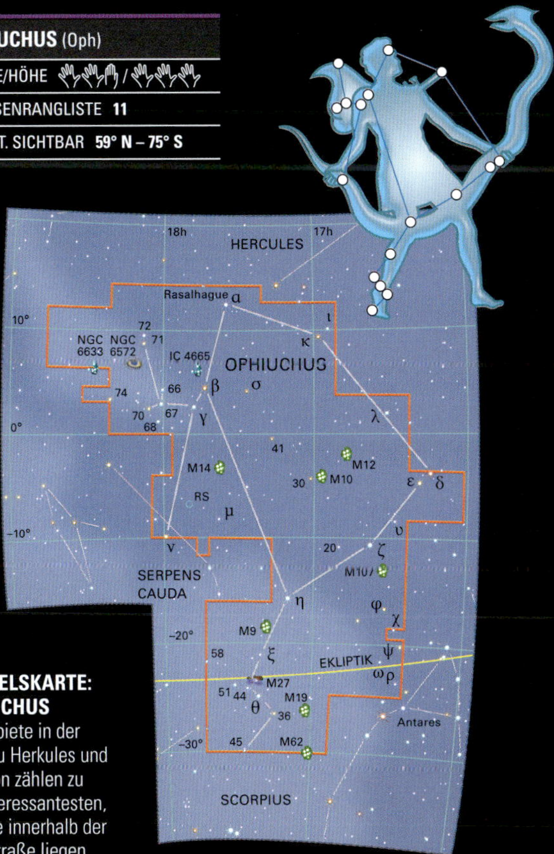

HIMMELSKARTE: OPHIUCHUS
Die Gebiete in der Nähe zu Herkules und Skorpion zählen zu den interessantesten, weil sie innerhalb der Milchstraße liegen.

DEN SCHLANGENTRÄGER BEOBACHTEN

HAUPTSTERNE	GRÖSSENKL.	BESONDERE MERKMALE
Alpha (α) Ophiuchi *Rasalhague*	2,1	Der hellste Stern des Sternbilds ist etwa 30-mal leuchtstärker als die Sonne.
Rho (ρ) Ophiuchi	5,1	Der Doppelstern besitzt einen Begleiter der Größenklasse 5,7 im Abstand von 5″ und eignet sich für kleine Teleskope.
TYC 425-2502-1 *Barnards Pfeilstern*	9,6	Der nahe (sechs Lj. entfernte) rote Zwerg hat die größte Eigenbewegung.

WICHTIGE OBJEKTE	GRÖSSENKL.	BESONDERE MERKMALE
M10	6,6	Den Kugelsternhaufen sieht man mit dem Fernglas in der Nähe von M12.
M12	6,6	Der Kugelsternhaufen erscheint größer und weniger dicht als M10.
IC 4665	4,2	Der große Offene Sternhaufen aus etwa 30 Sternen liegt oberhalb von Beta (β) Ophiuchi oder Kelb Alrai.
NGC 6633	4,6	Der schöne Offene Sternhaufen aus 30 Sternen liegt an der Grenze zur Schlange.

Der **Schlangenträger** (Ophiuchus) **spannt** sich über den **Himmelsäquator** und hält Kopf und Schwanz der **Schlange** in seinen Händen.

SERPENS (Ser)

BREITE/HÖHE

GRÖSSENRANGLISTE **23**

VOLLST. SICHTBAR **74° N – 64° S**

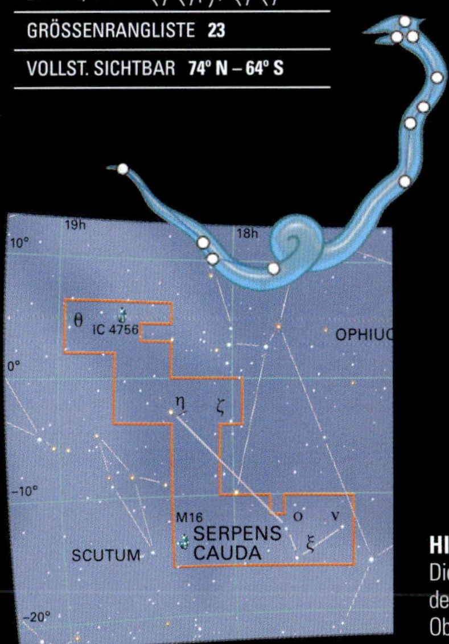

SÄULEN DER SCHÖPFUNG
Der Adlernebel (M16) enthält einen Sternhaufen, den man im Fernglas sieht. Er enthält auch beeindruckende Wolken aus Gas und Staub, die Säulen der Schöpfung.

HIMMELSKARTE: SERPENS CAUDA
Die Milchstraße schenkt dem Schwanz der Schlange sein wunderschönstes Objekt, den Adlernebel, M16.

DEN SCHWANZ DER SCHLANGE BEOBACHTEN

HAUPTSTERNE	GRÖSSENKL.	BESONDERE MERKMALE
Theta (θ) Serpentis *Alya*	4,6	Den Doppelstern sieht man gut im Teleskop mit einem Begleiter der Größenklasse 5,0 der 20″ entfernt ist.
Xi (ξ) Serpentis *Nehushtan*	3,5	Der Doppelstern hat südlich einen Begleiter der Größenklasse 6,0. Beide Sterne sind mit bloßem Auge sichtbar.

WICHTIGE OBJEKTE	GRÖSSENKL.	BESONDERE MERKMALE
M16, Adlernebel	6,0	Der faszinierende helle Nebel ist 7000 Lichtjahre entfernt.
IC 4756	4,6	Der Offene Sternhaufen enthält 80 Sterne.

LYRA UND HERCULES

Jedes dieser Sternbilder enthält ein schönes Beispiel eines bestimmten Himmelsobjekts. Im Herkules (Hercules) findet man den Großen Kugelsternhaufen M13 und in der Leier (Lyra) den Planetarischen Ringnebel M57.

Die beiden Himmelsnachbarn Leier (Lyra) und Herkules (Hercules) sind lohnenswerte Sternbilder mit hellen Sternen, die leicht erkennbare Muster bilden. Die vier zentralen Sterne des Herkules bilden den Asterismus Keystone. Der nördliche Stern, Eta (η) Herculis oder Sofian, und der auffällige Kugelsternhaufen M13 – der Große Kugelsternhaufen – liegen auf einem Drittel des Wegs zu Zeta (ζ) Herculis oder Ruticulus. M13 ist noch gerade mit bloßem Auge sichtbar, er bietet aber in Ferngläsern oder kleinen Teleskopen eine wunderbare Ansicht. Östlich von Herkules liegt das Sternbild Leier (Lyra) mit Alpha (α) Lyrae oder Wega, dem fünfthellsten Stern des Nachthimmels und ein Eckpunkt des Sommerdreiecks (siehe S. 106–107). Nördlich von Wega liegt der Vierfachstern Epsilon (ε) Lyrae. Bei gutem Sehvermögen sieht man ihn mit bloßem Auge als Doppelstern. Ein größeres Teleskop braucht man, um den außergewöhnlichen Ringnebel zu sehen, einen Planetarischen Nebel, der an Rauchringe erinnert.

M13, Großer Kugelsternhaufen

Der Große Kugelsternhaufen M13 ist eine riesige, runde Insel aus vermutlich 250 000 Sternen, der ungefähr zwölf Milliarden Jahre alt ist. Er liegt etwa 25 000 Lichtjahre von der Erde entfernt am Rand des Keystone von Herkules und ist der hellste Kugelsternhaufen des Nordens. Er ist trotzdem mit bloßem Auge nur schwer zu sehen und erscheint als dunstiger Stern. In Stadtgebieten kann man ihn häufig nur mit Ferngläsern sehen, in denen er als kleiner verwaschener Fleck erscheint. Erst kleine Teleskope zeigen unzählige Lichtpunkte. Eine ähnliche Ansicht für Beobachter im Süden bietet der riesige Kugelsternhaufen Omega Centauri, der größte der Milchstraße, im Sternbild Kentaur (Centaurus; siehe S. 142).

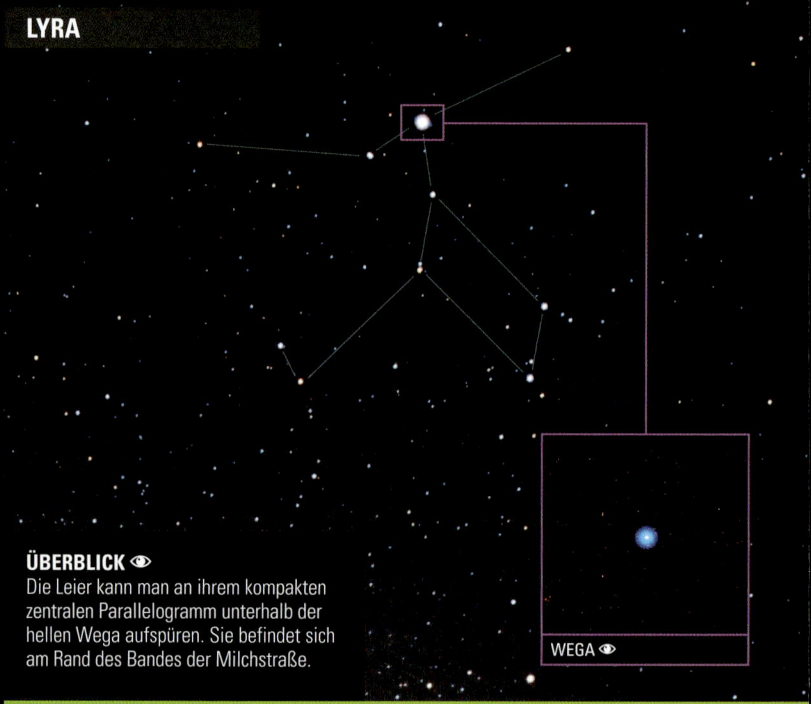

ÜBERBLICK
Die Leier kann man an ihrem kompakten zentralen Parallelogramm unterhalb der hellen Wega aufspüren. Sie befindet sich am Rand des Bandes der Milchstraße.

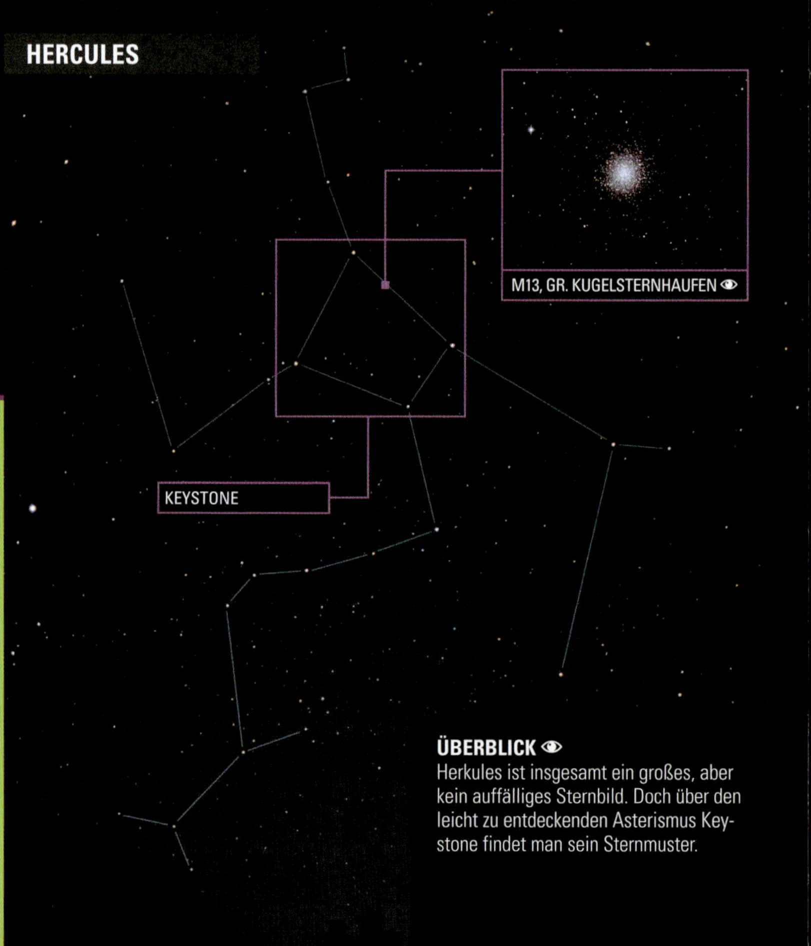

ÜBERBLICK
Herkules ist insgesamt ein großes, aber kein auffälliges Sternbild. Doch über den leicht zu entdeckenden Asterismus Keystone findet man sein Sternmuster.

LYRA (Lyr)

BREITE/HÖHE

GRÖSSENRANGLISTE **52**

VOLLST. SICHTBAR **90° N – 42° S**

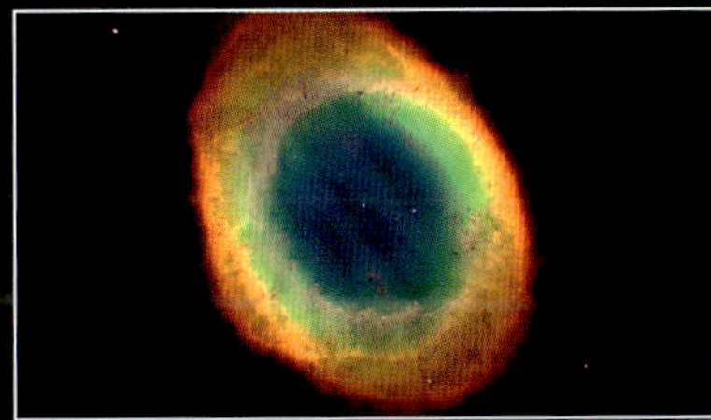

M57, RINGNEBEL
In kleinen Teleskopen erscheint der berühmte Ringnebel als helles Oval. Größere Teleskope zeigen die Rauchringe, die durch eine sich ausdehnende Hülle abgestoßener Trümmer eines ehemaligen Sterns entstanden sind.

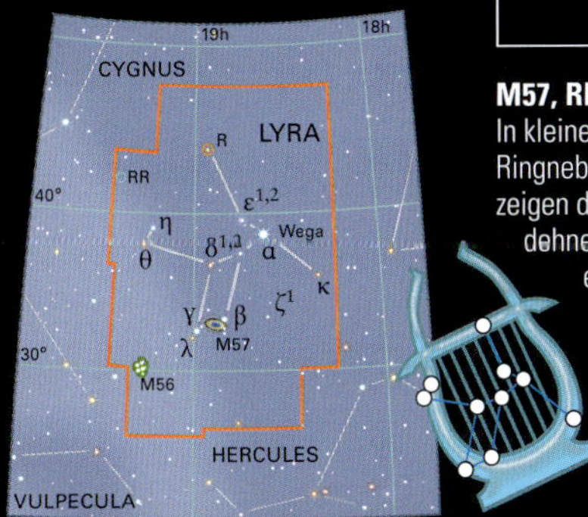

HIMMELSKARTE: LYRA
Eine Leier kann man sich aus dem Muster der Sterne nicht leicht vorstellen. Das Sternbild findet man über Wega, seinem hellsten Stern.

DIE LEIER BEOBACHTEN

HAUPTSTERNE	GRÖSSENKL.	BESONDERE MERKMALE
Alpha (α) Lyrae *Wega*	0,0	Der helle, bläuliche Stern ist 26 Lichtjahre entfernt.
Beta (β) Lyrae *Sheliak*	3,5	Der Veränderliche wechselt alle 13 Tage zwischen Größenklasse 3,3 und 4,4.
Delta-1 (δ¹) Lyrae	5,6	Der weite Doppelstern ist mit bloßem Auge sichtbar.
Epsilon (ε) Lyrae	4,7	Der berühmte »Doppelstern« der Leier: Jeder der hellen Sterne ist selbst ein Doppelstern.
Zeta (ζ) Lyrae	4,3	Den Begleiter in 45″ Abstand mit Größenklasse 5,9 sieht man im Fernglas. Beide Sterne leuchten grünlich.

WICHTIGE OBJEKTE	GRÖSSENKL.	BESONDERE MERKMALE
M57, Ringnebel	9,0	Der Planetarische Nebel erscheint in kleinen Teleskopen dunstig oval.

Der mythische Musiker **Orpheus** spielte die **Leier** auf seiner Reise in die **Unterwelt**.

HERCULES (Her)

BREITE/TIEFE

GRÖSSENRANGLISTE **5**

VOLLSTÄNDIG SICHTBAR **90° N – 38° S**

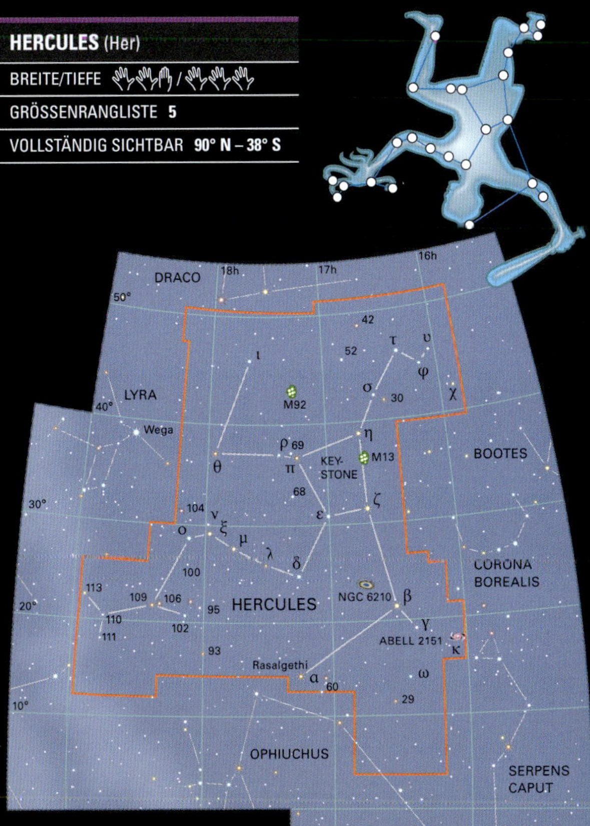

DEN HERKULES BEOBACHTEN

HAUPTSTERNE	GRÖSSENKL.	BESONDERE MERKMALE
Alpha (α) Herculis *Rasalgethi*	3,1	Der sehr rote Veränderliche wird unregelmäßig dunkler. Sein Durchmesser ist 400-mal größer als der der Sonne.
Kappa (κ) Herculis	5,3	Der Doppelstern besitzt einen Begleiter der Größenklasse 6,5, der 30″ entfernt ist. Beide Sterne leuchten orangefarben.

WICHTIGE OBJEKTE	GRÖSSENKL.	BESONDERE MERKMALE
M13, Großer Kugelsternhaufen	5,7	Der Kugelsternhaufen liegt etwa 25 200 Lichtjahre von der Erde entfernt.
M92	6,5	Der beeindruckende Kugelsternhaufen ist nicht so groß oder hell wie M13.

KARTE: HERCULES
Herkules grenzt an neun Sternbilder, sodass man mit seinen Sternen einen großen Abschnitt des Himmels erfasst.

ABELL 2151
Der Galaxienhaufen Abell 2151 bietet eine wunderbare Ansicht in starken Teleskopen. Alle Spiral- und irregulären Galaxien beeinflussen sich gegenseitig in ihrem frühem Stadium der Entwicklung.

CYGNUS

Die wunderschöne zufällige Anordnung der fünf Hauptsterne des Schwans (Cygnus) führt zu einem Sternbild, das man auch Kreuz des Nordens nennt.

Der hellste Stern des Sternbilds ist Deneb oder Alpha (α) Cygni – der Schwanz des Schwans. Seinen Kopf markiert Albireo oder Beta (β) Cygni, der zu den schönsten Doppelsternen zählt. Die Flügel des Schwans erstrecken sich beiderseits von den drei Sternen, die den Rumpf bilden. Auf halber Strecke zwischen dem Schwanz und dem rechten Flügel liegt 61 Cygni – die Bewegung dieses Doppelsterns kann man über mehrere Jahre verfolgen. Eine Übersicht mit einem Teleskop zeigt zahllose Sterne, Sternhaufen und Nebel, deren Beobachtung lohnenswert ist. Unterhalb der Schwanzspitze sieht man NGC 7000 an dunklen Orten bereits mit bloßem Auge. Seine Form erinnert an die Küste von Mexiko und den USA und führte zu dem Namen Nordamerikanebel.

Inmitten der Milchstraße zählt der **Schwan** zu den **schönsten** Sternbildern des nördlichen Nachthimmels.

Deneb und das Sommerdreieck

Deneb ist das arabische Wort für Schwanz. Viele Sternnamen sind wörtliche Übersetzungen der Merkmale, die sie in den klassischen Figuren der Sternbilder darstellen. Und da am Himmel viele Tiere stehen, sind Varianten des Namens »Deneb« sehr häufig. Deneb, Altair im Adler (Aquila) und Wega in der Leier (Lyra) bilden das Sommerdreieck (siehe S. 106–107), das zu den bekanntesten Mustern im Norden zählt. Deneb scheint weniger hell zu leuchten als die beiden anderen Sterne. Doch während sich Altair und Wega mit 16 und 25 Lichtjahren relativ nahe an der Erde befinden, ist Deneb unglaubliche 1500 Lichtjahre entfernt. Die Leuchtkraft dieses blau-weißen Überriesen beträgt vermutlich das 60 000-fache der Sonne.

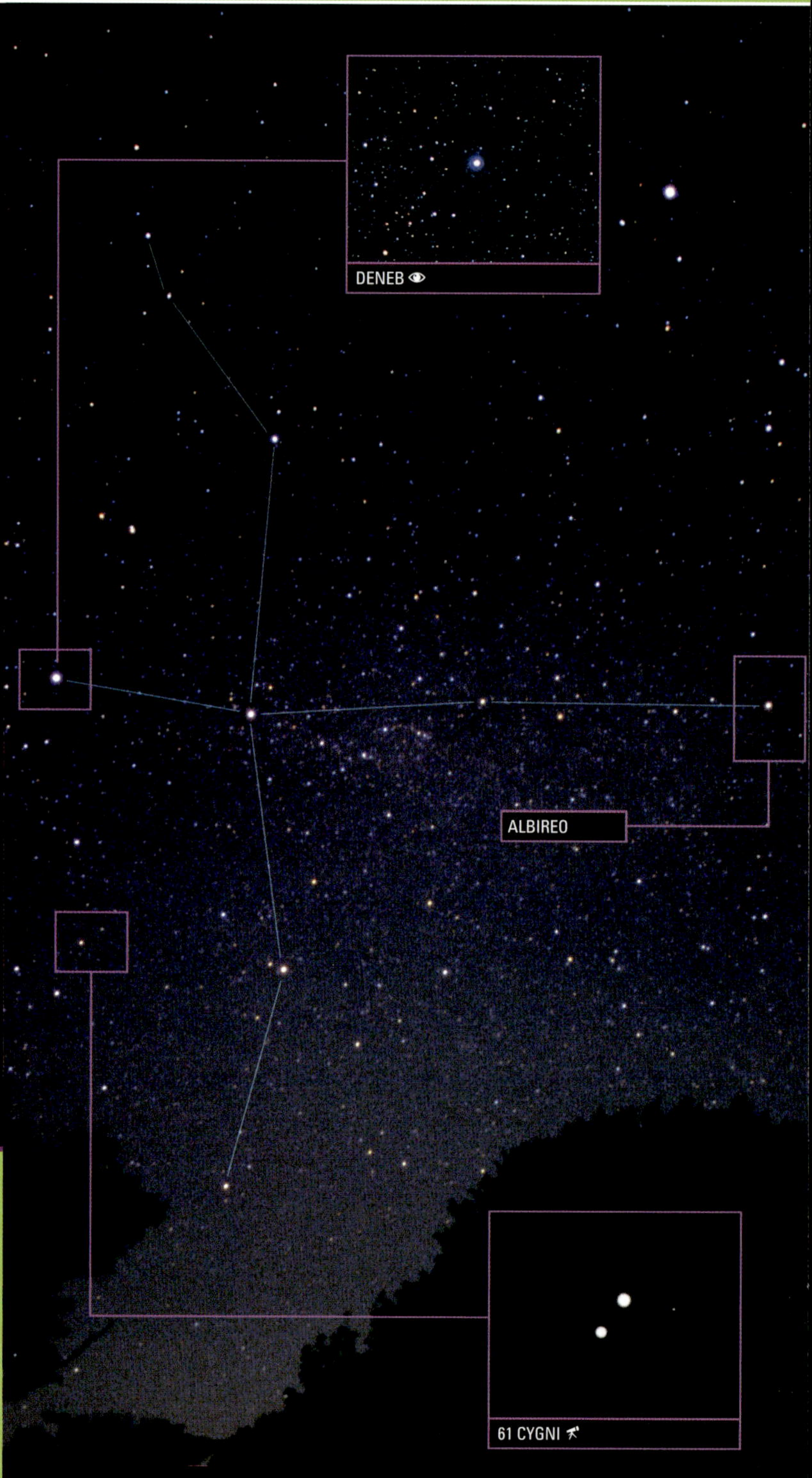

ÜBERBLICK
Mit bloßem Auge erkennt man, wie der Schwan über eine dunkle Lücke in der Milchstraße fliegt – den Cygnus-Spalt oder nördlichen Kohlensacknebel.

CYGNUS (Cyg)

BREITE/HÖHE

GRÖSSENRANGLISTE **16**

VOLLST. SICHTBAR **90° N – 28° S**

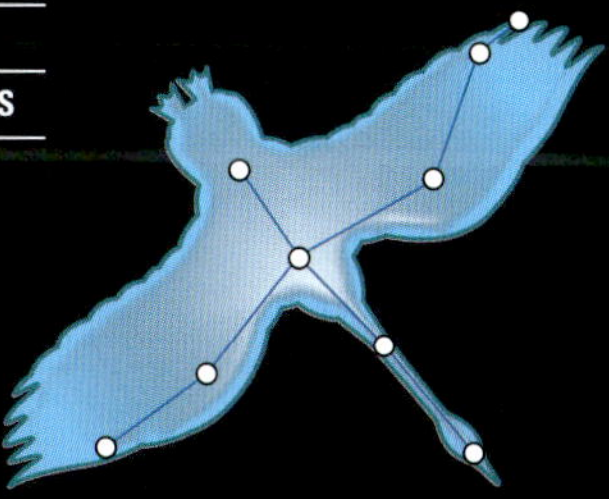

HIMMELSKARTE
Der Schwan zählt zu den Sternbildern, die man leicht erkennt, während er entlang der Milchstraße nach Süden fliegt.

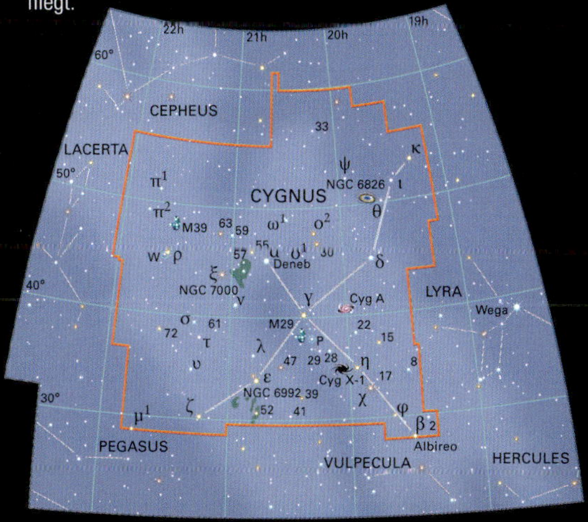

DEN SCHWAN BEOBACHTEN

HAUPTSTERNE	GRÖSSENKL.	BESONDERE MERKMALE
Alpha (α) Cygni *Deneb*	1,3	Der Durchmesser des großen, weit entfernten Sterns ist wahrscheinlich 300-mal größer als der der Sonne.
Beta (β) Cygni *Albireo*	3,2	Der Doppelstern hat einen Begleiter der Größenklasse 5,1 in 35″ Abstand. Sie sind golden und blau.
Omikron-1 (o^1) Cygni (31 Cygni)	3,8	Der schöne Doppelstern für Ferngläser hat einen Begleiter der Größenklasse 4,8 in 1′30″ Abstand. Die Sterne leuchten orangefarben und türkis.
61 Cygni	5,2	Der Begleiter des Doppelsterns hat die Größenklasse 6,0 und ist 30″ entfernt. Beide sind orangefarben.

WICHTIGE OBJEKTE	GRÖSSENKL.	BESONDERE MERKMALE
M39	4,6	Der Offene Sternhaufen aus ungefähr 30 Sternen liegt 825 Lichtjahre von der Erde entfernt.
NGC 6960, 6992 und 6995, Schleiernebel	7,0	Die strähnenartigen Reste sieht man nur mit Teleskopen. Sie sind die Überreste einer Supernova.
NGC 7000, Nordamerikanebel	4,0	Der helle Nebel ist viermal so groß wie der Vollmond, obwohl man ihn nicht mit bloßem Auge sehen kann.

ALBIREO
In kleinen Teleskopen sind die Sterne des Doppelsterns Albireo, ein goldener Riese und ein blauer Zwerg, weit getrennt. Der größere Stern hat selbst einen kleinen, engen Begleiter.

SCHLEIERNEBEL
Diese gasförmigen Reste entfernen sich aus einem Zentrum, in dem früher ein Stern explodiert ist. Das gesamte Phänomen nennt man den Cygnus-Bogen, aber die sichtbaren Bereiche nennt man aufgrund ihrer ätherischen, strähnenartigen Erscheinung den Schleiernebel. Seine Ausdehnung lässt vermuten, dass die Explosion der Supernova vor 5000 bis 15 000 Jahren stattfand.

NGC 7000, Nordamerikanebel

Unmittelbar neben Deneb befindet sich ein etwas hellerer Bereich der Milchstraße, der berühmte Nordamerikanebel, NGC 7000. Er ist wie alle Nebel eine einfache Wolke aus Gas und eventuell auch Staub. Nebel gleichen den Wolken an unserem Himmel, weil ihr Aussehen zum größten Teil davon abhängt, wie sie beleuchtet werden. In einigen Nebeln entstehen neue Sterne, deren Licht den Nebel erleuchtet. Andere Nebel sind dunkel und nur deshalb sichtbar, weil sie als Silhouette den helleren Hintergrund verdecken. NGC 7000 ist ein schönes Beispiel eines hellen Nebels, der von dem benachbarten Riesenstern Deneb erleuchtet wird.

NGC 7000
Seine Ähnlichkeit mit Nordamerika verdankt der Nebel zum größten Teil der dunklen Fläche, die dem Golf von Mexiko (Mitte links) gleicht.

STARHOPPING VOM SOMMER-DREIECK AUS

Die drei hellsten Sterne des Nachthimmels im Sommer und Herbst der nördlichen Halbkugel bilden ein Dreieck, das als Wegweiser für benachbarte Sternbilder dient.

Das Sommerdreieck ist kein Sternbild, sondern ein Asterismus. Die drei Ecken bilden Altair im Sternbild Adler (Aquila), Deneb im Schwan (Cygnus) und Wega in der Leier (Lyra). Das Sommerdreieck steht bei mittleren nördlichen Breiten hoch am Nachthimmel.

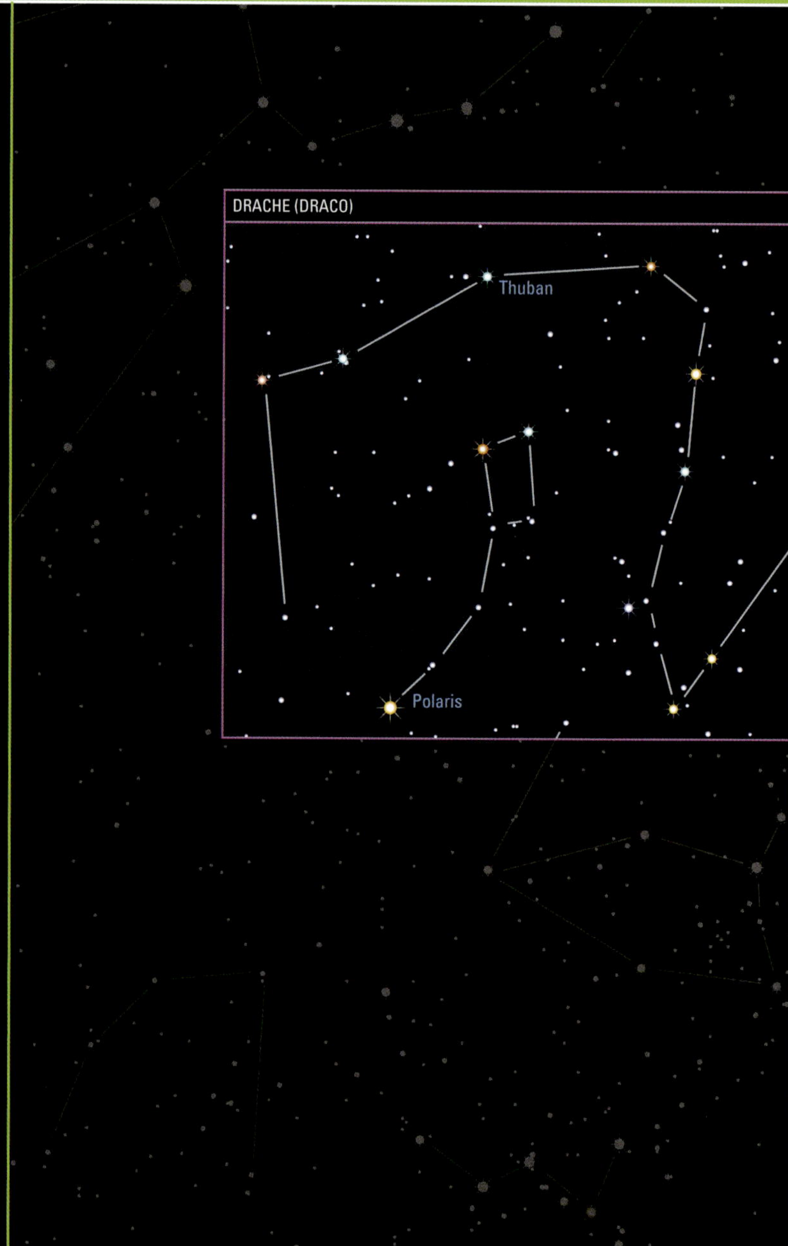

1 ZU HERCULES

Der helle Stern Deneb im Schwan (Cygnus) bildet eine Spitze des Sommerdreiecks. Von ihm aus zieht man eine Linie entlang der kurzen Seite des Sommerdreiecks zum Stern Wega. Verlängert man diese Linie um den gleichen Abstand wie zwischen Deneb und Wega, erreicht man das Sternbild Herkules (Hercules; siehe S. 102–103). Auf der linken Seite der gedachten Linie findet man seinen auffälligen Asterismus Keystone.

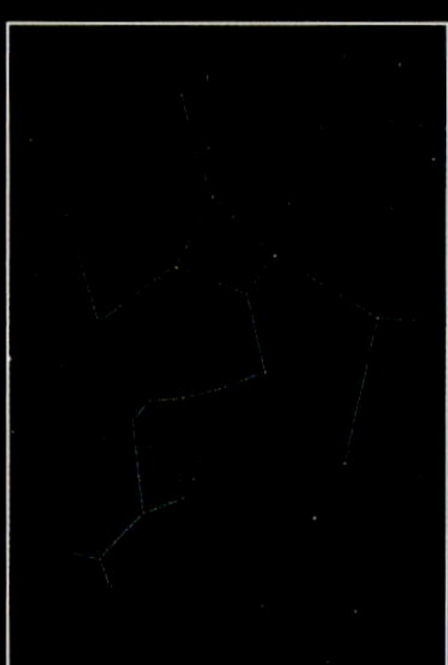

HERKULES (HERCULES)

2 ZU SAGITTARIUS

Als Ausgangspunkt wählt man wieder Deneb – den dunkelsten Stern des Sommerdreiecks – und zieht eine Linie bis zu Altair, dem hellsten Stern des Adlers (Aquila). Diese Linie führt noch vor Altair durch das kleine Sternbild Pfeil (Sagitta). Dann verlängert man diese Linie um dieselbe Strecke wie von Deneb zu Altair und erreicht das Sternbild Schütze (Sagittarius) mit seinem charakteristischen Asterismus Teapot.

OPHIUCHUS

3 ZU OPHIUCHUS

Das Sternbild Schlangenträger (Ophiuchus) ist schwierig aufzufinden, aber drei Sterne in der Nähe von Altair im Adler (Aquila) helfen dem Beobachter. Vom Schnabel des Adlers bei Theta (θ) Aquilae zieht man eine Linie durch den mittleren Stern Bezek (Eta (η) Aquilae) und durch den Stern Delta (δ) Aquilae. Wenn man diese Linie aus dem Sternbild Adler herausführt, trifft man auf den nächsten hellen Stern Rasalhague im Sternbild Schlangenträger.

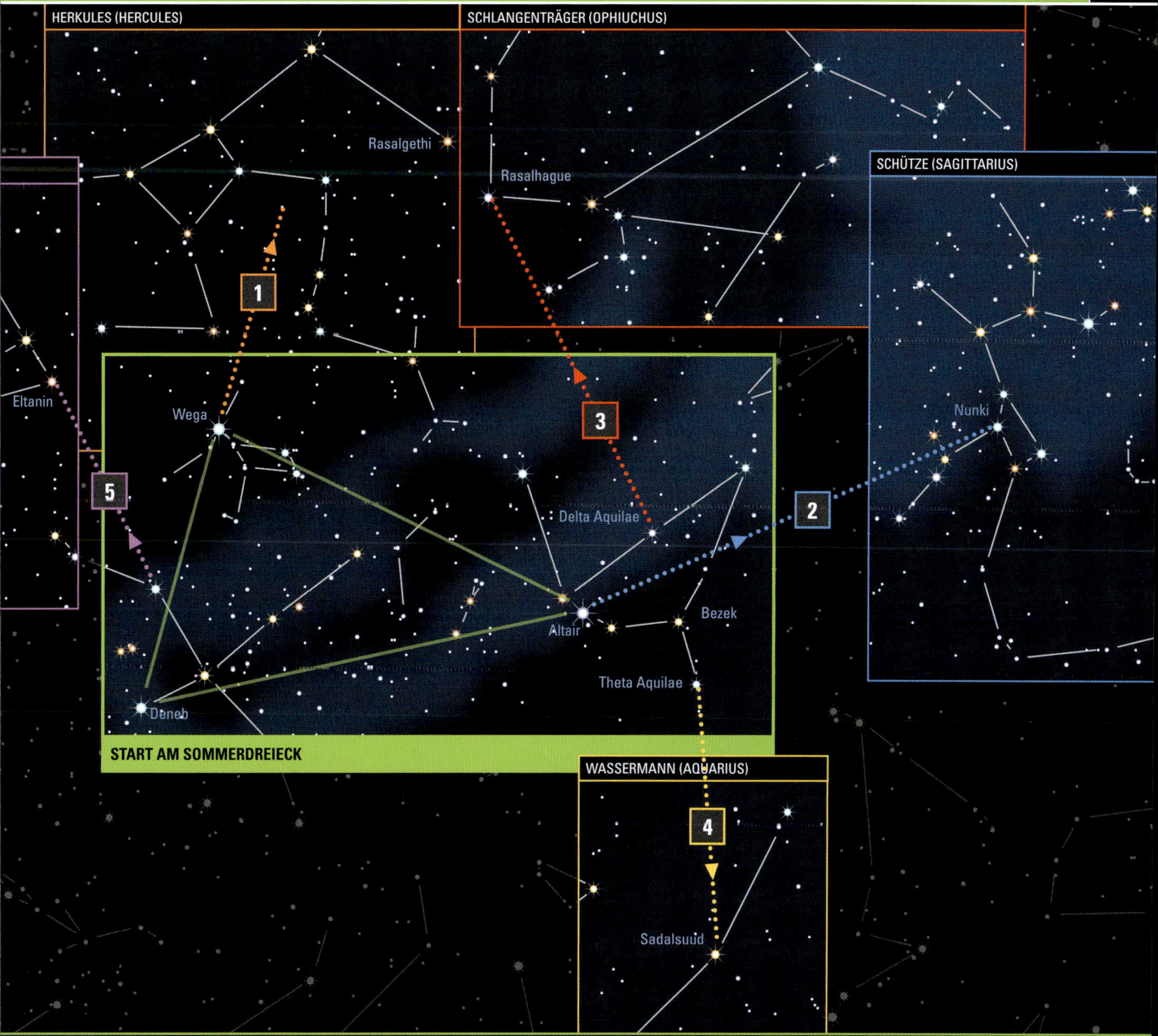

4 ZU AQUARIUS

Dieselben drei Sterne, die zum Schlangenträger führen, weisen in entgegengesetzter Richtung vom Sternbild Adler (Aquila) zum Sternbild Wassermann (Aquarius). Dazu beginnt man bei Delta (δ) Aquilae in der Nähe von Altair, dem Hauptstern des Adlers. Die Linie verlängert man über Bezek (Eta (η) Aquilae) und Theta (θ) Aquilae, bis man den Stern Sadalsuud im Wassermann findet, der die linke Schulter des Wassermanns markiert.

DRACHE (DRACO)

5 ZU DRACO

Deneb markiert den Schwanz des auffälligen Sternbilds Schwan (Cygnus). Von dem mittleren Stern des Rumpfs, Gamma (γ) Cygni oder Sadr, zieht man eine Linie zum Flügelstern Delta (δ) Cygni oder Rukh. Die Verlängerung dieser Linie führt zu zwei hellen Sternen im Sternbild Drache (Draco). In ihrer Nähe befinden sich zwei dunklere Sterne, die zusammen mit den beiden hellen Sternen den Kopf des Drachen bilden.

AQUILA

Das Sternbild Adler (Aquila) liegt in der Milchstraße. Sein Hauptstern Alpha (α) Aquilae, den man auch Altair nennt, bildet die südliche Spitze des berühmten Sommerdreiecks.

Der Adler (Aquila) enthält eine Reihe heller Sterne in leicht zu erkennender Anordnung. Er grenzt an neun weitere Sternbilder. Sein heller Hauptstern Altair erleichtert auch deshalb die Lokalisierung des Sternbilds, weil er zusammen mit Wega in der Leier (Lyra) und Deneb im Schwan (Cygnus) das Sommerdreieck bildet. Dieser Asterismus des Nordens ist so hell, dass man ihn sogar in Städten mit Lichtverschmutzung erkennt. In dunklen Nächten hebt sich der Adler prächtig von den Sternfeldern der Milchstraße im Hintergrund ab. Sehenswert sind Eta (η) Aquilae, ein Cepheiden-Veränderlicher, der seine Helligkeit in nur einer Woche ändert, und die Nebel B142 und B143 – zwei große dunkle Flecke in der Milchstraße, die man am besten mit dem Fernglas sieht.

Der **Adler steigt** prächtig vor den Sternfeldern der **Milchstraße** im Hintergrund auf.

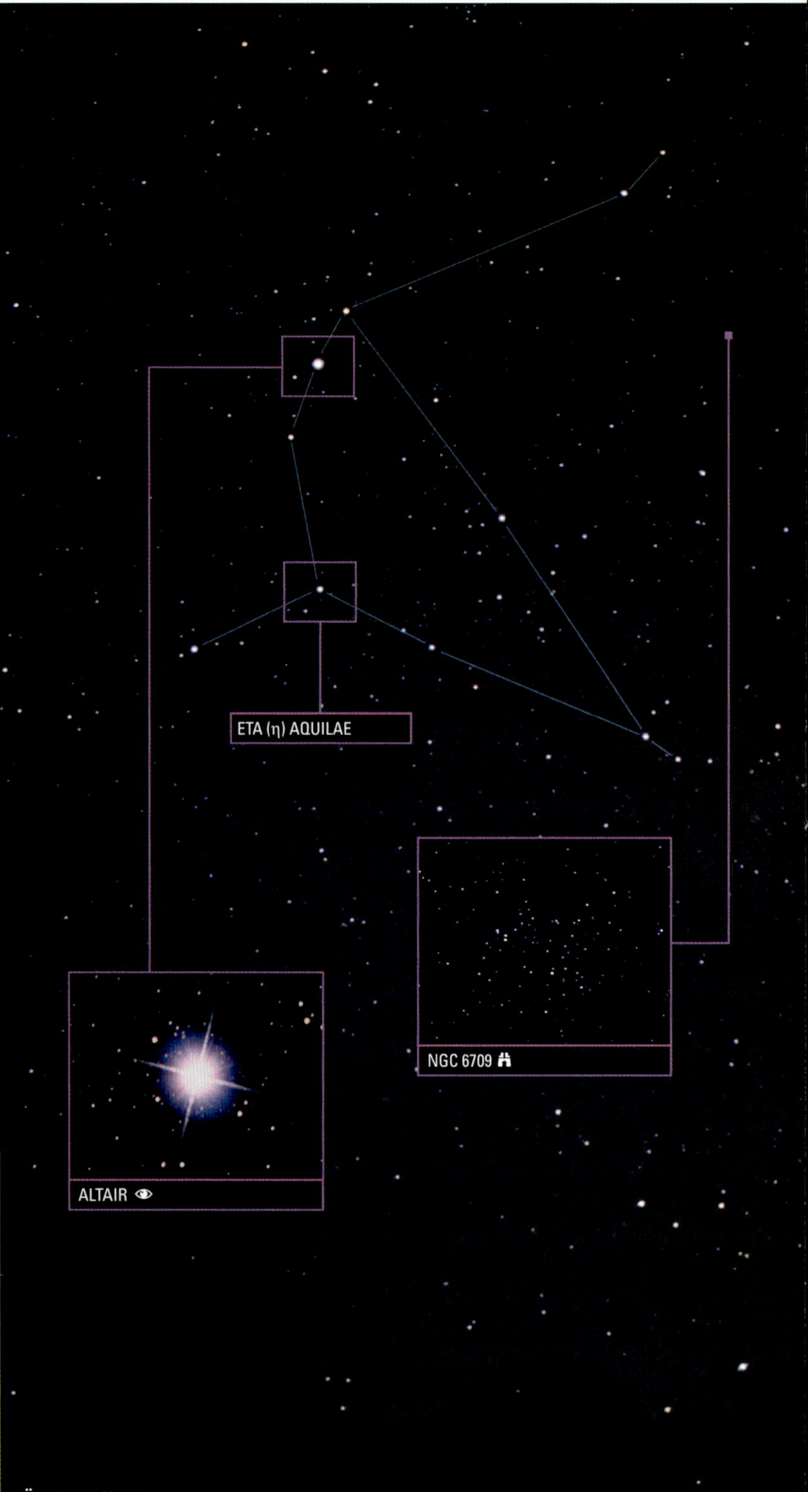

ÜBERBLICK
Altair und seine Nachbarn – Alshain und der orangefarbene Tarazed – bilden eine leicht gekrümmte Kurve, von der man die anderen Sterne des Sternbilds findet.

NGC 6709

Am Rand des Sternbilds, nahe an der Grenze zu Herkules (Hercules), liegt der Offene Sternhaufen NGC 6709 in der Milchstraße mit ihren unzähligen Sternen. Trotzdem sind die etwa 100 Sterne des Haufens, die ein Dreieck mit jeweils einem hellen Stern an jeder Ecke bilden, relativ leicht mit dem Fernglas zu entdecken. Bei solchen Objekten, die einzelne sehr dunkle Sterne enthalten, spielt die Öffnung des Fernglases eine große Rolle. Mit Öffnungen bis zu 60 mm erscheint NGC 6709 als dunstiger Fleck, während 70 mm oder größer bereits einzelne Sterne zeigen. Für diese schweren Ferngläser mit großen Öffnungen braucht man normalerweise ein Stativ, um Himmelsobjekte ruhig zu beobachten.

AQUILA (Aql)

BREITE/HÖHE

GRÖSSENRANGLISTE **22**

VOLLST. SICHTBAR **78° N – 71° S**

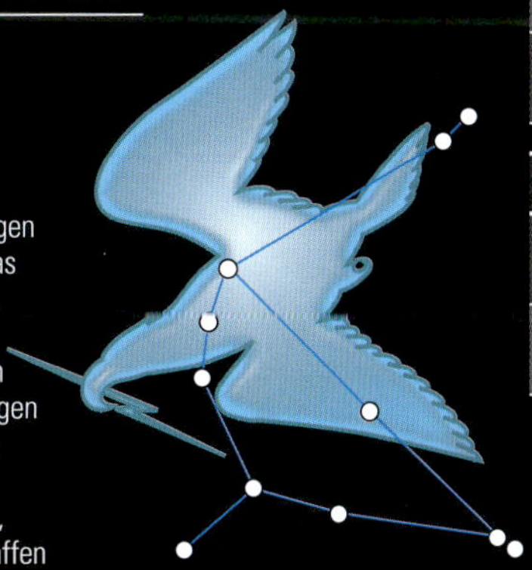

HIMMELSKARTE
Die meisten Abbildungen zeigen den Adler etwas vom Zentrum versetzt, mit breit ausgestreckten Schwingen. In den klassischen Zeichnungen (rechts) hält er häufig einen Blitz in seinem Schnabel als Hinweis, dass der Adler die Waffen des griechischen Gottes Zeus trug.

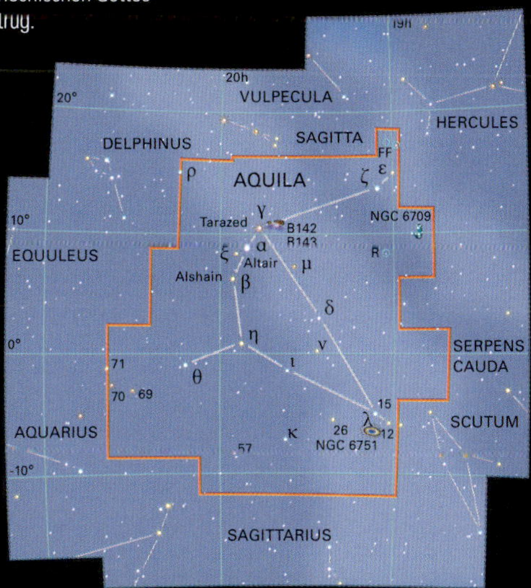

DEN ADLER BEOBACHTEN

HAUPTSTERNE	GRÖSSENKL.	BESONDERE MERKMALE
Alpha (α) Aquilae *Altair*	0,8	Der zwölfthellste Stern des Nachthimmels liegt nur 16,8 Lichtjahre von uns entfernt.
Eta (η) Aquilae *Bezek*	3,9	Der Cepheiden-Veränderliche (siehe S. 90) ändert seine Größenklasse von 3,5 auf 4,3.

WICHTIGE OBJEKTE	GRÖSSENKL.	BESONDERE MERKMALE
NGC 6709	7,6	Der Offene Sternhaufen aus ungefähr 100 Sternen ist etwa 3000 Lichtjahre entfernt.
B142 & B143, »E«-Nebel	—	Die beiden Dunkelnebel heben sich vor den Sternen der Milchstraße ab.

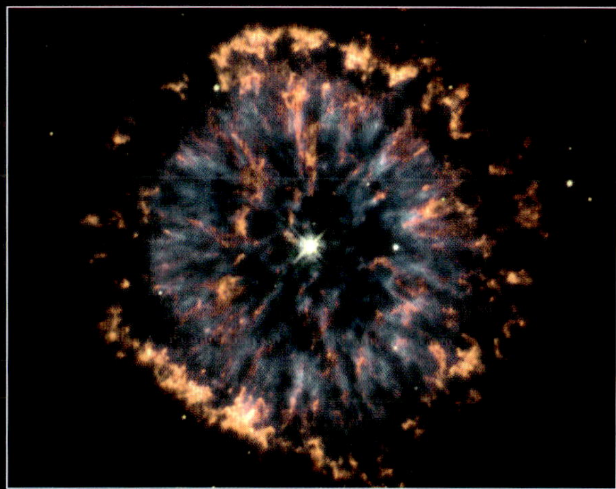

NGC 6751, GLOWING-EYE-NEBEL
Diese unheimliche Hubble-Aufnahme zeigt den Planetarischen Nebel im Adler (Aquila), der 6500 Lichtjahre entfernt ist und den man nur mit großen Teleskopen sieht. Für diese Aufnahme wurden Farbfilter eingesetzt, die Gase mit verschiedenen Temperaturen einzeln aufnehmen (Blau stellt die wärmste dar).

B142 und B143

Im Allgemeinen ziehen die hellen Objekte des Universums, die entweder die Dunkelheit durchbrechen oder diese mit einem hellen Schein irgendeiner Form füllen, unsere Aufmerksamkeit an. Dennoch gewinnen auch faszinierende dunkle Phänomene viele Beobachter für sich. Der Dunkelnebel B142 und sein Nachbar B143 sind solche dunklen Objekte. Ihre gemeinsame Form bezeichnet man als »E«-Nebel, so benannt von dem Astronom Edward Barnard, der im frühen 20. Jahrhundert Dunkelnebel katalogisierte. Am Nachthimmel scheinen die Sterne dieses Gebiet geradezu zu meiden. Tatsächlich mangelt es nicht an Sternen, vielmehr verdecken die dichten Dunkelnebel die Sicht auf die Sterne im Hintergrund.

DER »E«-NEBEL
Die beiden Dunkelnebel bedecken zusammen eine Fläche, die ungefähr so groß wie der Vollmond ist. Die beiden Nebel liegen schätzungsweise 2000 Lichtjahre von der Erde entfernt.

VULPECULA

Dem Fuchs (Vulpecula) fehlt ein auffälliges Sternmuster. Dafür enthält er aber einige bemerkenswerte Objekte, weil das Sternbild in einem hellen Abschnitt unserer Galaxie liegt.

Den Fuchs (Vulpecula, eigentlich »Füchslein« oder »Füchschen«) kann man schnell übersehen, weil das kleine, dunkle Sternbild in einem wunderschönen Abschnitt der Milchstraße zwischen den beherrschenden Sternbildern Schwan (Cygnus), Leier (Lyra) und Adler (Aquila) liegt. Das Sternbild enthält keine hellen Sterne, sodass es weitgehend unbekannt ist. Trotz seiner relativen Dunkelheit beherbergt der Fuchs zwei Objekte, die man leicht mit dem Fernglas findet: Brocchis Sternhaufen, auch Kleiderbügelhaufen oder Collinder 399 genannt, und M27, den Hantelnebel. Der hellste Stern des Fuchses, Alpha (α) Vulpeculae oder Anser, »die Gans« (siehe unten), ist ein Roter Riese der 4. Größenklasse. Im Fernglas erkennt man seinen Nachbarn der 6. Größenklasse.

Diese **dunkle** Sterngruppe beherbergt **Brocchis Sternhaufen** und den **Hantelnebel**.

Ein modernes Sternbild

Der allgemeine Name von Alpha Vulpeculae ist Anser, den er von dem ursprünglichen Namen des Sternbilds erhielt, Vulpecula cum Anser (das Füchschen mit der Gans). Dieses moderne Sternbild wurde im 17. Jahrhundert von dem polnischen Astronomen Johannes Hevelius eingeführt. Er schuf zehn weitere neue Sternbilder, von denen sieben übernommen wurden. Dazu gehören die Jagdhunde (Canes Venatici) und der Schild (Scutum), den Hevelius ursprünglich Scutum Sobiescanum zu Ehren des polnischen Königs Johann III. Sobieski nannte. Keines dieser Sternbilder ist auffällig, weil Hevelius dunkle Himmelsabschnitte nehmen musste – die hellsten Sterne waren bereits großen Sternbildern zugeordnet.

ÜBERBLICK
Die beiden interessantesten Himmelsobjekte des Sternbilds sind der Hantelnebel und Brocchis Sternhaufen an der Grenze dieses dunklen, unauffälligen Sternbilds.

VULPECULA (Vul)

BREITE/HÖHE

GRÖSSENRANGLISTE **55**

VOLLST. SICHTBAR **90° N – 61° S**

DEN FUCHS BEOBACHTEN

HAUPTSTERNE	GRÖSSENKL.	BESONDERE MERKMALE
Alpha (α) Vulpeculae *Anser*	4,4	Der Begleiter mit Größenklasse 5,8 des Doppelsterns liegt 6′ 50″ entfernt. Die Sterne sind rot und orange.

WICHTIGE OBJEKTE	GRÖSSENKL.	BESONDERE MERKMALE
M27, Hantelnebel	7,6	Der Planetarische Nebel sieht in kleinen Teleskopen großartig aus.
Collinder 399, Brocchis Haufen, Kleiderbügel	3,6	Den Asterismus sieht man am besten mit Ferngläsern.

HIMMELSKARTE

Das Füchslein findet man mithilfe der Sternbilder Pegasus und Herkules oder auch mit dem hellen Stern Wega als Teil des Sommerdreiecks.

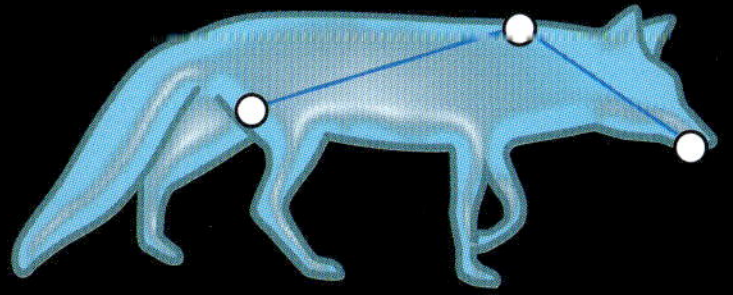

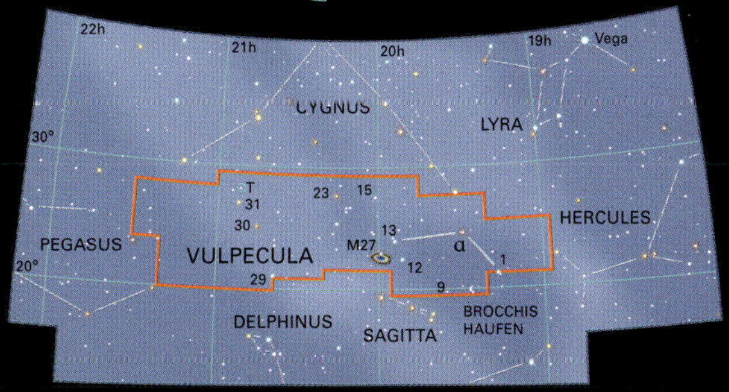

BROCCHIS HAUFEN

Diesen Asterismus nennt man auch Collinder (CR) 399 oder Kleiderbügelhaufen, nach der verblüffenden Anordnung seiner zehn Sterne. Mit bloßem Auge sieht man nur einen kleinen verschwommenen Fleck, doch bereits Ferngläser zeigen die einzigartige Form. Ursprünglich hielt man ihn für einen echten Offenen Haufen, doch die Sterne sind wohl nur zufällig so angeordnet.

FARBAUFNAHME

Die CCD-Aufnahme (links) zeigt den doppellappigen Nebel M27, der aus Gaswolken besteht, die durch Strahlung ionisiert wurden (Nahaufnahme des Hubble-Weltraumteleskops oben).

M27, Hantelnebel

Die beiden Lappen dieses Nebels erinnern an eine Hantel. Er liegt südlich des Sterns 13 Vulpeculae, der den unteren mittleren Punkt einer großen m-förmigen Sterngruppe bildet. Vor dem Hintergrund eines faszinierenden, reichhaltigen Sternfelds der Milchstraße ist M27 ein lohnenswertes Ziel. M27 sieht man mit dem Fernglas als runden Fleck, der etwa ein Viertel der Größe des Vollmonds hat. Einzelheiten erkennt man jedoch erst mit Teleskopen. Der Planetarische Nebel liegt etwa 1000 Lichtjahre von der Erde entfernt und entstand, als ein sterbender Stern seine Hüllen abstieß, die sich ins All ausdehnten.

PEGASUS UND PISCES

Pegasus, das geflügelte Pferd, ist das Nachbarsternbild der dunkleren Fische (Pisces). Die größte Besonderheit des Pegasus ist ein großes Quadrat aus Sternen, mit denen man die benachbarten Fische leicht auffindet.

Die Sternbilder Pegasus und Fische (Pisces) liegen in einem großen und ruhigen Gebiet des Nachthimmels. Hier befinden sich nicht viele helle Sterne und auch die Milchstraße mit ihren astronomischen Schätzen fließt nicht durch diese Sternbilder. Pegasus bietet ein Rechteck aus vier Sternen, die gleichmäßig voneinander entfernt sind und einen Asterismus bilden, den man Pegasusquadrat nennt. Dieses berühmte Merkmal dient als großartiger Wegweiser, um benachbarte Sterne und Sternbilder aufzufinden. Unterhalb der Seite des Quadrats, zwischen den Sternen Algenib und Markab, liegt ein dunkler Asterismus aus sieben Sternen, den man Circlet nennt und der einen der Fische darstellt. Diese ovale Sterngruppe der 4. und 5. Größenklasse ist in dem Gebiet ohne helle Sterne nicht schwer zu lokalisieren. Der Rest des Sternbilds bildet eine dunkle Linie aus Sternen, die am Hauptstern Alrescha, Alpha (α) Piscium, die Richtung ändert und dann mit einem Zickzackkurs zum zweiten Fisch führt.

M15

Der Kugelsternhaufen M15 ist eine entfernte großartige, kugelförmige Insel aus Sternen und zählt zu den dichtesten Sternhaufen der Milchstraße. Mit seinem geschätzten Alter von 13,2 Milliarden Jahren gehört er zu den ältesten Sternhaufen des Universums. Wenn diese Rechnung korrekt ist, entstand M15 nicht lange, nachdem das Universum entstand. M15 ist 175 Lichtjahre groß und sieht wie eine dichtere Version des Großen Kugelsternhaufens M13 in Herkules aus. Man findet ihn, wenn man von Theta (θ) Pegasi im Kopf des Pegasus eine gerade Linie zu Epsilon (ε) Pegasi oder Enif und darüber hinaus zieht. Den Sternhaufen sieht man bereits mit dem Fernglas, aber erst ein Teleskop zeigt seine einzelnen Sterne.

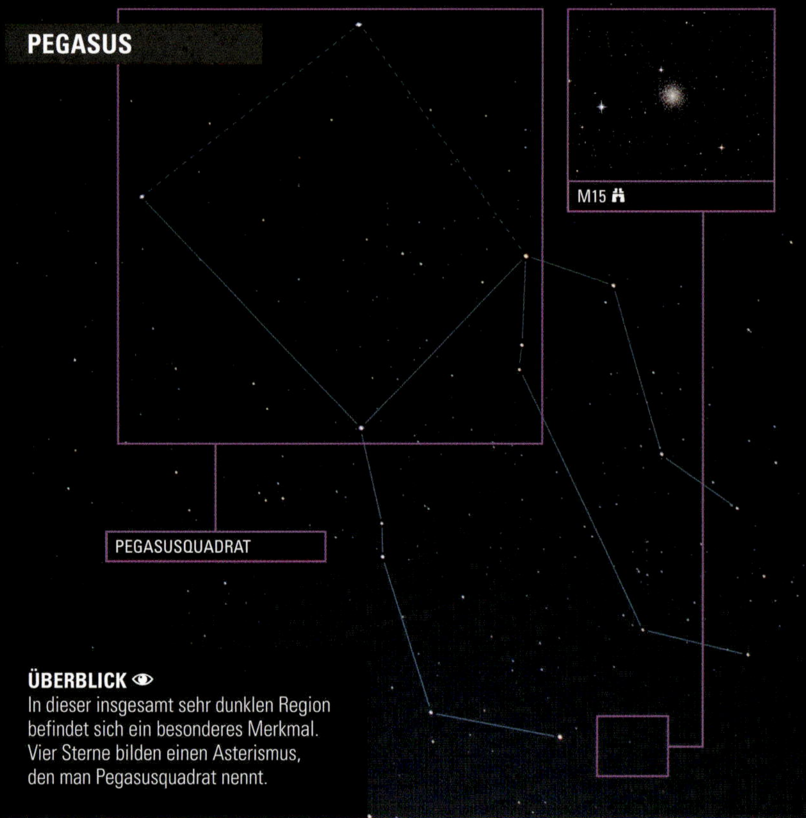

ÜBERBLICK
In dieser insgesamt sehr dunklen Region befindet sich ein besonderes Merkmal. Vier Sterne bilden einen Asterismus, den man Pegasusquadrat nennt.

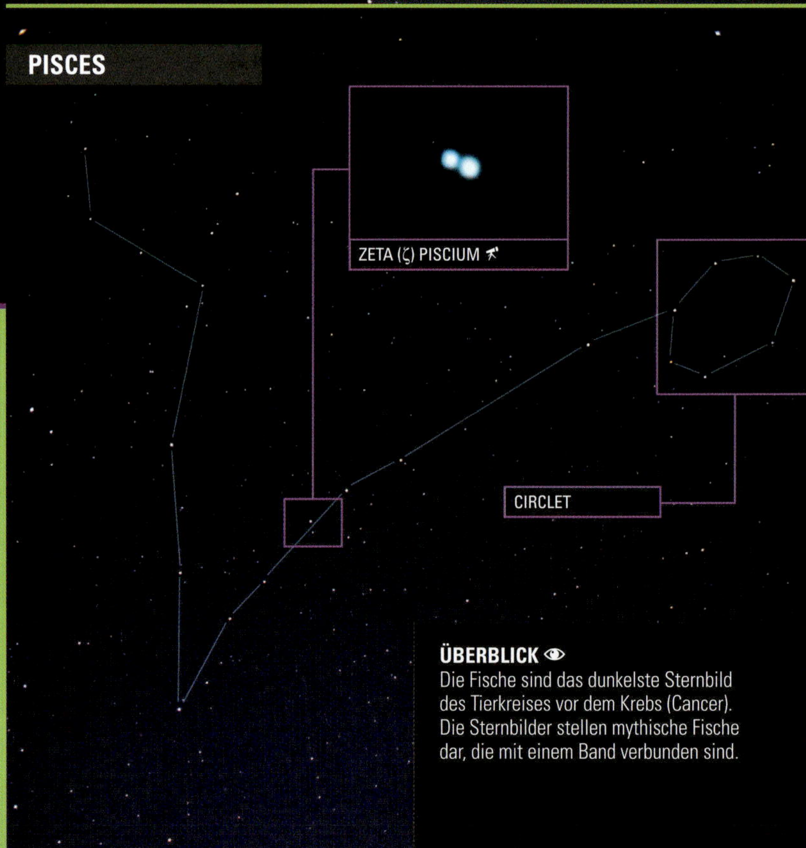

ÜBERBLICK
Die Fische sind das dunkelste Sternbild des Tierkreises vor dem Krebs (Cancer). Die Sternbilder stellen mythische Fische dar, die mit einem Band verbunden sind.

PEGASUS (Peg)

BREITE/HÖHE

GRÖSSENRANGLISTE **7**

VOLLST. SICHTBAR **90° N – 53° S**

HIMMELSKARTE: PEGASUS
Einer der vier Sterne des Pegasusquadrats – Alpheratz – gehört nicht mehr zum Sternbild Pegasus, sondern zum benachbarten Sternbild Andromeda.

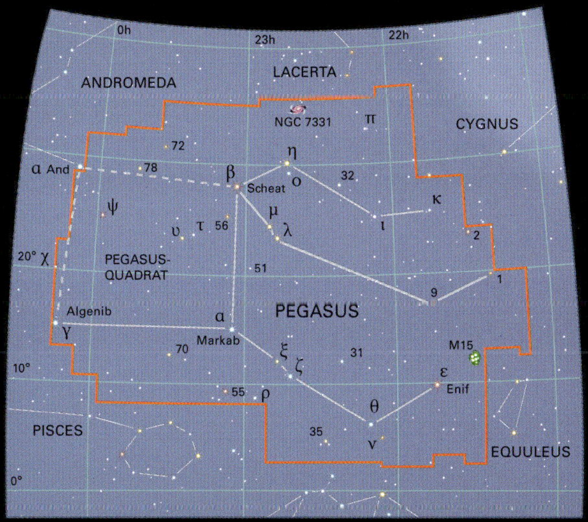

DEN PEGASUS BEOBACHTEN

HAUPTSTERNE	GRÖSSENKL.	BESONDERE MERKMALE
Alpha (α) Pegasi *Markab*	2,5	Der Stern wird wahrscheinlich bald zu einem Roten Riesen, weil sein Leben als Hauptreihenstern beendet sein wird.
Beta (β) Pegasi *Scheat*	2,5	Der Durchmesser des Veränderlichen ist 95-mal größer als der der Sonne.
Pi (π) Pegasi	4,3	Der optische Doppelstern besitzt einen Begleiter der Größenklasse 5,6 in 10′ Abstand. Die Sterne sind gelb und weiß.
51 Pegasi	5,5	Dieser sonnenähnliche Stern war der erste, bei dem ein Planet entdeckt wurde.

WICHTIGE OBJEKTE	GRÖSSENKL.	BESONDERE MERKMALE
M15	6,2	Der schöne Kugelsternhaufen liegt 33 600 Lichtjahre von der Erde entfernt.

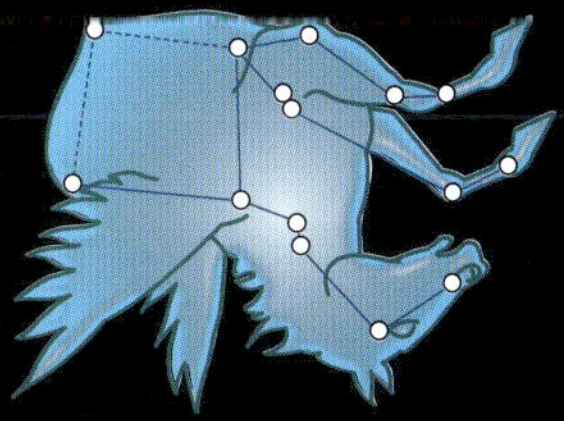

In der **griechischen** Mythologie war **Pegasus** das **geflügelte** Ross des **Bellerophon.**

PISCES (Psc)

BREITE/HÖHE

GRÖSSENRANGLISTE **14**

VOLLST. SICHTBAR **83° N – 56° S**

KARTE: PISCES
Die Ekliptik kreuzt die Fische, sodass die Planeten und der Mond sie besuchen. In dem Sternbild liegt auch der Punkt, an dem die Sonne jährlich den Himmelsäquator nach Norden überquert.

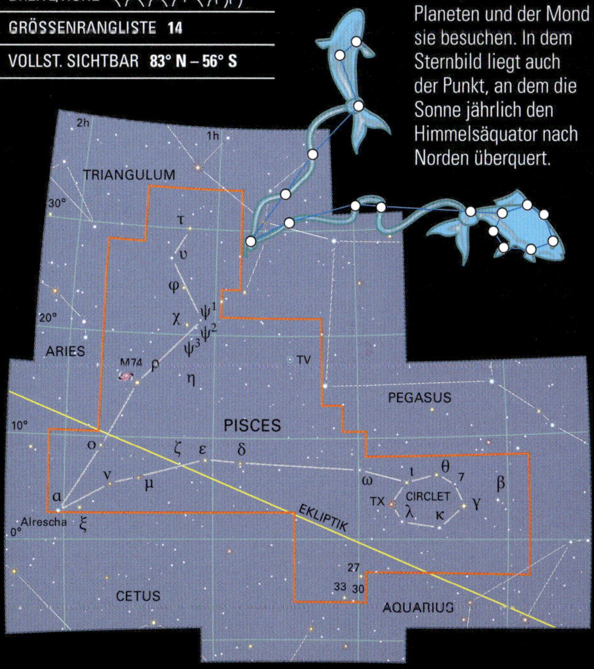

DIE FISCHE BEOBACHTEN

HAUPTSTERNE	GRÖSSENKL.	BESONDERE MERKMALE
Alpha (α) Piscium *Alrescha*	4,1	Das enge Sternpaar der 4. und 5. Größenklasse ist 140 Lichtjahre von uns entfernt.
Beta (β) Piscium *Fumalsamakah*	4,5	Der blaue Stern ist 493 Lichtjahre entfernt und liegt knapp außerhalb des Circlet.
Zeta (ζ) Piscium	5,3	Der Begleiter mit Größenklasse 6,5 ist 25″ entfernt. Sie sind bläulich und weiß.
Rho (ρ) und 94 Piscium	5,4	Der weite Doppelstern hat den Begleiter 94 Piscium der Größenklasse 5,6 in 7′ 30″ Abstand. Die Sterne sind gelb und golden.

HIMMELSKREIS
Die sieben Sterne des Circlet bilden den Körper des südlichen Fischs und haben die 4. und 5. Größenklasse. TX Piscium, der äußerste linke Stern des Rings, ist ein Roter Riese, der irregulär zwischen den Größenklassen 4,8 und 5,2 wechselt und im Fernglas auffällig orangefarben leuchtet.

STARHOPPING VOM PEGASUS-QUADRAT AUS

Obwohl das Pegasusquadrat nicht aus besonders hellen Sternen besteht, tritt es in diesem ansonsten ruhigen und leeren Abschnitt des Nachthimmels hervor.

Das Pegasusquadrat besteht aus drei Sternen der 2. und 3. Größenklasse – Alpha (α), Beta (β) und Gamma (γ) Pegasi –, die zu Pegasus gehören, und einem vierten Stern, Alpha (α) Andromedae, des benachbarten Sternbilds Andromeda.

1 ZU CYGNUS

Man zieht eine Linie diagonal durch das Pegasusquadrat von Algenib oder Gamma (γ) Pegasi – der auf dem Rücken des geflügelten Pferds liegt – durch Beta (β) Pegasi oder Scheat bis zur entgegengesetzten Seite. Wenn man diese Linie um das Doppelte verlängert, erreicht man den Stern Deneb, den Hauptstern des Schwans (Cygnus) im Schwanz des Tiers. Deneb ist auch einer der Sterne des berühmten Asterismus, dem Sommerdreieck (siehe S. 106–107).

SCHWAN (CYGNUS)

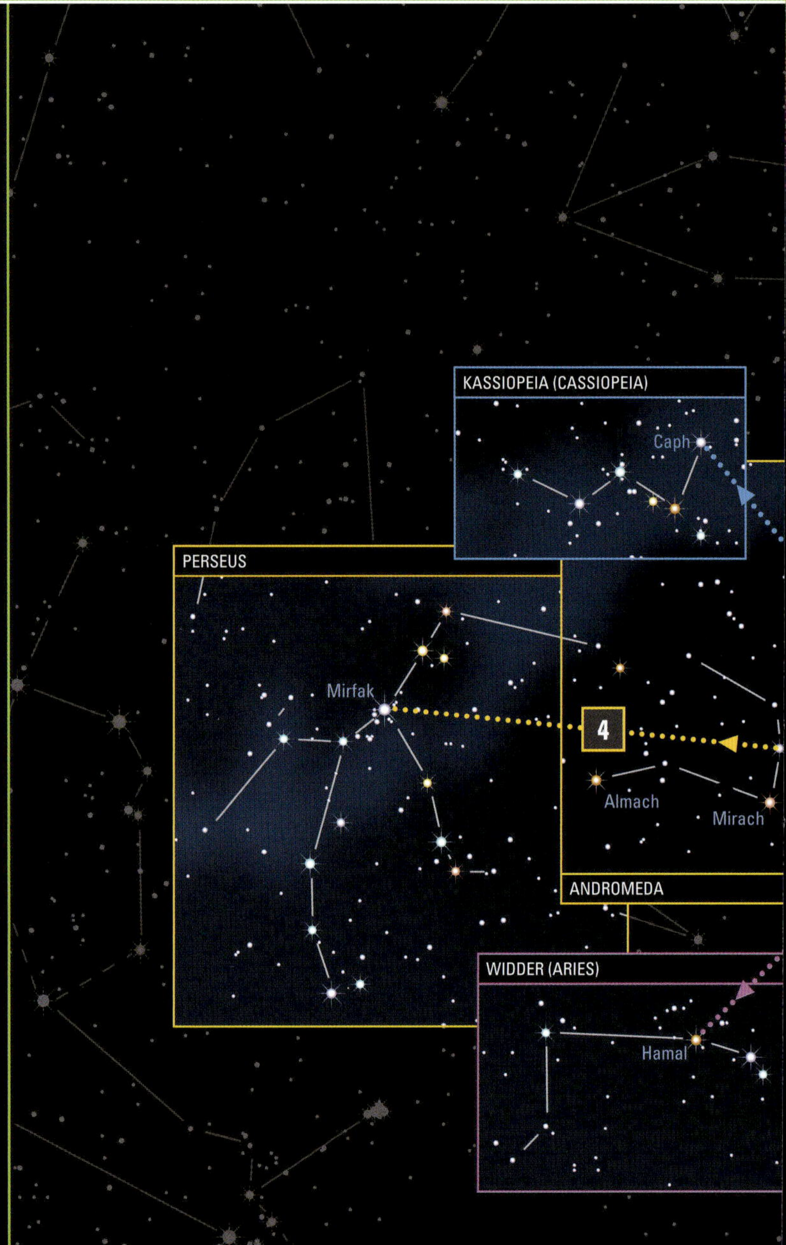

2 ZU CASSIOPEIA

Dieses Starhopping beginnt wieder bei Algenib, der eine Ecke des Pegasusquadrats bildet. Von hier zieht man eine Linie an einer Seite des Quadrats entlang – sie entspricht der Breite einer Faust bei ausgestrecktem Arm – durch Alpheratz oder Alpha (α) Andromedae. Verlängert man sie zum nächsten hellen Stern, erreicht man Caph oder Beta (β) Cassiopeiae, der ein Ende des charakteristischen W im Sternbild Kassiopeia (Cassiopeia) bildet.

KASSIOPEIA (CASSIOPEIA)

3 ZU PISCIS AUSTRINUS

Die Reise beginnt bei Beta (β) Pegasi oder Scheat, dem hellsten Stern in Pegasus, der in einer Ecke des Quadrats liegt. Von hier zieht man eine Linie entlang am Rand des Quadrats zu Alpha (α) Pegasi oder Markab. Diese Linie verlängert man dreimal um den Abstand der ersten beiden Sterne. Dadurch erreicht man das Sternbild Südlicher Fisch (Piscis Austrinus) mit seinem hellen Hauptstern Fomalhaut.

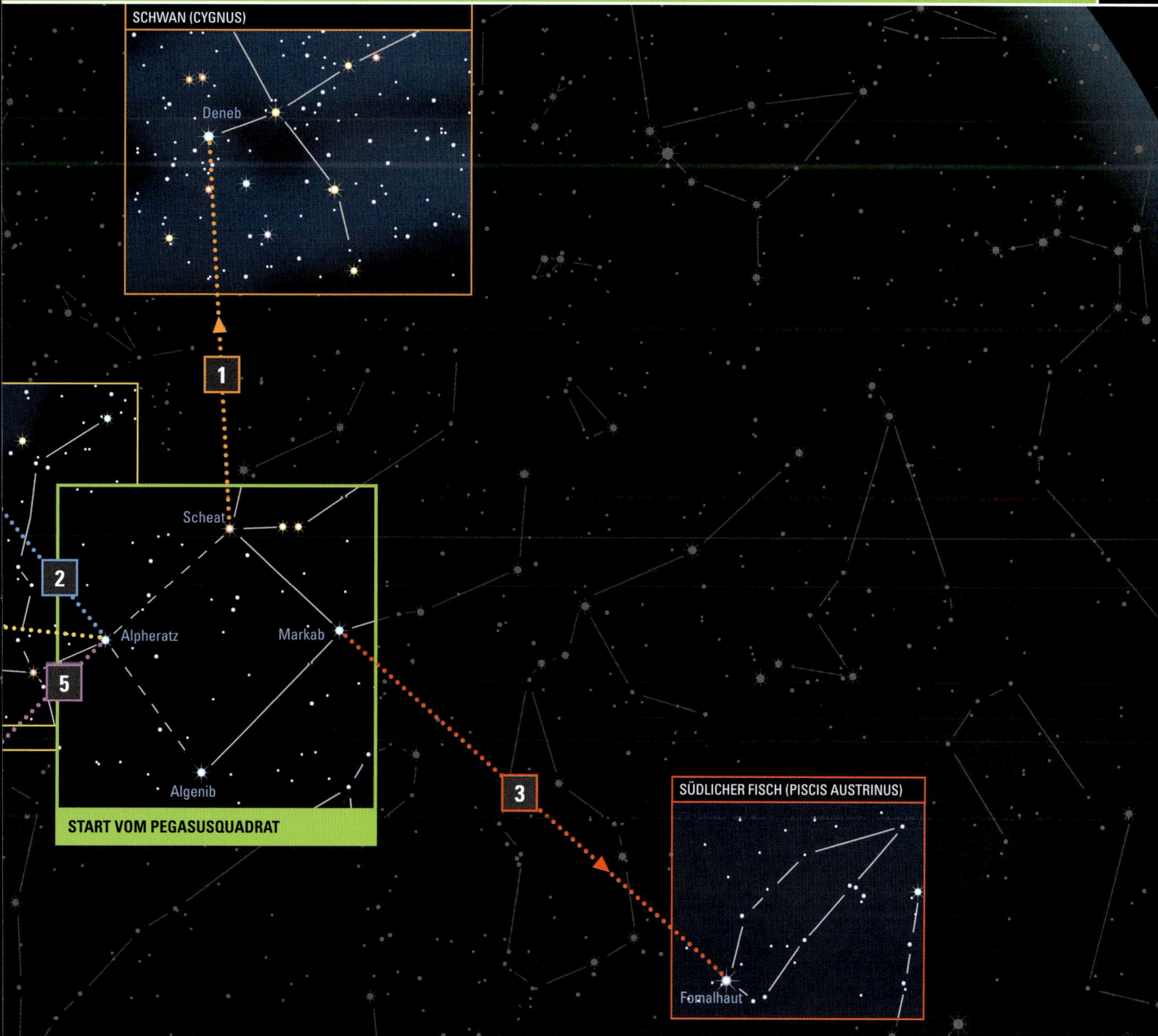

4 ZU ANDROMEDA UND PERSEUS

Man zieht eine Linie von Markab oder Alpha (α) Pegasi diagonal durch das Quadrat und Alpheratz oder Alpha (α) Andromedae in das Sternbild Andromeda. Diese Linie führt an den beiden hellen Sternen Mirach oder Beta (β) Andromedae (Größenklasse 2,5) und Almach oder Gamma (γ) Andromedae (Größenklasse 2,2) vorbei. Dann verlängert man die Linie zum hellen Stern Mirfak (Größenklasse 1,8), Perseus' Hauptstern.

WIDDER (ARIES)

5 ZU ARIES

Man beginnt bei Beta (β) Pegasi oder Scheat in einer Ecke des Pegasusquadrats und zieht eine Linie durch Alpheratz oder Alpha (α) Andromedae. Eine Verlängerung dieses Abstands um das Doppelte führt zu Hamal oder Alpha (α) Arietis im Widder (Aries). In der Nähe liegt das kleine Sternbild Dreieck (Triangulum, siehe S. 120–121), das M33 enthält, das drittgrößte Mitglied der Lokalen Gruppe der Galaxien.

ANDROMEDA

Andromeda enthält kein auffälliges Sternmuster. Ihre vier hellsten Sterne bilden nur eine ungerade Linie am Nachthimmel. In ihr liegt jedoch der großartige Andromedanebel.

Den Kopf der mythischen Prinzessin Andromeda markiert Alpheratz, Alpha (α) Andromedae, der auch eine Ecke des Pegasusquadrats bildet (siehe S. 112) – ein einfacher Weg, um das Sternbild zu lokalisieren und der Ausgangspunkt zu M31, dem berühmten Andromedanebel. Diese Galaxie sieht man bereits mit bloßem Auge und sie bietet durch Ferngläser oder Teleskope einen bezaubernden Anblick. Gamma (γ) Andromedae oder Alamak, ein orangefarbener Riese mit einem blauen Begleiter, zählt nach Albireo im Schwan (Cygnus) zu den großartigsten Doppelsternen. Der Offene Sternhaufen NGC 752 ist ein gutes Ziel für Ferngläser. Mit einem Teleskop erkennt man die klare blaue Scheibe von NGC 7662, dem Planetarischen Nebel Blue Snowball (engl.: blauer Schneeball).

Unser Nachbar, der **Andromedanebel,** ist doppelt so groß wie die **Milchstraße.**

Starhopping innerhalb Andromedas

Das Aufsuchen eines Himmelsobjekts erleichtert das Starhopping wie bei Andromeda, um M31 aufzufinden. Von Alpha (α) Andromedae im Pegasusquadrat geht man nordwestlich zu Delta (δ) und weiter zu Beta (β), ändert dort die Richtung zu My (μ) und bis zu Ny (ν) Andromedae. Von diesem Stern aus ist der Andromedanebel nur noch einen kleinen Schritt entfernt. Den Offenen Sternhaufen NGC 752 findet man durch Starhopping direkt südlich von Gamma (γ) Andromedae – Andromedas linker Fuß – bis zu Deltoton (Beta (β) Trianguli) im Sternbild Dreieck (Triangulum). Der Sternhaufen, der sich über ein größeres Gebiet des Nachthimmels erstreckt, liegt auf halber Strecke zwischen diesen beiden Sternen.

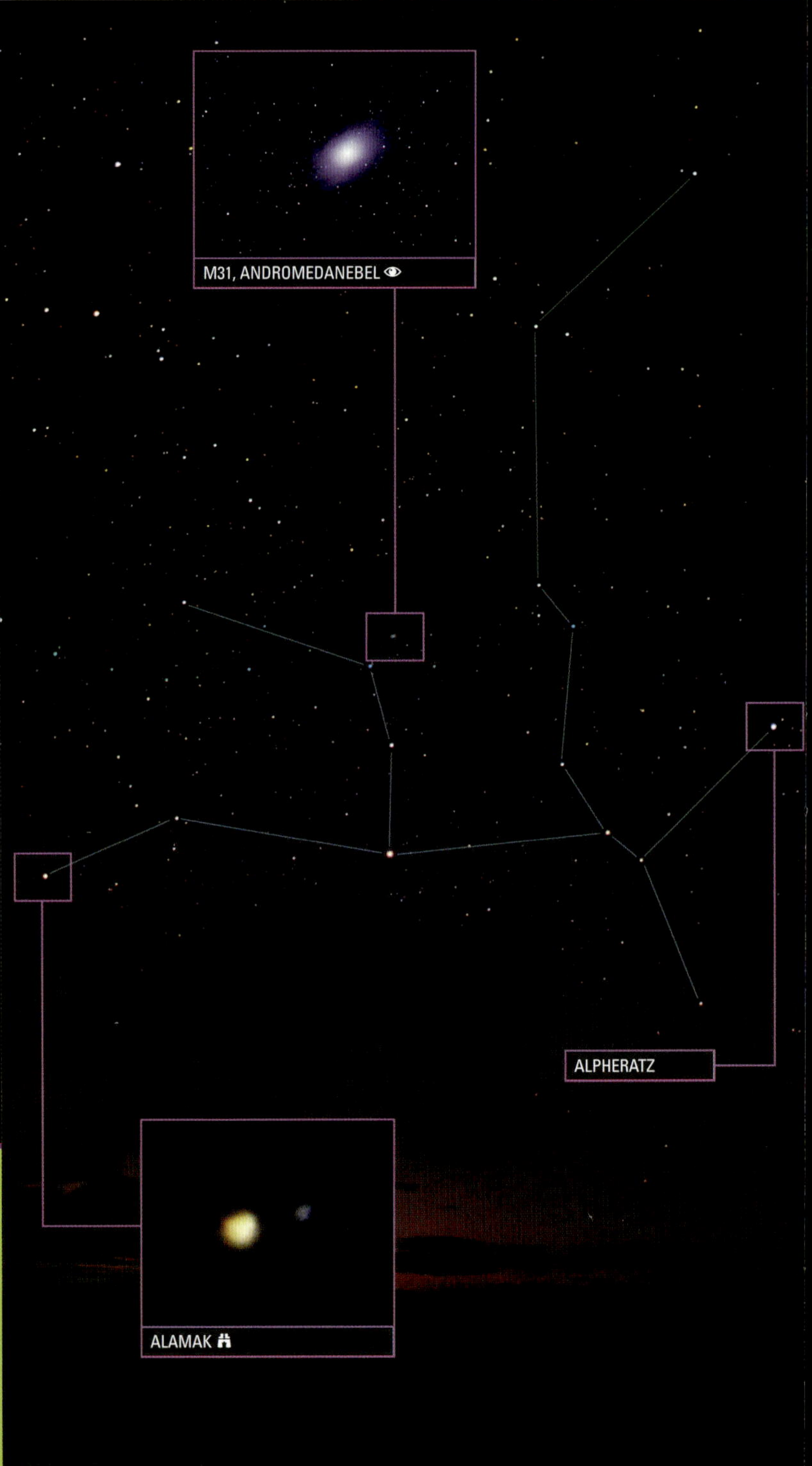

ÜBERBLICK
Andromeda ist eines der alten griechischen Sternbilder. Ihre drei hellsten Sterne bilden Kopf (Alpha), Becken (Beta) und den linken Fuß (Gamma) der Prinzessin.

ANDROMEDA (And)

BREITE/HÖHE

GRÖSSENRANGLISTE **19**

VOLLST. SICHTBAR **90° N – 37° S**

HIMMELSKARTE

Andromeda sitzt mit ausgestreckten Armen und an Felsen gefesselt als Opfer für das Ungeheuer Walfisch (Cetus). Dessen Sternbild lauert auf einer Seite hinter den Fischen (Pisces), während Perseus ihr von der anderen Seite zu Hilfe eilt.

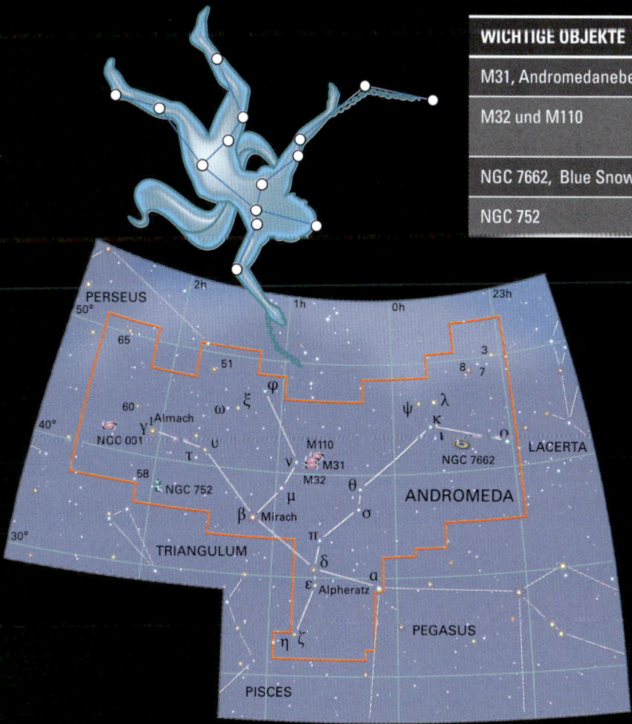

ANDROMEDA BEOBACHTEN

HAUPTSTERNE	GRÖSSENKL.	BESONDERE MERKMALE
Alpha (α) Andromedae *Alpheratz, Sirrah*	2,1	Der bläuliche Stern ist 97 Lichtjahre von der Erde entfernt.
Beta (β) Andromedae *Mirach*	2,1	Der Durchmesser des Roten Riesen ist 90-mal größer als der der Sonne.
Gamma (γ) Andromedae *Alamak (Almach)*	2,3	Der fantastische Doppelstern besitzt einen Begleiter der Größenklasse 5,1 in 10″ Abstand. Die Sterne sind golden und grün.
56 Andromedae	5,7	Der Begleiter des weiten Doppelsterns mit der Größenklasse 5,9 ist 3′ 20″ entfernt. Die Sterne leuchten gelb und orange.

WICHTIGE OBJEKTE	GRÖSSENKL.	BESONDERE MERKMALE
M31, Andromedanebel	4,5	Die Spiralgalaxie ist die größte Nachbargalaxie der Milchstraße.
M32 und M110	8,1 und 8,9	Die elliptischen Zwerggalaxien sind Satelliten von M31. Sie sind in kleinen bis mittelgroßen Teleskopen sichtbar.
NGC 7662, Blue Snowball	9,2	Der Planetarische Nebel ist ein lohnendes Ziel für Teleskope.
NGC 752	5,5	Der Offene Sternhaufen besteht aus etwa 70 Sternen.

STERNHAUFEN

NGC 752 ist ein lockerer Sternhaufen, der im Fernglas großartig wirkt. Im Teleskop erscheint er nicht so schön, weil erst die Herrlichkeit des weiten Felds die beste Sicht bietet.

M31, Andromedanebel

Von dunklen Standorten erscheint M31, der Andromedanebel, dem bloßen Auge als leicht ovaler dunstiger Flecken. M31 liegt ungefähr 2,5 Millionen Lichtjahre entfernt und zählt zu den am weitesten entfernten Objekten, die man mit bloßem Auge noch sieht. Die Nachbargalaxie M33 im Dreieck (Triangulum) ist weiter entfernt und wird teils als Objekt für das bloße Auge beschrieben, aber sie ist selbst für erfahrene Beobachter eine nahezu unmögliche Herausforderung. Durch seine Helligkeit ist der Andromedanebel mit Ferngläsern sogar in Städten noch sichtbar, weil er nach jüngsten Schätzungen mehr als eine Billion Sterne besitzt.

GALAKTISCHE MACHT

Wenn unsere Augen die vollständige Herrlichkeit des Andromedanebels erfassen könnten, erschiene er sechsmal großer als der Vollmond.

GALAKTISCHER NACHBAR
Diese Aufnahme zeigt den Andromedanebel. Er ist die nächste große Galaxie der Milchstraße und das größte Mitglied der Lokalen Gruppe. Der Andromedanebel ist doppelt so groß wie die Milchstraße.

ARIES UND TRIANGULUM

Der Widder (Aries) und das Dreieck (Triangulum) sind keine besonders auffälligen Sternbilder, obwohl ihre Geschichte Jahrtausende zurückreicht.

In alten Zeiten war der Widder (Aries) das erste Sternbild des Tierkreises – die zwölf Sternbilder entlang der Ekliptik, der jährlichen Bahn der Sonne am Himmel. Das Dreieck (Triangulum) hat ebenfalls eine lange Geschichte und hieß ursprünglich Deltoton wegen seiner Ähnlichkeit mit dem großen griechischen Buchstabe Delta (Δ). Der Widder ist ein unauffälliges Sternbild, das zwischen den Fischen (Pisces) und dem Stier (Taurus) liegt. Zu den Zeiten der antiken Griechen befand sich der Frühlingspunkt in ihm; auch heute nennt man ihn noch Widderpunkt. Das auffälligste Merkmal des Sternbilds sind drei Sterne an der Grenze zu den Fischen, die den Kopf des Widders bilden: Alpha (α), Beta (β) und Gamma (γ) Arietis – Hamal, Sheratan und Mesarthim. Das Dreieck (Triangulum) ist ebenfalls ein blasses Sternbild aus nur drei lichtschwachen Sternen. Im Dreieck liegt die Spiralgalaxie M33, eine der größten Galaxien der Lokalen Gruppe. Früher hatte das Dreieck kleinere Nachbarn, das kleine Dreieck (Triangulum Minor) und die nördliche Fliege (Musca Borealis). Diese beiden Sternbilder wurden wie andere unbedeutende Figuren von Kartografen eingeführt, später aber wieder verworfen.

M33, Triangulum-Galaxie

In einer Entfernung von etwa drei Millionen Lichtjahren liegt M33, die Triangulum-Galaxie. Sie ist das entfernteste Objekt, das man noch mit bloßem Auge sehen kann. Wenn man bedenkt, dass das Licht der Sonne nur acht Minuten bis zur Erde benötigt, wird die enorme Entfernung zwischen uns und M33 deutlich. Die Galaxie ist nach dem Andromedanebel und der Milchstraße das drittgrößte Mitglied der Lokalen Gruppe. M33 ist ein enger Nachbar des Andromedanebels (siehe S. 116–117). Sie wird von dessen Schwerkraft beeinflusst und kreist wohl sogar um ihn. M33 bedeckt am Nachthimmel etwa dieselbe Fläche wie der Vollmond, doch weil ihr Licht weit gestreut wird, sieht man die Galaxie nur in klaren Nächten.

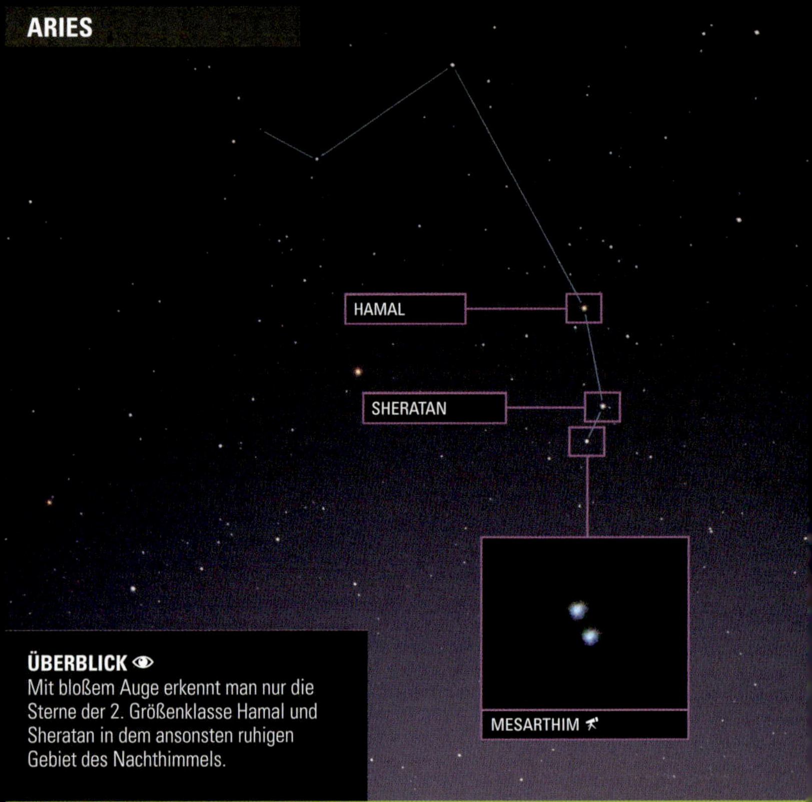

ÜBERBLICK
Mit bloßem Auge erkennt man nur die Sterne der 2. Größenklasse Hamal und Sheratan in dem ansonsten ruhigen Gebiet des Nachthimmels.

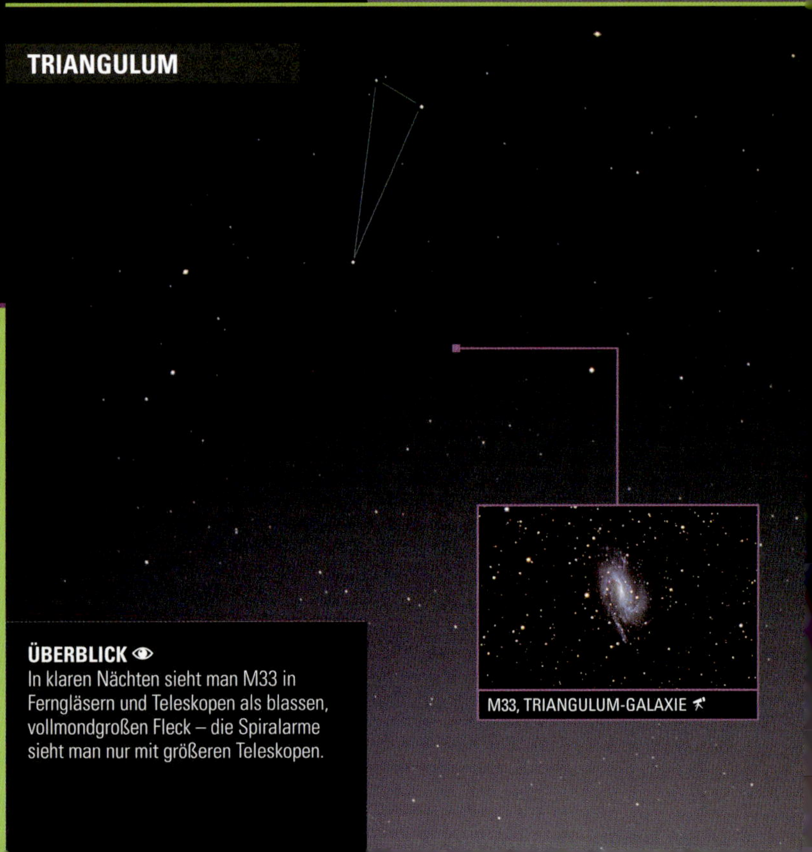

ÜBERBLICK
In klaren Nächten sieht man M33 in Ferngläsern und Teleskopen als blassen, vollmondgroßen Fleck – die Spiralarme sieht man nur mit größeren Teleskopen.

ARIES (Ari)
BREITE/HÖHE
GRÖSSENRANGLISTE **39**
VOLLST. SICHTBAR **90° N – 58° S**

HIMMELSKARTE: ARIES
Die Ekliptik verläuft durch den Widder. Deshalb sieht man dort gelegentlich auch die Planeten und den Mond, die das Auffinden des Sternbilds erleichtern.

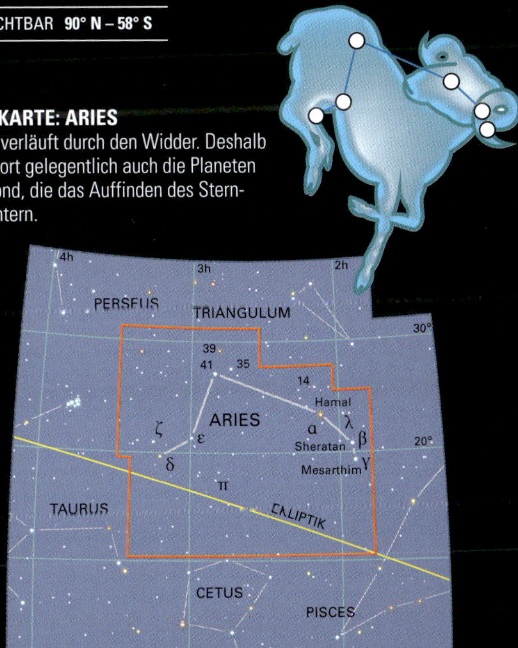

DEN WIDDER BEOBACHTEN

HAUPTSTERNE	GRÖSSENKL.	BESONDERE MERKMALE
Alpha (α) Arietis *Hamal*	2,0	Der Durchmesser des Sterns ist 15-mal größer als der der Sonne.
Beta (β) Arietis *Sheratan*	2,7	Der bläuliche Stern liegt etwa 60 Lichtjahre von der Erde entfernt.
Gamma (γ) Arietis *Mesarthim*	4,8	Der Doppelstern mit seinem weißen Begleiter der Größenklasse 4,8 in 10″ Abstand ist für Teleskope geeignet.

DER WIDDERPUNKT
Vor ungefähr 2000 Jahren hatte der Widder eine bedeutende Position. Der Frühlingspunkt – der Punkt, an dem die Sonne den Himmelsäquator von Süden nach Norden überquert – lag im Widder. Man nannte ihn den Widderpunkt und er markierte den Beginn des Frühlings auf der nördlichen Halbkugel und des Herbstes auf der südlichen. Dieser Punkt liegt heute aufgrund der Präzession (siehe S. 37) in den Fischen (Pisces).

TRIANGULUM (Tri)
BREITE/HÖHE
GRÖSSENRANGLISTE **78**
VOLLST. SICHTBAR **90° N – 52° S**

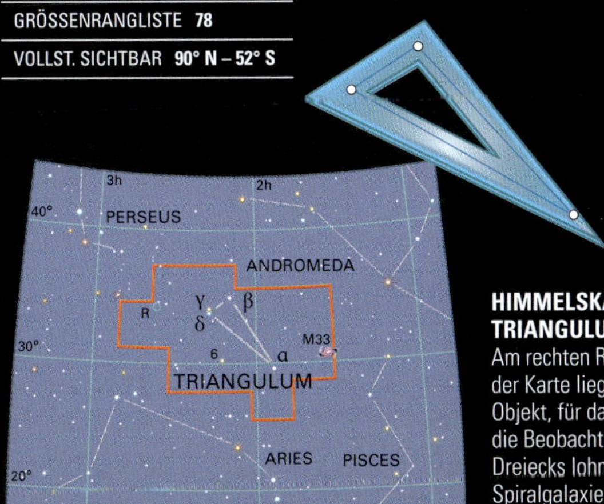

HIMMELSKARTE: TRIANGULUM
Am rechten Rand der Karte liegt das Objekt, für das sich die Beobachtung des Dreiecks lohnt: die Spiralgalaxie M33.

DAS DREIECK BEOBACHTEN

HAUPTSTERNE	GRÖSSENKL.	BESONDERE MERKMALE
Alpha (α) Trianguli *Rasalmothallah*	3,4	Der Durchmesser des gelben Sterns ist fast dreimal größer als der der Sonne.
Beta (β) Trianguli *Deltoton*	3,0	Der hellste Stern des Sternbilds liegt etwa 125 Lichtjahre von der Erde entfernt.
R Trianguli	5,4	Die Größenklasse des langperiodischen Mira-Veränderlichen schwankt im Laufe von 267 Tagen zwischen 5,4 und 12,6.

WICHTIGE OBJEKTE	GRÖSSENKL.	BESONDERE MERKMALE
M33, Triangulum-Galaxie	5,7	Die ovale Form dieser Spiralgalaxie erkennt man bereits mit dem Fernglas.

Das **Dreieck** kannten bereits die alten **Griechen,** die in dem Sternbild das **Nildelta** oder **Sizilien** sahen.

SPIRALE AM HIMMEL
M33 ist ein Beispiel einer flockenartigen Spiralgalaxie – ihre Arme lösen sich in einzelne Flecken auf. Diese Form ist eher typisch für Spiralgalaxien als der Andromedanebel.

PERSEUS

Mit erhobenem Schwert ist der Held Perseus ein leicht zu erkennendes Sternbild, wobei dieser Abschnitt des Nachthimmels viele interessante Sterne und Deep-Sky-Objekte bietet.

Perseus enthält eine große Vielfalt verschiedener Himmelsobjekte. Viele sieht man bereits mit bloßem Auge, aber das Sternbild bietet auch wunderschöne Anblicke für das Fernglas. Perseus enthält Nebel und Sternhaufen im Überfluss. Sein Hauptstern Alpha (α) Persei, Mirfak, bildet den Mittelpunkt einer Gruppe heißer, junger Sterne in 600 Lichtjahren Entfernung, den man Alpha-Persei-Sternhaufen nennt. Der Offene Sternhaufen M34 ist von sehr dunklen Standorten gerade noch mit bloßem Auge sichtbar, erst Ferngläser zeigen seine etwa 80 Sterne. Die beiden Offenen Sternhaufen im Schwertgriff bieten eine erstaunliche Sicht im Fernglas. Aus Perseus stammen auch die jährlichen Meteorschauer der Perseiden. An ihrem Maximum um den 12. bis 13. August sieht man stündlich bis zu 80 Sternschnuppen.

Die zwei **Offenen Sternhaufen** im **Schwertgriff** bilden eines der **Wunder** der Nacht.

ÜBERBLICK
Sein hellster Stern Mirfak markiert die rechte Schulter. Eine Verlängerung der Linie des linken Beins führt zu den Plejaden im Nachbarsternbild Stier (Taurus).

Das Auge des Dämonen

Zu den interessantesten Sternen in Perseus zählt Beta (β) Persei oder Algol. Dieser Stern zeigt, dass der Nachthimmel nicht starr und unveränderbar ist. Algol ist ein Bedeckungsveränderlicher, dessen Helligkeit sich im Lauf von nur einer Nacht verändert. Algol besteht aus zwei Sternen, die sich fast alle drei Tage umkreisen und sich dabei teils in einer Sichtlinie zur Erde befinden. Dadurch bedeckt jeder Stern bei einer Umrundung den anderen. In der klassischen Abbildung des Sternbilds stellt Algol (»El Ghoul«) das Auge der Gorgone Medusa dar (siehe *Die Legende des Perseus*, rechte Seite). Der Stern erhielt deshalb auch den Spitznamen »Der zwinkernde Dämon«, weil sich seine tatsächliche Helligkeit ändert.

PERSEUS (Per)	
BREITE/HÖHE	✋✋✋ / ✋✋
GRÖSSENRANGLISTE	24
VOLLST. SICHTBAR	90° N – 31° S

HIMMELSKARTE

Perseus liegt in einem reichhaltigen Abschnitt zwischen Kassiopeia (Cassiopeia) und dem Fuhrmann (Auriga). Beim Kampf mit dem Seeungeheuer Walfisch (Cetus) hält er das Schwert in seiner rechten Hand und in seiner linken den abgeschlagenen Kopf der Medusa.

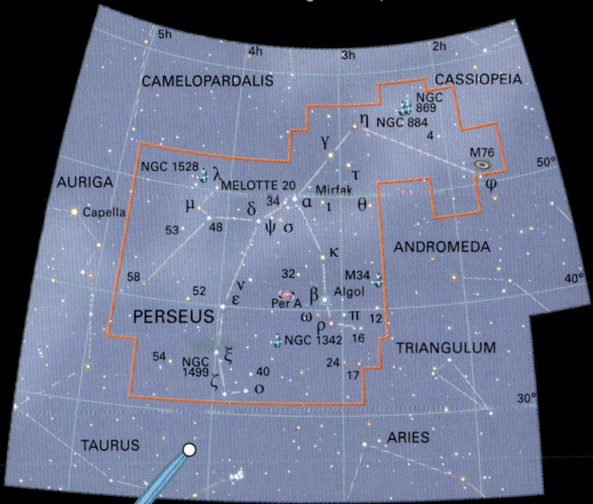

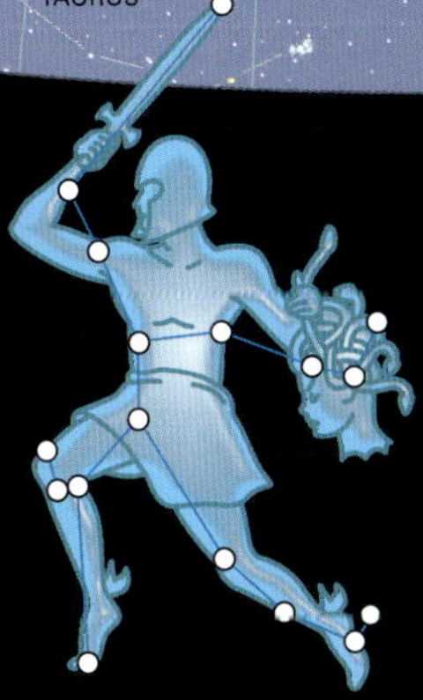

DEN PERSEUS BEOBACHTEN

HAUPTSTERNE	GRÖSSENKL.	BESONDERE MERKMALE
Alpha (α) Persei *Mirfak*	1,8	Der Durchmesser des gelbweißen Sterns ist 62-mal größer als der der Sonne.
Beta (β) Persei *Algol*	2,1	Der Bedeckungsveränderliche wird alle 2 Tage, 20 Stunden und 4 Minuten für zehn Stunden bis zur Größenklasse 3,4 dunkler.
Eta (η) Persei *Miram*	3,8	Der Doppelstern besitzt einen Begleiter der Größenklasse 8,5. Sie sind orange und blau.

WICHTIGE OBJEKTE	GRÖSSENKL.	BESONDERE MERKMALE
M34	5,6	Der Offene Sternhaufen ist etwa 1400 Lichtjahre entfernt.
NGC 869 und 884, im Schwertgriff	4,3	Die beiden prächtigen Offenen Sternhaufen sind zwischen 6800 und 7200 Lichtjahre entfernt.
NGC 1528	6,4	Der Offene Sternhaufen aus etwa 50 Sternen ist ein gutes Ziel für kleine Teleskope.

DER SCHWERTGRIFF 👁
Mit bloßem Auge sieht man zwei dichte verschwommene Flecken in der Milchstraße. Ferngläser oder ein Teleskop mit weitem Sichtfeld bringen die Schönheit dieses Paares offener Sternhaufen hervor, die jeweils so groß wie der Vollmond sind. Zusammen bieten NGC 869 und 884 eine unglaubliche Ansicht.

Die Legende des Perseus

Mehrere Sternbilder in diesem Bereich des Nachthimmels spielen in einer klassischen Geschichte. Königin Kassiopeia, die Frau des Königs Kepheus, prahlte so sehr mit ihrer eigenen Schönheit und der ihrer Tochter Andromeda, dass sie den Meeresgott Poseidon erzürnte. Um ihn zu beruhigen, wurde Andromeda als Opfer für das Seeungeheuer Walfisch (Cetus) an einen Felsen gefesselt. Der Held Perseus befand sich währenddessen auf der Rückkehr, nachdem er die Gorgone Medusa geköpft hatte – aus einem Tropfen ihres Bluts entsprang das geflügelte Pferd Pegasus. Als er Andromeda entdeckte, versteinerte Perseus den Walfisch – das Schicksal, das jeder erlitt, der in Medusas Augen blickte.

HEROISCHE RETTUNG
Andromeda heiratete Perseus und wurde nach ihrem Tod von der Göttin Athene an den Himmel neben ihn und ihre Mutter Kassiopeia gesetzt.

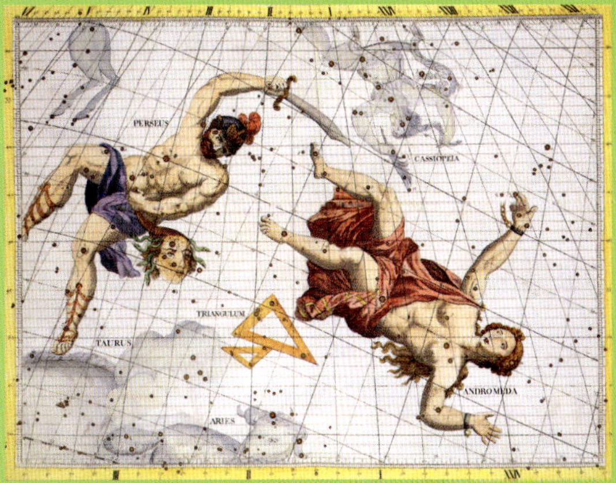

AURIGA

Der Fuhrmann (Auriga) bildet ein helles, einfaches Muster, das Beobachter schnell am Winterhimmel auf der nördlichen Halbkugel lokalisieren.

Die Muster einiger Sternbilder wie das Kreuz des Südens (Crux) oder der Löwe (Leo) spiegeln ihren Namen wider, während man für andere mehr Vorstellungskraft benötigt. Der Fuhrmann gehört zur letzten Kategorie – seine Sterne sieht man nur mühsam als klassischen Wagenlenker –, aber seine Hauptsterne sind hell und leicht erkennbar. Sie werden von dem wunderbaren Alpha (α) Aurigae, Capella, angeführt, dem sechsthellsten Stern am Himmel. Doch wie bei vielen Sternen täuscht seine Erscheinung, weil er kein Einzelstern, sondern ein Vierfachsystem ist. Das Licht der Capella setzt sich tatsächlich aus den Lichtern zweier heller, gelblicher Sterne zusammen, die sich gegenseitig alle 104 Tage umrunden. Diese beiden großen Sterne – jeder im Durchmesser etwa zehnmal so groß wie die Sonne – haben jeweils selbst wieder einen roten Zwerg als Begleiter. Capella ist das lateinische Wort für Ziege. Südlich befinden sich drei kleinere Sterne – Epsilon (ε), Zeta (ζ) und Eta (η) Aurigae –, die man auch als Kinder bezeichnet. Da der Fuhrmann vor der Milchstraße liegt, sieht man im Fernglas oder Teleskop viele Deep-Sky-Objekte wie eine Reihe aus Sternhaufen – M36, M37 und M38 – und weiter außerhalb NGC 2281, ein lockerer Sternhaufen.

M36, M37 und M38

Diese Offenen Sternhaufen bieten sich an, als eng benachbarte Gruppen zusammen beobachtet zu werden. Sie liegen auf einer gekrümmten Linie, die quer durch das Sternbild im rechten Winkel zu einer Linie zwischen Theta (θ) Aurigae und Beta (β) Tauri im Stier (Taurus) verläuft. M36 ist der kleinste von ihnen, und seine Sterne erscheinen eher verstreut. Der größte Sternhaufen M37, der etwa zwei Drittel so groß wie der Vollmond ist, ist der hellste, weil er mehr Sterne als die anderen enthält. Die Sterne des letzten Sternhaufens M38 erinnern an den griechischen Buchstaben Pi (π). Ferngläser mit weitem Sehfeld eignen sich gut, weil man die drei Sternhaufen im gemeinsamen Sichtfeld als dunstige Flecke sieht.

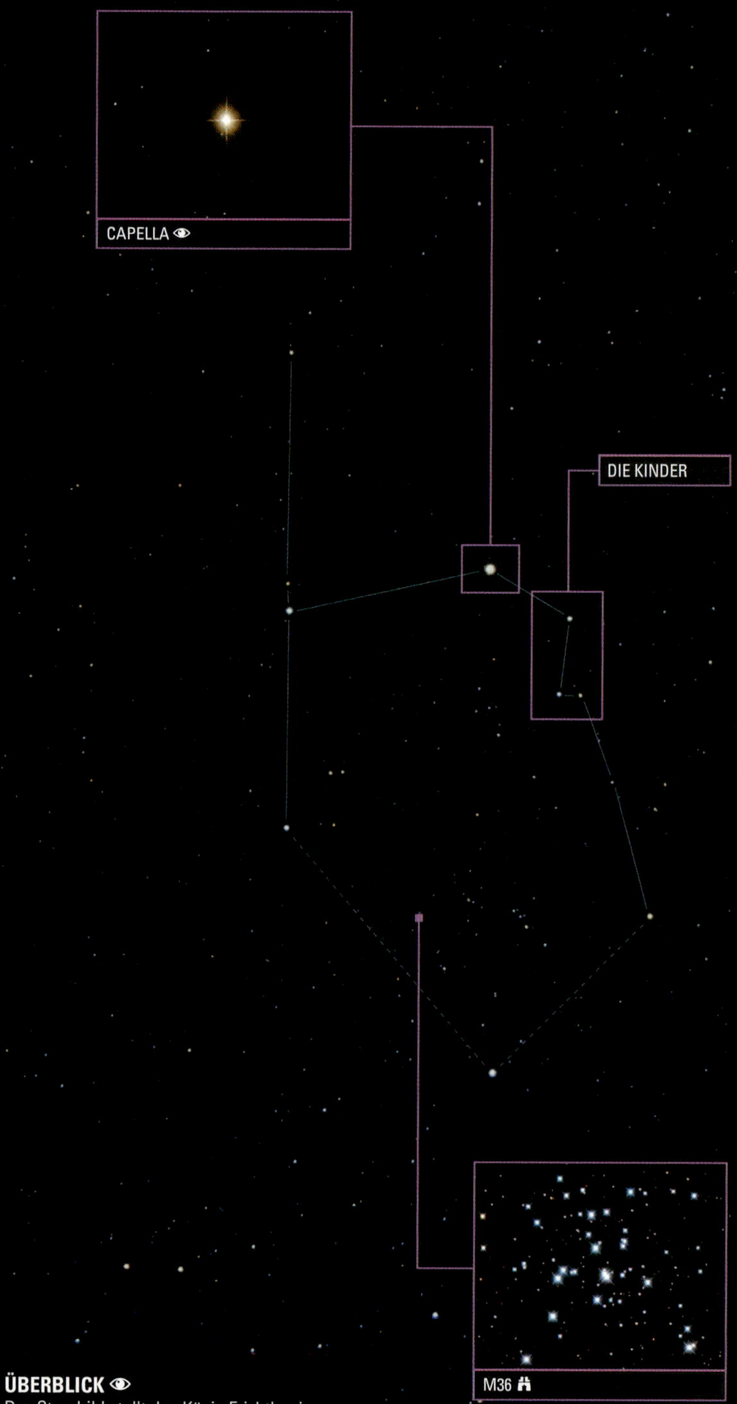

ÜBERBLICK
Das Sternbild stellt den König Erichthonios der griechischen Mythologie dar. Einige Sternkarten zählen den Stern Elnath (Beta (β) Tauri) zu diesem Sternbild.

AURIGA (Aur)

BREITE/HÖHE

GRÖSSENRANGLISTE **21**

VOLLST. SICHTBAR **90° N – 34° S**

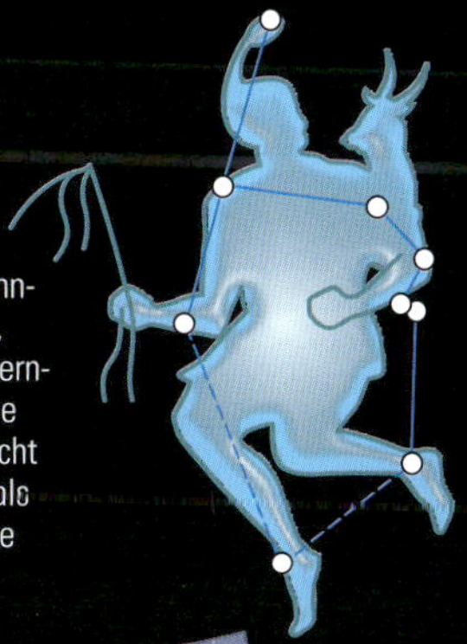

HIMMELSKARTE

Das Sternbild ist deshalb ungewöhnlich, weil sein Muster einen Stern, Beta (β) Tauri, aus dem Nachbarsternbild Stier (Taurus) für die klassische Figur benötigt. Aber dennoch braucht man zur Deutung dieses Musters als Fuhrmann oder Wagenlenker große Vorstellungskraft.

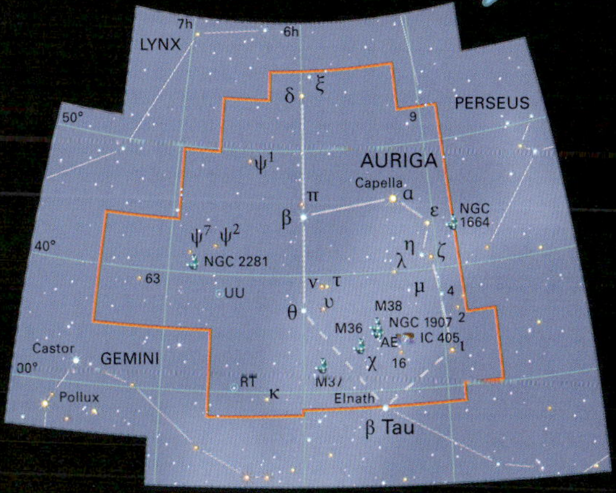

FEURIGER NEBEL

Der Sternentstehungsnebel IC 405 oder Flaming-Star-Nebel wird von AE Aurigae der sechsten Größenklasse beleuchtet. Dieser Stern wurde vermutlich bei einer Kollision zweier Doppelsterne aus dem System herausgeschleudert, ebenso wie wohl auch My (μ) Columbae.

DEN FUHRMANN BEOBACHTEN

HAUPTSTERNE	GRÖSSENKL.	BESONDERE MERKMALE
Alpha (α) Aurigae *Capella*	0,1	Das Vierfachsystem liegt 42 Lichtjahre von der Erde entfernt.
Beta (β) Aurigae *Menkalinan*	1,9	Das Licht des Sterns erzeugen zwei helle Sterne, die sich gegenseitig alle vier Tage umkreisen.
Epsilon (ε) Aurigae *Almaaz*	3,1–3,8	Der Bedeckungsveränderliche wird alle 27 Jahre dunkler.
RT Aurigae	5,0	Dieser Cepheide erreicht alle 3,5 Tage die Größenklasse 5,8.

WICHTIGE OBJEKTE	GRÖSSENKL.	BESONDERE MERKMALE
M36	6,0	Den Offenen Sternhaufen kann man mit M37 und M38 (siehe unten) gemeinsam im Sehfeld eines Fernglases erkennen.
M37	5,6	Der große Offene Sternhaufen besteht aus etwa 500 Sternen.
M38	6,4	Der Offene Sternhaufen ist 4200 Lichtjahre von der Erde entfernt.
NGC 2281	5,4	Der lockere Offene Sternhaufen besteht aus etwa 30 Sternen.

Epsilon (ε) Aurigae 👁

Epsilon (ε) Aurigae oder Almaaz ist ein normal aussehender Stern und einer der »Kinder« von Capella. Doch wie so häufig bei astronomischen Entdeckungen zeigte sich seine wahre Natur erst, nachdem das Teleskop erfunden und Beobachtungsmethoden weiterentwickelt wurden. Almaaz ist ein schönes Beispiel für diesen andauernden Prozess, weil man ihn immer noch erforschen muss, obwohl bereits vieles über ihn bekannt ist. Dieser Doppelstern besteht aus einem hellen Überriesen, den ein geheimnisvoller dunkler Begleiter umkreist – möglicherweise eine Staubscheibe –, der ihn alle 27 Jahre bedeckt, dem längsten Intervall aller bekannten Bedeckungsveränderlichen.

BEDECKUNGSVERÄNDERLICHE

Epsilon (ε) Aurigae ist ein Überriese, den ein kleinerer, dunkler Stern oder sogar eine Staubscheibe (in der Abbildung in der unteren Hälfte) umkreist

TAURUS

Obwohl das Sternmuster kaum einem Stier (Taurus) gleicht, bietet es einige interessante Anblicke wie die Plejaden, die man auch Siebengestirn nennt, und den Krebsnebel.

Der Stier (Taurus) zählt zu den ältesten Sternbildern und war im antiken Ägypten und Babylonien und vielleicht schon in der Steinzeit bekannt. Es enthält die Überreste einer 1054 explodierten Supernova, den Krebsnebel. Sein Hauptstern Aldebaran ist ein orange-roter Riese im letzten Lebensstadium, im Durchmesser etwa 45-mal so groß wie die Sonne und auf Platz 13 der hellsten Sterne am Himmel. Das Auge des Stiers, Aldebaran, bildet den Mittelpunkt der Sterngruppe der Hyaden. Doch ein anderer Sternhaufen, die Plejaden, ist der wahre Schatz des Stiers und zählt zu den am leichtesten erkennbaren Objekten. Ein Fernglas löst den funkelnden Sternhaufen aus dicht gepackten Sternen auf, der nach sieben Schwestern der griechischen Mythologie benannt ist.

Frühgeschichtliche Höhlenmalereien von **Lascaux** zeigen einen **Stier** mit **Sternen.**

M45, Plejaden (Siebengestirn)

Die Plejaden zählen zu den Schmuckstücken des Nachthimmels und erscheinen dem bloßem Auge als kleine, funkelnde Sterngruppe. Dies sind tatsächlich nur die hellsten Mitglieder eines relativ dichten Offenen Sternhaufens aus 500 Sternen. Diese Gruppe nennt man auch Siebengestirn (obwohl sie neun benannte Sterne enthält), aber unterschiedlich viele Sterne sind bei verschiedenen Bedingungen sichtbar. Bei Lichtverschmutzung sieht man nur vier oder fünf Sterne, während ihre Zahl an dunklen Standorten auf mehr als zehn anwächst. Ferngläser zeigen auch dunklere Mitglieder. Sie erhöhen ihre Anzahl auf mehrere Dutzend und heben die vollständige Pracht der Plejaden hervor.

ÜBERBLICK
Dieses große und bekannte Sternbild kann man leicht von den Plejaden über die v-förmigen Hyaden bis zu den Sternen der Hörner des Stiers verfolgen.

TAURUS (Tau)	
BREITE/HÖHE	✋✋✋ / ✋✋
GRÖSSENRANGLISTE	17
VOLLST. SICHTBAR	88° N – 58° S

HIMMELSKARTE
Das Sternbild zeigt nur den vorderen Teil des Stiers. In der griechischen Mythologie nahm Zeus die Gestalt eines Stiers an und entführte auf seinem Rücken die phönizische Prinzessin Europa nach Kreta. Während er im Meer schwamm, waren die Hinterläufe nicht sichtbar, weil sie im Meer verschwanden.

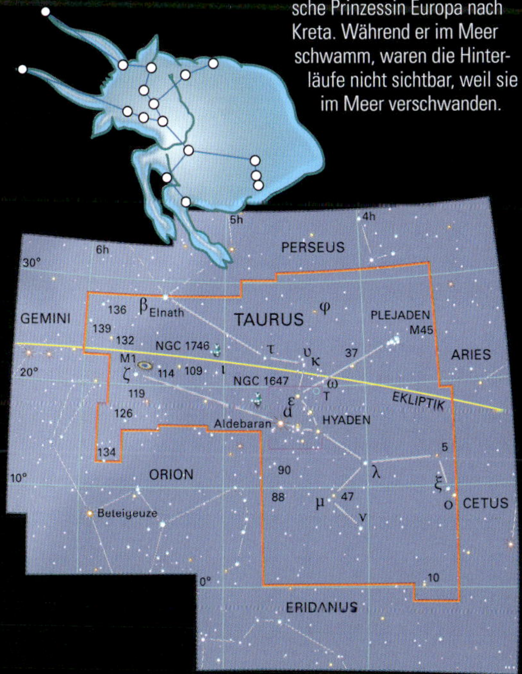

DEN STIER BEOBACHTEN

HAUPTSTERNE	GRÖSSENKL.	BESONDERE MERKMALE
Alpha (α) Tauri *Aldebaran*	0,9	Der große orangefarbene Stern markiert das Auge des Stiers in den klassischen Darstellungen.
Beta (β) Tauri *Elnath*	1,7	Der blaue Stern liegt etwa 131 Lichtjahre von der Erde entfernt.
Zeta (ζ) Tauri	2,9–3,2	Der Veränderliche wechselt unregelmäßig seine Helligkeit.
Theta-1 Tauri (θ^1)	3,8	Der Doppelstern hat einen Begleiter der Größenklasse 3,4, Theta-2 (θ^2). Sie leuchten gelb und weiß.
Sigma-1 Tauri (ς^1)	5,1	Der Doppelstern hat einen Begleiter der Größenklasse 4,7, Sigma-2 (ς^2). Beide Sterne leuchten weiß.

WICHTIGE OBJEKTE	GRÖSSENKL.	BESONDERE MERKMALE
M1, Krebsnebel	8,4	Der Supernovaüberrest ist 6300 Lichtjahre von der Erde entfernt.
M45, Plejaden	1,5	Den Offenen Sternhaufen sieht man am besten im Fernglas.

DER FOLGENDE 👁
Aldebaran kann man als orangefarbenes Auge in den v-förmigen Hyaden ansehen, die das Gesicht des Stiers bilden. Er gehört jedoch nicht zum Sternhaufen, weil er weniger als halb so weit von der Erde entfernt liegt. Aldebaran heißt auf Arabisch »der Folgende«, weil er scheinbar den Plejaden (oben rechts) um den Himmel folgt.

M1, Krebsnebel

Das erste Objekt des berühmten Nebelkatalogs von Charles Messier (siehe S. 42) liegt im Stier (Taurus): M1, der Krebsnebel. Er ist der Überrest eines Sterns, der im Juli 1054 explodierte. Chinesische Astronomen sahen in dieser Zeit 23 Tage lang sogar tagsüber einen unglaublich hellen Stern. Bis heute dehnen sich die Reste dieser Supernova im All aus, sodass unsere Sicht auf den Überrest nur eine Momentaufnahme ist. Die scheinbare Helligkeit des Krebsnebels hat die Größenklasse 8,4, aber das kleine und dunkle Objekt sieht man nur in großen Teleskopen. M1 liegt oberhalb des Sterns Zeta (ζ) Tauri, der die Spitze des unteren Horns des Stiers markiert.

SCHÖNHEIT IM TOD
M1 besteht aus Gasstreifen einer Explosion, die vor 1000 Jahren stattfand. Der ursprüngliche Stern ist ein heute winziger und unglaublich dichter Pulsar.

GEMINI

Die Zwillinge (Gemini) gehören zu den helleren Sternbildern, die den Nachthimmel für Beobachter auf der nördlichen Halbkugel in den kalten Wintermonaten so faszinierend machen.

Das Sternbild Zwillinge (Gemini) erkennt man mit bloßem Auge schnell, weil seine Sterne zwei parallele Linien bilden. Die beiden Hauptsterne, die dem Sternbild seinen Namen gaben, Alpha (α) und Beta (β) Geminorum, die man auch Castor und Pollux nennt, stehen scheinbar eng wie Zwillinge am Himmel. Wie bei wenigen Sternbildern ist der Hauptstern oder Alpha-Stern – in diesem Fall Castor – dunkler als sein Bruder (siehe unten). Castor leuchtet blau-weiß und setzt sich so deutlich von seinem blassen, orangefarbenen Bruder ab. Mit einem Teleskop sieht man in dem Sternbild viele interessante Objekte wie Doppelsterne und den Offenen Sternhaufen M35. In dunklen Nächten sieht man M35 mit bloßem Auge, aber im Fernglas erscheint der Sternhaufen lebendiger.

Nach der **Mythologie** verwandelte **Zeus** die **Zwillinge** Castor und Pollux in Sterne.

Castor

Obwohl sie Zwillinge genannt werden, sind die Sterne Castor und Pollux grundverschieden. Castor ist ein sehr bemerkenswerter Stern oder eher ein Sternsystem. Der einzelne Lichtpunkt, den man mit bloßem Auge sieht, teilt sich im kleinen Teleskop in zwei helle blau-weiße Punkte der scheinbaren Helligkeit 1,9 und 2,9 auf. Diese beiden Sterne sind durch ihre Schwerkraft gebunden und umkreisen sich gegenseitig – ungefähr einmal alle 468 Jahre. Doch jeder dieser beiden Sterne ist wiederum ein Doppelstern. Zusätzlich wurde ein naher roter Zwerg der neunten Größenklasse als Teil dieses Systems entdeckt, der selbst auch ein Doppelstern ist. Dadurch besteht das Mehrfachsystem des Castor aus sechs Sternen.

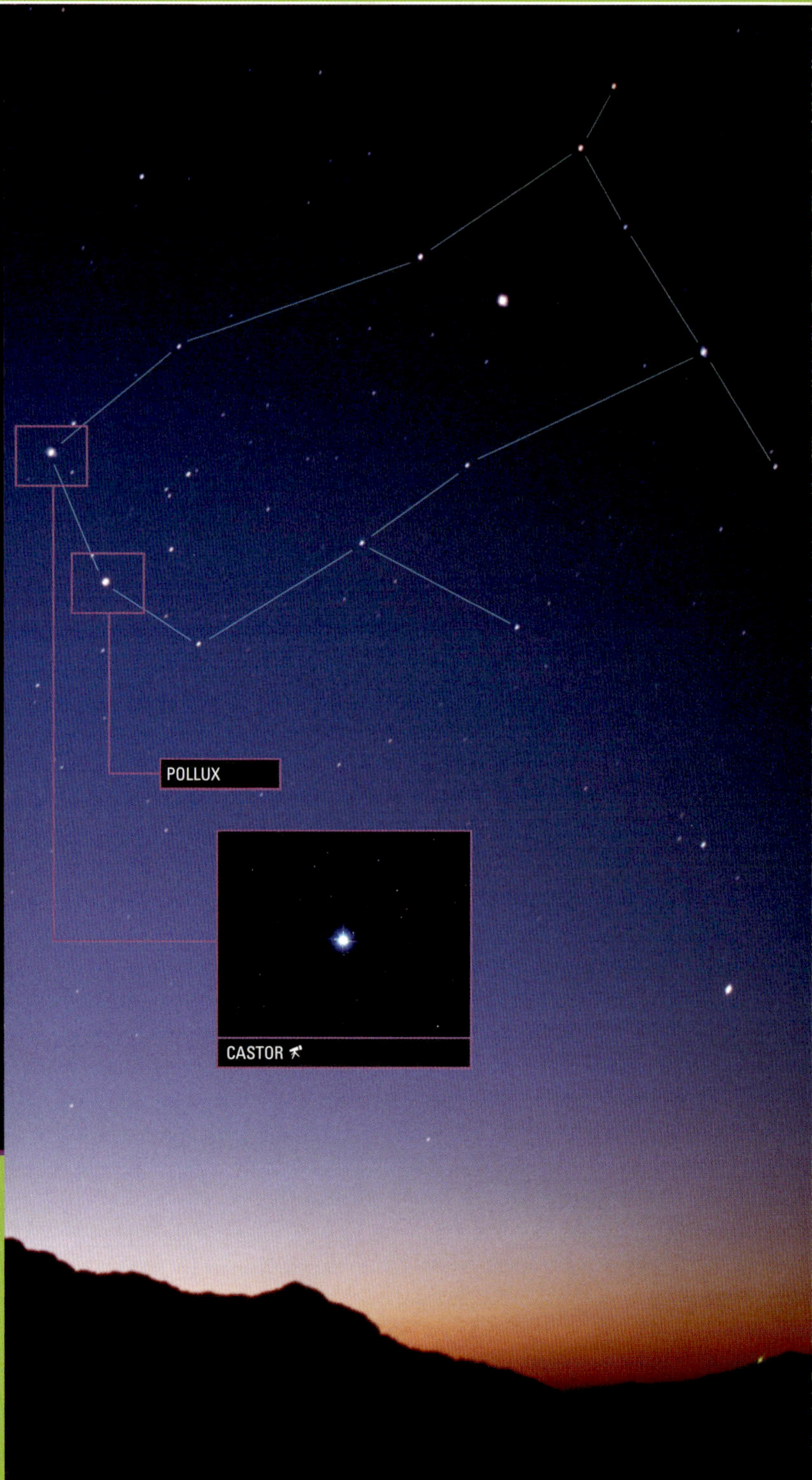

ÜBERBLICK
Die Zwillinge Castor und Pollux liegen zwischen Stier (Taurus) und Krebs (Cancer). Der helle »Stern« im Sternbild ist in dieser Aufnahme der Planet Saturn.

GEMINI (Gem)

BREITE/HÖHE

GRÖSSENRANGLISTE **30**

VOLLST. SICHTBAR **90° N – 55° S**

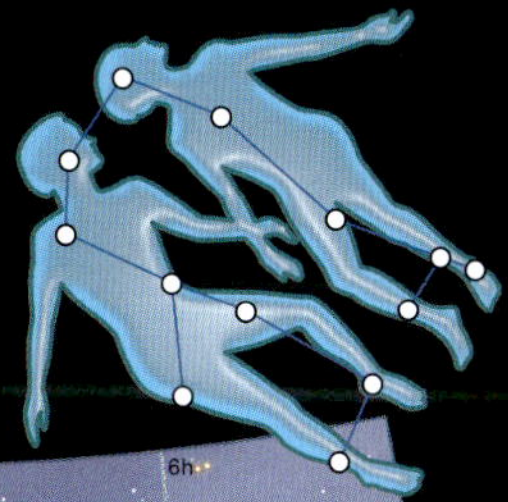

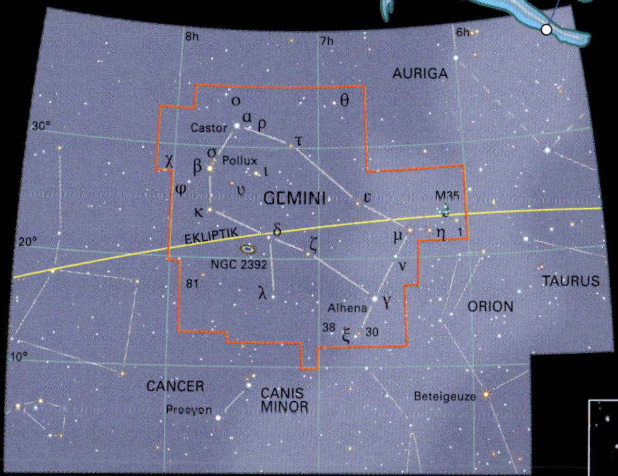

HIMMELSKARTE
Die Zwillinge stehen nebeneinander über der Ekliptik, der scheinbaren Bahn der Sonne, und gehören deshalb zu den Sternbildern des Tierkreises. Die hellen Sterne Castor und Pollux markieren die Köpfe der Brüder, während ihre Füße in der Milchstraße baden.

DIE ZWILLINGE BEOBACHTEN

HAUPTSTERNE	GRÖSSENKL.	BESONDERE MERKMALE
Alpha (α) Geminorum *Castor*	1,9	Der helle Stern liegt ungefähr 50 Lichtjahre von der Erde entfernt.
Beta (β) Geminorum *Pollux*	1,2	Der Durchmesser des großen Sterns ist achtmal so groß wie der der Sonne.
Zeta (ζ) Geminorum *Mekbuda*	3,6–4,2	Der Cepheiden-Veränderliche (siehe S. 90) hat eine Periode von 10,2 Tagen.
Eta (η) Geminorum *Propus*	3,2–4,2	Der halbregelmäßige Veränderliche hat eine Periode von etwa 233 Tagen.

WICHTIGE OBJEKTE	GRÖSSENKL.	BESONDERE MERKMALE
M35	5,3	Der Offene Sternhaufen bedeckt eine Fläche von der Größe des Vollmonds.
NGC 2392, Eskimonebel	8,6	Den Planetarischen Nebel sieht man im Teleskop als ein blau-grünes Oval.

ZWILLINGS-STERNE
Beta (β) Geminorum, Pollux, besitzt einen wärmeren Farbton als sein Bruder Castor und liegt mit 34 Lichtjahren deutlich näher an der Erde als dieser mit 52.

VERSTREUTER STERNHAUFEN
Nördlich von Propus, Eta (η) Geminorum, liegt der großartige Offene Sternhaufen M35 in 2800 Lichtjahren Entfernung vom Sonnensystem mit einer scheinbaren Helligkeit von 5,3. Obwohl seine Helligkeit für das bloße Auge ausreichend ist, zeigen erst Ferngläser oder ein Teleskop seine ungefähr 200 Sterne und seine gestreckte Gestalt.

NGC 2392, Eskimonebel

Dieser Planetarische Nebel erhielt seinen Namen, weil er an ein Gesicht in einer Pelzkapuze erinnert. Der zentrale helle Punkt ist die Ursache des Nebels – der sonnenähnliche Stern hat vor 10 000 Jahren seine Atmosphäre abgestoßen und diese wundersame Struktur geschaffen. Die äußere Hülle aus orangefarbenen Streifen entstand bei späteren Ausbrüchen des Sterns, die auf dichteres Material stießen und Stoßwellen erzeugten ähnlich wie Steine, die man in einen schnellen Fluss wirft. Die weißliche Kugel in der Mitte besteht aus zwei Lappen, die sich vom Äquator aus ins All erstrecken und sich aus unserer Sicht überlappen.

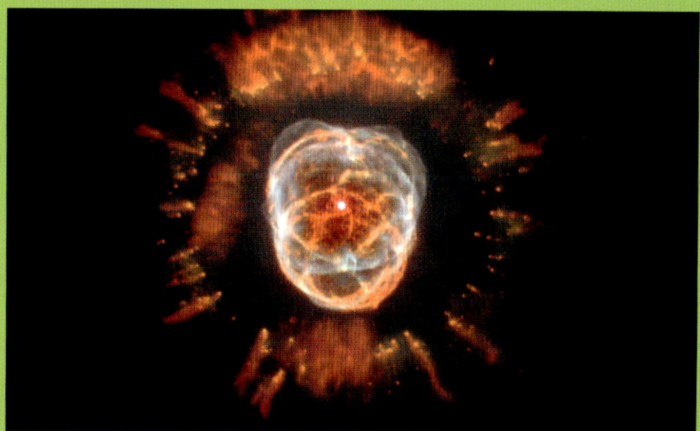

HIMMLISCHER PARKA
Der Eskimonebel NGC 2392 (Aufnahme des Hubble-Weltraumteleskops) ist ein prächtiger Planetarischer Nebel, der 3800 Lichtjahre von uns entfernt ist.

LEO UND CANCER

Die beiden Nachbarsternbilder am Himmel unterscheiden sich sehr. Der Krebs (Cancer) hat nur dunkle Sterne und ist daher eher unauffällig, während die hellen Sterne des Löwen (Leo) ihren Teil des Himmels beherrschen.

Der Löwe (Leo) zählt zu den wenigen Sternbildern, deren Sternmuster tatsächlich der klassischen Figur ähneln, und ist deshalb leicht zu erkennen. Es stellt den mythischen Löwen dar, den der griechische Held Herkules bei der ersten seiner zwölf Aufgaben erschlug. Weil die Sterne in der Umgebung des großen Sternbilds nicht so hell sind, ist seine Form leicht am Nachthimmel zu erkennen – auch deshalb, weil sein Kopf sechs Sterne enthält, die einen Asterismus, eine leicht erkennbare Sterngruppe, bilden, die Sichel. Der Hauptstern des Löwen, Alpha (α) Leonis oder Regulus – den man auch Cor Leonis oder das Herz des Löwen nennt –, liegt dicht an der Ekliptik und zählt zu den wenigen Sternen, die der Mond bedecken kann. Der Krebs (Cancer) ist ein dunkles Sternbild, das man leicht übersieht. Es enthält aber einen der schönsten Offenen Sternhaufen des Nachthimmels. M44 oder Praesepe (lat.: Krippe) zählt zu den wenigen Deep-Sky-Objekten, die man mit bloßem Auge sehen kann, und allein seinetwegen sollte man den Krebs nicht übergehen, wenn man seine Beobachtung vorbereitet.

M44, Praesepe 👁

Aufgrund seiner Helligkeit ist der Offene Sternhaufen M44 im Krebs (Cancer) bereits seit vielen Jahrtausenden bekannt. Die alten Griechen sahen ihn mit bloßen Augen als verschwommenen Flecken in diesem dunklen Sternbild. Er liegt zwischen Gamma (γ) und Delta (δ) Cancri in etwa 577 Lichtjahren Entfernung zur Erde und ist einer der erdnächsten Sternhaufen, der aus mehreren Hundert Sternen und Doppelsternen besteht. Sein Name Praesepe ist das lateinische Wort für Krippe, weil Griechen und Römer M44 als Krippe sahen, aus denen die beiden Esel fraßen. Die Sterne direkt oberhalb und unterhalb Praesepe – Asellus Borealis und Asellus Australis – heißen nördlicher und südlicher Esel.

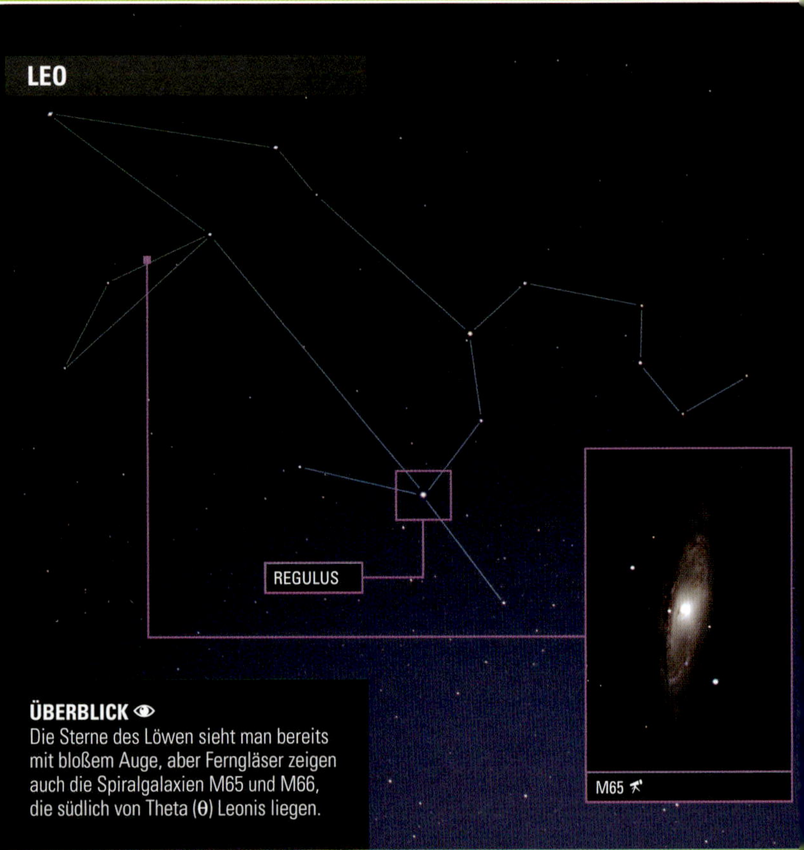

ÜBERBLICK 👁
Die Sterne des Löwen sieht man bereits mit bloßem Auge, aber Ferngläser zeigen auch die Spiralgalaxien M65 und M66, die südlich von Theta (θ) Leonis liegen.

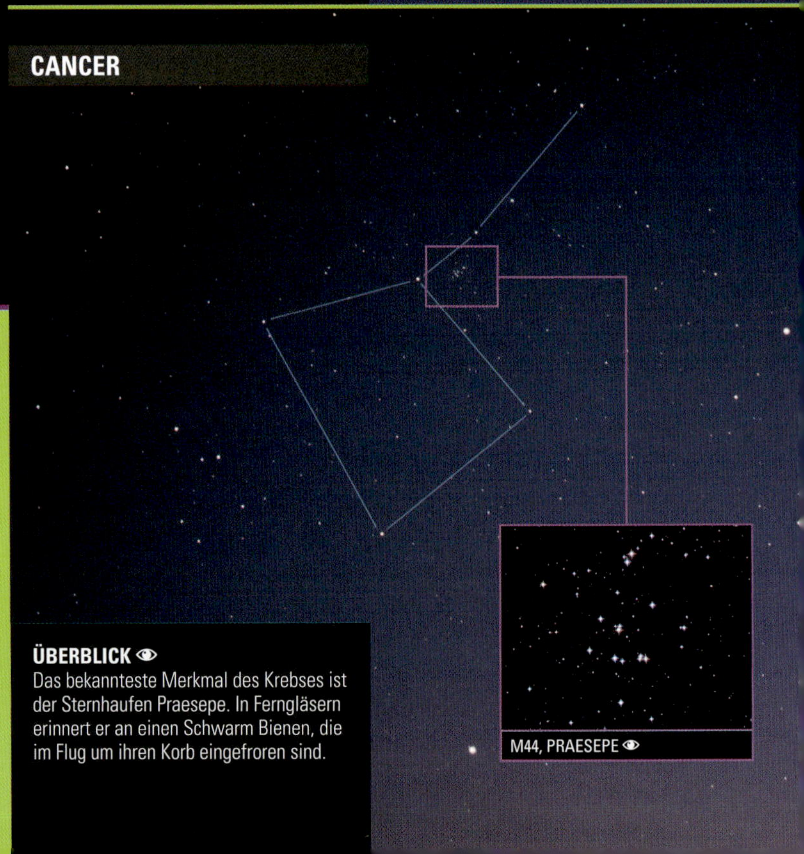

ÜBERBLICK 👁
Das bekannteste Merkmal des Krebses ist der Sternhaufen Praesepe. In Ferngläsern erinnert er an einen Schwarm Bienen, die im Flug um ihren Korb eingefroren sind.

LEO (Leo)

BREITE/HÖHE

GRÖSSENRANGLISTE **12**

VOLLST. SICHTBAR **82° N – 57° S**

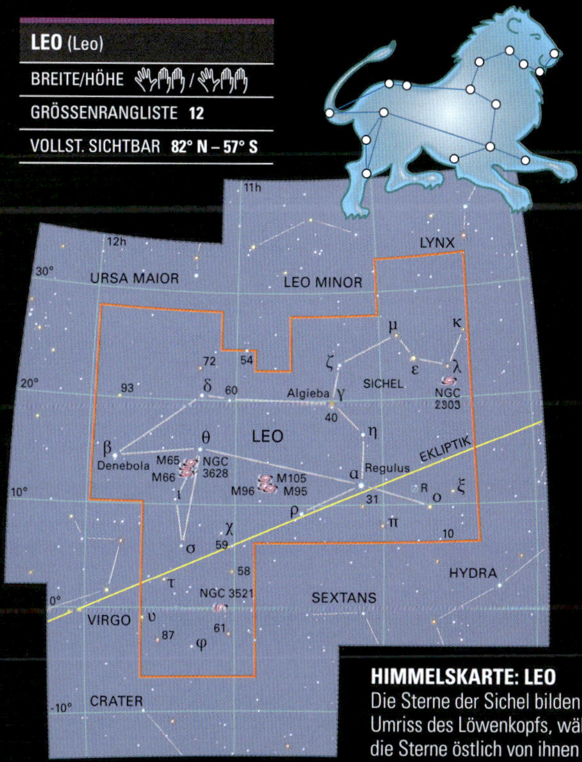

HIMMELSKARTE: LEO
Die Sterne der Sichel bilden den Umriss des Löwenkopfs, während die Sterne östlich von ihnen den Umriss des Körpers markieren.

DEN LÖWEN BEOBACHTEN

HAUPTSTERNE	GRÖSSENKL.	BESONDERE MERKMALE
Alpha (α) Leonis *Regulus*	1,4	Der hellste Stern des Sternbilds leuchtet weiß und ist 78 Lichtjahre entfernt.
Beta (β) Leonis *Denebola*	2,2	Der bläuliche Stern markiert die Lage des Löwenschwanzes.
Gamma (γ) Leonis *Algieba*	2,3	Der großartige Doppelstern für Teleskope hat einen Begleiter der Größenklasse 3,6 in 5″ Abstand. Beide leuchten gelb.

WICHTIGE OBJEKTE	GRÖSSENKL.	BESONDERE MERKMALE
M65	10,3	Die Spiralgalaxie sieht man bereits mit dem Fernglas, besser aber im Teleskop.
M66	8,9	Diese Spiralgalaxie findet man in unmittelbarer Nähe von M65.

DIE LEONIDEN
Der Meteorschauer der Leoniden, der sein Maximum jährlich um den 17. November erreicht, erhielt seinen Namen, weil er aus dem Sternbild Löwe (Leo) zu kommen scheint. Er wird jedes Jahr gespannt erwartet, weil er Meteore in großer Anzahl erzeugen kann.

CANCER (Cnc)

BREITE/HÖHE

GRÖSSENRANGLISTE **31**

VOLLST. SICHTBAR **90° N – 57° S**

KARTE: CANCER
Aus dem Sternmuster kann man sich nur sehr schwer einen Krebs vorstellen.

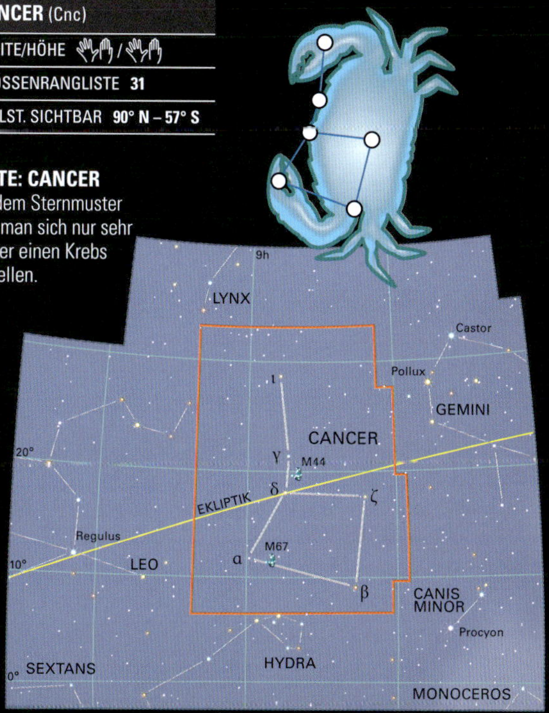

DEN KREBS BEOBACHTEN

HAUPTSTERNE	GRÖSSENKL.	BESONDERE MERKMALE
Alpha (α) Cancri *Acubens*	4,3	Der Stern markiert eine der Scheren des Krebses.
Beta (β) Cancri *Altarf*	3,5	Der orange-rote Riese ist der hellste Stern des Sternbilds.
Zeta (ζ) Cancri *Tegmine*	4,7	Der Doppelstern hat einen Begleiter der Größenklasse 6,2 in 5″ Abstand.
Iota (ι) Cancri	4,0	Der gelbe und blaue Doppelstern hat einen Begleiter der Größenklasse 6,0.

WICHTIGE OBJEKTE	GRÖSSENKL.	BESONDERE MERKMALE
M44, Praesepe	3,7	Den großen Offenen Sternhaufen sieht man bei guten Bedingungen mit bloßem Auge.
M67	6,1	Den Offenen Sternhaufen findet man leicht mit Ferngläsern.

Der **prächtige** Sternhaufen Praesepe im **Herz** des Krebses ist ein **klassisches** Ziel für Amateure.

MONOCEROS UND CANIS MINOR

Mit etwas Vorstellungskraft erkennt man im Muster des Einhorns (Monoceros) ein Tier, aber mit nur zwei hellen Sternen ist der Kleine Hund (Canis Minor) kaum als Hund erkennbar.

Die Sternbilder mit den hellen, leicht erkennbaren Mustern gehören zu den bekanntesten, während die dunkleren häufiger übersehen werden. Dieses Schicksal teilt auch das Einhorn (Monoceros). Es wird von seinen Nachbarsternbildern Orion, Großer Hund (Canis Maior) und Kleiner Hund (Canis Minor) überstrahlt, deren helle Sterne den Winterhimmel der Nordhalbkugel erleuchten. Mit dem Teleskop entdeckt man im Einhorn eine erstaunliche Sammlung von Himmelsobjekten, weil auch die Milchstraße durch das Sternbild verläuft. Der Kleine Hund (Canis Minor) ist ein ziemlich kahles Sternbild, das dem erfahrenen Beobachter nur seinen Hauptstern Alpha (α) Canis Minoris oder Procyon bietet. Er ist jedoch kein gewöhnlicher Stern, sondern der achthellste am Himmel und als einer der erdnächsten Sterne nur etwa elf Lichtjahre vom Sonnensystem entfernt. Procyon bildet ein großes Dreieck aus hellen Sternen mit Beteigeuze (im Orion) und Sirius (im Großen Hund). Mithilfe dieser drei Sterne kann man das Einhorn auffinden, das in seiner Mitte liegt.

Rosettennebel und NGC 2244

NGC 2244 ist ein funkelnder Offener Sternhaufen einer gestreckten Gruppe von Sternen der 6. Größenklasse und dunkler. Der Sternhaufen entstand vor ungefähr vier Millionen Jahren aus Gas und Materie des berühmten Rosettennebels, der ihn umgibt. In Ferngläsern bilden die Sterne scheinbar ein Parallelogramm und bei idealen Bedingungen sieht man den Rosettennebel – der an eine Rose in CCD-Aufnahmen erinnert – als ein dunkles, schemenhaftes Glühen. Er erscheint etwa doppelt so groß wie der Vollmond und sein rotes Glühen kann man auf Fotografien einfangen. Der gesamte Nebel ist etwa 130 Lichtjahre groß und liegt ungefähr 5000 Lichtjahre vom Sonnensystem entfernt.

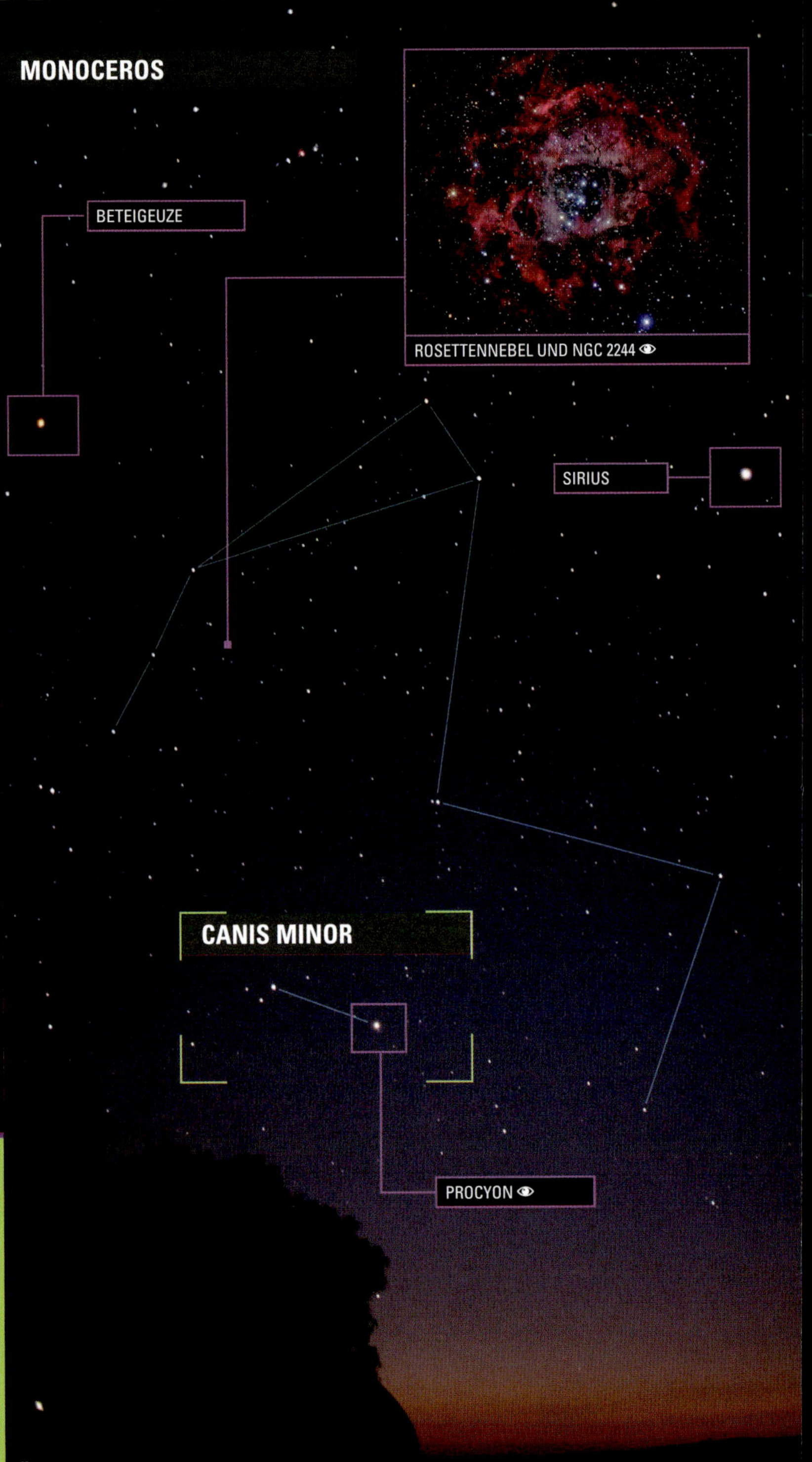

ÜBERBLICK
Das Einhorn liegt im Dreieck der Sterne Beteigeuze (im Orion), Sirius (im Großen Hund) und Procyon (im Kleinen Hund). Die Aufnahme entstand von der Südhalbkugel aus, wo (für Beobachter auf der Nordhalbkugel) die Sternbilder »auf dem Kopf« und seitenverkehrt stehen.

MONOCEROS (Mon)	
BREITE/HÖHE	
GRÖSSENRANGLISTE	**35**
VOLLST. SICHTBAR	**78° N – 78° S**

DAS EINHORN BEOBACHTEN

HAUPTSTERNE	GRÖSSENKL.	BESONDERE MERKMALE
Alpha (α) Monocerotis *Unicorni*	3,9	Der gelbe Stern liegt etwa 144 Lichtjahre von der Erde entfernt.
Beta (β) Monocerotis *Eite*	3,7	Der außergewöhnliche Dreifachstern ist der hellste des Einhorns und gut zu beobachten.

WICHTIGE OBJEKTE	GRÖSSENKL.	BESONDERE MERKMALE
M50	6,1	Der Offene Sternhaufen ist ein leichtes Ziel für Ferngläser.
NGC 2237, Rosettennebel	9,0	Diesen Nebel kann man mit einem guten Fernglas gerade noch beobachten.
NGC 2244	4,8	Der Offene Sternhaufen ist in den Rosettennebel eingebettet (siehe oben).
NGC 2264, Christmas-Tree-Sternhaufen	3,9	Die Gruppe heller Sterne liegt vor dem dunklen Konusnebel.

WEIHNACHTSLICHTER
Der wunderbare Christmas-Tree-Sternhaufen oder NGC 2264 (um 180° in dieser Aufnahme gedreht) ist ein Offener Sternhaufen aus etwa 250 Sternen. Sein hellster Stern, hier am Stamm, ist 15 Monocerotis. Scheinbar zur Spitze des Baums weist der Konusnebel, eine gewaltige Wolke aus Gas und Staub.

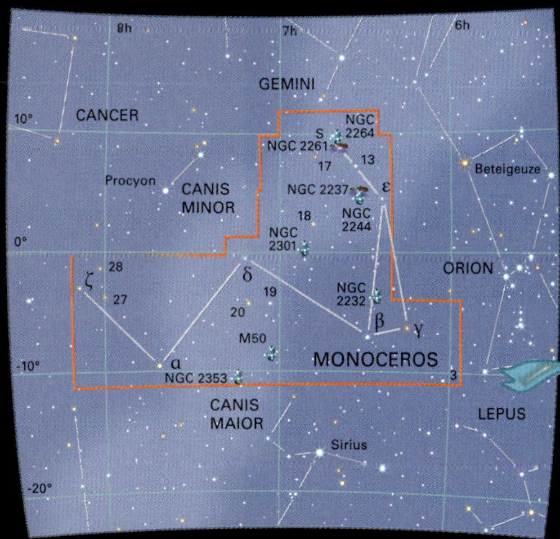

HIMMELSKARTE: MONOCEROS
Eine Reihe von Deep-Sky-Objekten durchzieht die Karte dieses Sternbilds, die in den reichhaltigen Abschnitt der Milchstraße eingebettet sind.

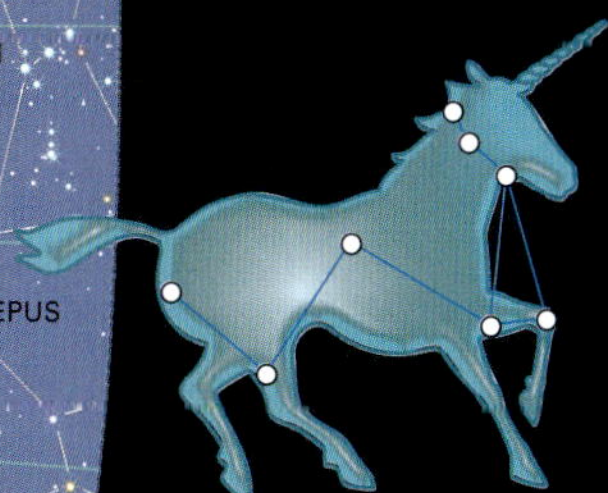

CANIS MINOR (CMi)	
BREITE/HÖHE	
GRÖSSENRANGLISTE	**71**
VOLLST. SICHTBAR	**89° N – 77° S**

HIMMELSKARTE: CANIS MINOR
Obwohl sich die Milchstraße durch den südlichen Bereich des Sternbilds zieht, enthält es keine interessanten Deep-Sky-Objekte zur Beobachtung.

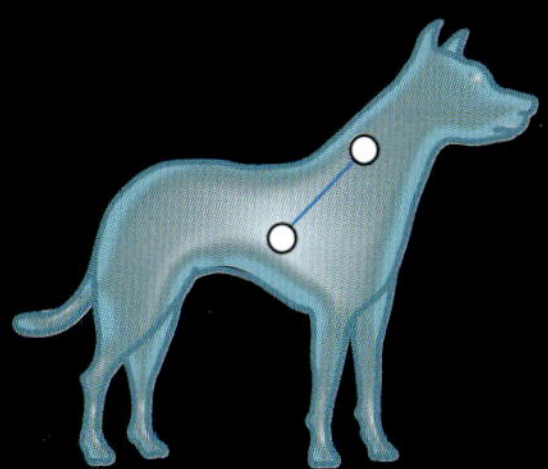

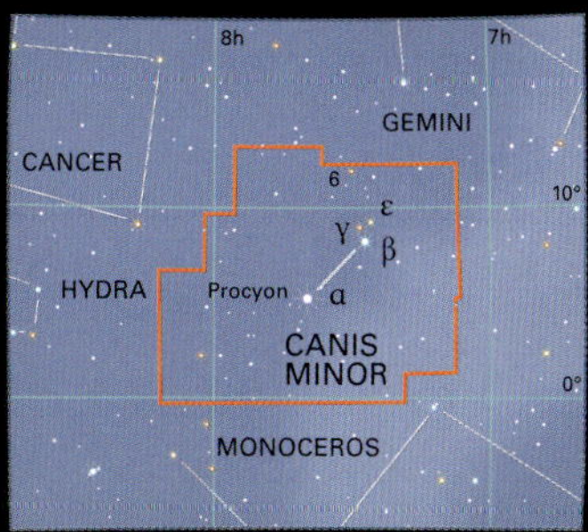

DEN KLEINEN HUND BEOBACHTEN

HAUPTSTERNE	GRÖSSENKL.	BESONDERE MERKMALE
Alpha (α) Canis Minoris *Procyon*	0,4	Der weißlich-gelbe Stern liegt 11,6 Lichtjahre von der Erde entfernt.
Beta (β) Canis Minoris *Gomeisa*	2,9	Sein Durchmesser ist viermal so groß wie der der Sonne. Sein Name bedeutet »Frau mit trüben Augen«.

Der Kleine Hund ist der kleinere der beiden **Hunde** des **Orion** und enthält fast nur den hellsten Stern **Procyon**.

ORION

Orion zählt zu den schönsten Sternbildern am Himmel. Seine zahlreichen Hauptsterne sind nicht nur hell, sondern bilden auch ein wunderschönes, leicht erkennbares Muster.

Viele Beobachter erkennen dieses unverkennbare Sternbild an den drei hellen Sternen des Oriongürtels. Diesen Asterismus sieht man sehr leicht, weil seine Sterne fast genau in einer Linie in gleichem Abstand voneinander stehen und fast gleich hell sind. Kurz unterhalb des mittleren Sterns des Gürtels befindet sich ein Schmuckstück des Nachthimmels – der Orionnebel M42 –, der einen Teil des Schwerts von Orion bildet und auch Teil einer riesigen Gas- und Staubwolke ist, in der Sterne entstehen. M42 sieht man an dunklen Standorten mit bloßem Auge als verschwommenen Fleck. Orion enthält auch viele andere Objekte für jedes Niveau der Beobachtung und dient auch als Ausgangspunkt und Hilfe zum Starhopping am Nachthimmel (siehe S. 136–137).

Das **berühmte** Sternbild beherrscht den **Nordhimmel** in den **Wintermonaten.**

Beteigeuze 👁

Der allgemeine Name des roten Überriesen Alpha (α) Orionis, Beteigeuze, stammt aus dem Arabischen. Die genaue Übersetzung ging mit der Zeit verloren, aber zu den Vorschlägen zählen »die Hand der Riesin«, »die Mittlere« und »das Haus von Orion«. Beteigeuze ist einer von wenigen Sternen, dessen Größe bestimmt wurde. Die meisten Sterne sind so weit entfernt, dass auch die stärksten Teleskope nicht mehr als einen Lichtpunkt zeigen. Beteigeuze ist enorm groß: Sein Durchmesser beträgt bis zu dem 1000-fachen des Durchmessers der Sonne. Wenn Beteigeuze den Platz der Sonne einnehmen würde, erstreckte sich seine Oberfläche bis hinter die Umlaufbahn des Mars.

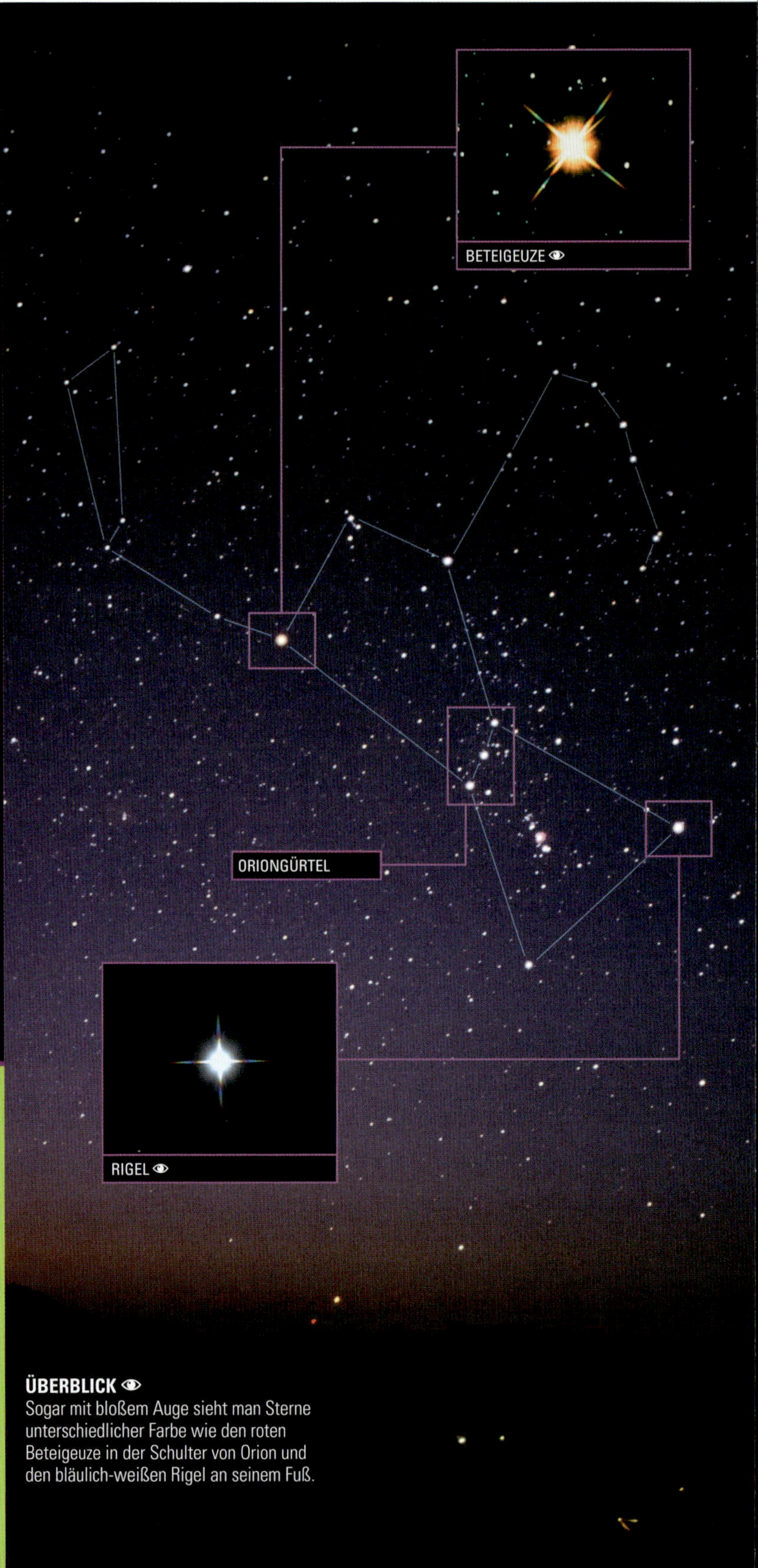

ÜBERBLICK 👁
Sogar mit bloßem Auge sieht man Sterne unterschiedlicher Farbe wie den roten Beteigeuze in der Schulter von Orion und den bläulich-weißen Rigel an seinem Fuß.

ORION (Ori)	
BREITE/HÖHE	
GRÖSSENRANGLISTE	**26**
VOLLST. SICHTBAR	**79° N – 67° S**

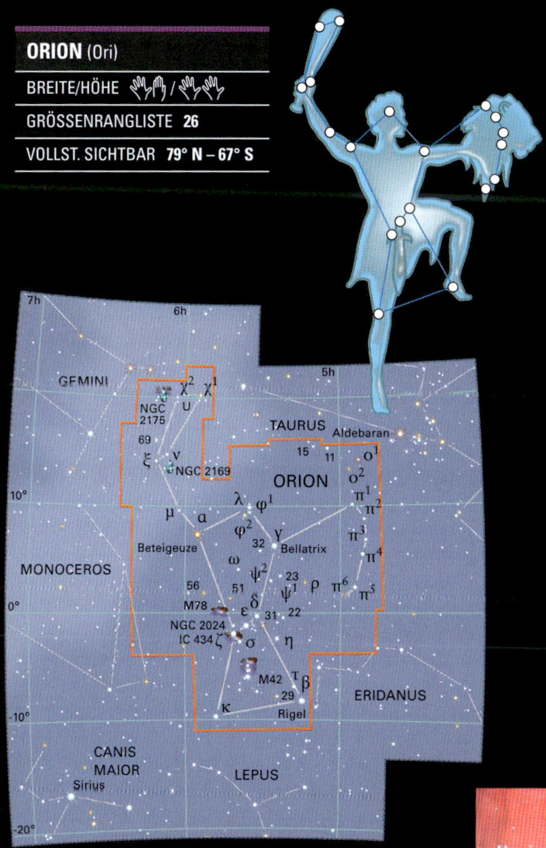

HIMMELSKARTE
Das Muster zeigt Orion als Jäger mit einer Keule in einer Hand und einem Schild – den er gegen den Stier (Taurus) hält – in der anderen. Eine charakteristische Linie aus drei Sternen bildet den Oriongürtel. An ihm hängt sein Schwert, das aus einem Gebiet mit Sternhaufen und Nebeln wie den auffälligen Orionnebel gebildet wird.

ORION BEOBACHTEN

HAUPTSTERNE	GRÖSSENKL.	BESONDERE MERKMALE
Alpha (α) Orionis *Beteigeuze*	0,0–1,3	Die Helligkeit des roten Überriesen ändert sich in einem sechsjährigen Zyklus.
Beta (β) Orionis *Rigel*	0,2	Der blaue Überriese ist ungefähr ein Zehntel so groß wie Beteigeuze.
Gamma (γ) Orionis *Bellatrix*	1,6	Der Stern markiert die entgegengesetzte Schulter des Orion gegenüber Beteigeuze.
Delta (δ) Orionis *Mintaka*	2,3	Der Doppelstern mit Begleiter der Größenklasse 6,7 sitzt am Ende des Gürtels. Sie sind weiß und blau.
Epsilon (ε) Orionis *Alnilam*	1,7	Der Stern ist der mittlere Gürtelstern.
Zeta (ζ) Orionis *Alnitak*	1,7	Der Doppelstern liegt südöstlich im Oriongürtel.

WICHTIGE OBJEKTE	GRÖSSENKL.	BESONDERE MERKMALE
M42, Orionnebel	4,0	Der große, helle Emissionsnebel erscheint dem bloßem Auge als verschwommener Lichtpunkt.
M78	8,3	Den Reflexionsnebel sieht man gut im Fernglas.
NGC 2169	5,9	Der Offene Sternhaufen besteht aus etwa 30 Sternen.
B33, Pferdekopfnebel	—	Der Dunkelnebel liegt vor einem hellen Nebel (IC 434) und ist deshalb leichter zu lokalisieren.

PFERDEKOPFNEBEL
Dieser Dunkelnebel, der mit fortschrittlichen Techniken sichtbar gemacht wurde, liegt direkt unterhalb Alnitak, Zeta (ζ) Orionis, im Oriongürtel. Der Pferdekopf ist eine sehr dichte Staubwolke, die vor dem pinkfarbenen Glühen des hellen Nebels IC 434 herausragt.

M42, Orionnebel

Sogar ein kleines Teleskop zeigt die erstaunliche Schönheit von M42, dem Orionnebel. Farben kann man damit nicht sehen, aber ein helleres zentrales Gebiet ist sichtbar. Hier befinden sich vier Sterne, die man auch aufgrund ihres auffälligen Musters Trapez nennt. Sie sind von Dunstschwaden umgeben – der freundliche Anblick täuscht ein turbulentes, feuriges Gebiet vor, in dem Gasschwaden mit Überschall durch Wasserstoffwolken schießen. Diese Wolke liegt 1350 Lichtjahre von der Erde entfernt und in ihr entstanden vermutlich mehr als 2000 Sterne. Sie ist nur ein kleiner zentraler Teil eines riesigen Nebels, der das gesamte Sternbild durchzieht.

ORIONNEBEL
M42 wird durch eine Staubfahne (oben) von dem kleineren Nebel M43 geteilt. Die Aufnahme des Hubble-Weltraumteleskops zeigt das Trapez (links).

STARHOPPING VON ORION AUS

Orion ist ein helles und leicht erkennbares Sternbild mit vielen geometrischen Figuren, das als hervorragender Ausgangspunkt für benachbarte helle Sterne und ihre Sternbilder dient.

Der Jäger Orion wird als Mann dargestellt, der eine Keule in einer Hand und einen Schild in der anderen hält. Seine Schulter markiert der rote Überriese Beteigeuze und einen Fuß der strahlende blaue Überriese Rigel, der normalerweise der hellste Stern des Sternbilds ist.

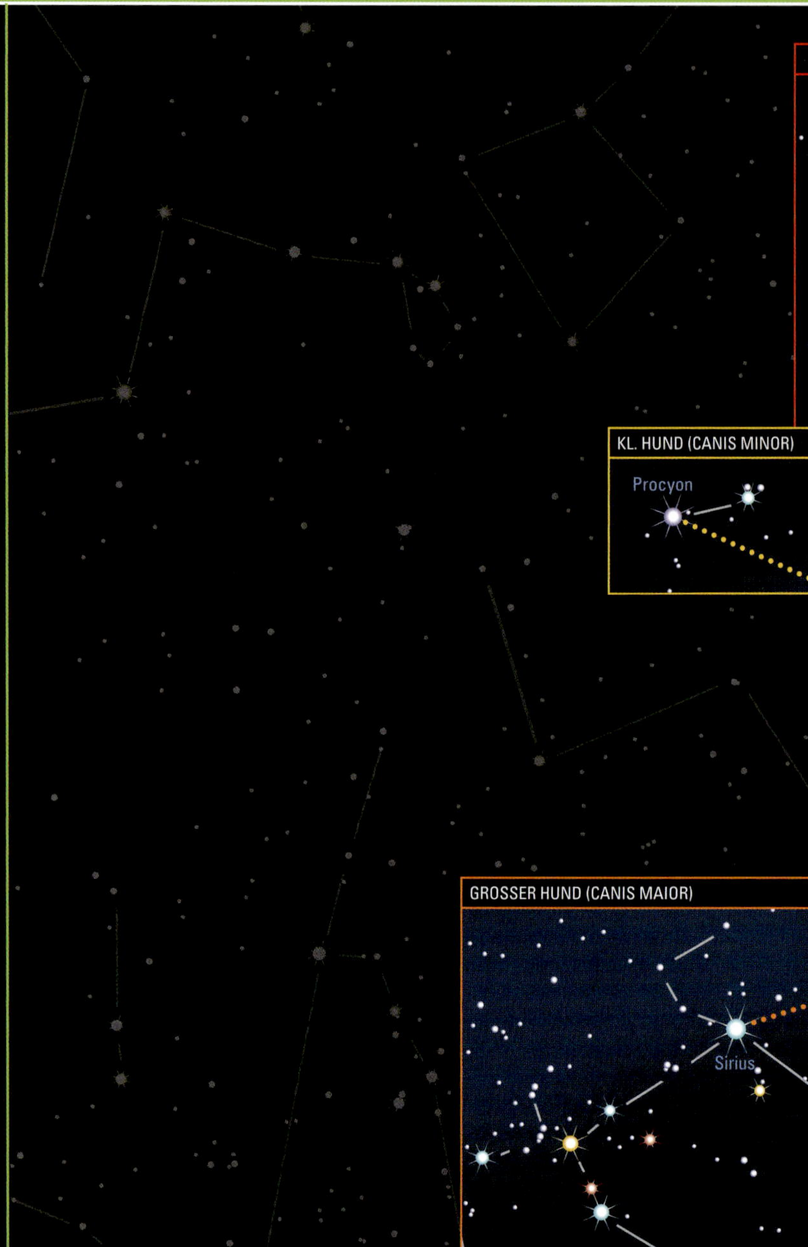

1 ZU CANIS MAIOR

Im Zentrum des Sternbilds befindet sich der berühmte Gürtel aus drei Sternen, die nahezu gleich hell leuchten. Durch den Gürtel zieht man eine Linie und verlängert sie auf der Seite, auf der der rote Überriese Beteigeuze liegt. Diese Linie führt zu Alpha (α) Canis Maioris oder Sirius, dem hellsten Stern des gesamten Nachthimmels und dem Hauptstern des Großen Hundes (Canis Maior).

CANIS MAIOR

2 ZU TAURUS

Der zentrale Oriongürtel ist wieder der Ausgangspunkt dieses Starhoppings. Die Linie wird aber in der entgegengesetzten Richtung zur rechten Seite der Figur verlängert. Das Ziel ist der helle rote Stern Alpha (α) Tauri oder Aldebaran, der das Auge des Stiers (Taurus) markiert. Eine weitere Verlängerung innerhalb des Stiers führt zu dem wunderschönen kleinen Offenen Sternhaufen der Plejaden (Siebengestirn).

STIER (TAURUS)

3 ZU GEMINI

Der Stern, der den helleren Fuß des Orion markiert, ist der helle bläuliche Rigel, Beta (β) Orionis. Von ihm zieht man eine gerade Linie bis zu Beteigeuze. Verlängert man diese Linie aus dem Sternbild heraus um etwa den doppelten Abstand zwischen Rigel und Beteigeuze, erreicht man Castor oder Alpha (α) Geminorum und seinen benachbarten, etwas helleren Zwillingsbruder Pollux in den Zwillingen (Gemini).

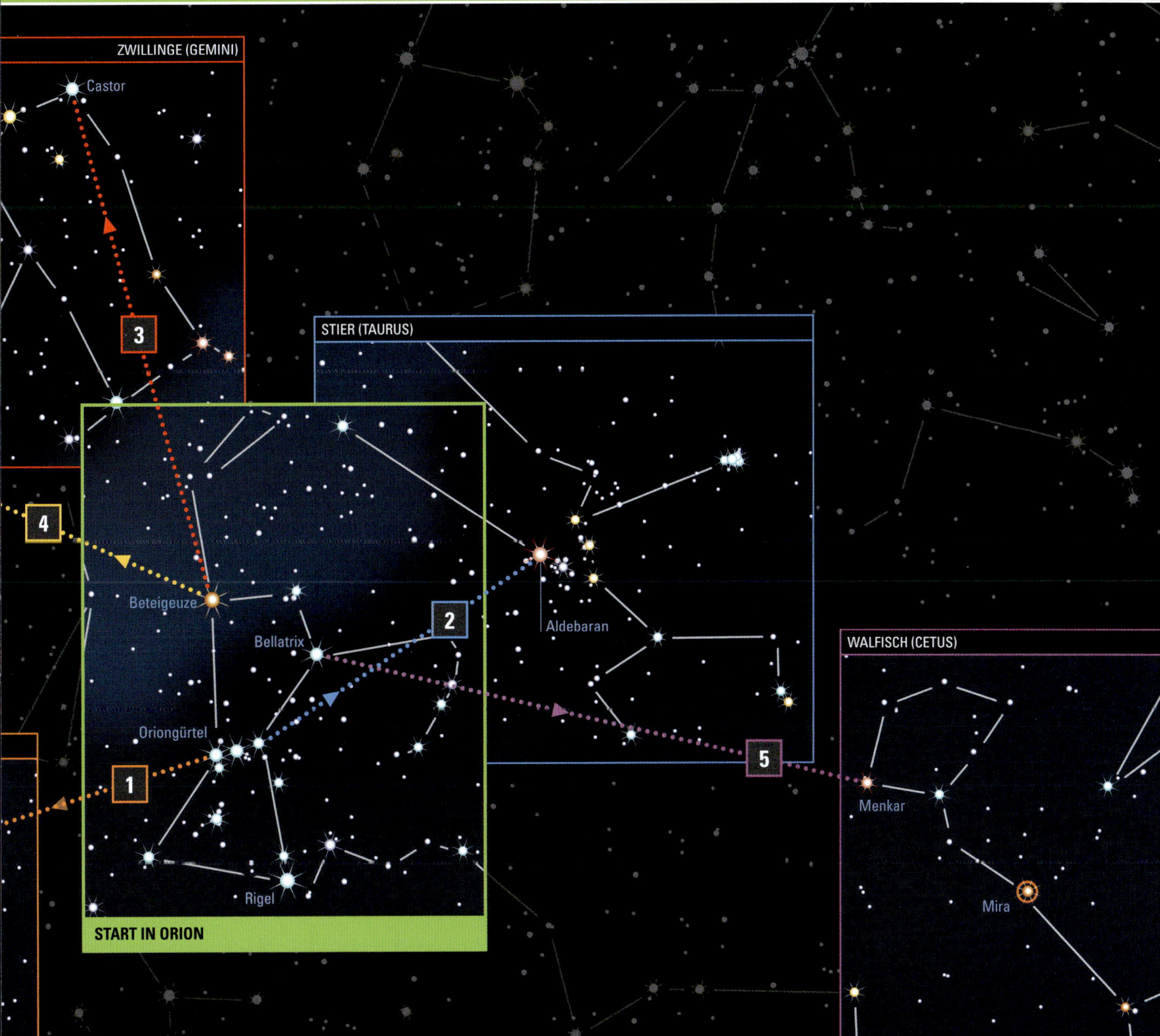

4 ZU CANIS MINOR

Die andere Schulter des Orion gegenüber Beteigeuze markiert der Stern Bellatrix oder Gamma (γ) Orionis. Von hier aus findet man schnell Procyon, den achthellsten Stern des Nachthimmels. Von Bellatrix zieht man eine Linie durch den roten Beteigeuze auf der anderen Schulter. Mit einer sanften Kurve weist diese Linie hinter Orion auf Procyon, den Hauptstern des Kleinen Hundes (Canis Minor).

KLEINER HUND (CANIS MINOR)

5 ZU CETUS

Mit denselben Sternen des Starhoppings zum Kleinen Hund findet man auch den Walfisch (Cetus). Dieses Sternbild geht leicht im Glanz seiner Nachbarsterne verloren. Dazu beginnt man bei Beteigeuze, passiert Bellatrix und bewegt sich durch den Bogen, die den Schild bilden. Bald trifft man auf einen einsamen Stern – und keinen besonders hellen – in dem leeren Gebiet. Menkar oder Alpha (α) Ceti liegt im Kopf des Walfischs.

CRUX

Das Kreuz des Südens (Crux) hat im Süden dieselbe Bedeutung wie der Große Wagen im Norden: Sein Sternmuster dient als Wegweiser zu benachbarten Sternbildern.

Das Kreuz des Südens (Crux) ist das kleinste Sternbild und nur so groß wie eine geballte Faust, aber es enthält einen der schönsten Offenen Sternhaufen, das Schmuckkästchen, und einen der dunkelsten großen Nebel, den Kohlensacknebel. Das Sternmuster des Sternbilds zählt zu den am besten erkennbaren des Nachthimmels, sodass man es kaum übersehen kann. Wie der Große Wagen im Norden dient das Kreuz des Südens als Wegweiser. Die längere Achse des Kreuzes aus den Sternen Gamma (γ) Crucis und Alpha (α) Crucis weist auf den südlichen Himmelspol, um den sich der südliche Himmel dreht.

Das **Kreuz des Südens** ist leicht zu erkennen, weil sein **Muster** die Flaggen von **Australien, Neuseeland,** Samoa und Papua-Neuguinea ziert.

Kohlensacknebel

Diese Wolke aus interstellarem Staub ähnelt einer Öffnung, die in die reichhaltigen Sternfelder der Milchstraße geschnitten wurde. Doch im Gebiet des Kohlensacknebels fehlen keine Sterne, sondern diese dicke Gas- und Staubwolke blockiert das Licht der Sterne im Hintergrund. Dieser Dunkelnebel ist in 600 Lichtjahren Entfernung einer der nächsten des Sonnensystems. Dunkelnebel sind fast genauso aufgebaut wie helle Nebel, wie der berühmte M42 in Orion, aber sie haben keine Sterne in sich oder in ihrer Nachbarschaft, die sie erleuchten. Der Kohlensacknebel ist ziemlich groß, sodass sich Teile von ihm in die benachbarten Sternbilder Kentaur (Centaurus) und Fliege (Musca) ausdehnen.

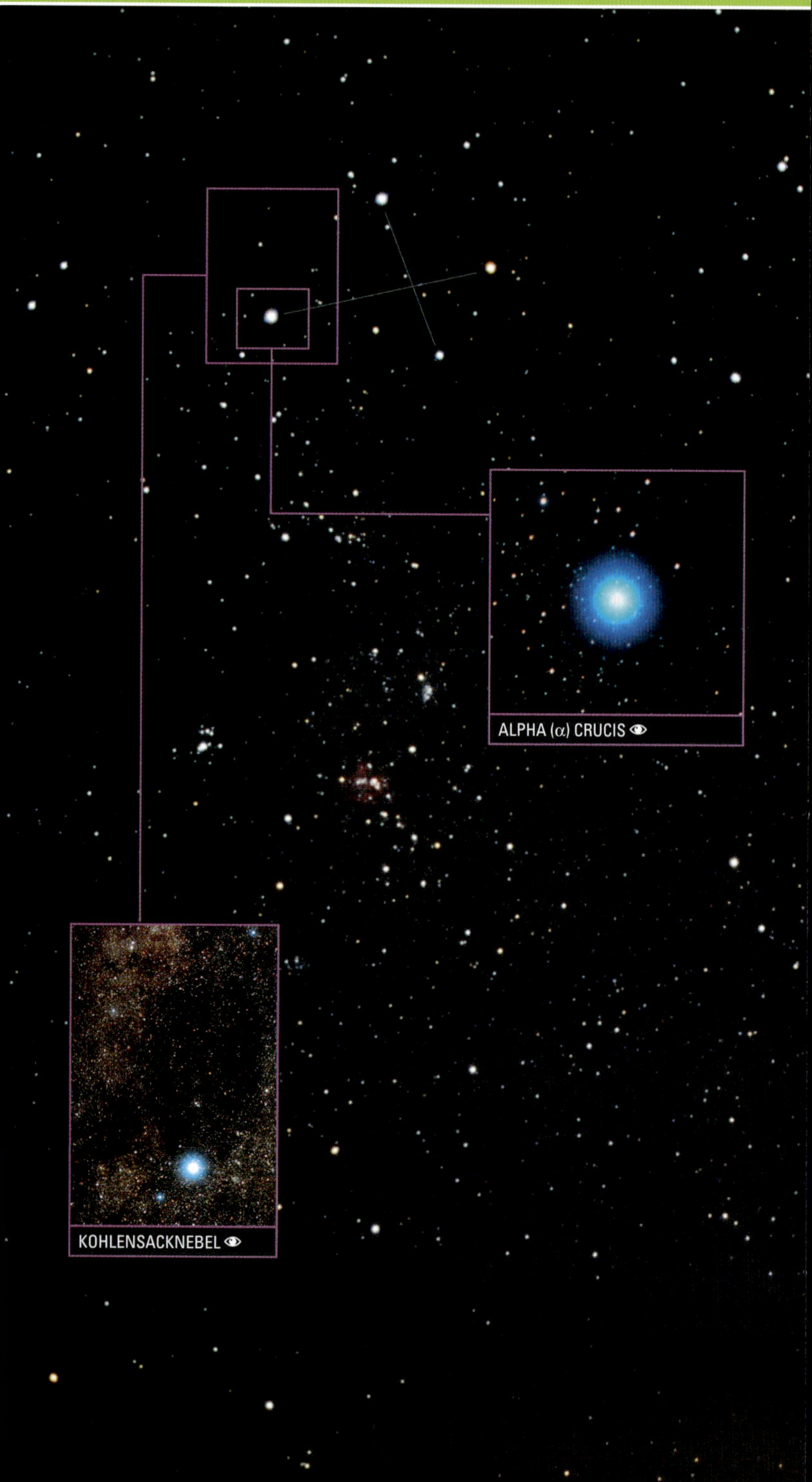

ALPHA (α) CRUCIS

KOHLENSACKNEBEL

ÜBERBLICK
Das Kreuz des Südens liegt in der Milchstraße und bietet dem bloßen Auge einen wunderbaren Anblick. Das Sternbild zählt zu den berühmtesten Himmelsmustern.

CRUX (Cru)
BREITE/HÖHE
GRÖSSENRANGLISTE **88**
VOLLST. SICHTBAR **25° N – 90° S**

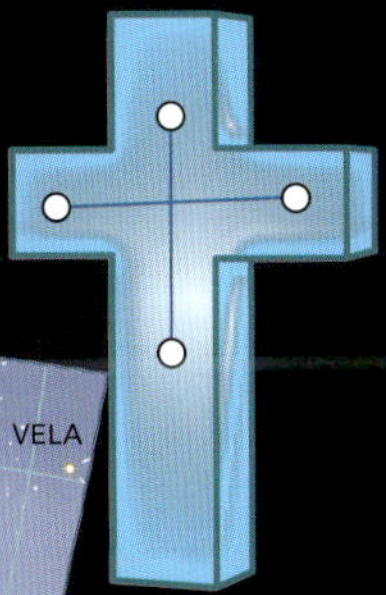

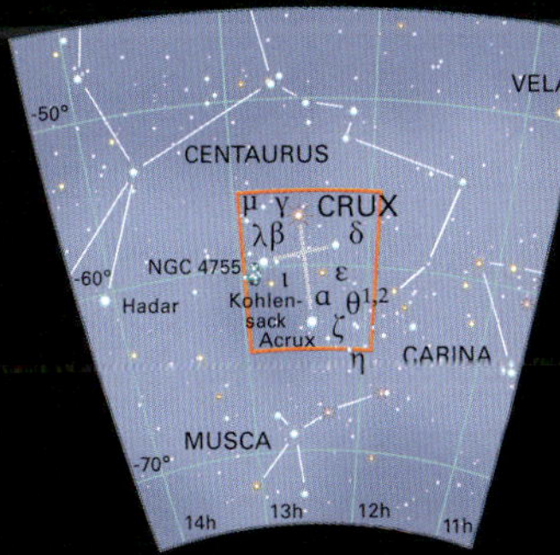

HIMMELSKARTE
Das Sternbild liegt zwischen den Beinen des benachbarten Kentauren (Centaurus). Das für die Mythologie der Maori und Aboriginals wichtige Sternbild kannten schon die alten Griechen.

DAS KREUZ DES SÜDENS BEOBACHTEN

HAUPTSTERNE	GRÖSSENKL.	BESONDERE MERKMALE
Alpha (α) Crucis *Acrux*	0,8	Den Doppelstern sieht man mit kleinen Teleskopen.
Gamma (γ) Crucis *Gacrux*	1,3	Der Begleiter mit Größenklasse 6,5 des optischen Doppelsterns ist 2′ entfernt. Sie leuchten rot und weiß.
My (μ) Crucis	4,0	Der Begleiter mit Größenklasse 5,1 des Doppelsterns ist 35″ entfernt und bietet eine schöne Sicht im Fernglas.

WICHTIGE OBJEKTE	GRÖSSENKL.	BESONDERE MERKMALE
NGC 4755, Schmuckkästchen	4,2	Der Offene Sternhaufen befindet sich um den Stern Kappa (κ) Crucis und ist etwa 6500 Lichtjahre entfernt.
Kohlensacknebel	—	Der Dunkelnebel erscheint dem Auge als ein unverwechselbares »Loch« in der Milchstraße.

DAS FALSCHE KREUZ
Den benachbarten Asterismus Falsches Kreuz verwechselt man leicht mit dem Sternbild Kreuz des Südens (Crux), was zu fehlerhafter Navigation führen kann. Das Falsche Kreuz (im Bild rechts) bilden zwei Sterne des Segels (Vela) und zwei im Schiffskiel (Carina). Das Kreuz des Südens (im Bild links) erkennt man an einem fünften Stern – Epsilon (ε) Crucis liegt zwischen Alpha (α) und Delta (δ) Crucis.

GAMMA (γ) CRUCIS
An der Spitze des Kreuzes liegt der Rote Riese Gacrux (Gamma (γ) Crucis) etwa 88 Lichtjahre entfernt. Im Fernglas erscheint ein Begleiter, der aber sechsmal so weit entfernt ist.

NGC 4755, Schmuckkästchen

Das Schmuckkästchen ist ein kleiner, aber wunderschöner Offener Sternhaufen, der dem bloßem Auge als verschwommener Einzelstern erscheint. In Ferngläsern sind seine vielen hellen, vielfarbigen Sterne ein fantastischer Anblick, sodass es zu den schönsten Offenen Sternhaufen zahlt. In einer Reihe aus drei Sternen in seiner Mitte bildet der nördliche einen rötlichen Kontrast zu den beiden blauen Sternen. Das Schmuckkästchen ist zehnmal so weit entfernt wie der Kohlensacknebel, der in 600 Lichtjahren Entfernung liegt.

SCHATZTRUHE
Nördlich des Kohlensacknebels liegt NGC 4755, das wunderschöne Schmuckkästchen mit etwa 50 Sternen (Aufnahme mit einem kleinen Teleskop).

STARHOPPING VON CRUX AUS

Das Kreuz des Südens (Crux) ist das südliche Äquivalent des Großen Wagens: Ein bekanntes Muster, mit dem man den Himmelssüdpol und Sternbilder findet.

Das Kreuz des Südens (Crux) ist das kleinste, aber eines der bekanntesten Sternbilder. Es liegt in einem reichhaltigen Gebiet der Milchstraße und wird nur aus vier Sternen gebildet. Seine lange Achse, die auf den südlichen Himmelspol weist, kreuzt ein kürzerer, horizontaler Balken.

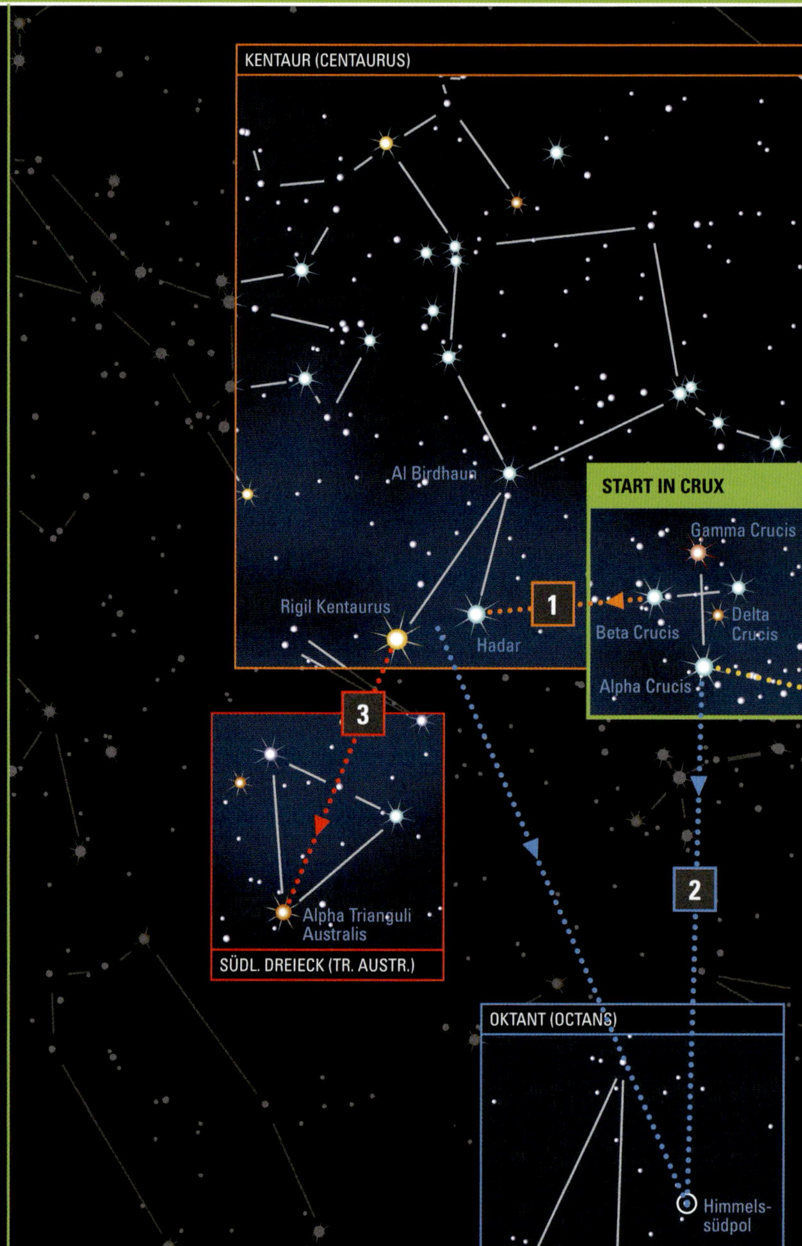

1 ZU CENTAURUS

Von Delta (δ) Crucis, dem dunkleren der beiden Sterne des Balkens, zieht man eine Linie durch Beta (β) Crucis oder Mimosa, den anderen Stern des Balkens. Sie führt zu dem hellen (Größenklasse 0,6) Stern Hadar oder Beta (β) Centauri und zum gleich hellen Rigil Kentaurus, Alpha (α) Centauri – den beiden Hauptsternen des Kentauren.

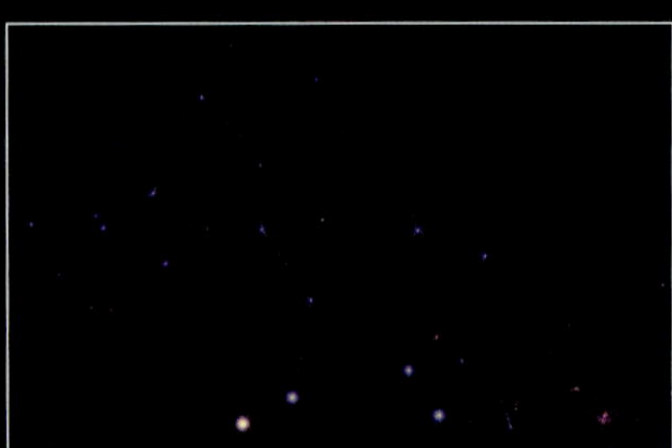

KENTAUR (CENTAURUS)

2 ZU OCTANS UND DEM SÜDPOL

Den Himmelssüdpol markiert kein heller Stern, obwohl dort das dunkle Sternbild Oktant (Octans) liegt. Um den Pol aufzufinden, fällt man in der Mitte einer Linie durch die Hauptsterne in Kentaur (Centaurus, siehe oben) ein Lot. Dann verlängert man die lange Achse des Kreuz des Südens (Crux, von Gacrux, Gamma (γ) Crucis, zu Acrux, Alpha (α) Crucis). Der Schnittpunkt dieser Linien markiert den südlichen Himmelspol.

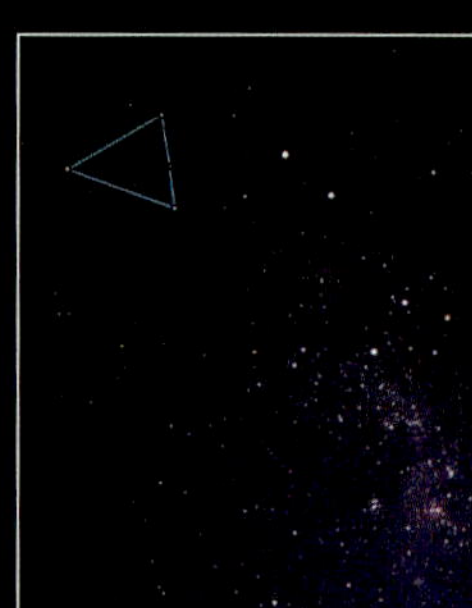

TRIANGULUM AUSTRALE

3 ZU TRIANGULUM AUSTRALE

Man zieht eine Linie von Al Birdhaun oder Epsilon (ε) Centauri durch Rigil Kentaurus, seinen Nachbarn im Sternbild Kentaur (Centaurus). Der nächste ziemlich helle Stern (Größenklasse 1,9) ist Atria oder Alpha (α) Trianguli Australis, die südliche Spitze des Sternbilds. Die beiden anderen Sterne des nahezu gleichseitigen Dreiecks befinden sich in ungefähr gleichem Abstand in der Richtung, die zum Sternbild Kentaur zurückführt.

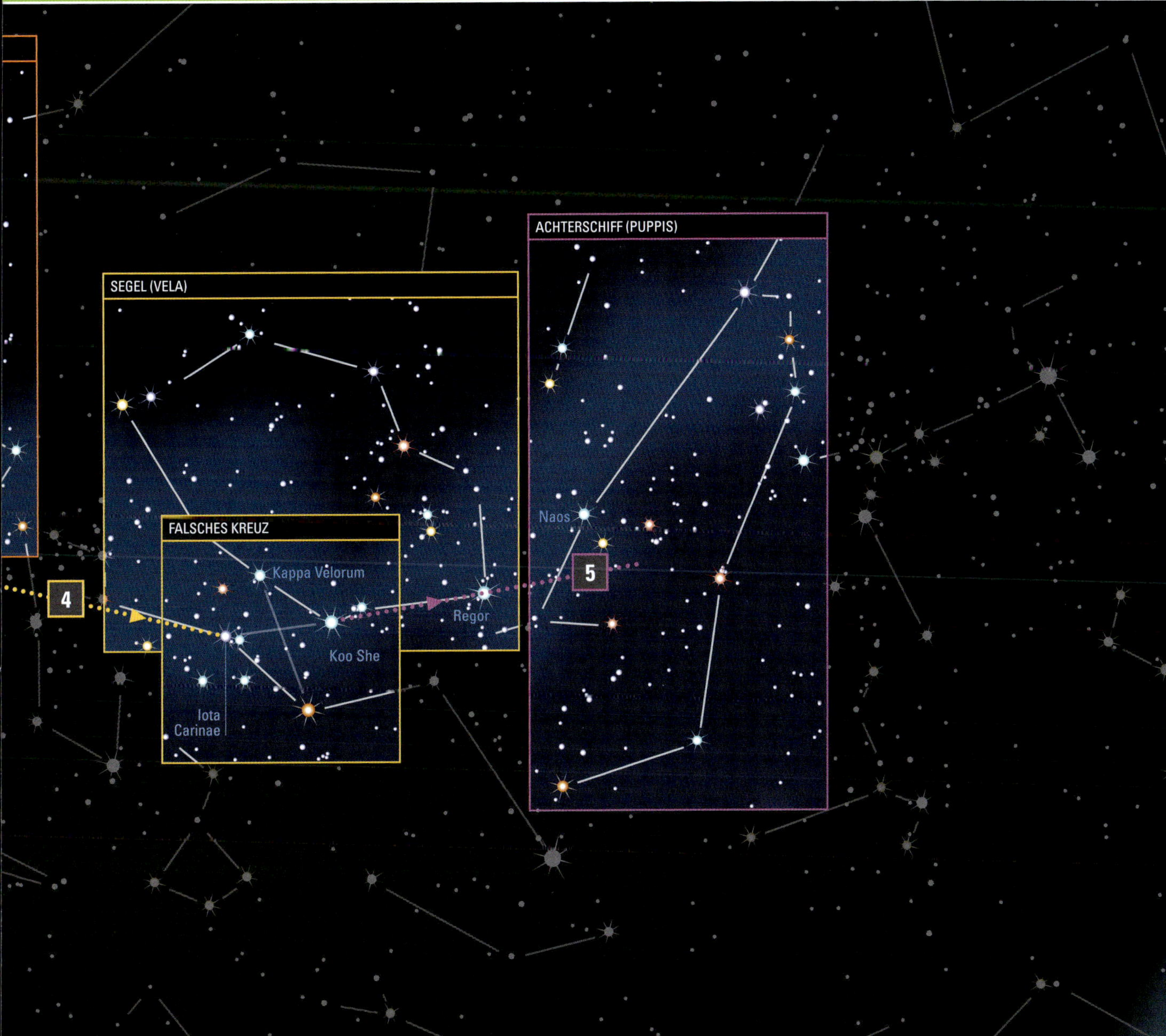

4 ZUM FALSCHEN KREUZ

Im Süden existiert ein weiteres Kreuz, das unerfahrene Beobachter mit dem Kreuz des Südens (Crux) verwechseln. Diesen Asterismus, das Falsche Kreuz, findet man durch Starhopping von Hadar im Kentaur (Centaurus). Dazu zieht man eine Linie von ihm durch Alpha Crucis und verlängert sie über die Milchstraße. Nach etwa dem doppelten Abstand der beiden ersten Sterne erreicht man Iota (ι) Carinae im Falschen Kreuz.

ACHTERSCHIFF (PUPPIS)

5 ZU VELA UND DANN ZU PUPPIS

Den Balken des Falschen Kreuzes bilden Iota (ι) Carinae und Koo She oder Delta (δ) Velorum. Verlängert man eine Linie zwischen diesen Sternen zur entgegengesetzten Seite des Kreuz des Südens (Crux), erreicht man den Hauptstern in den Segeln (Vela), den man auch Regor nennt. Eine weitere Verlängerung aus den Segeln heraus führt zum Sternbild Achterschiff (Puppis) mit seinem hellsten Stern Naos oder Zeta (ζ) Puppis.

CENTAURUS

Im Sternbild Kentaur (Centaurus) liegt der erdnächste Stern und der prächtige Kugelsternhaufen Omega Centauri.

Der Kentaur (Centaurus) ist ein großes Sternbild, das Amateurastronomen viel bietet. Die vier Füße der mythologischen griechischen Figur sind fest in einem glanzvoll hellen und dichten Abschnitt der Milchstraße eingebettet. Er enthält zwei großartige Anblicke: einen Offenen Sternhaufen, der über dem Nebel IC 2944 liegt, und den berühmten Kugelsternhaufen Omega Centauri. Den Weg zu diesem Sternbild weisen die beiden hellen Sterne Alpha (α) Centauri oder Rigil Kentaurus und Beta (β) Centauri oder Hadar. Obwohl sie scheinbar am Himmel sehr eng nebeneinanderstehen, liegen sie tatsächlich weit auseinander. Hadar liegt ungefähr 525 Lichtjahre von der Erde entfernt, während Rigil Kentaurus nur etwas über vier Lichtjahre entfernt ist – er ist tatsächlich das erdnächste Sternsystem. Der erdnächste Einzelstern des Systems ist Proxima Centauri, ein roter Zwerg der 11. Größenklasse, den man nur mit Teleskop sieht.

Der Kentaur beherbergt **Proxima Centauri**, den **nächsten** Stern zum **Sonnensystem.**

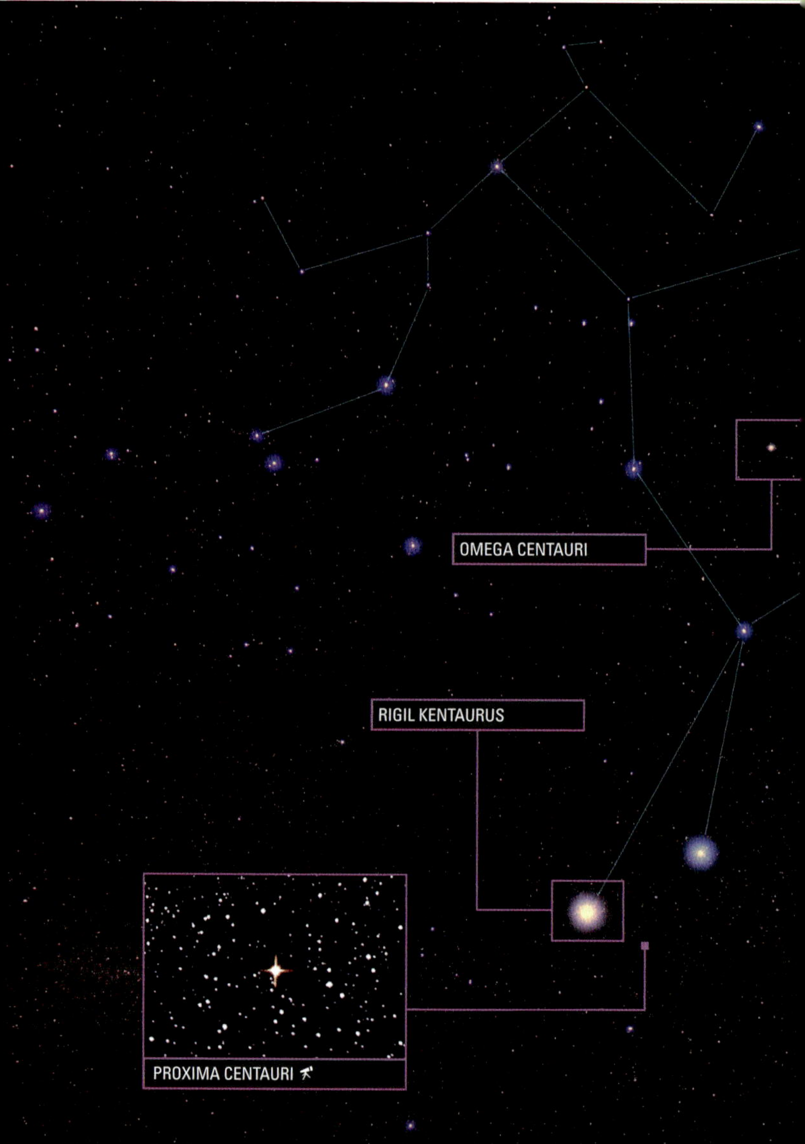

NGC 5139, Omega Centauri

Mit bloßem Auge sieht dieses sternartige Objekt wie ein verschwommener Flecken am Nachthimmel aus. Aber mit zunehmend besseren Teleskopen wird der Anblick von Omega Centauri immer beeindruckender, sobald eine größere Anzahl der schätzungsweise eine Million Sterne erscheinen. Er ist der größte Kugelsternhaufen der Milchstraße und bis zu zehnmal massiver als andere Kugelsternhaufen. Omega Centauri ist auch einer der nächsten Kugelsternhaufen in einer Entfernung von 17000 Lichtjahren vom Sonnensystem – und auch einer der hellsten. Untersuchungen zeigten, dass Omega Centauri auch eines der ältesten Objekte der Milchstraße ist – mit 12 Milliarden Jahren ist er fast so alt wie das Universum selbst.

EINE-MILLION-STERNHAUFEN
Dem bloßen Auge erscheint Omega Centauri als verschwommener Stern, aber kleine Teleskope zeigen seine elliptische Form (links) und größere trennen sogar Einzelsterne (oben).

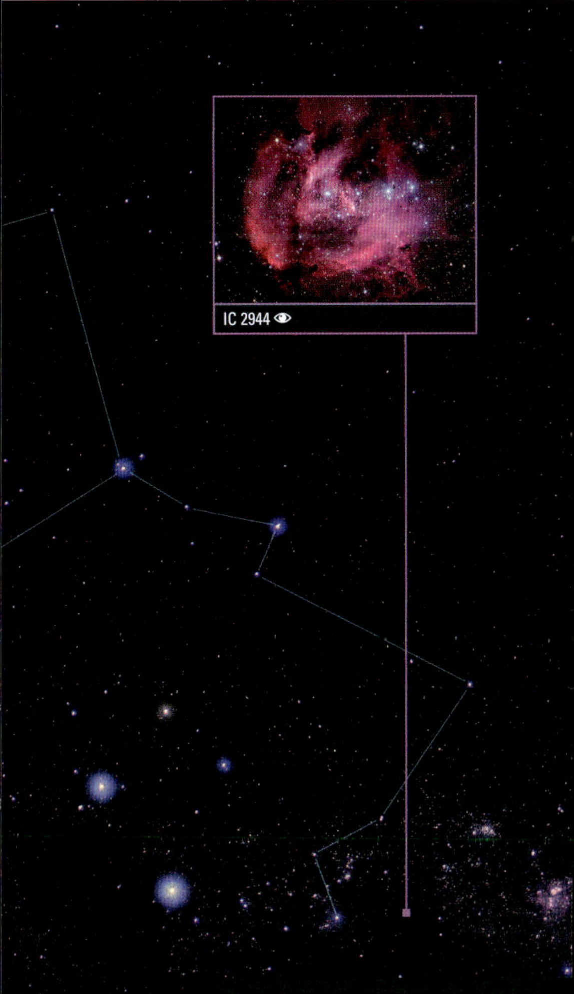

IC 2944

CENTAURUS (Cen)

BREITE/HÖHE

GRÖSSENRANGLISTE **9**

VOLLSTÄNDIG SICHTBAR **25° N – 90° S**

HIMMELSKARTE
Auf der Karte erkennt man einfacher, wie die Sterne miteinander verbunden werden, um den klassischen Kentaur darzustellen.

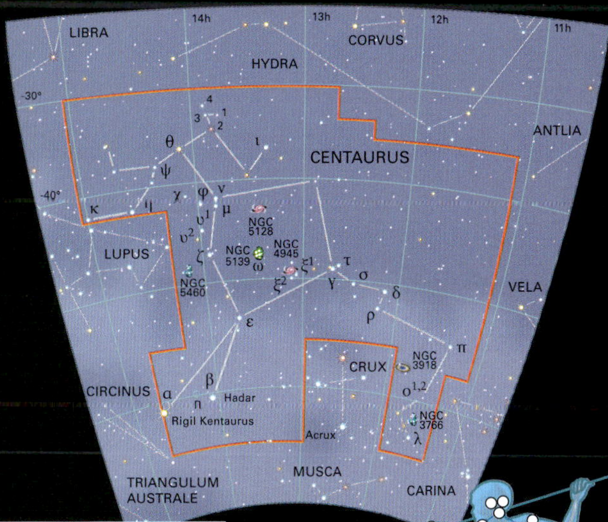

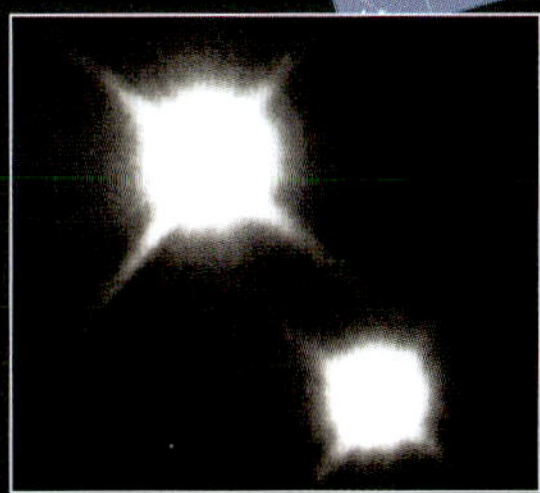

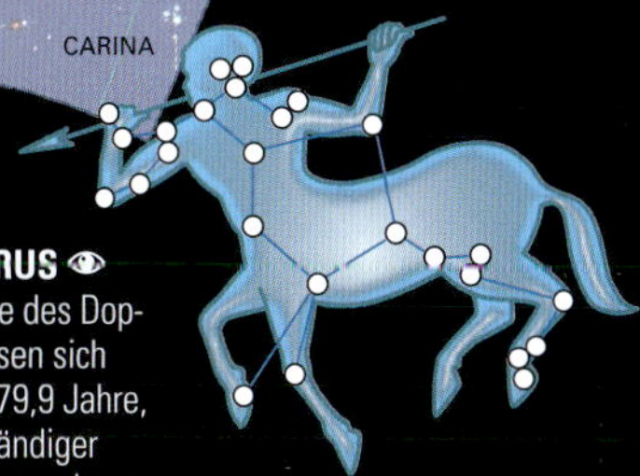

RIGIL KENTAURUS
Die beiden Sterne des Doppelsterns umkreisen sich gegenseitig alle 79,9 Jahre, sodass ein vollständiger Umlauf länger dauern kann als ein Menschenleben.

ÜBERBLICK
Die Hauptsterne des Sternbilds sind der helle, gelbliche Alpha (Rigil) auf der linken Seite und der fast gleich helle Beta (β) Centauri (Hadar) rechts neben ihm.

Proxima Centauri

Dieser rote Zwerg der 11. Größenklasse wurde erst 1915 entdeckt. Sein Anblick im Teleskop ist nicht sensationell, aber attraktiv, wenn man weiß, dass dies der sonnennächste Stern in nur 4,2 Lichtjahren Entfernung ist. Er ist wahrscheinlich ein Teil des Sternsystems Alpha (α) Centauri, obwohl seine Umlaufzeit ungefähr eine Million Jahre lang ist. Daher bezweifeln einige Forscher, ob Proxima tatsächlich durch Schwerkraft an Alpha (α) Centauri gebunden ist. Wegen seiner Nähe zur Erde haben Astronomen untersucht, ob bewohnbare Planeten um ihn kreisen. Doch weil er ein kalter roter Zwerg ist – und ein Flackerstern, der zu Strahlungsausbrüchen neigt –, sind die Chancen, einen solchen Planeten zu entdecken, äußerst gering.

DEN KENTAUREN BEOBACHTEN

HAUPTSTERNE	GRÖSSENKL.	BESONDERE MERKMALE
Alpha (α) Centauri *Rigil Kentaurus*	-0,3	Den hellen Stern des Doppelsterns mit Größenklasse -0,01 begleitet ein kleinerer mit Größenklasse 1,4.
R Centauri	5,3–11,8	Der langperiodische Mira-Veränderliche wechselt seine Helligkeit über 546 Tage.
Proxima Centauri	11,1	Der sonnenächste Stern ist nur 4,2 Lichtjahre entfernt.

WICHTIGE OBJEKTE	GRÖSSENKL.	BESONDERE MERKMALE
NGC 3766	5,3	Den Offenen Sternhaufen sieht man mit bloßem Auge, seine etwa 100 Sterne löst aber nur ein Teleskop auf.
NGC 3918, Blue Planetary	8,5	Der Planetarische Nebel erscheint in kleinen Teleskopen als runde, blaue Scheibe und ähnelt Uranus.
NGC 5139, Omega (ω) Centauri	3,7	Der fantastische 12 Milliarden Jahre alte Kugelsternhaufen liegt etwa 17000 Lichtjahre von uns entfernt.
IC 2944	5,5	Der Nebel neben Lamda (λ) Centauri liegt hinter vier Sternen, die sich über sein Zentrum erstrecken.

CARINA

Einen Teil des Schiffskiels (Carina) beherrscht das Band der Milchstraße. Die andere, scheinbar nahezu leere Hälfte beherrscht der äußerst helle Hauptstern Canopus (Alpha Carinae).

Dem Sternbild Schiffskiel (Carina) fehlt zwar ein erkennbares Muster, doch es bietet dafür eine wunderbare Vielfalt an Himmelsobjekten – wie Canopus, den zweithellsten Stern am Himmel. Die Himmelsobjekte sieht man nicht mit bloßem Auge, aber sie zeigen sich schnell in Ferngläsern. Nachdem der französische Astronom Nicolas de Lacaille im 18. Jahrhundert das alte griechische Sternbild Schiff der Argonauten (Argo Navis) aufgeteilt hatte, hatten die drei neuen Sternbilder – Schiffskiel, Segel (Vela) und Achterschiff (Puppis) – kein erkennbares Muster. Die einzige Ausnahme blieb ein Asterismus aus vier Sternen, das Falsche Kreuz, das häufig für Verwechslungen bei der Navigation sorgte, weil es in der Nähe des Kreuz des Südens (Crux) liegt und ähnlich wie es aussah (siehe S. 138–139). Diesen Asterismus bilden die Sterne Epsilon (ε) und Iota (ι) Carinae und, aus dem Nachbarsternbild Segel, Delta (δ) und Kappa (κ) Velorum. Obwohl diese Gruppe dem Kreuz des Südens ähnelt, liegt es nicht im Band der Milchstraße, sondern am Rand. Das Falsche Kreuz ist größer, aber seine Sterne sind nicht so hell.

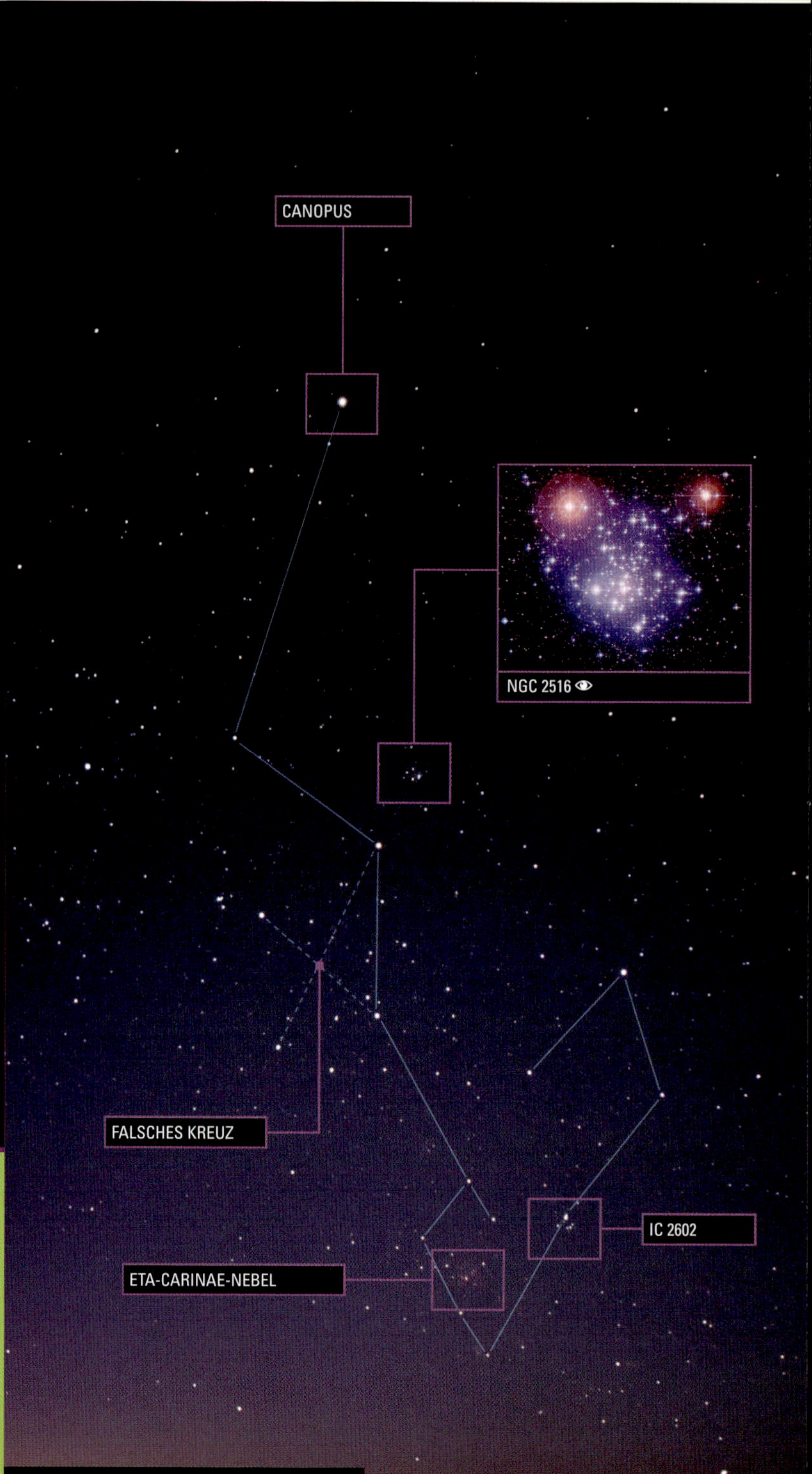

ÜBERBLICK
Canopus oder Alpha (α) Carinae ist der zweithellste Stern am Himmel nach Alpha (α) Canis Maioris oder Sirius (dem Hundsstern) im Großen Hund (Canis Maior).

NGC 2516

Der Astronom Nicolas de Lacaille entdeckte zwischen 1751 und 1752 den hellen Offenen Sternhaufen NGC 2516 aus ungefähr 100 Sternen, etwa 1300 Lichtjahre von uns entfernt. Er ist mit bloßem Auge sichtbar und erscheint so groß wie der Vollmond. Ferngläser zeigen ein schönes Kreuzmuster seiner Sterne und auch mehrere farbige Sterne – Sterne sind immer eine gute Zugabe zu Deep-Sky-Objekten. Der hellste Stern ist ein Roter Riese der 5. Größenklasse. Vom Zentrum von NGC 2516 gehen drei Ketten aus Sternen aus, die dem Sternhaufen einen populären Namen gaben: Garden Sprinkler (engl.: Gartensprinkler). Wegen seiner funkelnden Sterne nennt man ihn auch den Diamond-Sternhaufen.

CARINA (Car)
BREITE/HÖHE
GRÖSSENRANGLISTE **34**
VOLLST. SICHTBAR **14° N – 90° S**

IC 2602 👁
Diesen Sternhaufen um den Stern Theta (θ) Carinae sieht man mit bloßem Auge, aber er bietet einen schöneren Anblick im Fernglas.

DEN SCHIFFSKIEL BEOBACHTEN

HAUPTSTERNE	GRÖSSENKL.	BESONDERE MERKMALE
Alpha (α) Carinae *Canopus*	-0,7	Der weiße Stern liegt ungefähr 310 Lichtjahre vom Sonnensystem entfernt.
Eta (η) Carinae *Foramen*	6,2	Der irreguläre Veränderliche erreichte im April 1843 Größenklasse -0,8. Er ist etwa 7000 Lichtjahre entfernt.
R Carinae	3,9–10,5	Der Mira-Veränderliche durchläuft eine Periode von ungefähr 308 Tagen.

DEEP-SKY-OBJEKTE	GRÖSSENKL.	BESONDERE MERKMALE
NGC 2516, Garden-Sprinkler-Sternhaufen	3,8	Der Offene Sternhaufen erhielt seinen Namen, weil seine spiralartige Struktur an einen Sprinkler erinnert.
NGC 2808	6,3	Der Kugelsternhaufen zählt zu den massivsten unserer Galaxie mit mehr als einer Million Sternen.
NGC 3372, Eta-Carinae-Nebel	1,0	Der Emissionsnebel erscheint in kleinen Teleskopen als dunstige orangefarbene Ellipse.
IC 2602, Südliche Plejaden	1,9	Ferngläser bieten einen großartigen Anblick auf diesen 479 Lichtjahre entfernten Offenen Sternhaufen.

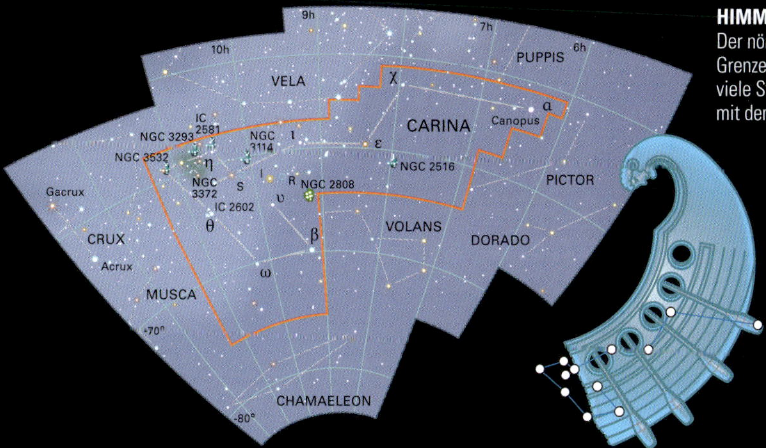

HIMMELSKARTE
Der nördliche Teil des Schiffskiels nahe der Grenze zum Kreuz des Südens (Crux) enthält viele Sternhaufen und Nebel, die man leicht mit dem Fernglas entdeckt.

Der **Hauptstern** des Schiffskiels, **Canopus,** ist der **zweithellste** Stern der Nacht.

Eta-Carinae-Nebel 👁

Der Eta-Carinae-Nebel ist zweifellos das Glanzstück des Sternbilds. In diesem gasförmigen Reich sind viele entstehende und junge Sterne eingebettet wie der massive Eta (η) Carinae. Nach jüngsten Untersuchungen ist er ein Mehrfachsystem, aber der größte Stern ist der bemerkenswerteste; er ist wohl 100-mal so massereich und vier Millionen Mal so hell wie die Sonne. Eta (η) Carinae wird tatsächlich gerade noch durch seine Schwerkraft zusammengehalten, während die Strahlungskraft ihn fast auseinanderreißt. Er explodierte bereits mehrere Male, wie 1843, als er für kurze Zeit zum zweithellsten Stern am Himmel wurde.

STELLARER KINDERGARTEN
Der Eta-Carinae-Nebel, ein Emissionsnebel in 7500 Lichtjahren Abstand zum Sonnensystem, ist ein großes Sternentstehungsgebiet der Milchstraße.

GLÜHENDE GASWOLKEN
Der Eta-Carinae-Nebel ist ein riesiges Gebiet aus glühendem Gas, das am Himmel etwa viermal so groß wie der Mond erscheint. Man sieht ihn mit bloßem Auge vor dem Hintergrund der Milchstraße.

VELA

Die beiden südlichsten Sterne der Segel (Vela) bilden mit zwei anderen des benachbarten Schiffskiels (Carina) das Falsche Kreuz (siehe S. 144). Dieser Asterismus führt zu diesem Sternbild.

Die Segel (Vela) waren ursprünglich Teil des größeren Sternbilds Schiff der Argonauten (Argo Navis), das später in die drei Sternbilder Segel, Achterschiff (Puppis) und Schiffskiel (Carina) aufgeteilt wurde. Dadurch fehlen einigen Sternbildern bestimmte Sterne wie bei den Segeln, die keinen Stern mit der Bezeichnung Alpha (α) oder Beta (β) enthalten, und der Hauptstern Gamma (γ) Velorum (Regor) liegt am Rand des Sternbilds. In den Segeln liegt NGC 2547, eine Gruppe aus ungefähr 50 Sternen, die man mit bloßem Auge sieht. Im Fernglas sieht man eine von Norden nach Süden gewundene Sternreihe. Die Segel enthalten den größten Überrest eines explodierten Sterns, den Vela-Supernovaüberrest, den man erst mit größeren Amateurteleskopen sieht.

Das Band der **Milchstraße** durch die **Segel** bietet einige **schöne** Offene **Sternhaufen.**

NGC 3132, Eight-Burst-Nebel

Der Eight-Burst-Nebel erhielt seinen Namen aufgrund seiner Gasbögen, die wie eine Acht aussehen. Diese Bögen sieht man aber nur in großen Teleskopen oder auf Langzeitaufnahmen. NGC 3132 nennt man auch den Südlichen Ringnebel wegen seiner Ähnlichkeit mit dem Ringnebel (M57) in der Leier (Lyra) auf der nördlichen Halbkugel. Seine ovale Form erkennt man leicht mit kleinen Teleskopen, die auch seinen zentralen Stern der 10. Größenklasse zeigen. Weil man über diesen Planetarischen Nebel noch nicht viel weiß, wird NGC 3132 intensiv erforscht. Zu den unbeantworteten Fragen gehören z. B., warum seine Form insgesamt unsymmetrisch ist und wie die Staubfahnen in seinem Zentrum entstanden.

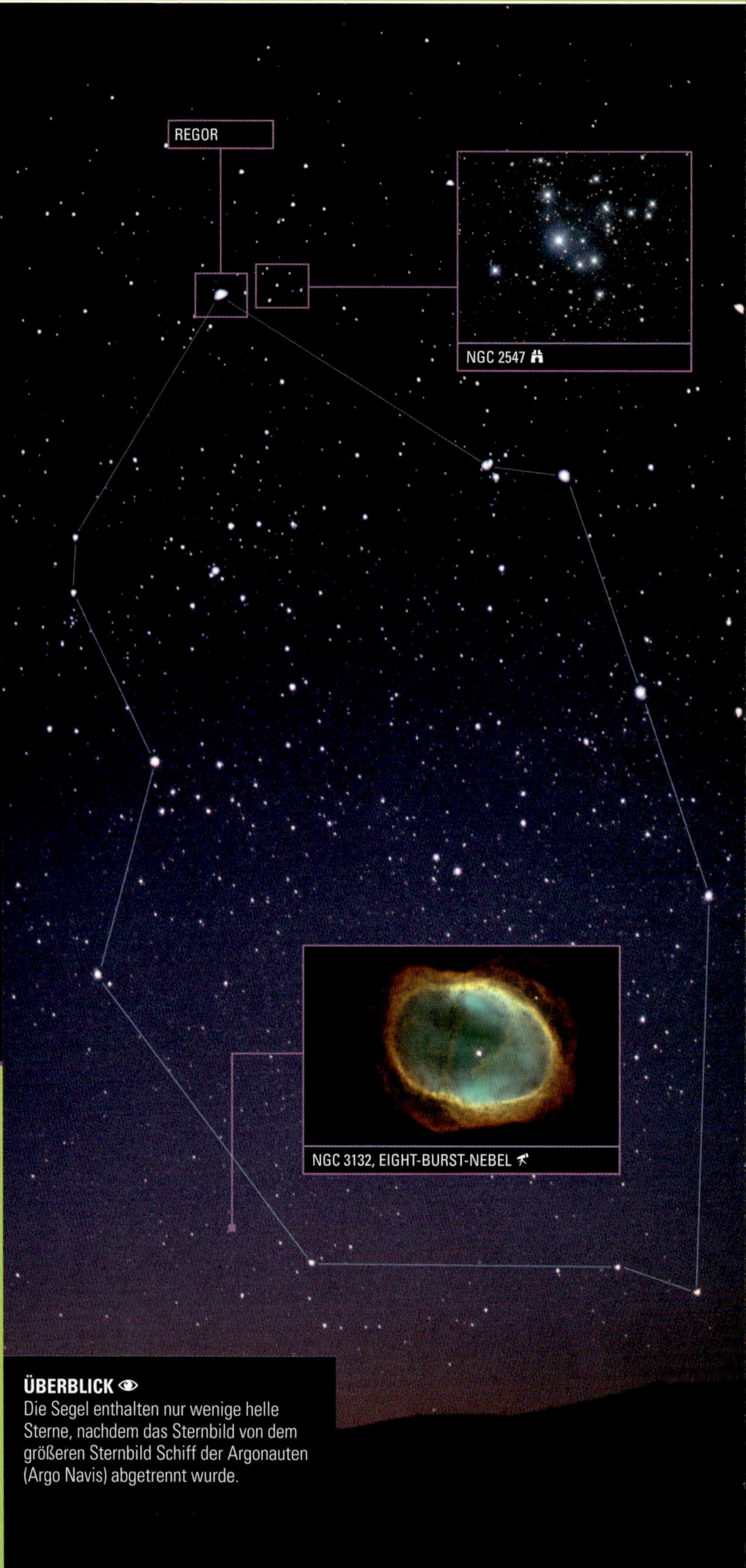

ÜBERBLICK
Die Segel enthalten nur wenige helle Sterne, nachdem das Sternbild von dem größeren Sternbild Schiff der Argonauten (Argo Navis) abgetrennt wurde.

VELA (Vel)
BREITE/HÖHE (Handsymbole)
GRÖSSENRANGLISTE **32**
VOLLST. SICHTBAR **32° N – 90° S**

HIMMELSKARTE
Die Milchstraße macht die Segel zu einem lohnenswerten Sternbild für das Fernglas, mit dem man viele Sterne und Sternhaufen sieht.

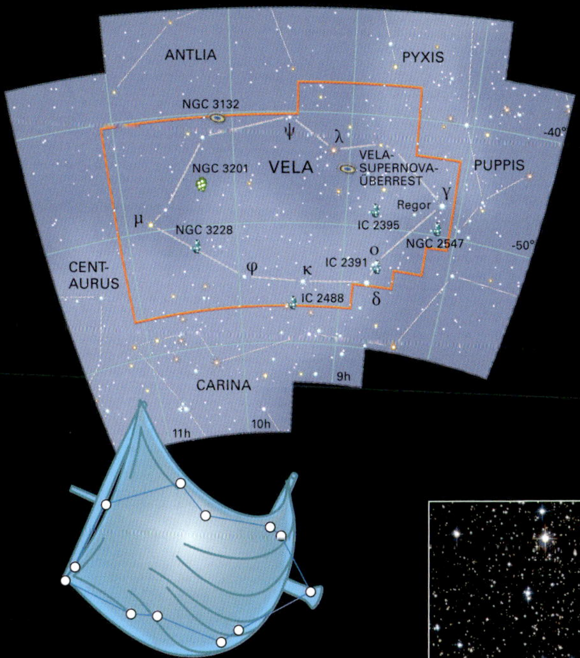

DIE SEGEL BEOBACHTEN

HAUPTSTERNE	GRÖSSENKL.	MERKMALE
Gamma (γ) Velorum *Regor*	1,8	Der optische Doppelstern hat einen Begleiter der Größenklasse 4,3.

WICHTIGE OBJEKTE	GRÖSSENKL.	MERKMALE
NGC 2547	4,7	Die schöne Verteilung der Sterne in dem Offenen Sternhaufen ist ein Ziel für Ferngläser.
NGC 3132, Eight-Burst-Nebel	8,1	Die ovale Form des Planetarischen Nebels und den zentralen Stern findet man leicht im kleinen Teleskop.
NGC 3201	8,2	Den Kugelsternhaufen sieht man mit dem Fernglas, aber erst ein Teleskop zeigt seine Einzelsterne.
IC 2391	2,5	Der Offene Sternhaufen aus 30 Sternen ist 580 Lichtjahre entfernt.

ROTE RIESEN
Der Kugelsternhaufen NGC 3201 enthält viele helle Rote Riesen (rechts), durch die er rötlich erscheint. Für das bloße Auge ist er mit der Größenklasse 8,2 zu dunkel, und er erscheint im Fernglas weniger dicht gepackt als die meisten Kugelsternhaufen.

Vela-Supernovaüberrest

Am Himmel findet man verschiedene Supernovaüberreste, die uns auf eine Reise in die ferne Vergangenheit mitnehmen. Aus ihrer Größe und Entfernung lässt sich häufig ableiten, wann der Stern explodierte. Der Vela-Supernovaüberrest zwischen Gamma (γ) und Lambda (λ) Velorum entstand vor ungefähr 12 000 Jahren. Materie des Sterns hat sich über 55 Lichtjahre ausgebreitet. Weil der Überrest nur etwa 800 Lichtjahre entfernt ist, bedeckt er eine Fläche, die etwa zehnmal so groß wie der Vollmond ist. Die Streifen aus Gas und Staub in diesem Gebiet kann man mit leistungsstarken Teleskopen an dunklen Standorten beobachten.

GEWALTIGE EXPLOSION
Die Explosion des Sterns, der den Vela-Supernovaüberrest (oben) erzeugte, war vermutlich heller als der Mond. NGC 2736, der Bleistiftnebel (rechts), ist ein Relikt dieser Explosion.

DORADO

Der Goldfisch oder Schwertfisch (Dorado) ist ein unbedeutendes Sternbild, es enthält jedoch die Große Magellansche Wolke, die man mit bloßem Auge sieht.

Zum größten Teil innerhalb des Goldfisches (Dorado) befindet sich eine benachbarte Zwerggalaxie. Diese Galaxie, die Große Magellansche Wolke (GMW), wurde nach dem Eroberer des 16. Jahrhunderts benannt, Ferdinand Magellan, der sie auf der nördlichen Halbkugel bekannt machte – auf der der Goldfisch nicht sichtbar ist. Die GMW ist die größere der beiden Sterninseln, die wahrscheinlich Satelliten der Milchstraße sind und an abgerissene Teile unserer Galaxie erinnern. Ein Fernglas oder kleines Teleskop zeigt viele Offene Sternhaufen, Kugelsternhaufen und Nebel. Ein helles Objekt innerhalb der GMW wurde ursprünglich als der Stern 30 Doradus bezeichnet. Doch bessere optische Hilfsmittel deckten den Irrtum auf. Tatsächlich ist 30 Doradus eine riesige und erstaunlich helle Wolke am Rand der GMW, die man heute als Tarantelnebel kennt.

Die **GMW** ist eine **Zwerggalaxie** in etwa **179 000** Lichtjahren Abstand zur **Milchstraße**.

Große Magellansche Wolke (GMW)

Unser Wissen über die Große Magellansche Wolke wuchs mit der Entwicklung astronomischer Instrumente. Sie wurde früher als nächste Galaxie zu unserer eigenen angesehen, die etwa 179 000 Lichtjahre vom Sonnensystem entfernt ist. Heute gilt sie als drittnächste nach Entdeckung der Canis-Maior-Zwerggalaxie und der elliptischen Sagittarius-Zwerggalaxie. Sie wurde ursprünglich als eine irreguläre Galaxie eingestuft, doch jüngste Untersuchungen zeigten eine balkenartige Struktur im Zentrum, von der schwache Spiralstrukturen abgehen. Die GMW ist insgesamt nur ein Zehntel so groß wie unsere Galaxie und die viertgrößte Galaxie der Lokalen Gruppe. Sie erscheint uns etwa so groß wie 20 Vollmonde.

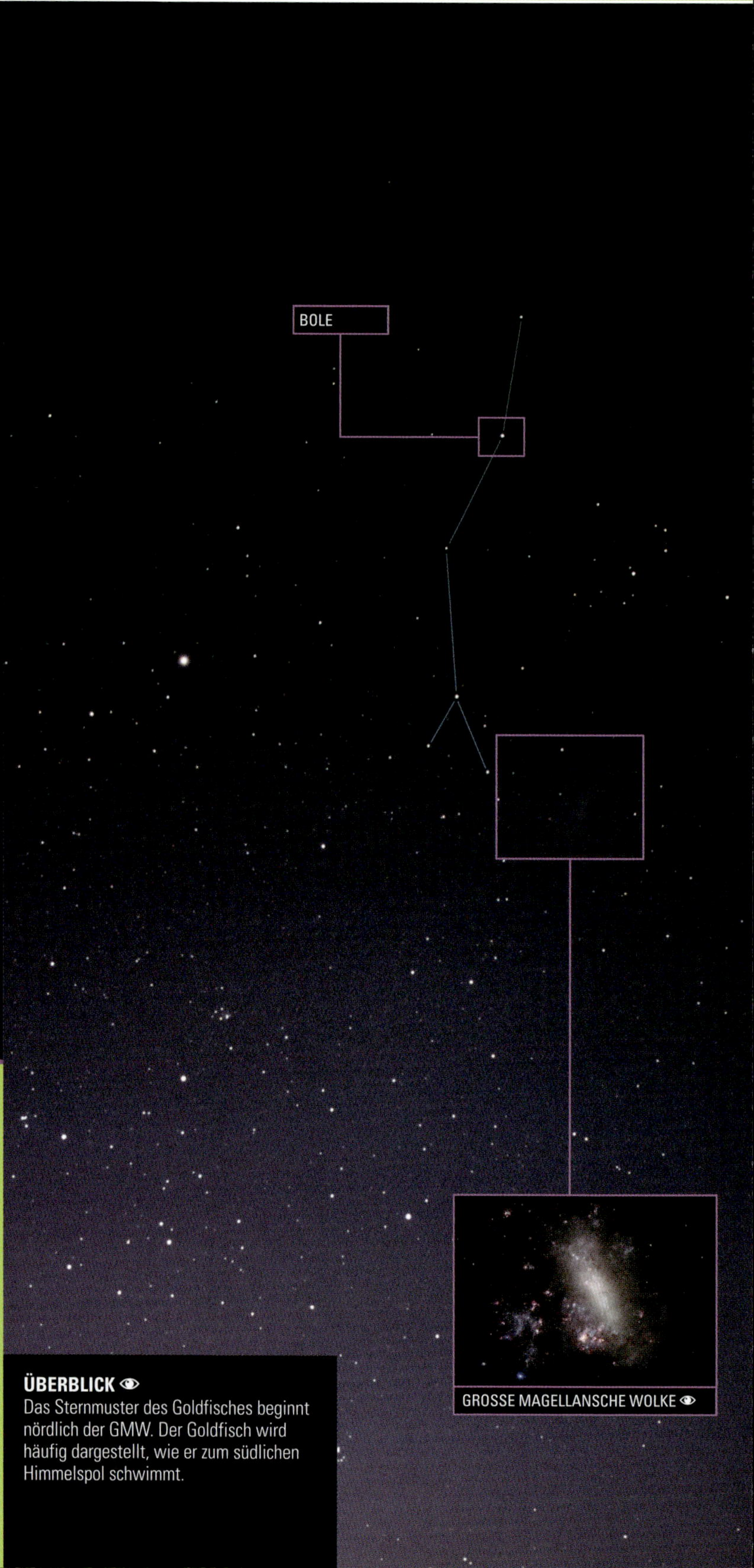

ÜBERBLICK
Das Sternmuster des Goldfisches beginnt nördlich der GMW. Der Goldfisch wird häufig dargestellt, wie er zum südlichen Himmelspol schwimmt.

GROSSE MAGELLANSCHE WOLKE

DORADO (Dor)

BREITE/HÖHE
GRÖSSENRANGLISTE **72**
VOLLST. SICHTBAR **20° N – 90° S**

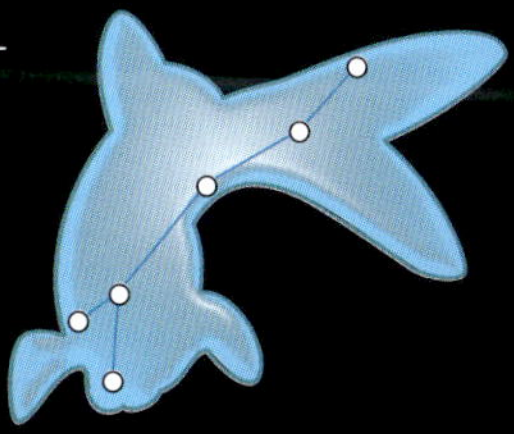

HIMMELSKARTE
Der Goldfisch ist von ähnlich dunklen Sternbildern wie der Pendeluhr (Horologium) und dem Grabstichel (Caelum) umgeben.

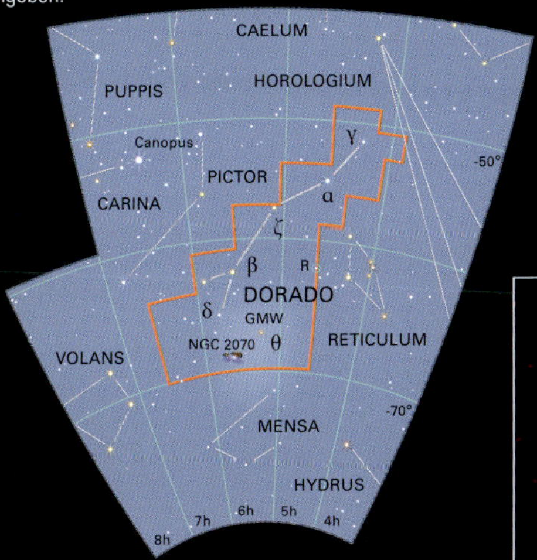

DEN GOLDFISCH BEOBACHTEN

HAUPTSTERNE	GRÖSSENKL.	BESONDERE MERKMALE
Alpha (α) Doradus *Bole*	3,3	Der relativ dunkle Stern ist der hellste des Sternbilds. Der Doppelstern besteht aus einem kleineren B-Stern um einen riesigen A-Stern.
Beta (β) Doradus	3,5–4,1	Der helle Cepheiden-Veränderliche hat eine Periode von 9,8 Tagen.
R Doradus	4,8–6,6	Der Rote Riese und langperiodische Mira-Veränderliche hat eine Periode von etwa elf Monaten.

WICHTIGE OBJEKTE	GRÖSSENKL.	BESONDERE MERKMALE
Große Magellansche Wolke (GMW)	0,4	Die irreguläre Zwerggalaxie ist 179 000 Lichtjahre entfernt und ein Ziel für Ferngläser oder Teleskope.
NGC 2070, Tarantelnebel	5,0	Der Emissionsnebel würde den halben Himmel bedecken, wenn er so nah wie der Orionnebel wäre.

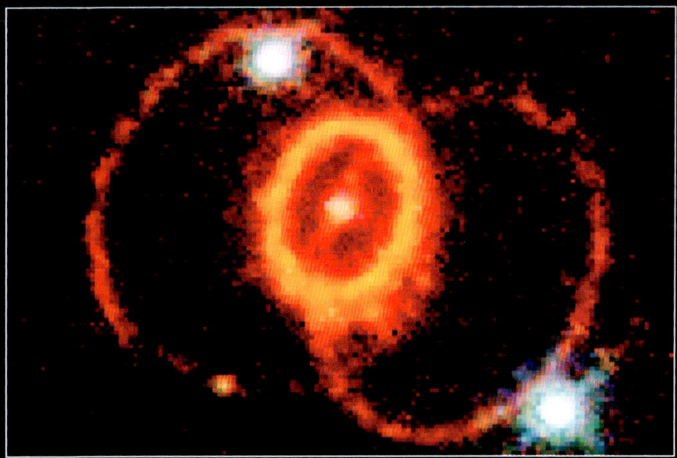

SUPERNOVA 1987A
Die erste helle Supernova seit der Erfindung des Teleskops fand im Februar 1978 in der GMW statt und war zwei Monate lang mit bloßem Auge zu sehen (Aufnahme des Hubble-Weltraumteleskops, rechts).

NGC 2070, Tarantelnebel

Der prächtige Tarantelnebel liegt etwas unterhalb der GMW. Seine Helligkeit und Größe kann man besser einschätzen, wenn man ihn mit dem berühmten Orionnebel (M42) vergleicht, der sich in unserer Galaxie befindet und nur 1350 Lichtjahre entfernt ist. Der Tarantelnebel liegt in einer ganz anderen Galaxie in etwa 160 000 Lichtjahren Entfernung. Man kann ihn über diese unglaubliche Entfernung immer noch mit bloßem Auge sehen, weil der Nebel so enorm groß und hell ist. Er ist mehr als 20-mal so groß wie M42. Seine langen, spinnenartigen Arme erstrecken sich bis zu 1800 Lichtjahre aus dem Zentrum, einem Sternentstehungsgebiet.

DER TARANTELNEBEL
Die Gasarme des Nebels erinnern an eine Spinne. Der Nebel erscheint dem bloßen Auge als großer, milchiger Fleck von der Größe des Vollmonds.

TUCANA

Ein kleinerer Begleiter der Milchstraße, die Kleine Magellansche Wolke, liegt in den Grenzen des Sternbilds Tukan (Tucana).

Die südliche Halbkugel kennt viele Himmelsobjekte, die vor Erfindung des Teleskops als einzelne Sterne angesehen wurden – erst später zeigten sie sich als riesige kugelförmige Sterninseln: Kugelsternhaufen. Dieses Schicksal widerfuhr auch 47 Tucanae oder NGC 104. Mit einem kleinen Teleskop oder guten Fernglas ist schwer zu entscheiden, ob 47 Tucanae oder Omega (ω) Centauri der beeindruckendste Kugelsternhaufen am Himmel ist. 47 Tucanae befindet sich in unserer Galaxie und liegt am Himmel direkt neben dem bedeutendsten Objekt des Sternbilds, das man noch mit bloßem Auge sieht, der Kleinen Magellanschen Wolke (KMW), einer Satellitengalaxie der Milchstraße. Wie die Große Magellansche Wolke im Goldfisch sieht die KMW wie ein Fetzen unserer Galaxie aus. Ferngläser zeigen ihre Sternhaufen und Nebel. Der Tukan enthält auch den schönen, kleineren Kugelsternhaufen NGC 362.

Mit **bloßem Auge** erscheint der Kugelsternhaufen **47 Tucanae** als **dunstiger** Stern.

Kleine Magellansche Wolke (KMW)

In 200 000 Lichtjahren Entfernung kreist die KMW als eine irreguläre Zwerggalaxie um die Milchstraße, sie ist aber immerhin die fünftgrößte Galaxie der Lokalen Gruppe, einer Familie aus etwa 30 Galaxien. Ihre größten Galaxien sind die Milchstraße und der Andromedanebel (M31). Zwischen diesen beiden Galaxien liegt das Zentrum der Schwerkraft dieser Gruppe. Ein weiteres großes Mitglied der Lokalen Gruppe ist M33 im Dreieck (Triangulum), während die anderen wie die KMW Zwerggalaxien sind. Die keilförmige KMW ähnelt einem abgerissenen Teil der Milchstraße und ist am Himmel etwa siebenmal so groß wie der Mond. Ferngläser oder kleine Teleskope zeigen einzelne Sternhaufen und Nebel der KMW.

KLEINE MAGELLANSCHE WOLKE

ÜBERBLICK
Der Tukan ist kein helles Sternbild, aber man erkennt es an einer gekrümmten Linie aus drei Sternen – hier rechts der KMW –, die mit Beta (β) Tucanae beginnt.

TUCANA (Tuc)

BREITE/HÖHE

GRÖSSENRANGLISTE **48**

VOLLST. SICHTBAR **14° N – 90° S**

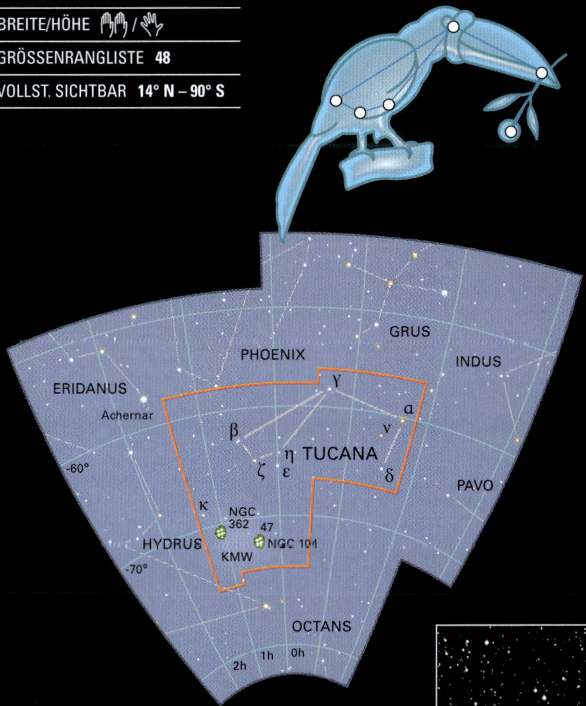

HIMMELSKARTE
Der Tukan liegt in einem ruhigen Gebiet mit Ausnahme der KMW und dem hellen Stern Achernar im Fluss Eridanus, der knapp außerhalb seiner Grenze liegt.

DEN TUKAN BEOBACHTEN

HAUPTSTERNE	GRÖSSENKL.	MERKMALE
Beta (β) Tucanae	4,4	In dem Sechsfachsystem bildet der hellste Stern einen Doppelstern mit einem Begleiter der Größenklasse 4,5.
Kappa (κ) Tucanae	5,1	Der Doppelstern hat einen Begleiter (7,3 mag) in 5′ 30″ Abstand.

WICHTIGE OBJEKTE	GRÖSSENKL.	MERKMALE
Kleine Magellansche Wolke (KMW)	2,3	Die irreguläre Zwerggalaxie ist 200 000 Lichtjahre von der Milchstraße entfernt. Ihr Zentrum hat die Bezeichnung NGC 292.
NGC 104 47 Tucanae	4,0	Der dichte Kugelsternhaufen zählt zu den beeindruckendsten seiner Art am Nachthimmel.

NGC 362
Der zweite Kugelsternhaufen im Tukan, NGC 362 (rechts), ist kleiner und dunkler als 47 Tucanae und erfordert Ferngläser oder ein kleines Teleskop. Der Sternhaufen liegt in unserer Galaxie, aber am Nachthimmel liegt er scheinbar an der Nordspitze der KMW.

47 Tucanae

47 Tucanae, der formal als Deep-Sky-Objekt NGC 104 geführt wird, wurde ursprünglich als Stern erfasst. Er galt als 47. Stern nach ansteigender Rektaszension im Tukan (Tucana) und wurde erst später als zweitgrößter und zweithellster Kugelsternhaufen des Himmels erkannt. Ein Teleskop zeigt ihn als sehr dichten Kugelsternhaufen mit hellem Zentrum. Auch am Himmel bedeckt er eine große Fläche und besitzt scheinbar den gleichen Durchmesser wie der Vollmond. In Wirklichkeit gleicht der Kugelsternhaufen in einer Entfernung von 13 400 Lichtjahren vom Sonnensystem einem Sternhaufen mit 120 Lichtjahren Durchmesser.

DICHT GEPACKTER STERNHAUFEN
47 Tucanae (oben) enthält mehrere Millionen Sterne – wie eine kleine Galaxie. Das Zentrum des Sternhaufens ist so dicht (rechts), dass dort sehr häufig Sterne miteinander kollidieren.

PAVO

Den Hauptstern des Pfaus (Pavo), Alpha (α) Pavonis, nennt man ebenfalls Pfau. Seine englische Übersetzung (engl.: Peacock) erschien zuerst in einem englischen Jahrbuch um 1930.

Das Sternbild Pfau (Pavo) befindet sich am Rand der Milchstraße. Durch seine hohe Deklination liegt er nahe am südlichen Himmelspol. Da keine Sternfelder der Milchstraße die Sicht versperren, können Beobachter tief in das All blicken. Im Pfau sieht man mit einem Teleskop die großartige Galaxie NGC 6744 wie auch den drittgrößten Kugelsternhaufen NGC 6752. Die Hauptsterne des Pfaus bieten dem bloßen Auge ein dürftiges Muster, aber der nähere Blick in den dunklen Himmel zeigt einige dunkle Sterngruppen. Dazu zählen Doppelsterne wie der großartige My (μ) Pavonis oder Phi (φ) Pavonis, der mit dem benachbarten Rho (ρ) ein Trio bildet. Die Spitze des Pfauenschwanzes bildet Theta (θ) Pavonis, der mit zwei anderen Sternen dem Oriongürtel ähnelt.

Mit **Nummer 44** liegt der Pfau in der **Mitte** der **Größenrangliste** der 88 Sternbilder.

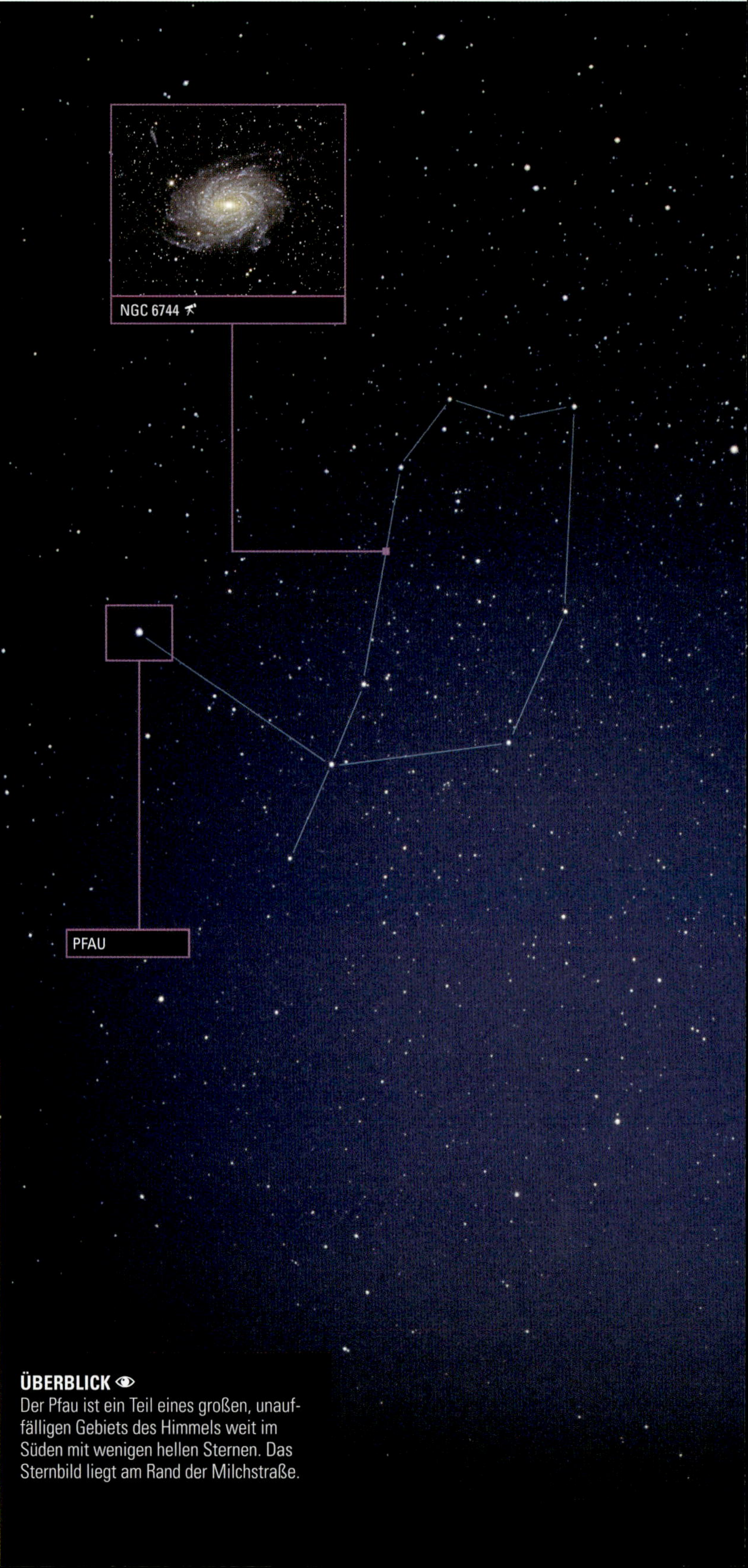

ÜBERBLICK
Der Pfau ist ein Teil eines großen, unauffälligen Gebiets des Himmels weit im Süden mit wenigen hellen Sternen. Das Sternbild liegt am Rand der Milchstraße.

NGC 6744

Die beeindruckende Balkenspiralgalaxie NGC 6744, die wir von der Erde in der Aufsicht sehen, kann man mit einem kleinen oder mittelgroßen Teleskop als einen elliptischen Dunstschleier in einem reichhaltigen Sternfeld beobachten. Um die Spiralarme klar zu erkennen, braucht man größere Instrumente, und nur Fotografien zeigen, welches erstaunliche Objekt diese Galaxie in 25–30 Millionen Lichtjahren Entfernung ist. Vermutlich sieht die Milchstraße von außen wie NGC 6744 aus mit einer lockeren Anordnung von Spiralarmen und einem ähnlichen Balken in ihrem gestreckten Kern. NGC 6744 besitzt auch mindestens eine kleinere Begleitgalaxie, die oberflächlich der Großen und Kleinen Magellanschen Wolke gleicht.

PAVO (Pav)
BREITE/HÖHE
GRÖSSENRANGLISTE **44**
VOLLST. SICHTBAR **15° N – 90° S**

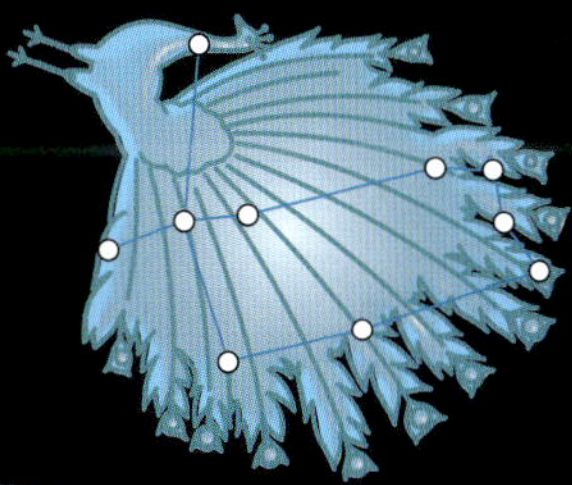

HIMMELSKARTE
Der Pfau grenzt nördlich direkt an den Oktanten (Octans), das noch dunklere Sternbild mit dem südlichen Himmelspol.

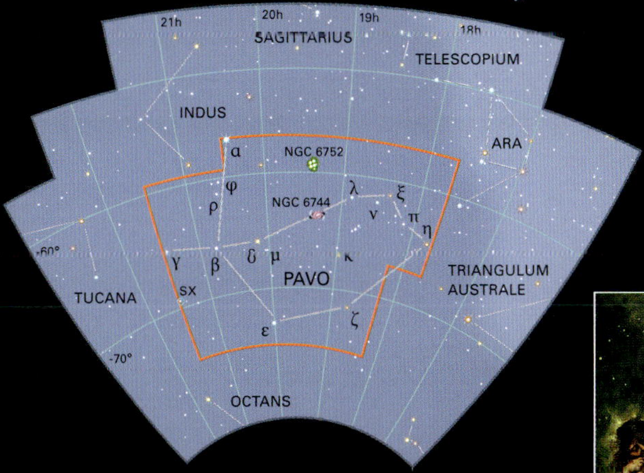

DEN PFAU BEOBACHTEN

HAUPTSTERNE	GRÖSSENKL.	MERKMALE
Alpha (α) Pavonis *Pfau*	1,9	Der helle Doppelstern markiert den Hals.
Kappa (κ) Pavonis	3,9–4,8	Der helle Cepheiden-Veränderliche hat eine Periode von neun Tagen.
My (μ) Pavonis	5,3	Der Doppelstern hat einen Begleiter der Größenklasse 5,7.

WICHTIGE OBJEKTE	GRÖSSENKL.	MERKMALE
NGC 6744	9,2	Die Balkenspiralgalaxie erscheint am Himmel sehr groß.
NGC 6752	5,4	Der Kugelsternhaufen ist ein großartiges Ziel für kleine Teleskope, die einzelne Sterne zeigen.

DER PFAU IN DER MYTHOLOGIE
In der griechischen Mythologie war der Pfau der heilige Vogel der Hera, der Frau von Zeus. Sie reiste mit einem Wagen, den zwei Pfauen zogen wie in dem Gemälde *Die Geburt der Milchstraße* von Rubens (1636–1637). Es zeigt die Entstehung der Galaxie aus Milch, die Hera beim Stillen von Herkules verschüttet. Die Milchstraße heißt auch Galaxis nach dem griechischen Wort für Milch.

NGC 6752

Dieser Kugelsternhaufen zählt zu den besten Zielen. Dank seiner Helligkeit und der scheinbaren Größe von etwa halber Vollmondgröße findet man ihn leicht im Fernglas. NGC 6752 ist nach Omega (ω) Centauri im Kentauren (Centaurus) und 47 Tucanae im Tukan (Tucana) der visuell drittgrößte seiner Art. Sein Anblick wird durch einen Stern der Größenklasse 7,6 im Vordergrund südlich des Haufens verstärkt. Doch Beobachtungen mit den Augen geben keine Hinweise auf die relative Entfernung: Dieser Vordergrundstern, ein Doppelstern, ist 788 Lichtjahre vom Sonnensystem entfernt, während der Kugelsternhaufen etwa 15 000 Lichtjahre entfernt ist.

SÜDLICHER STERNHAUFEN
NGC 6752 wurde bisher kaum erforscht, weil er weit im Süden liegt. Er befindet sich an der Grenze der Sichtbarkeit mit bloßen Augen.

LIBRA UND HYDRA

Die Waage (Libra) ist deshalb bekannt, weil sie zu den zwölf Sternbildern des Tierkreises gehört. Die Wasserschlange (Hydra) ist das größte Sternbild.

Die wichtigsten Merkmale der Waage (Libra) – die Waagschale der Gerechtigkeit – sind ihre Sterne. Zu ihnen gehören schöne Doppelsterne und auch schöne Namen: Alpha (α) Librae und Beta (β) Librae heißen Zubenelgenubi und Zubeneschamali, die südliche und nördliche Schere des Skorpions (Scorpius). Diese Namen stammen aus einer Zeit, als die alten Griechen die Waage als Teil des Skorpions ansahen. Mithilfe der Waage kann man die Wasserschlange (Hydra) lokalisieren, an die sie grenzt. Die Wasserschlange stellt die mehrköpfige Schlange dar, die Herkules tötete. Sie ist ein enorm großes Sternbild, das sich nahezu über ein Drittel des gesamten Himmels spannt. Sie verläuft jedoch nicht durch die Milchstraße und enthält nur einen hellen Stern – Alpha (α) Hydrae – mit der Größenklasse 2,0. Dem bloßen Auge bietet sie nur wenig. Der Schwanz der Wasserschlange beginnt bei dem Stern Sigma (σ) Librae. Auf dem Weg zum Einhorn (Monoceros) liegen der schöne Variable R Hydrae, die Galaxie M83, ein heller Planetarischer Nebel – der Geist des Jupiter – und der Offene Sternhaufen M48.

M48 👁

Dieser Offene Sternhaufen liegt in 1500 Lichtjahren Entfernung von der Erde nahe an der Grenze der Wasserschlange zum Einhorn (Monoceros) und ist vermutlich um die 300 Millionen Jahre alt. M48 ist eine lockere Ansammlung von mindestens 80 Sternen, die man mit bloßem Auge als einen großen, dunklen verschwommenen Flecken sieht und der scheinbar so groß wie der Vollmond ist. In Ferngläsern oder kleinen Teleskopen erkennt man einige orangefarbene und gelbe Sterne. Der französische Astronom Charles Messier entdeckte M48 im Jahr 1771, aber nach einer falschen Berechnung erschien seine Position nicht korrekt in dem Katalog, sodass das Objekt erst 1783 wiederentdeckt wurde.

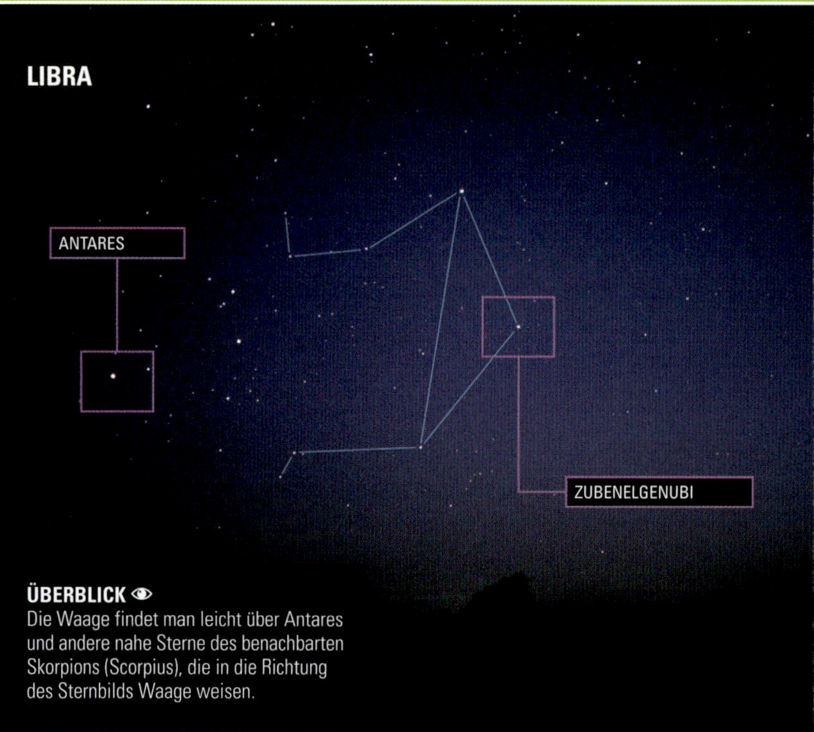

ÜBERBLICK 👁
Die Waage findet man leicht über Antares und andere nahe Sterne des benachbarten Skorpions (Scorpius), die in die Richtung des Sternbilds Waage weisen.

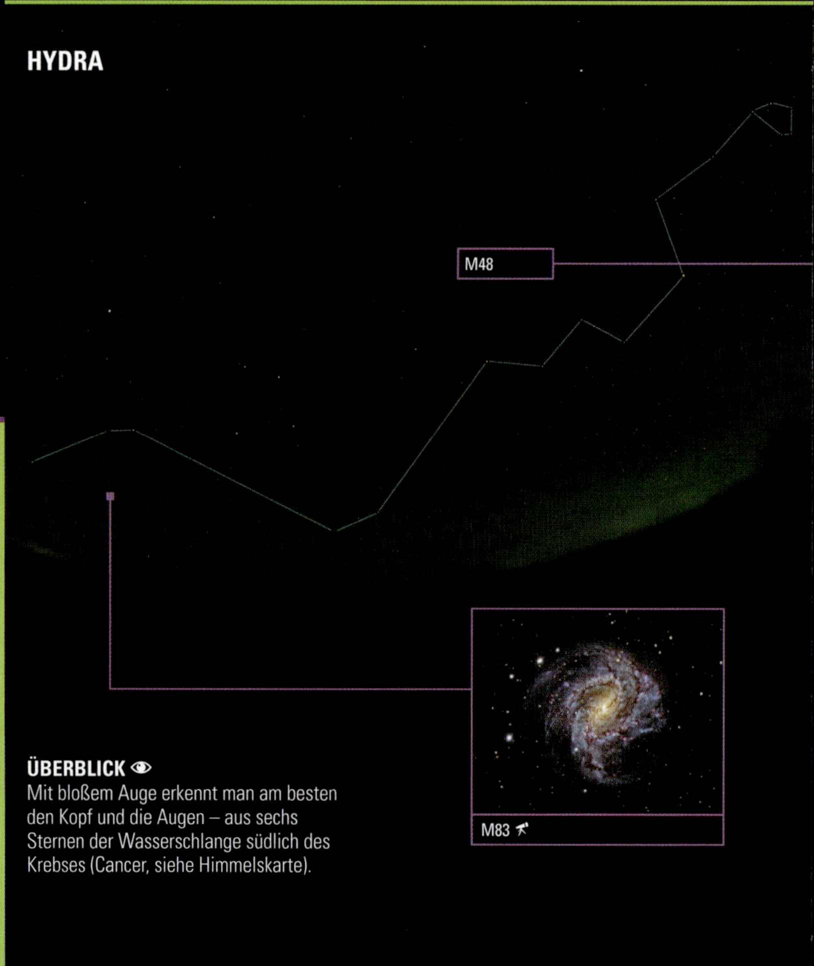

ÜBERBLICK 👁
Mit bloßem Auge erkennt man am besten den Kopf und die Augen – aus sechs Sternen der Wasserschlange südlich des Krebses (Cancer, siehe Himmelskarte).

LIBRA (Lib)

BREITE/HÖHE	
GRÖSSENRANGLISTE	**29**
VOLLST. SICHTBAR	**60° N – 90° S**

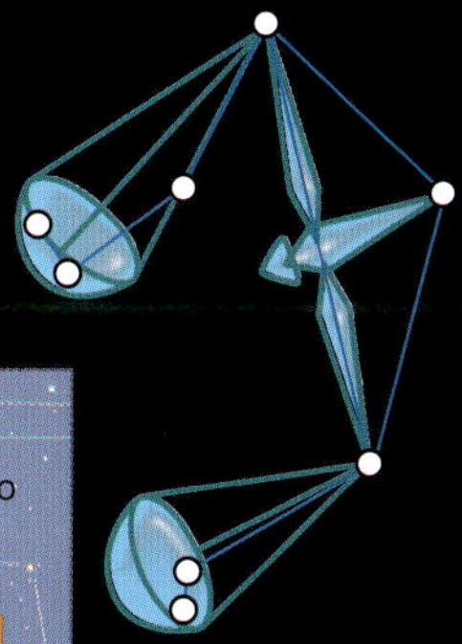

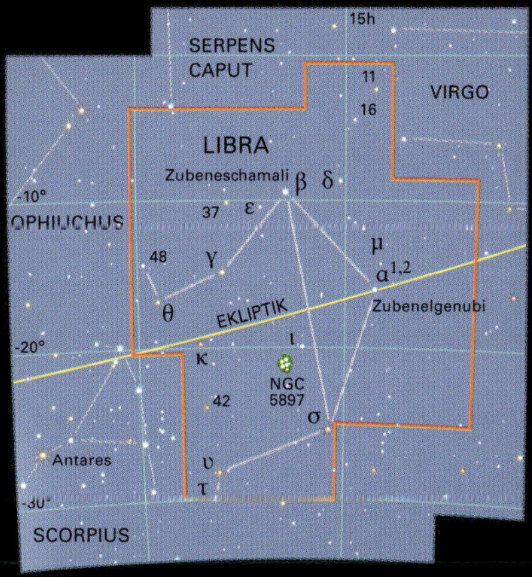

HIMMELSKARTE: LIBRA
Die Ekliptik verläuft durch die Waage, sodass man gelegentlich helle Planeten in diesem erkennbaren, aber unauffälligen Sternbild sieht.

DIE WAAGE BEOBACHTEN

HAUPTSTERNE	GRÖSSENKL.	BESONDERE MERKMALE
Alpha (α) Librae *Zubenelgenubi*	2,8	Der Doppelstern für das bloße Auge – die südliche Schere – hat einen kleineren Begleiter der Größenklasse 5,2. Sie leuchten bläulich und gelb.
Delta (δ) Librae *Zubenelakribi*	4,9–5,9	Der ziemlich helle algolartige Bedeckungsveränderliche wird alle 2 Tage und 8 Stunden dunkler.

ALPHA (α) LIBRAE
Zubenelgenubi ist ein weiter Doppelstern für das bloße Auge und liegt ungefähr 77 Lichtjahre vom Sonnensystem entfernt. Die beiden Sterne des lohnenswerten Objekts – mit den Größenklassen 2,8 und 5,2 – trennt ein Fernglas. Er liegt nahe an der Ekliptik und kann vom Mond und (selten) den Planeten bedeckt werden.

DIE WASSERSCHLANGE BEOBACHTEN

HAUPTSTERNE	GRÖSSENKL.	BESONDERE MERKMALE
54 Hydrae	5,3	Der Doppelstern an der Grenze zur Waage hat einen Begleiter der Größenklasse 7,4. Im Teleskop leuchten sie gelb und violett.
R Hydrae	4,5–9,5	Der Mira-Veränderliche hat eine Periode von ungefähr 389 Tagen.

WICHTIGE OBJEKTE	GRÖSSENKL.	BESONDERE MERKMALE
M48	5,8	Der große Offene Sternhaufen für das bloße Auge liegt ungefähr 1500 Lichtjahre von der Erde entfernt.
M83	7,5	Die Südliche Feuerrad-Galaxie sieht man auf der Erde von oben.
NGC 3242	7,7	Den Planetarischen Nebel nennt man auch Eye-Nebel oder den Geist des Jupiter.

HYDRA (Hya)

BREITE/HÖHE	
GRÖSSENRANGLISTE	**1**
VOLLSTÄNDIG SICHTBAR	**54° N – 83° S**

HIMMELSKARTE: HYDRA
Das größte Sternbild erstreckt sich über 1303 Quadratgrade und ist neun Quadratgrade größer als die Jungfrau (Virgo), das zweitgrößte.

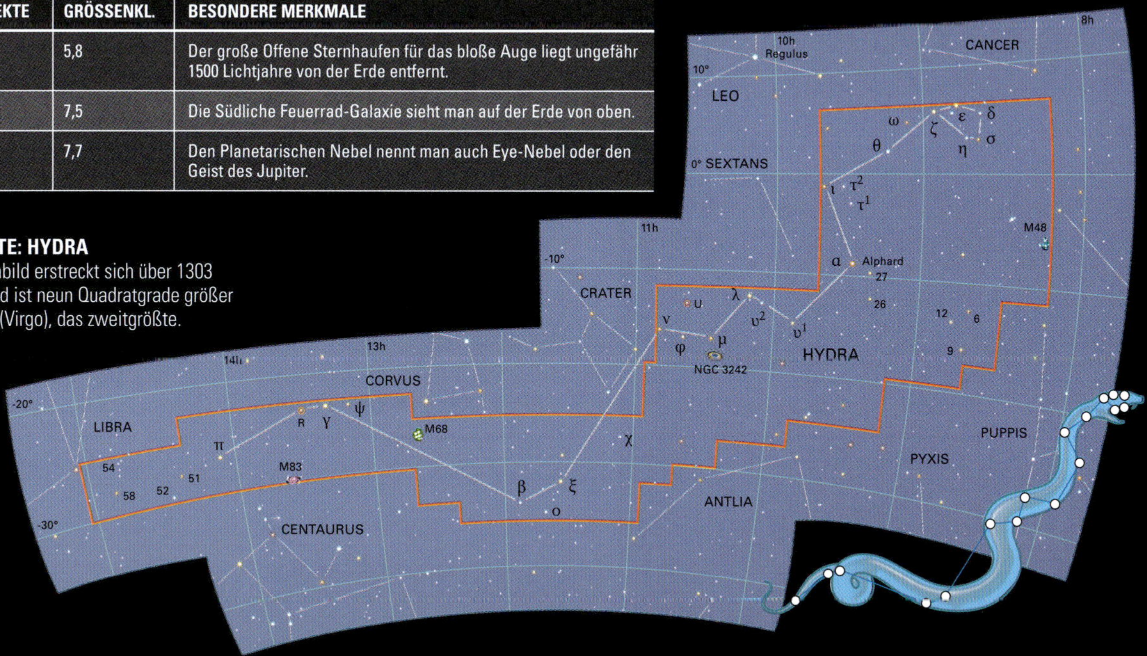

PUPPIS

Das Achterschiff (Puppis) besitzt einige schöne Offene Sternhaufen wie M46 und M47, die so eng nebeneinanderstehen, dass man sie zusammen im Fernglas sieht.

Das Achterschiff (Puppis) ist der größte Teil des alten Sternbilds Schiff der Argonauten (Argo Navis), das Nicolas de Lacaille 1763 aufteilte. Dadurch entstanden drei neue Sternbilder mit unauffälligen Formen, deren Muster schwer zu erkennen sind. Weil die Sterne nicht neu nummeriert wurden, existiert kein Stern »Alpha (α) Puppis«. Der Hauptstern heißt Zeta (ζ) Puppis oder Naos (griech.: Schiff). Dieser blaue Überriese hat eine Oberflächentemperatur von etwa 42 000 °C und ist der heißeste Stern, den man mit bloßem Auge sieht. Naos liegt an der Grenze zu den Segeln (Vela) in der Milchstraße. In dieser Richtung verlässt man die galaktische Ebene, sodass die Milchstraße hier nicht so hell erscheint wie im Schützen (Sagittarius) oder Skorpion (Scorpius), in denen das galaktische Zentrum liegt.

Das Achterschiff liegt an der Linie zwischen den **hellsten** Sternen **Sirius** und **Canopus.**

M46 und M47

Mit bloßem Auge sieht man von dem berühmten Offenen Sternhaufen M46 kaum mehr als einen hellen Fleck im Band der Milchstraße. Die dichte Gruppe, deren Sterne ähnliche Helligkeiten aufweisen, liegt über 5000 Lichtjahre von der Erde entfernt. Ein Teleskop verstärkt die Beobachtung enorm und zeigt einzelne Sterne. Scheinbar vor dem Sternhaufen liegt NGC 2438. Dieser Planetarische Nebel der Größenklasse 10,8 ist nahezu doppelt so weit von uns entfernt wie M46 und ihre scheinbare Nähe am Himmel ist nur glücklicher Zufall. M46 bildet ein Sternhaufenpaar mit dem benachbarten M47, der jedoch näher an der Erde liegt (in 1500 Lichtjahren Entfernung) und der hellere der beiden ist.

ÜBERBLICK
Das Achterschiff bietet eine schöne Auswahl kleiner Sterngruppen, die man mit bloßem Auge sieht und die ein wunderbarer Anblick durch das Fernglas sind.

PUPPIS (Pup)

BREITE/HÖHE

GRÖSSENRANGLISTE **20**

VOLLST. SICHTBAR **39° N – 90° S**

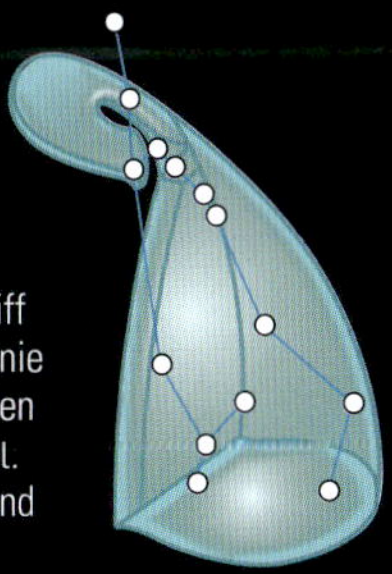

HIMMELSKARTE
Das Sternbild Achterschiff kann man neben einer Linie lokalisieren, die die beiden hellsten Sterne verbindet. Sirius im Großen Hund und Canopus im Schiffskiel.

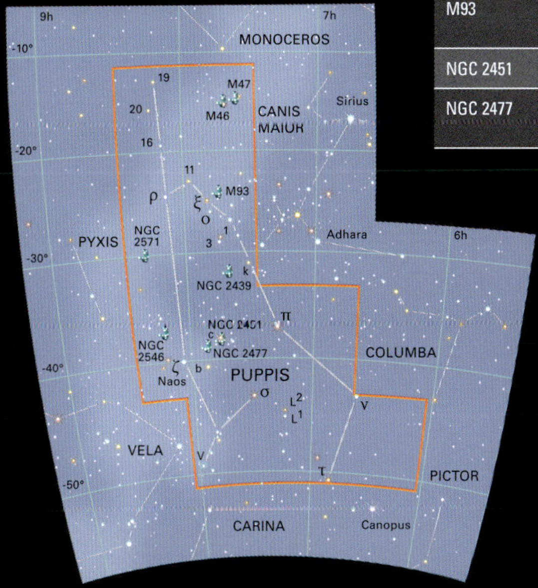

DAS ACHTERSCHIFF BEOBACHTEN

HAUPTSTERNE	GRÖSSENKL.	BESONDERE MERKMALE
Kappa (κ) Puppis	4,5	Der schöne Doppelstern hat einen Begleiter der Größenklasse 4,6.
Zeta (ζ) Puppis *Naos*	2,2	Der Hauptstern des Achterschiffs und blaue Überriese hat eine Masse, die fast 60-mal so groß ist wie die der Sonne.
L1 Puppis	4,9	Der Stern bildet mit L2 Puppis einen Doppelstern.
V Puppis	4,4–4,9	Der Bedeckungsveränderliche wechselt seine Helligkeit über 1,5 Tage.

WICHTIGE OBJEKTE	GRÖSSENKL.	BESONDERE MERKMALE
M46	6,1	In dem 5400 Lichtjahre entfernten Offenen Sternhaufen sieht man den Planetarischen Nebel NGC 2438, der aber tatsächlich viel näher liegt.
M47	4,4	Ferngläser zeigen, dass der Offene Sternhaufen eine lockere Ansammlung aus 40 Sternen ist.
M93	6,2	Der kleine, aber helle Offene Sternhaufen erinnert oberflächlich an ein zusammengepresstes Z.
NGC 2451	2,8	Der Offene Sternhaufen liegt 850 Lichtjahre entfernt.
NGC 2477	5,7	Der Offene Sternhaufen gleicht einem schwachen Kugelsternhaufen, der in kleinen Teleskopen einen wunderbaren Anblick bietet.

KLEINE GRUPPE
Der helle Offene Sternhaufen M93 ist mit etwa 25 Lichtjahren gegenüber anderen seiner Art relativ klein. Er ist 100 Millionen Jahre alt und nach astronomischen Maßstäben noch jung. M93 ist etwa 3600 Lichtjahre entfernt und besteht aus ungefähr 80 Sternen.

NGC 2477

Mit über 300 Sternen in einer Gruppe zählt NGC 2477 zu den schönsten Offenen Sternhaufen im Achterschiff (Puppis). Er ist scheinbar etwas kleiner als der Vollmond und er enthält so viele Sterne, dass er an einen schwachen Kugelsternhaufen erinnert, wobei einige Sterne Bögen beschreiben. NGC 2477 liegt etwa 4200 Lichtjahre vom Sonnensystem entfernt auf einer Linie zwischen Zeta (ζ) Puppis (Naos) und Pi (π) Puppis (Ahadi). Der französische Astronom Nicolas de Lacaille (1713–1762) entdeckte ihn 1751 und stufte ihn zuerst als Nebel ein, als er das Schiff der Argonauten (Argo Navis) in drei Sternbilder teilte.

REICHHALTIGE STERNFAMILIE
Am Rand von NGC 2477 befindet sich mit Größenklasse 4,5 der Stern b Puppis (rechts im Bild), durch den eine Beobachtung dieses Felds interessanter wird.

CANIS MAIOR

Der Große Hund (Canis Maior) ist deshalb berühmt, weil das Sternbild den hellsten Stern des gesamten Nachthimmels enthält: Sirius, einen hellen weißen Stern der Größenklasse -1,4.

Die Milchstraße fließt durch dieses bekannte Sternbild. Doch weil der Blick in dieser Richtung von der Ebene unserer Galaxie abweicht, enthält es keine beeindruckenden dichten Sternfelder. Dennoch ist der Große Hund (Canis Maior) ein hervorstechendes und bekanntes Sternbild, das den größeren der beiden Hunde des Jägers Orion darstellt. Während sich die Erde dreht, scheinen die beiden Hunde dem Jäger am Nachthimmel zu folgen. Der Große Hund enthält sechs helle Sterne wie den leuchtenden Sirius (Alpha Canis Maioris), die ein einfach zu erkennendes Muster bilden. Sirius kann man kaum übersehen, sodass man das Sternbild schnell auffindet, nachdem man den Hundsstern lokalisiert hat. Aber auch andere Wegweiser führen zum Großen Hund und kaum einer eignet sich besser als der Oriongürtel, eine gerade Linie aus drei hellen Sternen im Sternbild Orion (siehe S. 134–135). Zieht man eine Linie durch die drei Gürtelsterne und verlängert sie zur linken Seite von Orion, erreicht man den nächsten hellen Stern, Sirius. In dem Sternbild liegen auch die Offenen Sternhaufen NGC 2362 – der Tau(τ)-Canis-Maioris-Sternhaufen – und M41.

SIRIUS

M41

M41

Der Offene Sternhaufen M41 liegt etwa 2300 Lichtjahre entfernt und enthält ungefähr 80 Sterne der 7. Größenklasse und dunkler. Er ist gerade noch mit bloßem Auge sichtbar und war schon den alten Griechen bekannt. Den 25 Lichtjahre großen Sternhaufen findet man genau vier Grad südlich von Sirius. M41 erscheint am Nachthimmel als dunstiger Fleck, dessen Sterne über ein Gebiet verteilt sind, das ungefähr der scheinbaren Größe des Vollmonds entspricht. Seine Einzelsterne sieht man im Fernglas, während ein Teleskop Sternketten zeigt, die vom Zentrum abstrahlen. M41 liegt in der Mitte des Sternbilds Großer Hund und ist vorwiegend im Januar auf der südlichen Halbkugel sichtbar.

ÜBERBLICK

Der Große Hund (Canis Maior) ist der größere der beiden Hunde des Orion und eines der vielen hellen Sternbilder, die im Winter im Süden am Himmel stehen.

CANIS MAIOR (CMa)

BREITE/HÖHE

GRÖSSENRANGLISTE **43**

VOLLST. SICHTBAR **56° N – 90° S**

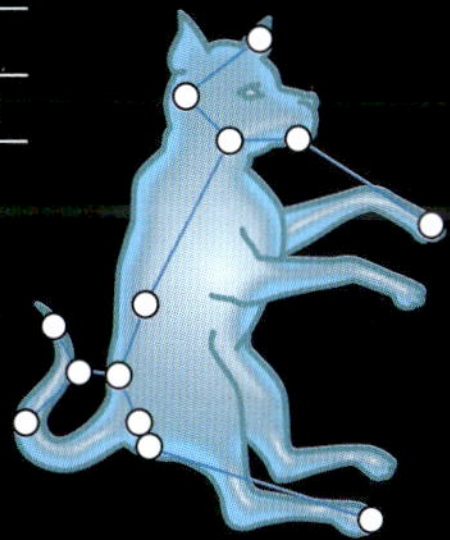

HIMMELSKARTE
Der Große Hund steht auf seinen Hinterbeinen und hält den Stern Sirius in seinem Maul.

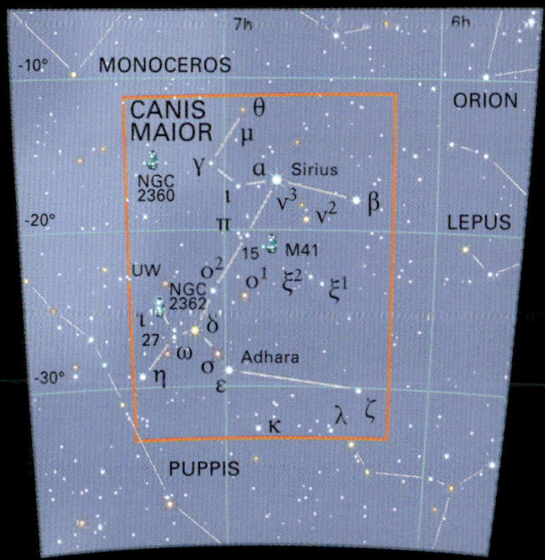

Sirius, den man auch **Hundsstern** nennt, ist nur **8,6** Lichtjahre vom **Sonnensystem** entfernt.

DEN GROSSEN HUND BEOBACHTEN

HAUPTSTERNE	GRÖSSENKL.	BESONDERE MERKMALE
Alpha (α) Canis Maioris *Sirius*	-1,4	Den hellsten Stern der Nacht nennt man auch Hundsstern. Er hat einen Weißen Zwerg als Begleiter, Sirius B.

WICHTIGE OBJEKTE	GRÖSSENKL.	BESONDERE MERKMALE
M41	4,5	Der Offene Sternhaufen ist 2300 Lichtjahre entfernt. Er hat am Himmel etwa Mondgröße.
NGC 2360	7,2	Den dichten, keilförmigen Offenen Sternhaufen sieht man in kleinen Teleskopen.
NGC 2362	4,1	Der Offene Sternhaufen aus 40 Sternen heißt auch Tau(τ)-Canis-Maioris-Sternhaufen.

NGC 2362
Diesen Offenen Sternhaufen, der in dieser Infrarotaufnahme rot gefärbt ist, findet man leicht mit bloßem Auge, weil sein Hauptstern der Stern Tau (τ) Canis Maioris (Größenklasse 4,4) ist. NGC 2362 ist etwa 25 Millionen Jahre alt und erscheint im Teleskop rund. Der Dunst um ihn ist der Überrest des Nebels, in dem er entstanden ist.

Sirius

Ein heller Stern wie Sirius war schon vor Jahrtausenden bekannt. Im alten Ägypten kündigte sein erstes Erscheinen in der Dämmerung das jährliche Nilhochwasser an. Sirius, den man Sothis nannte, war deshalb wichtig für den Kalender. Erst 1862, mehrere Jahre, nachdem eine leichte Unregelmäßigkeit seiner Bahn beobachtet wurde, entdeckte man einen kleinen Begleiter. Er umkreist Sirius alle 50 Jahre und ist die Ursache der Bahnunruhe. Der Stern erwies sich jedoch als bedeutender, weil man in ihm den ersten Weißen Zwerg entdeckt hatte.

HUNDSSTERN
Sirius ist doppelt so groß wie die Sonne und 23-mal so leuchtstark. Diese Grafik zeigt, wie sein blauweißer Begleiter (im Bild rechts) aussehen kann.

CETUS UND NORMA

Die dunklen Sternbilder Walfisch (Cetus) und Winkelmaß (Norma) enthalten jeweils Objekte, die dunkel, aber beeindruckend sind. Im Walfisch liegt der Stern Mira und das Winkelmaß enthält den Planetarischen Nebel Shapley 1.

Der Walfisch (Cetus) erstreckt sich über den Himmelsäquator südlich der Fische (Pisces) und des Widders (Aries) und bedeckt ein ziemlich großes, leeres Gebiet. Nur wenige helle Sterne treten in diesem ausgedehnten, aber dunklen Sternbild hervor. Der Walfisch enthält den langperiodischen Pulsationsveränderlichen Omikron (ο) Ceti oder Mira, der seine Helligkeit drastisch ändert, was der deutsche Astronom David Fabricius im Jahr 1596 entdeckte. Mira wurde zum Prototyp einer neuen Klasse von Veränderlichen. Der Begriff Mira-Veränderliche wurde für alle nachfolgend entdeckten Veränderlichen eingeführt, die ähnliche Aktivitäten zeigen. Das kleine Sternbild Winkelmaß (Norma) wurde 1754 von Nicolas de Lacaille eingeführt. Es liegt in der Milchstraße in der Nähe des Skorpions (Scorpius) und ist noch unauffälliger als der Walfisch. Sein hellster Stern ist Gamma (γ) Normae mit der Größenklasse 4,1. Das Winkelmaß enthält einige schöne Sternhaufen wie NGC 6067 und NGC 6087.

Mira

Omikron (ο) Ceti, den man auch Mira nennt, ist ein bemerkenswerter Pulsationsveränderlicher (siehe S. 19). Einige Veränderliche sind keine Einzelsterne, sondern Doppelsterne, die sich gegenseitig umkreisen – ihr Licht ändert sich aus unserer Sicht, wenn sich ein Stern vor den anderen schiebt. Andere Veränderliche pulsieren aufgrund innerer Kräfte und Mira, der übersetzt »die Wunderbare« heißt, gehört zu ihnen. Mira ist 300-mal größer als die Sonne und 15 000-mal heller. Der Stern ändert seine Helligkeit enorm während seiner 332-tägigen Periode, in der er zwischen der 2. und 9. Größenklasse schwankt – man sieht ihn deshalb häufig auch mit bloßem Auge. Diesen Wechsel kann man direkt verfolgen.

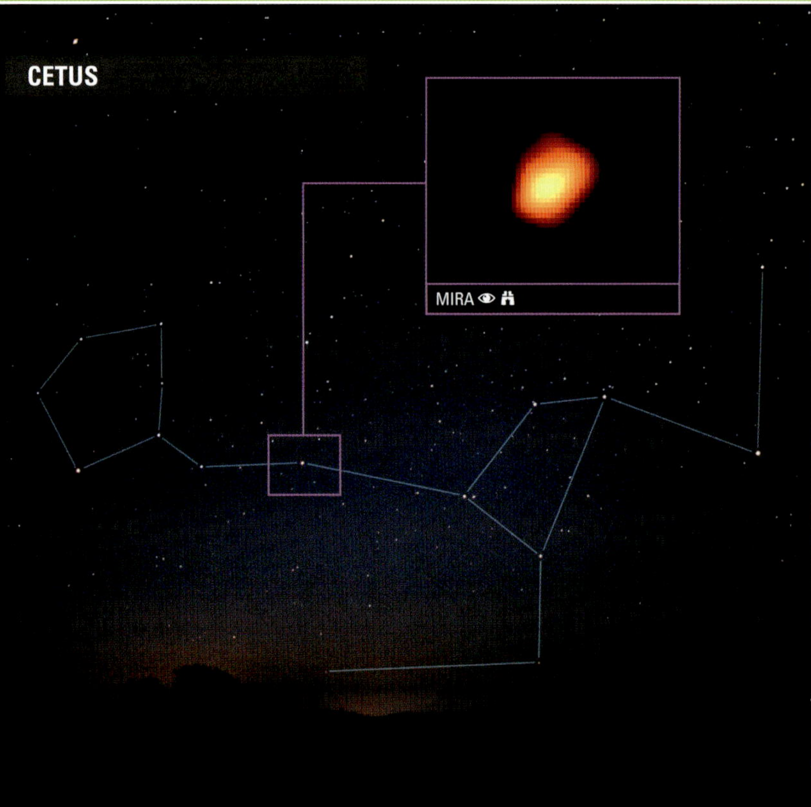

ÜBERBLICK
Der Walfisch ist das viertgrößte Sternbild. Es liegt in einem großen Gebiet des Himmelsäquators, in dem fast keine hellen Sterne liegen.

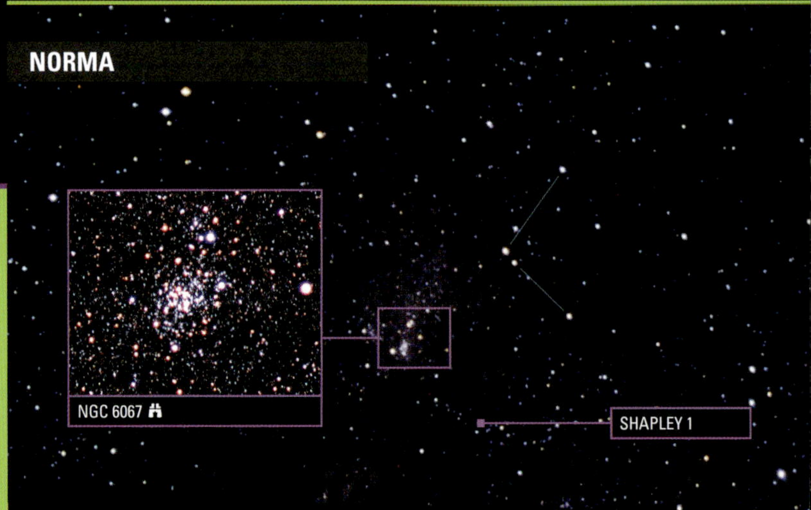

ÜBERBLICK
Das Winkelmaß hat ein unauffälliges Muster. Vier dunkle Sterne bilden einen rechten Winkel, es bietet aber eine wunderbare Sicht auf die Milchstraße.

CETUS (Cet)

BREITE/HÖHE

GRÖSSENRANGLISTE **4**

VOLLST. SICHTBAR **65° N – 79° S**

HIMMELSKARTE: CETUS
Der Walfisch liegt knapp südlich der Ekliptik, sodass die Planeten des Sonnensystems gelegentlich durch das Sternbild wandern.

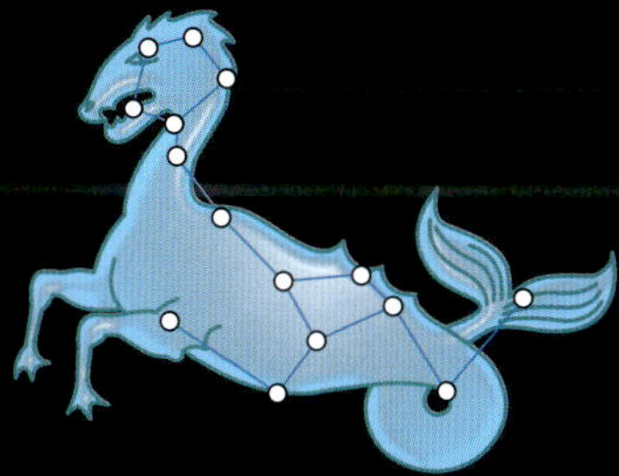

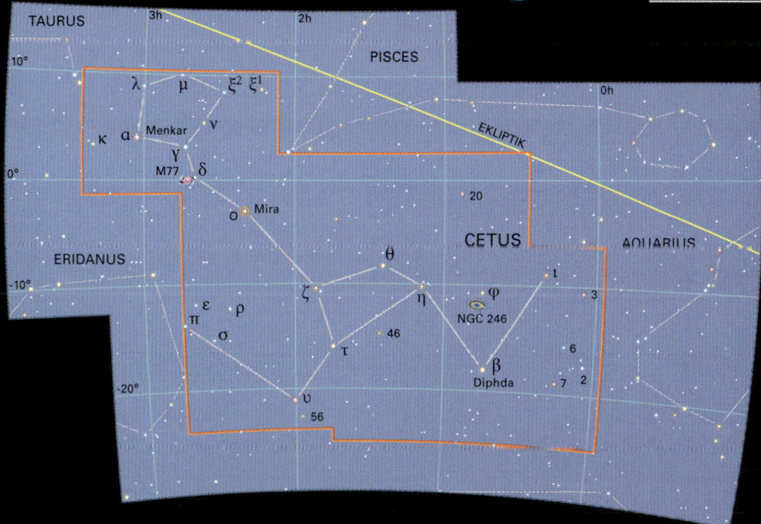

DEN WALFISCH BEOBACHTEN

HAUPTSTERNE	GRÖSSENKL.	BESONDERE MERKMALE
Alpha (α) Ceti *Menkar*	2,5	Der rote Stern bildet einen optischen Doppelstern mit dem blauen 93 Ceti.
Omikron (ο) Ceti *Mira*	2,0–10,0	Der langperiodische Veränderliche ändert über 332 Tage seine Helligkeit.

WICHTIGE OBJEKTE	GRÖSSENKL.	BESONDERE MERKMALE
M77	8,9	Die Spiralgalaxie in 47 Millionen Lichtjahren Entfernung sieht man mit Teleskopen.

M77
Eine der größten Galaxien im Messier-Katalog ist eine Seyfert-Galaxie mit extrem hellem Zentrum. In kleinen Teleskopen erscheint sie wie ein diesiger Stern.

Das **Seeungeheuer** der alten **griechischen** Sage ist auch als **Walfisch** bekannt.

NORMA (Nor)

BREITE/HÖHE

GRÖSSENRANGLISTE **74**

VOLLST. SICHTBAR **29° N – 90° S**

KARTE: NORMA
Das Winkelmaß wurde aus Sternen der Sternbilder Skorpion (Scorpius), Papagei (Ara) und Wolf (Lupus) gebildet.

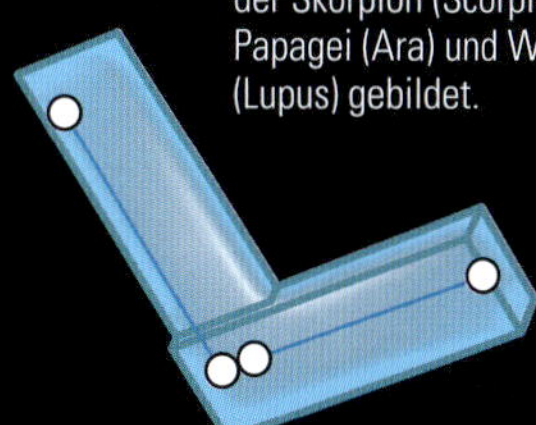

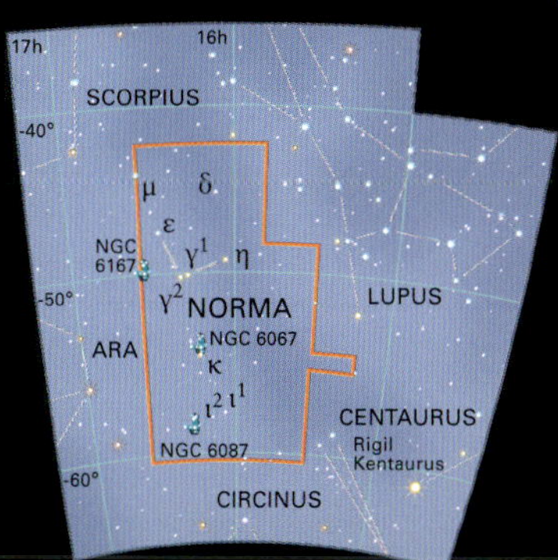

DAS WINKELMASS BEOBACHTEN

HAUPTSTERNE	GRÖSSENKL.	BESONDERE MERKMALE
Gamma-2 (γ^2) Normae	4,1	Der Stern bildet mit Gamma-1 (γ^1) Normae der Größenklasse 5,0 einen Doppelstern.

WICHTIGE OBJEKTE	GRÖSSENKL.	BESONDERE MERKMALE
NGC 6067	7,7	Der Offene Sternhaufen mit 100 Sternen liegt ungefähr 4600 Lichtjahre entfernt.
NGC 6087	5,4	Der helle Offene Sternhaufen eignet sich gut für das Fernglas.
Shapley 1	13,0	Der große, symmetrische Planetarische Nebel eignet sich für große Teleskope.

SHAPLEY 1
Dieser Planetarische Nebel ist ein gewaltiges Objekt für leidenschaftliche Beobachter mit einem großen Teleskop. Er liegt im richtigen Winkel zur Beobachtung mit einem fast kreisrunden Material-»Ring«. In seinem Zentrum sitzt ein Stern mit Größenklasse 14.

AQUARIUS

Der Wassermann (Aquarius) bietet großartige Himmelsobjekte wie den erdnächsten Planetarischen Nebel. Aus ihm stammen die Meteorschauer der Delta- (δ-)Aquariiden, die zweimal jährlich auftreten.

Der Wassermann (Aquarius) ist ein altes Sternbild – bereits die alten Babylonier kannten es –, teils weil es an der Ekliptik liegt, der jährlichen scheinbaren Bahn der Sonne um die Erde. Die Sonne wandert zwischen dem 16. Februar und dem 11. März durch den Wassermann. Wie alle Körper des Sonnensystems, die sich auf oder entlang der Ekliptik bewegen, wandern die Planeten des Sonnensystems zu bestimmten Zeiten durch den Wassermann oder jedes andere Tierkreissternbild. Diese werten das ansonsten dunkle und relativ unscheinbare Sternbild auf. Sein hellster Stern, Beta (β) Aquarii oder Sadalsund, leuchtet nur mit der Größenklasse 2,9. Die Sterne des Wassermanns zeigen ein Muster – insbesonders den leicht erkennbaren Asterismus des Water Jar (engl.: Wasserkrug), ein y-förmiges Muster der Sterne Gamma (γ), Zeta (ζ), Eta (η) und Pi (π) Aquarii. Den Wassermann findet man am besten über das Pegasusquadrat oder den Circlet in den Fischen (Pisces), die nicht weit entfernt liegen und auf das Sternbild weisen. Man kann es auch übers Sommerdreieck (siehe S. 106–107) finden.

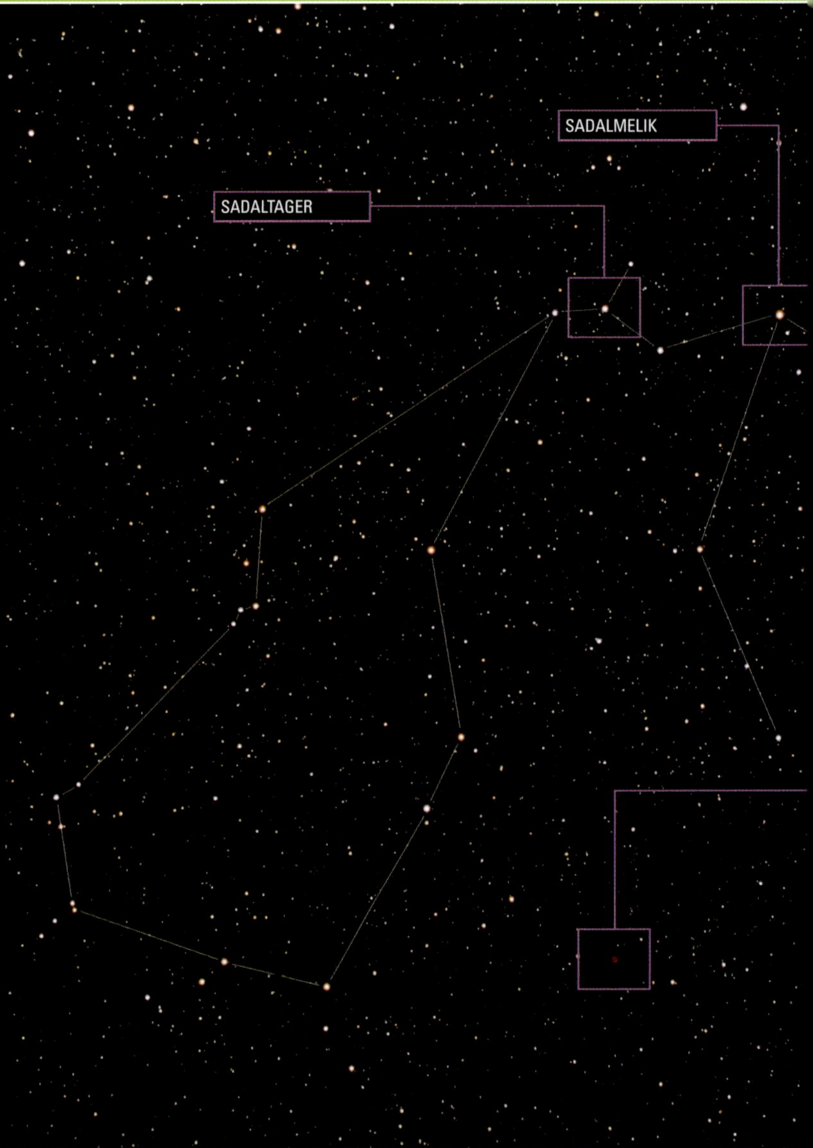

NGC 7009, Saturnnebel

Der Saturnnebel erhielt seinen Namen, weil er in großen Teleskopen dem Planeten Saturn sehr ähnlich sieht – seine Strukturen erinnern an die Ringe. Kleinere Teleskope zeigen dagegen nur eine grünliche Scheibe. NGC 7009 ist ein schönes Beispiel eines Planetarischen Nebels. Er war ursprünglich ein Stern mit geringer Masse, der sich zu einem Weißen Zwerg der Größenklasse 11,5 entwickelte. Der Nebel besteht aus Material, das bereits früh in diesem Prozess herausgeschleudert wurde und die nachfolgenden Stellarwinde zu Jets (Materialströmen) bündelte. Vergleicht man NGC 7009 mit NGC 7293, dem Helixnebel (siehe rechte Seite), erkennt man die Vielfalt der Formen dieser Himmelsobjekte.

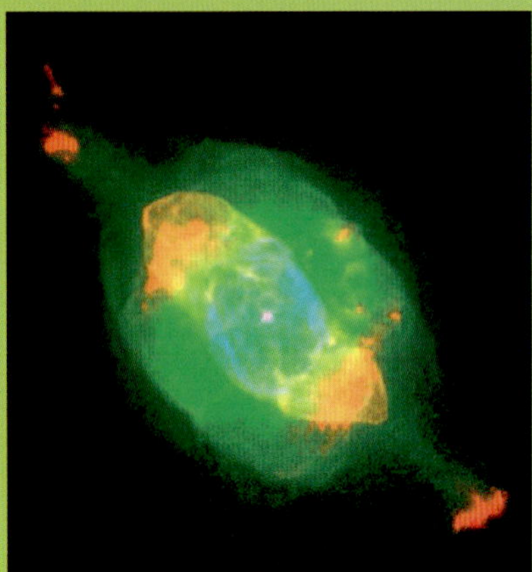

NEBEL MIT RINGEN
Die ringartigen Ausbuchtungen, die dem Saturnnebel seinen Namen gaben, sieht man in dieser Falschfarbendarstellung von Hubble (links). In kleineren Teleskopen erscheint der Nebel als eine blau-grüne Scheibe (oben).

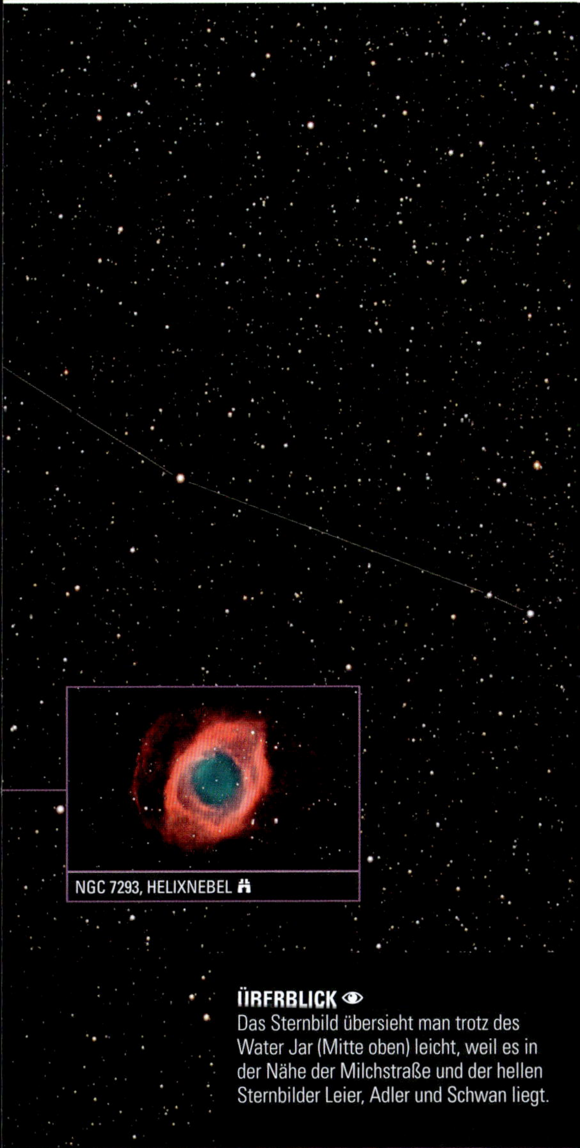

NGC 7293, HELIXNEBEL

ÜBERBLICK
Das Sternbild übersieht man trotz des Water Jar (Mitte oben) leicht, weil es in der Nähe der Milchstraße und der hellen Sternbilder Leier, Adler und Schwan liegt.

AQUARIUS (Aqr)
BREITE/HÖHE
GRÖSSENRANGLISTE **10**
VOLLST. SICHTBAR **65° N – 86° S**

HIMMELSKARTE
Der Wassermann bedeckt als zehntgrößtes Sternbild eine Fläche von 980 Quadratgraden. Für die alten Griechen stellte er Ganymed dar, den Mundschenk der Götter.

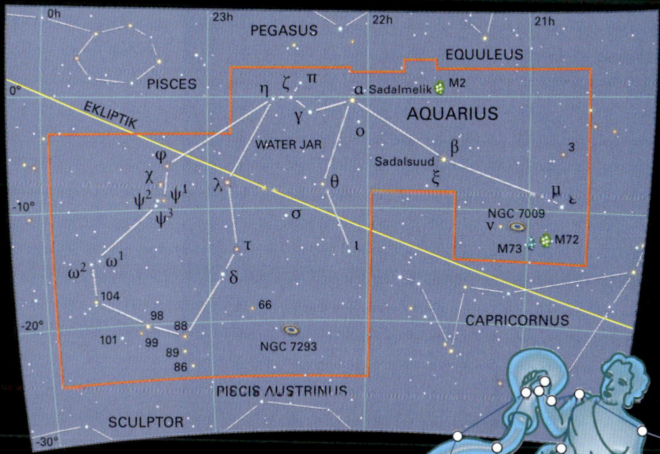

DUNSTIGER STERNHAUFEN
M2 ist einer der größten Kugelsternhaufen und wurde 1746 von dem italienischen Astronomen Jean-Dominique Maraldi entdeckt. Er liegt an der Grenze zum Füllen (Equuleus) und ist für das bloße Auge zu dunkel. Im Fernglas oder kleinem Teleskop findet man ihn ziemlich schnell als verschwommenen Stern.

NGC 7293, Helixnebel

Mit einem kleinen Teleskop sieht man in dunklen Nächten den Helixnebel – der aufgrund seiner Erscheinung auch »Auge Gottes« genannt wird – nur als blasse verschwommene Scheibe. Erst größere Instrumente zeigen weitere Einzelheiten und seine Farben sieht man nur auf Fotografien. Der Helixnebel besitzt die größte scheinbare Ausdehnung aller Planetarischen Nebel – er ist mehr als halb so groß wie der Vollmond – und ist vermutlich der erdnächste Planetarische Nebel in ungefähr 650 Lichtjahren Entfernung. Seine Größe von etwa 2,2 Lichtjahren entspricht etwas mehr als der halben Entfernung von der Sonne zu ihrem nächsten Stern Proxima Centauri im Kentauren (Centaurus).

DEN WASSERMANN BEOBACHTEN

HAUPTSTERNE	GRÖSSENKL.	BESONDERE MERKMALE
Alpha (α) Aquarii *Sadalmelik*	3,0	Sadalmelik ist der zweithellste Stern nach Beta (β) Aquarii, Sadalsuud, mit der Größenklasse 2,9.
Zeta-2 (ζ²) Aquarii *Sadaltager*	4,4	Der Stern bildet mit Zeta-1 (ζ¹) Aquarii als Begleiter der Größenklasse 4,6 in 5″ Abstand einen Doppelstern.

WICHTIGE OBJEKTE	GRÖSSENKL.	BESONDERE MERKMALE
M2	6,5	Der Kugelsternhaufen liegt etwa 700 Lichtjahre entfernt und erscheint in Ferngläsern als dunstiger Fleck.
NGC 7009, Saturnnebel	8,0	Der Planetarische Nebel erinnert in Teleskopen an den Planeten Saturn.
NGC 7293, Helixnebel	7,3	Der größte sichtbare Planetarische Nebel nimmt fast die Hälfte der scheinbaren Größe des Vollmonds ein.

CAPRICORNUS UND SCUTUM

Diese Sternbilder besitzen nur dunkle Sterne. Sie sind dennoch lohnenswert: Der Steinbock (Capricornus) enthält einen schönen Kugelsternhaufen und der Schild (Scutum) liegt in der Milchstraße.

Der Schild (Scutum) und der Steinbock (Capricornus) liegen im gleichen Himmelsabschnitt und haben etwas gemein: Ihre hellsten Sterne sind nur 3. und 4. Größenklasse, sodass sie am Himmel nicht besonders hervorstechen. Ansonsten sind sie aber sehr unterschiedlich. Der Steinbock ist das kleinste Sternbild des Tierkreises und stellt den babylonischen Wassergott Ea dar, dessen Symbole ein Fisch und eine Ziege waren. Er liegt in einem ziemlich strukturlosen Gebiet. Der Schild (Scutum), nördlich des Steinbocks, liegt dagegen in einem wunderbaren Abschnitt der Milchstraße. Dieses Gebiet zählt zu den hellsten Bereichen der Milchstraße außerhalb des Sternbilds Schütze (Sagittarius). Der Schütze bietet den schnellsten Weg, den Schild aufzufinden, da dieses kleine Sternbild etwas nördlich des Asterismus Teapot liegt. Um zum Steinbock zu gelangen, verlängert man eine Linie von Wega in der Leier (Lyra) durch Altair im Adler (Aquila) zu den Hauptsternen des Steinbocks: Alpha (α) Capricorni (Algedi) und Beta (β) Capricorni (Dabih).

M11, Wildenten-Sternhaufen

An dunklen Standorten sieht man den Wildenten-Sternhaufen – der 5600 Lichtjahre von der Erde entfernt im Schild liegt – mit bloßem Auge. Er erscheint als heller, dunstiger Fleck der Milchstraße und ist etwa halb so groß wie der Vollmond. Ferngläser zeigen etwas mehr, aber auch in ihnen sieht man nur ein verschwommenes Glühen. Erst ein Teleskop trennt einige der etwa 3000 Sterne. Sie bilden eine keilförmige Gruppe, die an einen Schwarm Wildenten erinnert. M11 liegt in einem Gebiet des Sternbilds, das man die Scutum-Sternwolke nennt und das zu den hellsten Abschnitten der Milchstraße gehört. Eine Ecke des rautenförmigen Sternbilds bildet der hellste Stern Alpha (α) Scuti mit Größenklasse 3,9.

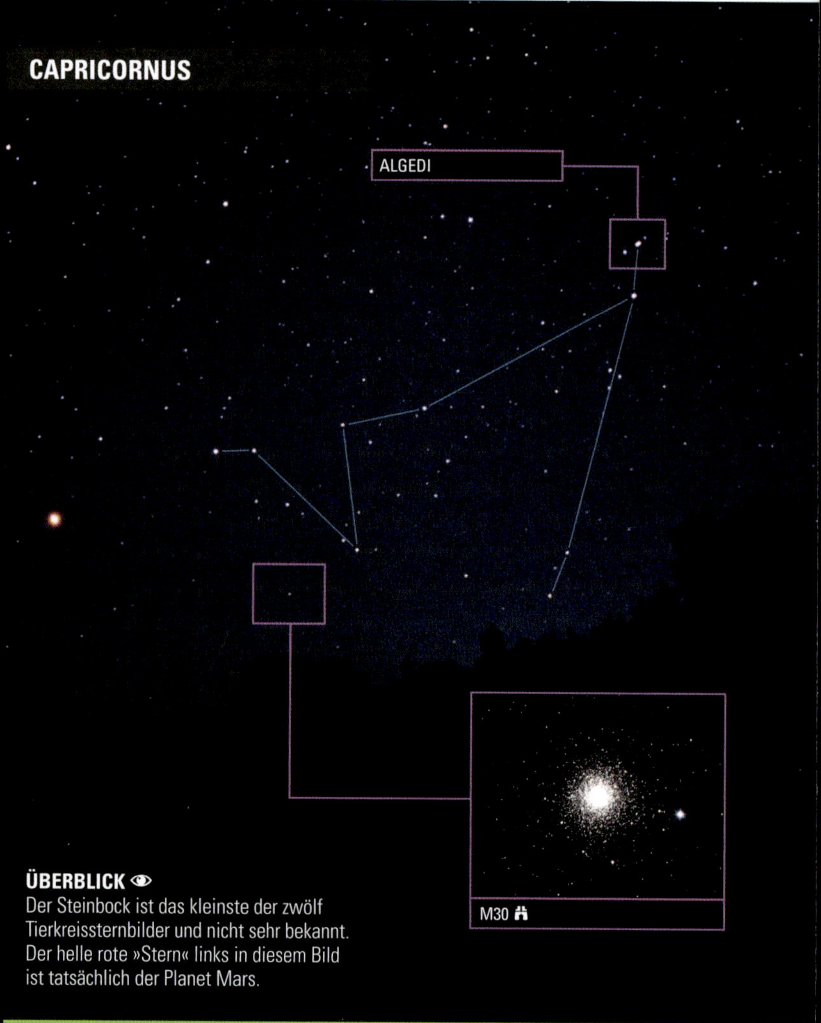

ÜBERBLICK
Der Steinbock ist das kleinste der zwölf Tierkreissternbilder und nicht sehr bekannt. Der helle rote »Stern« links in diesem Bild ist tatsächlich der Planet Mars.

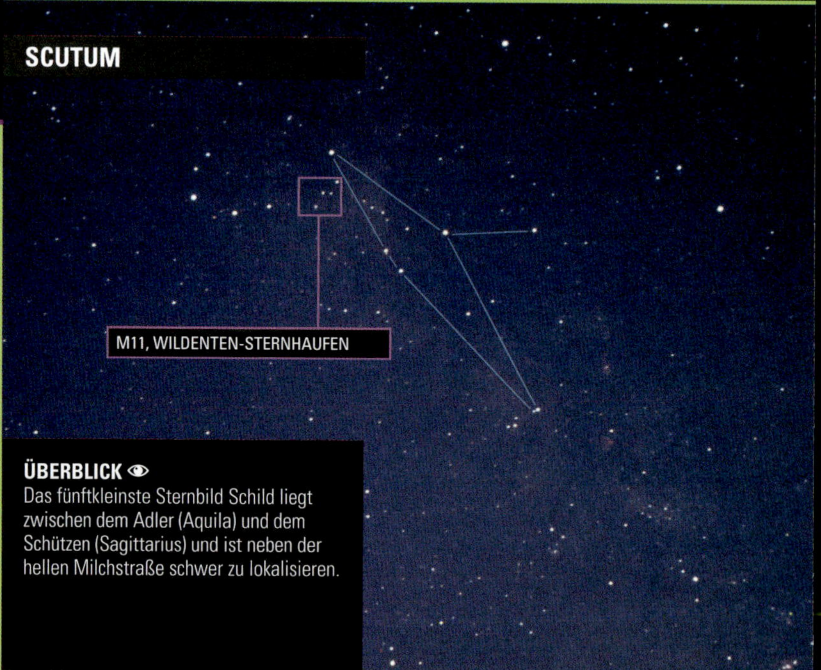

ÜBERBLICK
Das fünftkleinste Sternbild Schild liegt zwischen dem Adler (Aquila) und dem Schützen (Sagittarius) und ist neben der hellen Milchstraße schwer zu lokalisieren.

CAPRICORNUS (Cap)

BREITE/HÖHE

GRÖSSENRANGLISTE **40**

VOLLST. SICHTBAR **62° N – 90° S**

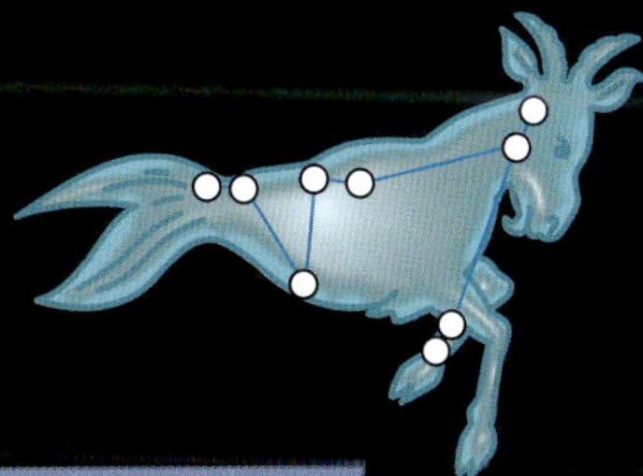

KARTE: CAPRICORNUS
Der hellste Stern dieses nahezu dreieckigen Sternbilds ist Delta (δ) Capricorni, Deneb Algedi, im Schwanz des Steinbocks.

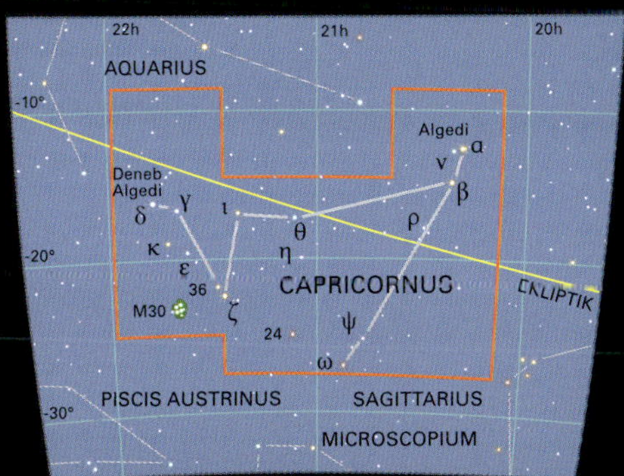

DEN STEINBOCK BEOBACHTEN

HAUPTSTERNE	GRÖSSENKL.	BESONDERE MERKMALE
Alpha-2 (α^2) Capricorni *Secunda Algedi*	3,6	Der Stern bildet einen optischen Doppelstern mit Alpha-1 (α^1) Capricorni, Prima Algedi, der Größenklasse 4,3. Beide Sterne sind golden und 61′ 30″ getrennt.
Beta (β) Capricorni *Dabih*	3,1	Der Doppelstern hat einen Begleiter der Größenklasse 6,1 in 3′ 25″ Abstand. Die Sterne leuchten gelb und weiß.

WICHTIGE OBJEKTE	GRÖSSENKL.	BESONDERE MERKMALE
M30	5,8	Der Offene Sternhaufen liegt etwa 6000 Lichtjahre entfernt und bietet einen schönen Anblick im Teleskop.

DUNSTIGER FLECK
M30 ist ein Kugelsternhaufen mit kollabiertem Kern und 90 Lichtjahre groß, der sich mit 182 km pro Sekunde auf das Sonnensystem zu bewegt. Kleine Teleskope zeigen ihn als verschwommenen Fleck.

SCUTUM (Sct)

BREITE/HÖHE

GRÖSSENRANGLISTE **84**

VOLLST. SICHTBAR **74° N – 90° S**

KARTE: SCUTUM
Der ursprüngliche Name des Sternbilds lautete Scutum Sobiescianum, an den der Hauptstern Sobieski erinnert.

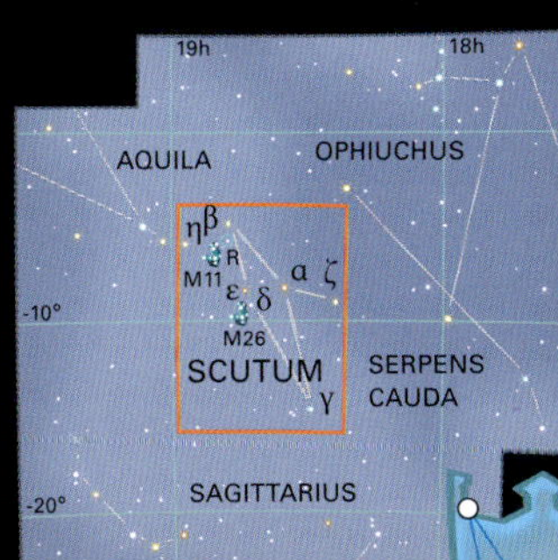

DEN SCHILD BEOBACHTEN

WICHTIGE OBJEKTE	GRÖSSENKL.	BESONDERE MERKMALE
M11, Wildenten-Sternhaufen	5,8	Der Offene Sternhaufen liegt 5600 Lichtjahre von der Erde entfernt und ist ein Ziel für Teleskope.
M26	8,0	Der Offene Sternhaufen ist nicht so schön wie M11, aber immer noch lohnenswert für Teleskope.

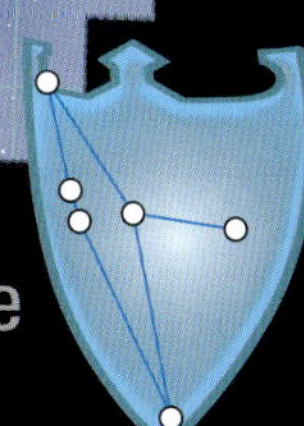

Der Astronom **Hevelius** benannte den Schild zu **Ehren** Johann III. Sobieskis, dem König von **Polen**.

WILDENTEN IM FLUG
M11 zählt zu den schönsten Offenen Sternhaufen. Sein keilförmiges Muster ist aber auf Fotografien weniger wahrnehmbar.

SAGITTARIUS

Der Schütze (Sagittarius) wird von einem Teil der Milchstraße beherrscht, der ihn als leuchtendes Band mit hellen Nebeln und Sternhaufen durchzieht.

An der Grenze des Schützen (Sagittarius) zum Skorpion (Scorpius) liegt ein Punkt, der das Zentrum unserer Galaxie markiert. Wenn man dieses bekannte Sternbild beobachtet, blickt man in das Herz der Milchstraße. Der Schütze enthält unzählige dunkle und helle Nebel, Kugelsternhaufen und wunderbare Offene Sternhaufen in einem reichhaltigen Sternfeld. Die Helligkeit der Milchstraße kann hier manchmal sogar Sternmuster überstrahlen. Die hellsten Sterne des Schützen bilden, obwohl sie innerhalb des galaktischen Bands liegen, einen ziemlich hellen und erkennbaren Asterismus, den man Teapot nennt. Ungewöhnlicherweise liegen die Sterne Alpha (α) und Beta (β) Sagittarii – Rukbat und Arkab – nicht in der Nähe dieser Gruppe und sie sind auch nicht die hellsten. Die beiden dunklen Sterne bilden den rechten Vorderlauf des Schützen.

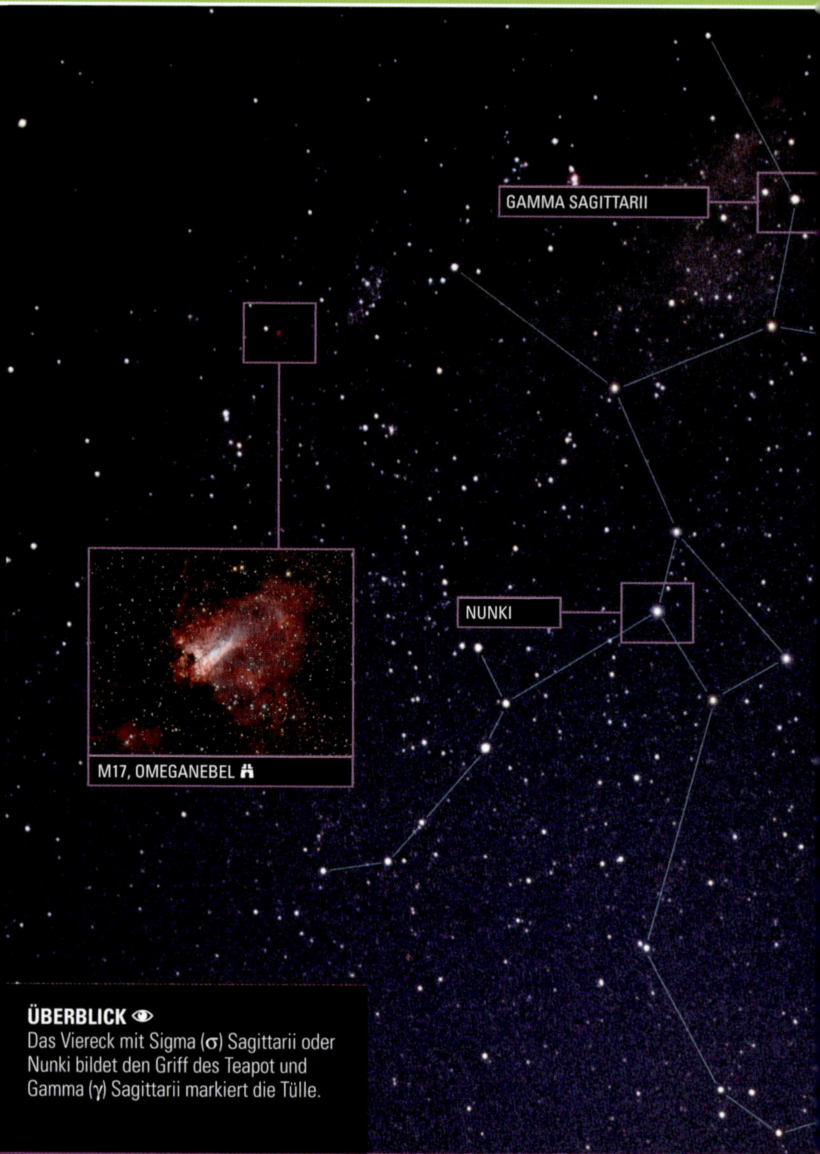

Sagittarius A*, das **Zentrum** der Galaxie, hat ein supermassives **Schwarzes Loch**.

ÜBERBLICK
Das Viereck mit Sigma (σ) Sagittarii oder Nunki bildet den Griff des Teapot und Gamma (γ) Sagittarii markiert die Tülle.

M8, Lagunennebel

Dieser Nebel zählt zu den größten des Himmels. Er wird von Sternen angeleuchtet, die in ihm entstanden sind – seine hellen Wolken stellen ein schönes Beispiel für einen Emissionsnebel dar. M8 erscheint im Fernglas als graues Oval mit einem helleren Fleck neben dem Zentrum. Kleine, dunkle Strukturen, die man Bok-Globulen nennt, sieht man mit einem Teleskop. Diese dichten Gebiete des Nebels sind protostellare Wolken, die durch ihre Schwerkraft Gas und Staub aus ihrer Umgebung anziehen. Ein Einzelstern oder Mehrfachsystem kann in diesen Globulen entstehen, sobald Kernreaktionen durch steigende Temperaturen einsetzen.

DUNKLE STAUBFAHNEN
Größere Teleskope zeigen die dunklen Lagunen aus Staub, die sich durch die Nebelwolke ziehen und M8 seinen Namen gaben.

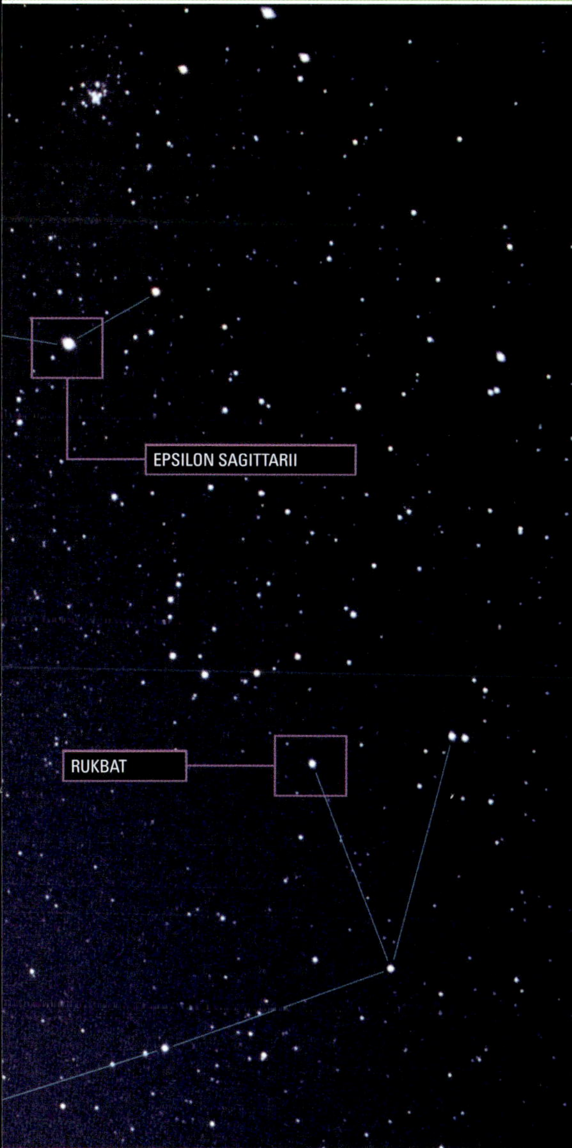

SAGITTARIUS (Sgr)	
BREITE/HÖHE	
GRÖSSENRANGLISTE	**15**
VOLLSTÄNDIG SICHTBAR	**44° N – 90° S**

HIMMELSKARTE
Der nördliche Teil oberhalb des Teapot ist das Hauptgebiet, um die erstaunlichen Himmelsobjekte des Sternbilds zu beobachten.

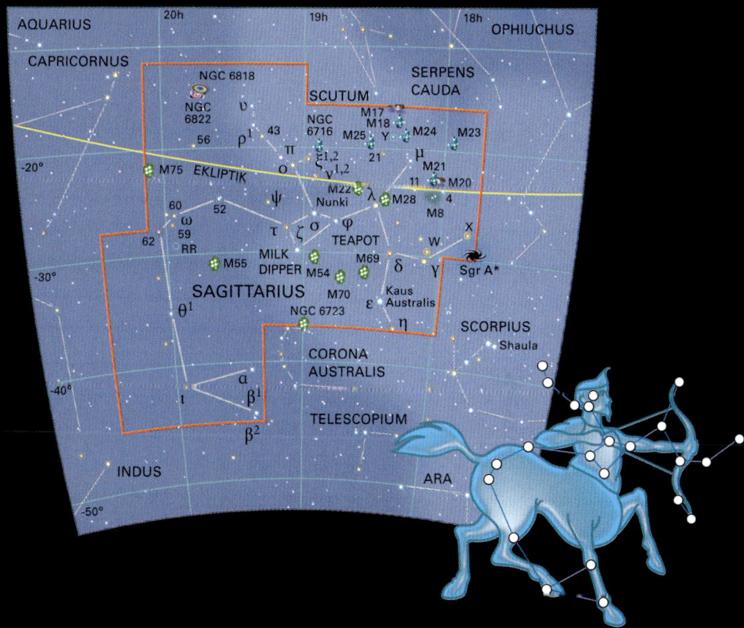

DEN SCHÜTZEN BEOBACHTEN

HAUPTSTERNE	GRÖSSENKL.	BESONDERE MERKMALE
Alpha (α) Sagittarii *Rukbat*	4,0	Der bläuliche Stern liegt 170 Lichtjahre von der Erde entfernt.
Beta-1 (β¹) Sagittarii *Arkab*	4,0	Der blaue Doppelstern hat den weißen Stern Beta-2 (β²), Arkab Posterior, der Größenklasse 4,3 als Begleiter.
Epsilon (ε) Sagittarii	1,8	Dieser Stern ist der hellste des Sternbilds.

WICHTIGE OBJEKTE	GRÖSSENKL.	BESONDERE MERKMALE
M8, Lagunennebel	5,8	In dem 5200 Lichtjahre entfernten Emissionsnebel liegt ein Sternhaufen aus etwa 25 Sternen.
M17, Omeganebel	7,0	In Ferngläsern erinnert dieser Emissionsnebel an eine dreieckige Scheibe aus grauem Kuchen.
M20, Trifidnebel	9,0	Den kleinen, rundlichen Emissionsnebel sieht man am besten mit Teleskopen.
M22	5,1	Der beeindruckende Kugelsternhaufen ist etwas kleiner als die scheinbare Größe des Vollmonds.
M23	5,5	Der Offene Sternhaufen liegt 2150 Lichtjahre entfernt.
M24, Sagittarius-Sternwolke	4,5	Das Sternfeld bedeckt eine Fläche der Milchstraße, die dreimal so groß wie der Vollmond ist.
M25	4,6	Der Offene Sternhaufen enthält etwa 30 Sterne, die das bloße Auge nur als Fleck erkennt.

M17, Omeganebel

Dieser Nebel ist eine helle Wolke aus glühendem Gas mit einer charakteristischen Kurve, die an den griechischen Großbuchstaben Omega (Ω) erinnert, obwohl seine anderen Namen Schwanen- oder Hufeisennebel ebenso Hinweise auf seine Gestalt liefern. Wie alle Emissionsnebel erscheint M17 dem bloßen Auge blassgrün. Erst auf Fotografien ist seine rote Farbe sichtbar, die durch ionisierten Wasserstoff entsteht. M17 sieht man bereits im Fernglas, aber seine wahre Form zeigt ein kleines Teleskop besser. Mit ihm sieht man auch den kleinen Sternhaufen NGC 6618 innerhalb der Wolke. Der Nebel und der Sternhaufen liegen ungefähr 4900 Lichtjahre von der Erde entfernt.

SCORPIUS

Der Skorpion (Scorpius) bietet Beobachtern viele Anziehungspunkte. Die Milchstraße, mehrere Deep-Sky-Objekte und helle Sterne zeichnen eines der bekanntesten Sternbilder aus.

Beobachter auf der nördlichen Halbkugel können die Schätze des Skorpions (Scorpius) nicht so gut genießen, weil das Sternbild am südlichen Himmel liegt. Seine Hauptsterne führt Antares oder Alpha (α) Scorpii an. Doch aus ihrer Anordnung einen Skorpion mit gekrümmtem Schwanz zu erkennen, erfordert etwas Vorstellungskraft. Das Tier verlor seine Scheren, als die Römer diese dem Sternbild Waage (Libra) an der Grenze zum Skorpion zuteilten. Antares ist ein Überriese, dessen Helligkeit zwischen den Größenklassen 0,9 bis zu 1,2 alle vier bis fünf Jahre schwankt. Sein enormer Durchmesser ist ungefähr 800-mal so groß wie der der Sonne – im Sonnensystem würde seine Oberfläche bis hinter die Umlaufbahn des Mars reichen. Der Planet besitzt dieselbe hellrote Farbe wie der Stern. Diese Farbe gab dem Stern auch seinen Namen: Antares bedeutet »Anti-Ares« oder »Gegen-Mars«. Ares war der griechische Name des römischen Kriegsgotts Mars. Ein weiterer sehenswerter Stern ist Delta (δ) Scorpii. Er leuchtet normalerweise mit Größenklasse 2,3, aber seit 2000 stieg diese unerwartet um bis zu 0,6 Größenklassen an.

M6, SCHMETTERLINGSHAUFEN

NGC 6231, TABLE OF SCORPIUS

ÜBERBLICK
Der gekrümmte Schwanz des Skorpions ist zweifellos sein auffälligstes Merkmal. Seine Scheren bilden heute das Nachbarsternbild Waage (Libra).

NGC 6231, Table of Scorpius

Der sehr junge Offene Sternhaufen NGC 6231 aus etwa 100 Sternen ist etwas mehr als drei Millionen Jahre alt und liegt zu weit südlich, um in Charles Messiers Katalog aufgenommen zu werden. Der Sternhaufen liegt ungefähr 5900 Lichtjahre vom Sonnensystem entfernt und erscheint dem bloßen Auge kaum mehr als eine dichte Sterngruppe. Seine Einzelsterne bieten dagegen eine wahrhaft wunderbare Sicht in Ferngläsern oder kleinen Teleskopen. Etwas außerhalb der Hauptgruppe befindet sich Zeta-1 (ζ^1) Scorpii der 5. Größenklasse, der vermutlich auch ein Mitglied dieser Sternfamilie ist. Der Stern besitzt einen optischen Begleiter der 4. Größenklasse, der aber viel näher am Sonnensystem liegt.

SCORPIUS (Sco)

BREITE/HÖHE

GRÖSSENRANGLISTE **33**

VOLLST. SICHTBAR **44° N – 90° S**

HIMMELSKARTE
Das Zentrum unserer Galaxie liegt am Nachthimmel gerade außerhalb des Skorpions, der daher viele verschiedene Sternhaufen bietet.

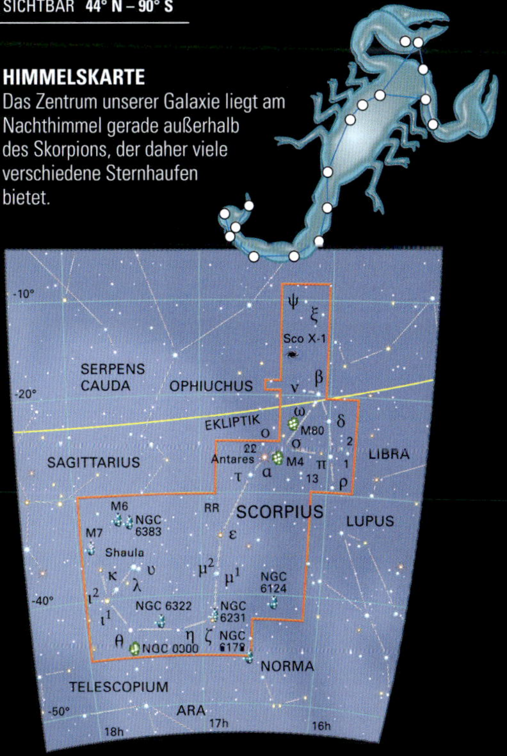

Der Skorpion ist nur **vollständig** sichtbar südlich von **40° N**, dem Breitengrad von **Madrid**.

DEN SKORPION BEOBACHTEN

HAUPTSTERNE	GRÖSSENKL.	BESONDERE MERKMALE
Alpha (α) Scorpii *Antares*	1,0	Der 16.-hellste Stern des Himmels leuchtet 10 000-mal so hell wie die Sonne.
Beta-1 (β¹) Scorpii *Graffias*	2,6	Er bildet einen Doppelstern mit Beta-2 (β²) Scorpii.
Zeta-1 (ζ¹) Scorpii	4,7	Der Doppelstern hat den helleren Begleiter Zeta-2 (ζ²) Scorpii der Größenklasse 3,6. Sie leuchten orangefarben und bläulich.
My-1 (η¹) Scorpii	3,0	Der Doppelstern hat den Begleiter My-2 (η²) Scorpii mit Größenklasse 3,6. Sie leuchten beide bläulich.

WICHTIGE OBJEKTE	GRÖSSENKL.	BESONDERE MERKMALE
M4	6,0	Einer der dichtesten Kugelsternhaufen des Sonnensystems liegt 6800 Lichtjahre von der Erde entfernt.
M6, Schmetterlings-Sternhaufen	4,2	Der Offene Sternhaufen liegt direkt nördlich von M7 (unten) in einem etwas dunkleren Abschnitt – und ist leichter zu beobachten.
M7, Ptolemäus-Sternhaufen	3,3	Der Offene Sternhaufen mit 80 Sternen der 10. Größenklasse oder heller bietet eine großartige Sicht im Fernglas.
M80	7,3	Den kleineren Kugelsternhaufen findet man mit Ausdauer im Fernglas. Sein Zentrum besitzt eine sehr dichte Erscheinung.
NGC 6231, Table of Scorpius	2,5	Der Offene Sternhaufen bietet eine großartige Sicht im Fernglas, weil er in der Milchstraße liegt.

M7, Ptolemäus-Sternhaufen

Den ausgezeichneten Offenen Sternhaufen M7 nennt man allgemein Ptolemäus-Sternhaufen nach dem griechischen Astronomen, der ihn 130 n. Chr. als Erster beschrieb. M7 zählt aufgrund seiner Helligkeit und Größe zu den besten Objekten im Skorpion (Scorpius) und erscheint am Himmel mehr als doppelt so groß wie der Mond. Das bloße Auge sieht den Sternhaufen als einen hellen Fleck in den dichten Sternfeldern der Milchstraße, erst Ferngläser zeigen Einzelsterne. Er liegt in der Nähe eines weiteren Sternhaufens (M6) – dem Schmetterlings-Sternhaufen –, der doppelt so weit entfernt ist wie M7 und kleiner und dunkler erscheint.

HELLER STERNHAUFEN
M7 befindet sich vor dem hellen Band der Milchstraße, das seine Sterne der 6. Größenklasse verstärkt. Er liegt etwa 780 Lichtjahre von uns entfernt.

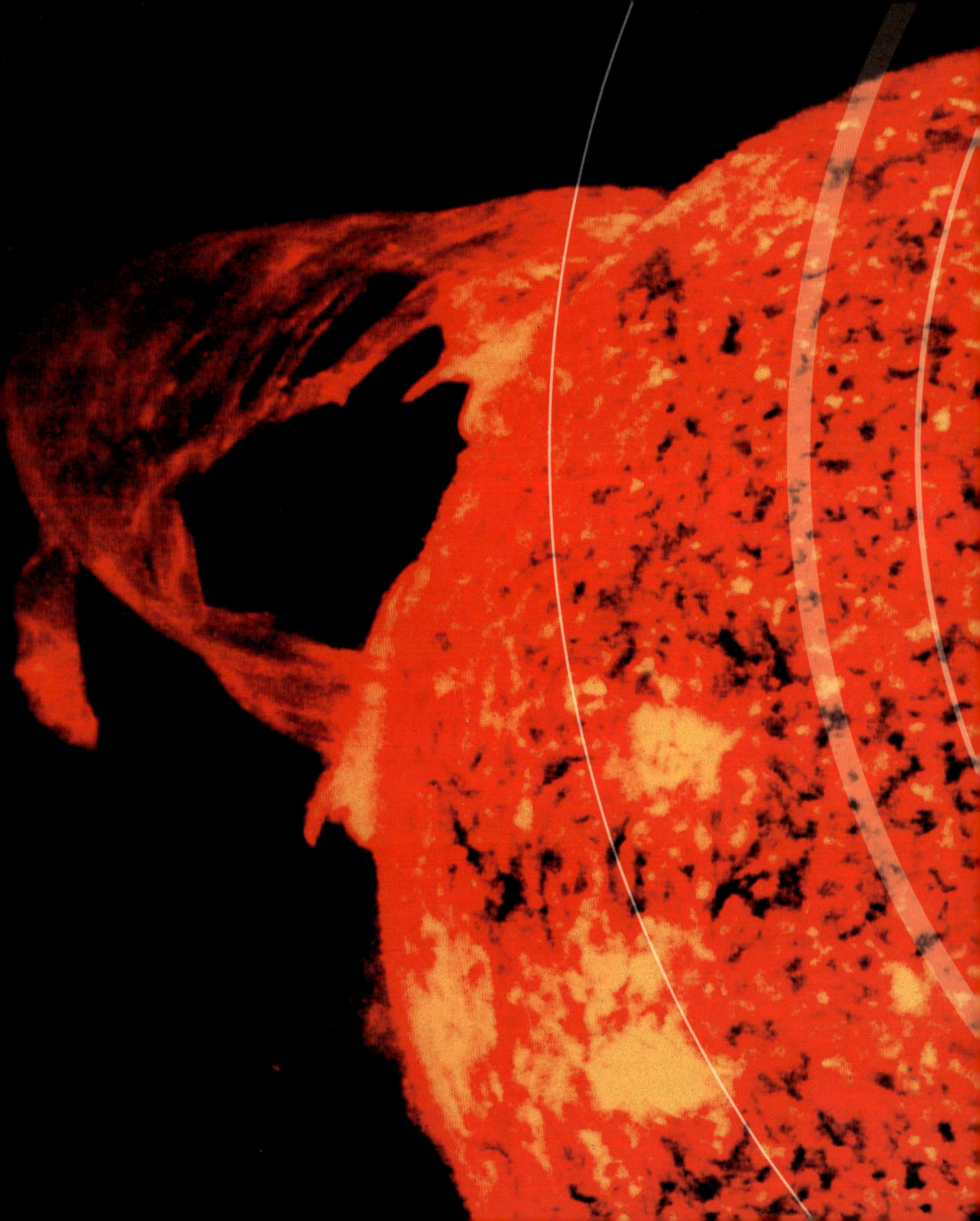

5

DAS SONNENSYSTEM

Das Sonnensystem besteht aus der Sonne und allem, das unter den Einfluss ihrer Schwerkraft fällt: mehrere kreisende Planeten, einige mit eigenen Monden, Gürtel mit Kleinkörpern aus Gestein und Eis und rasende Kometen. Dieses Reich bietet Amateurastronomen viel Interessantes.

UNSERE SICHT DES SONNENSYSTEMS

Während das Universum viele Schätze zur Beobachtung bietet, enthält auch unser Sonnensystem eine Fülle von Objekten, die faszinierende Ziele darstellen.

Planeten auf ihren Bahnen

Die drei faszinierendsten Planeten des Sonnensystems sind ohne Zweifel Mars, Jupiter und Saturn. Der erste Planet ist unser unmittelbarer Nachbar im Weltraum, der zweite besitzt viele Monde und Wolkenbänder und der dritte ein wunderschönes Ringsystem. Näher an der Sonne als die Erde leuchtet Venus als schöner »Stern«. Man sieht aber nur wenige Einzelheiten, weil ihre Oberfläche unter einer dicken, undurchsichtigen Wolkenschicht liegt. Hinter Saturn liegen Uranus und Neptun. Diese riesigen Planeten empfangen so wenig Sonnenlicht, dass sie nur als dunkle Objekte sichtbar sind.

DIE HAUPTAKTEURE
Insgesamt acht Planeten werden von der enormen Schwerkraft der Sonne angezogen. Die Erde ist nur einer der vier erdähnlichen Planeten, die innerhalb des Planetoidengürtels kreisen. Hinter dem Gürtel liegt Jupiter, der nächste der vier Gasriesen.

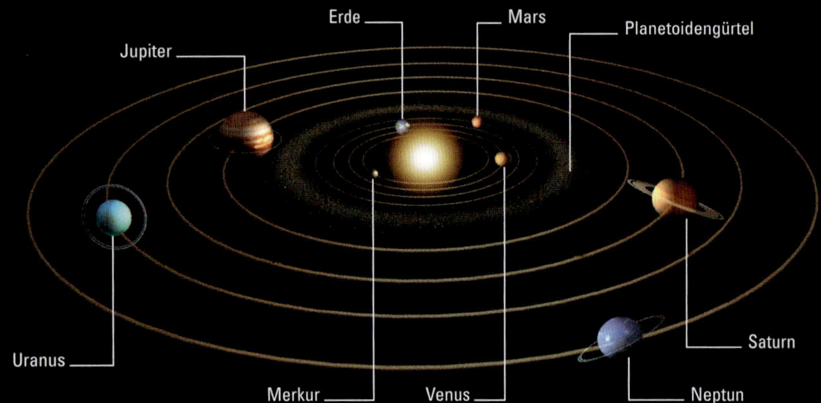

Ewige Bewegung und Veränderung

Alle Körper des Sonnensystems bewegen sich ständig. Das majestätische Kreisen der Planeten oder das Aufblitzen eines Meteors oder einer Sternschnuppe macht unsere Nachbarschaft im Weltraum so faszinierend zu beobachten. Die Planeten und unser Mond folgen ihren Bahnen (siehe rechte Seite), aber es gibt andere Objekte, deren Bahnen nicht vorhersagbar sind. Kometen, die an der Erde vorbeifliegen, bieten sogar dem bloßen Auge einen kurzen, aber beeindruckenden Anblick. Atmosphärische Phänomene wie Polarlichter verwandeln für wenige Stunden den Nachthimmel, während blinkende Punkte und helles Leuchten auf künstliche Satelliten hinweisen – unser Beitrag zu diesem Raumballett.

METEORE ALS FEUERKUGELN
Die hellsten Meteore nennt man auch Feuerkugeln. Sie erscheinen zufällig am Himmel. Einige sind so hell, dass sie sogar tagsüber sichtbar sind.

KONJUNKTION
Venus (der hellste Planet), Mars und Jupiter (links außen) stehen in Konjunktion. Der Mond ergänzt häufig diese Ausrichtung, weil auch er der Ekliptik folgt.

Die Bahnen der Planeten

Durch die Entstehung des Sonnensystems (siehe S. 14–15) kreisen alle Planeten in oder nahe der gleichen Ebene wie Murmeln auf dem Tisch. Diese Ebene nennt man die Ekliptik (siehe auch S. 34) und die Sternbilder, durch die sie verläuft, bilden die zwölf Sternbilder des Tierkreises. Deshalb wandern alle Planeten durch (oder gelegentlich knapp außerhalb ihrer Grenzen) diese Sternbilder. Astronomische Jahrbücher, Magazine und Websites veröffentlichen für jeden Monat Einzelheiten, wann die Planeten in den verschiedenen Sternbildern sichtbar sind. Mithilfe dieser Informationen fällt es leicht, ein Sternbild zu beobachten und den zusätzlichen »Stern« zu entdecken. Wenn dieser »Stern« seine Position nach einigen Tagen ändert, kann man sicher sein, einen Planeten zu sehen.

Gelegentlich führt eine zufällige Ausrichtung dazu, dass sich zwei oder mehr (selten sogar fünf) Planeten in der gleichen Sichtlinie befinden – diese Ausrichtung nennt man eine Konjunktion. Dieses Phänomen gibt der Beobachtung eine vollkommen neue Perspektive. Denn wenn man weiß, dass man Mars und Jupiter gemeinsam sehen kann, erlangt man ein wirkliches Gefühl eines Blicks ins Weltall im Gegensatz zu denjenigen, die den Nachthimmel nur als himmlische Decke betrachten.

Wenn Bahnen sich scheinbar kreuzen

Weil die meisten Körper des Sonnensystems annähernd in derselben Ebene kreisen, befinden sich manchmal zwei von ihnen in einer Ausrichtung, in der sich einer vor dem anderen bewegt. Wenn die Sonne, die Erde und der Mond auf einer Linie liegen, erleben wir eine Sonnen- oder Mondfinsternis. Liegen die Sonne, die Erde und Merkur oder Venus auf einer Linie, sieht man einen Transit – dann befinden sich Merkur oder Venus direkt vor der Sonne. Wenn sich ein Körper vor den anderen schiebt und ihn verdunkelt, nennt man das eine Bedeckung.

BEDECKUNG
Der Mond, hier als Sichel, kreuzt die Bahn des Jupiter und verdeckt die Sicht auf ihn, bis der Planet auf der anderen Seite wieder auftaucht.

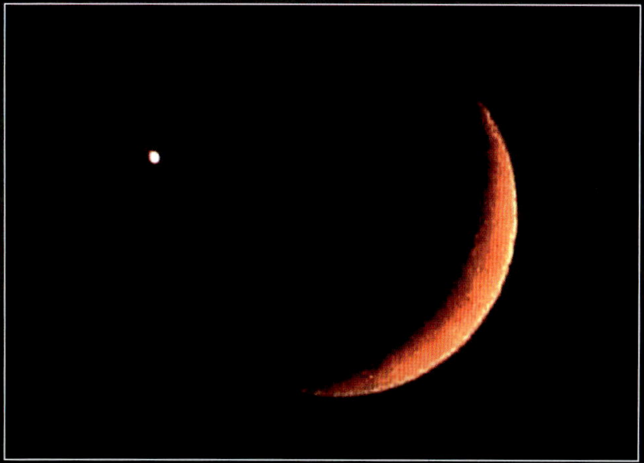

DIE PLANETEN BEOBACHTEN

Wann und wo man einen Planeten am Himmel sieht und wie er sich scheinbar bewegt, hängt von seiner Position und Bewegung gegenüber der Erde ab.

Relative Positionen

Merkur und Venus nennt man untere Planeten, weil sie innerhalb der Erdumlaufbahn um die Sonne kreisen. Man beobachtet sie am besten, wenn sie sich nahe ihrer größten Elongation befinden – der größten Entfernung des Planeten zur Sonne von der Erde aus gesehen (siehe Kasten rechts). Diese Position ist insbesondere wichtig, um Merkur zu beobachten, weil seine enge Umlaufbahn häufig nahe an der Sonne verläuft. Die unteren Planeten folgen scheinbar der Sonne, wenn sie untergeht, oder sind sichtbar, bevor sie aufgeht.

Die Planeten hinter der Erde – Mars, Jupiter, Saturn, Uranus und Neptun – sind die oberen Planeten, die man die ganze Nacht und in jeder Höhe über dem Horizont sehen kann. Ein oberer Planet erscheint dann besonders hell, wenn er sich der Erde nähert. Diese Position nennt man Opposition. Jeder Planet in Opposition geht nach Sonnenuntergang auf, erreicht seinen höchsten Stand um Mitternacht und geht bei Sonnenaufgang unter. Dieses Verhalten stellt den größten Unterschied der Sichtbarkeit zwischen unteren und oberen Planeten dar.

DIE UNTEREN PLANETEN

Die beiden unteren Planeten Merkur und Venus kreisen enger um die Sonne als die Erde. Auf einem Teil ihrer Umlaufbahn sind sie im Schein der Sonne nicht sichtbar, und wenn man sie sieht, zeigen sie wie der Erdmond Phasen. Sobald sie sich der Erde nähern, sieht man ihre beleuchtete Seite. Die beste Zeit, um einen der beiden Planeten zu beobachten, ist die ihrer größten Elongation: der Punkt, an dem sich der Planet von der Erde aus gesehen im größtmöglichen Winkel zur Sonne befindet. An diesem Punkt erscheinen sie als Halbplanet. Während sie sich der Erde nähern, werden sie größer, man sieht aber nur eine Sichel. Wenn sie sich direkt zwischen der Erde und der Sonne befinden (und dort wieder nicht sichtbar sind), stehen sie in der sogenannten unteren Konjunktion. In größter östlicher Elongation sind die Planeten am Abendhimmel direkt nach Sonnenuntergang sichtbar, während man sie in größter westlicher Elongation vor dem Sonnenaufgang in der Dämmerung beobachten kann.

DIE UNTEREN PLANETEN VON DER ERDE AUS GESEHEN
Zur Vereinfachung bleibt die Erde stationär. Die unteren Planeten (hier die Venus) erscheinen am größten als Sichel. Wenn sie am weitesten von uns entfernt und am kleinsten sind, sieht man den größten Teil ihrer Scheibe.

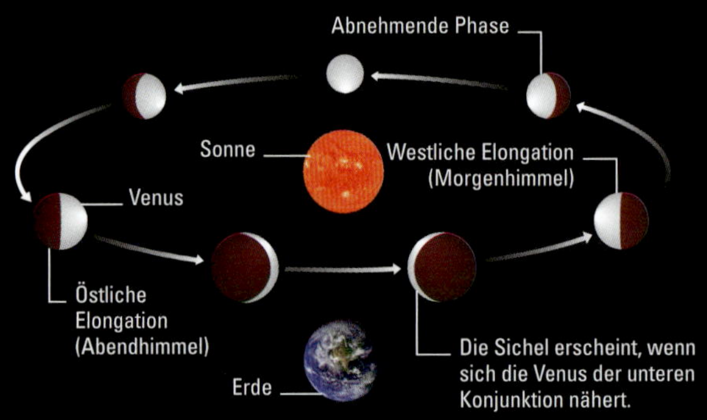

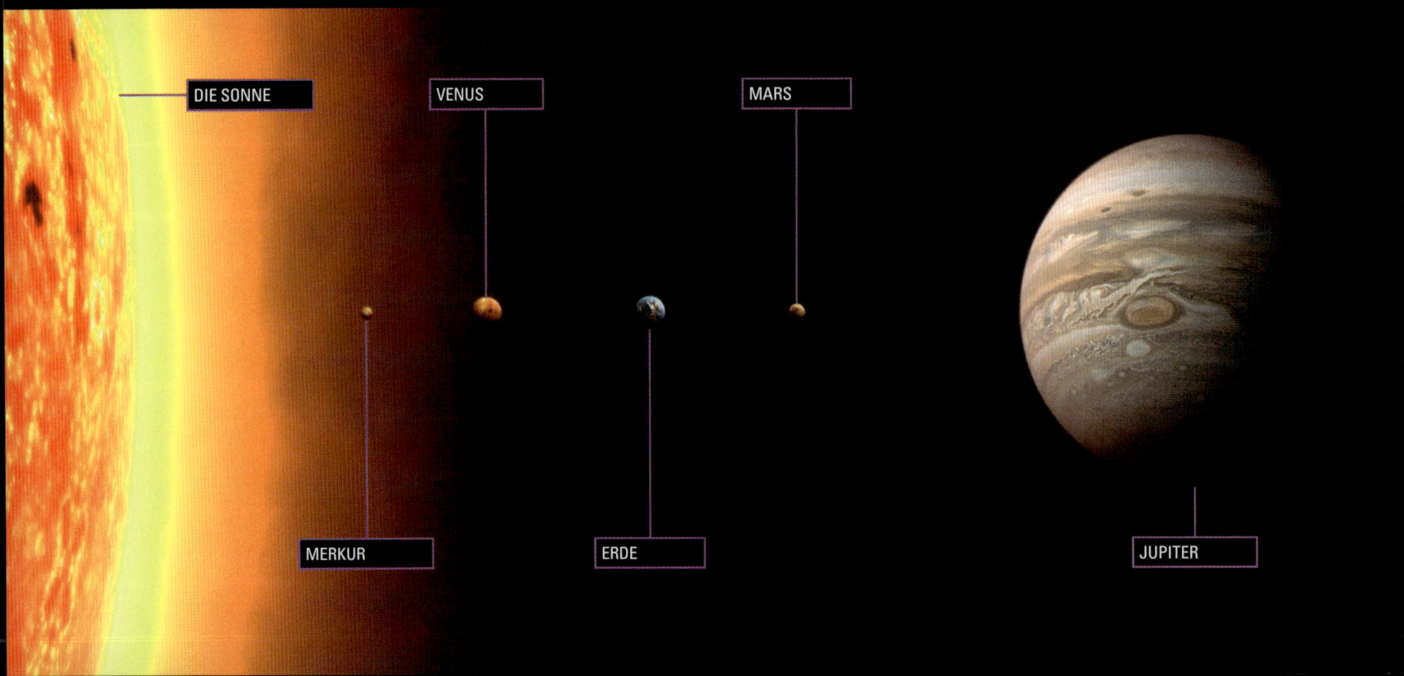

DEN BLICK VERSTÄRKEN
Den Planeten Saturn sieht man, von oben links im Uhrzeigersinn, mit bloßem Auge, im Fernglas, mit kleinem Teleskop und auf einer CCD-Aufnahme.

Was kann man sehen?

Alle Planeten kann man mit bloßem Auge sehen außer Neptun, für den man ein Fernglas benötigt. Dem Auge erscheinen sie als helle oder dunkle Sterne, aber erst im Fernglas zeigen sich Venus, Mars, Jupiter und Saturn als Planeten mit ihrer scheibenartigen Form. Mit leistungsstarken Ferngläsern erkennt man die Venusphasen. Merkur, Uranus und Neptun zeigen sich dagegen immer noch als sternartige Punkte. Ein kleines Teleskop verbessert die Sicht auf Merkur und Venus kaum, aber man sieht faszinierende Einzelheiten des Mars, Jupiter und Saturn. Oberflächenmerkmale wie die Polarkappen des Mars und die Bänder und Zonen auf Jupiter sind sichtbar und die Saturnringe sind klar erkennbar. Ein größeres Teleskop zeigt Uranus und Neptun schließlich als dunkle, blau-grüne Scheiben.

Retrograde Bewegung

Die oberen Planeten scheinen am Sternhimmel normalerweise von West nach Ost zu wandern. Doch wenn sie sich ihrer Opposition nähern (d. h. der Sonne am Himmel genau gegenüberstehen), bewegen sie sich etwa einen Monat lang rückwärts am Himmel. Anschließend halten sie wieder an und setzen ihre normale Bewegung fort. Dieses Phänomen nennt man retrograde Bewegung. Diese scheinbare Verschiebung nach Westen entsteht durch die unterschiedliche Bahngeschwindigkeit von Erde und Planet. Sie gleichen zwei Autos auf einer Rennstrecke. Das schnelle »Erdauto« überholt auf der Innenspur ein langsameres »Planetenauto« auf der Außenspur – im Moment des Überholens ist es in Opposition, wenn sich beide Autos am nächsten sind. Wenn man aus einem schnellen Auto auf das langsamere sieht, fährt es scheinbar rückwärts. Erst später sieht man wieder, dass es vorwärts fährt.

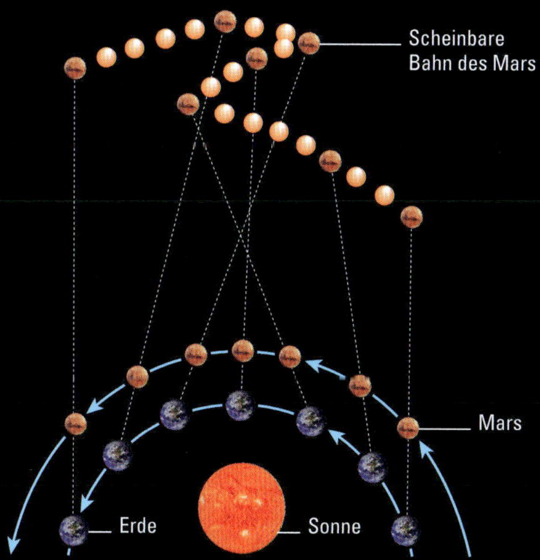

RÜCKWÄRTS WANDERN
Ein äußerer Planet erreicht die Opposition – den erdnächsten Punkt –, wenn die Erde direkt zwischen ihm und der Sonne liegt. In dieser Zeit, während die Erde ihn überholt, beobachtet man eine retrograde Bewegung des Planeten.

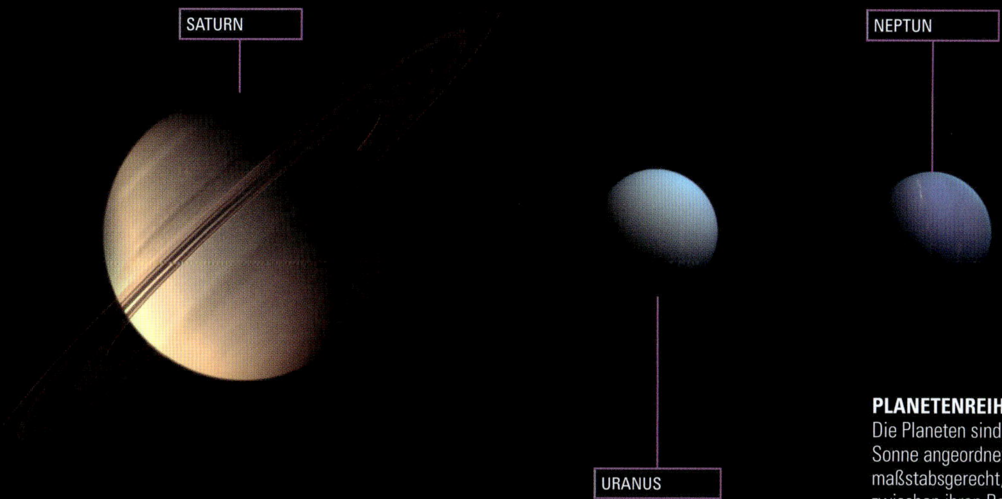

PLANETENREIHE
Die Planeten sind nach ihrem Abstand zur Sonne angeordnet. Ihre relative Größe ist maßstabsgerecht, aber nicht die Abstände zwischen ihren Bahnpositionen.

MERKUR UND VENUS

Diese beiden inneren Welten sind sehr unterschiedlich. Während der kleine und dunkle Merkur häufig als schwer zu fassender Planet gilt, ist Venus oft als strahlend heller »Stern« sichtbar.

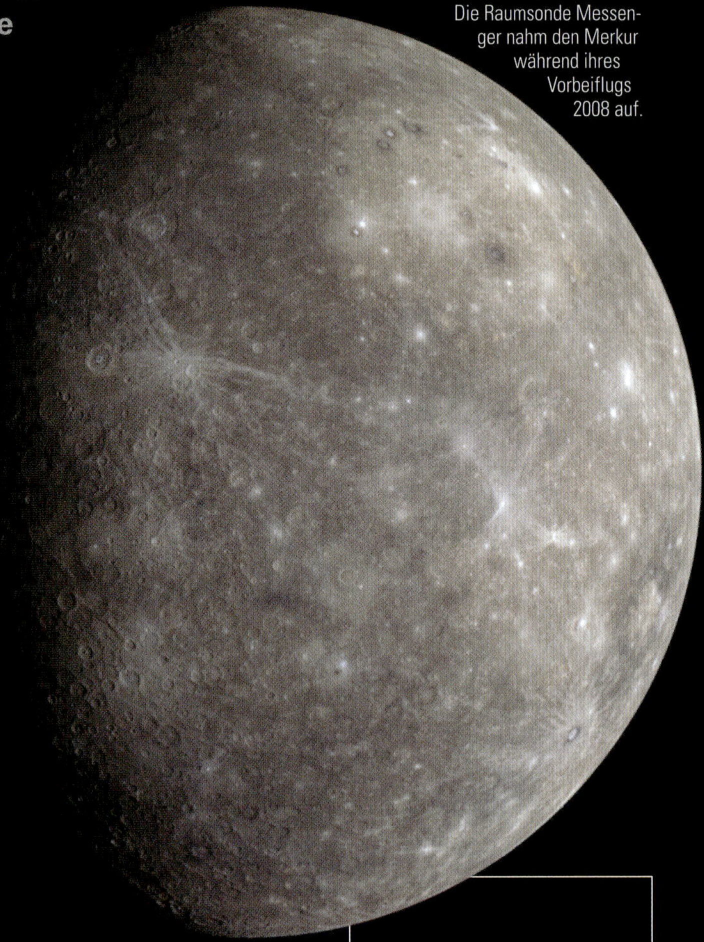

UNWIRTLICHE WELT
Die Raumsonde Messenger nahm den Merkur während ihres Vorbeiflugs 2008 auf.

Die Nachbarn der Sonne

Merkur ist eine winzige, erdartige Welt. Seine Oberfläche ist nach Meteoriteneinschlägen über Millionen von Jahren mit Kratern übersät. Venus ist weiter von der Sonne entfernt und ein größerer Planet. Ihre Oberfläche, die Wolken aus Schwefelsäure unter einer dichten Atmosphäre aus Kohlendioxid verhüllen, ist eine glühend heiße und öde Landschaft, die von gewaltigen Vulkanen und weiten Flächen aus erstarrter Lava geprägt ist. Venus dreht sich so langsam, dass ein Tag länger als ein Jahr dauert – Venus kreist in kürzerer Zeit um die Sonne, als sie sich um ihre Achse dreht. Ihre Umlaufbahn bringt sie näher an die Erde als jeder andere Planet. Mit weniger als 40 Millionen km ist sie etwa 100-mal so weit von der Erde entfernt wie unser Mond. Weil die beiden unteren Planeten (siehe S. 176) die Sonne näher umkreisen als die Erde, zeigen Merkur und Venus Phasen wie der Erdmond.

MERKUR IN DATEN

MITTLERER ABSTAND ZUR SONNE	**57,9 Millionen km**
UMLAUFZEIT	**88 Tage**
ROTATIONSZEIT	**58 Tage 15 Stunden 30 Minuten**
GRÖSSTE HELLIGKEIT	**-1.9**
GRÖSSTER ABSTAND ZUR ERDE	**221,9 Millionen km**
KLEINSTER ABSTAND ZUR ERDE	**77,3 Millionen km**
GRÖSSTE SCHEINBARE GRÖSSE	**12,9 Bogensekunden**
ANZAHL DER MONDE	**0**

GRÖSSENVERGLEICH

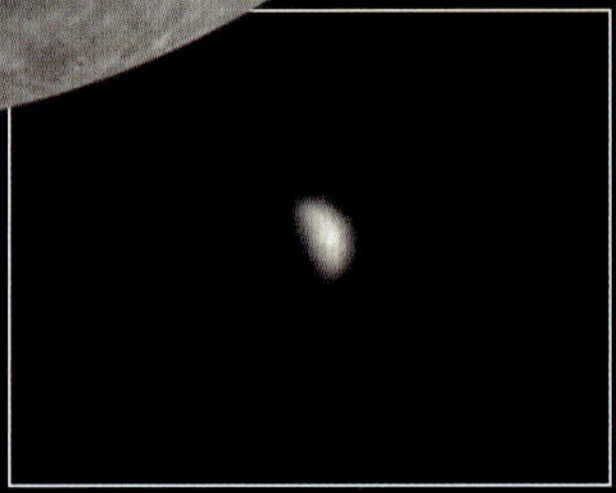

MERKUR IM TELESKOP
Merkur steht immer tief über dem Horizont, sodass man ihn immer durch die dunstige und verwirbelte Atmosphäre beobachtet. Deshalb sieht man eher eine verschwommene als eine scharfe Scheibe.

Den Merkur beobachten

Die Beobachtung des Merkurs wird durch seine geringe Größe und Entfernung zur Erde und seine Nähe zur Sonne zur Herausforderung. Man kann ihn mit bloßem Auge bei Einbruch der Dunkelheit oder in der Dämmerung sehen, aber aufgrund seiner schnellen Umlaufzeit bleibt er nicht länger als eine Woche sichtbar. Ein Teleskop zeigt seine Phasen, während er sich auf die Erde zu bewegt. Die scheinbare maximale Größe beträgt von der Erde aus gesehen nur 12,9 Bogensekunden – deshalb erhält man sogar mit Teleskopen nur flüchtige Blicke von verschwommenen Flecken seiner Oberfläche.

TRANSIT (DURCHGANG)

Merkur und Venus bewegen sich sehr schnell, aber wenn sie in der Dämmerung tief über dem Horizont stehen und keine Sterne im Hintergrund sichtbar sind, sind ihre Bahnen nur schwer erkennbar. Ihre Bahn verfolgen kann man aber während eines Transits – wenn Venus oder Merkur direkt vor der Sonne vorbeiziehen. Ein Transit des Merkur erfolgt 12- oder 13-mal pro Jahrhundert, während ein Venustransit ein seltenes Ereignis ist – nach zwei Transits im Abstand von acht Jahren folgt eine Pause von 105 Jahren, dann wiederum zwei Durchgänge im Abstand von zwölf Jahren, gefolgt von einer Pause von 121 Jahren.

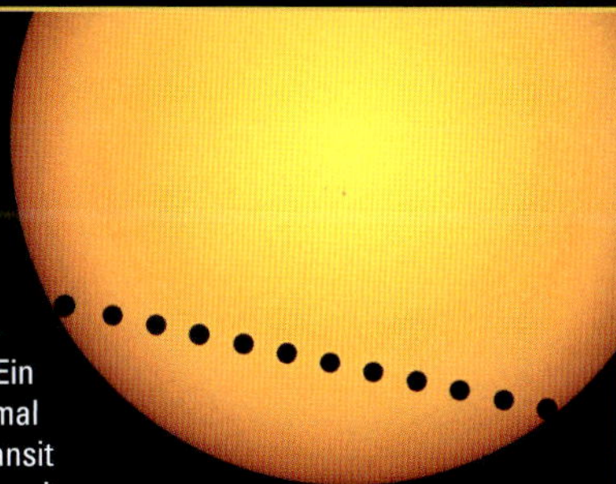

VENUSTRANSIT VOR DER SONNE
Einen Transit (hier eine Mehrfachbelichtung) kann man nur mit Vorsichtsmaßnahmen (siehe S. 54) beobachten.

VENUS IN DATEN

MITTLERER ABSTAND ZUR SONNE	**108,2 Millionen km**
UMLAUFZEIT	**224,7 Tage**
ROTATIONSZEIT	**243 Tage 0 Stunden 30 Minuten**
GRÖSSTE HELLIGKEIT	**-4.6**
GRÖSSTER ABSTAND ZUR ERDE	**261 Millionen km**
KLEINSTER ABSTAND ZUR ERDE	**38,2 Millionen km**
GRÖSSTE SCHEINBARE GRÖSSE	**66 Bogensekunden**
ANZAHL DER MONDE	**0**

GRÖSSENVERGLEICH

Die Venus beobachten

Für das bloße Auge überstrahlt Venus, während sie ihre größte Helligkeit erreicht, alle Himmelskörper außer dem Mond. Weil ihre Wolken das weiße Sonnenlicht reflektieren und Venus zwischen ihrer östlichen und westlichen Elongation (siehe S. 176) der Erde sehr nahe ist, erhielt sie ihre bekannten Namen Abend- oder Morgenstern. Im Vergleich zum sonnennäheren Merkur bewegt sich Venus nicht so schnell und ist deshalb längere Zeit sichtbar als ihr innerer Nachbar – man sieht sie am Abend- oder Morgenhimmel etwa sechs Monate lang. Venus erscheint uns in ihrer Sichelphase am hellsten. Dann ist sie der Erde so nahe, dass man ihre Form theoretisch mit bloßem Auge sehen kann, obwohl ein Beobachter ein außergewöhnlich gutes Sehvermögen besitzen muss, um das blendende Leuchten des Planeten zu überwinden. Im Fernglas sind ihre Phasen leicht zu sehen. Mit einem Teleskop wählt man nicht die dunkle Nacht zur Beobachtung, weil ihre Helligkeit alles überstrahlt. Die beste Zeit ist um Sonnenuntergang, weil dann der Kontrast gegenüber dem Himmel geringer ist.

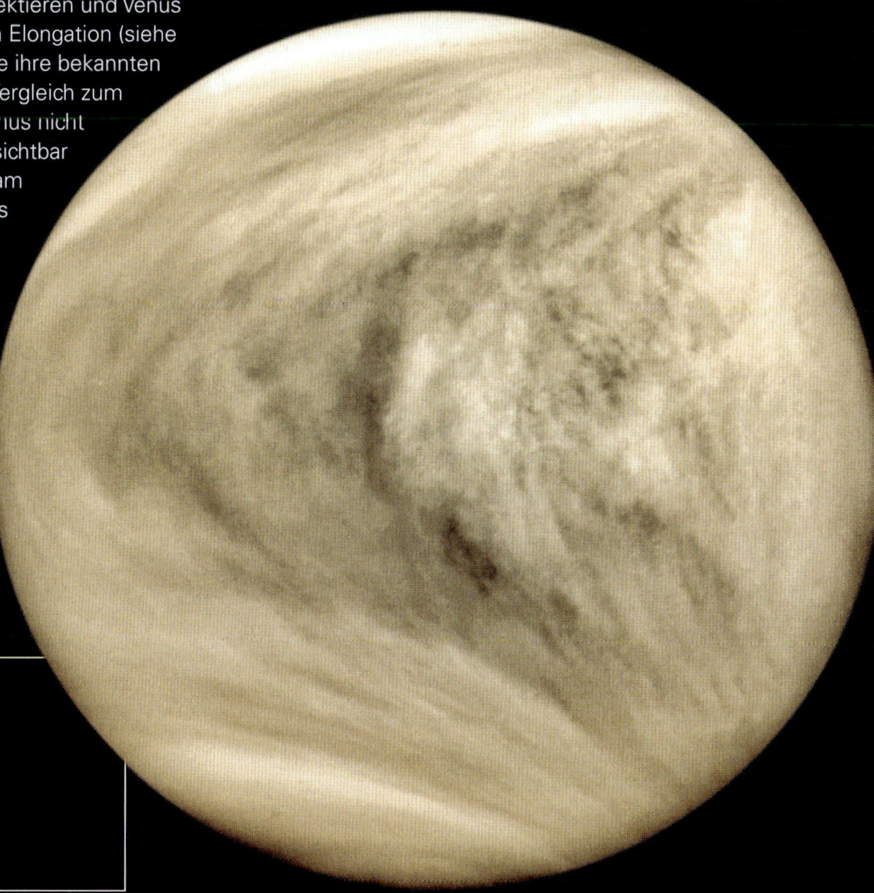

GEHEIMNISVOLLE WELT
Die Raumsonde Pioneer Venus Orbiter nahm 1979 das erste Bild der Venusscheibe auf.

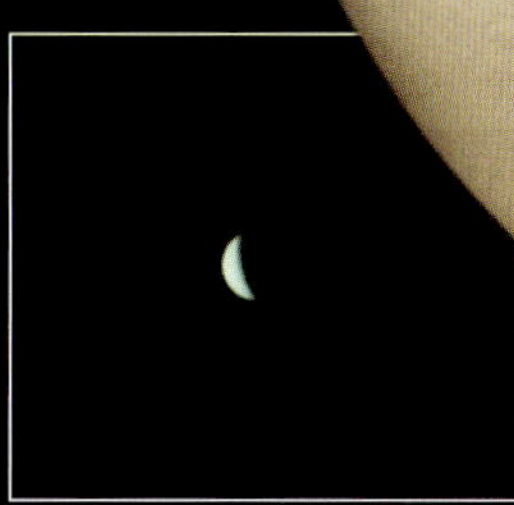

VENUS IM TELESKOP
Ein Teleskop zeigt den beleuchteten Teil der Venus – die Phase – als blendendes Weiß mit einigen wenigen atmosphärischen Merkmalen.

MARS

Mit seiner Helligkeit und auffälligen roten Farbe fasziniert der Mars seit Jahrtausenden Beobachter und während sich die Technologie entwickelte, wurde er intensiv beobachtet und erforscht.

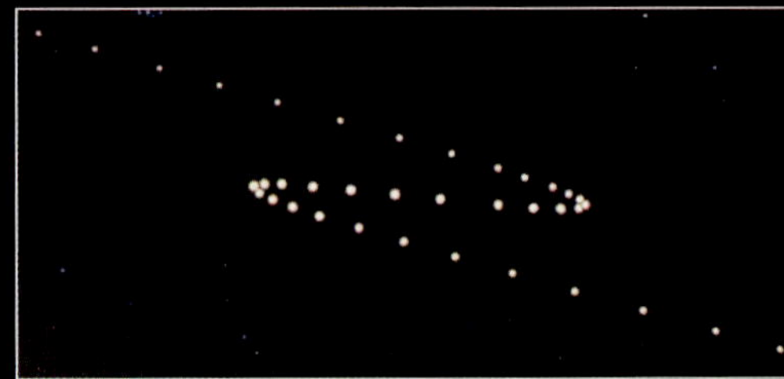

RICHTUNGSÄNDERUNG
Mars eignet sich sehr gut zur Beobachtung der retrograden Bewegung (siehe S. 177). In dieser Mehrfachaufnahme über mehrere Monate wandert er scheinbar rückwärts und dann wieder vorwärts.

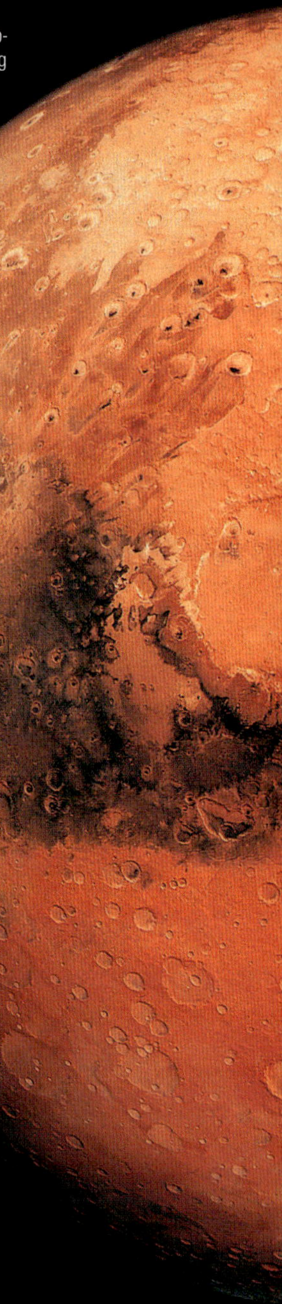

Der Rote Planet

Mars ist wahrscheinlich der erdähnlichste Planet des Sonnensystems, obwohl sein Durchmesser nur gut halb so groß wie der der Erde ist. Seine Oberfläche – die einzige Planetenoberfläche, die man von der Erde aus genauer beobachten kann – kennzeichnen Vulkane, Krater und weite Grabensysteme. Der größte Graben, Valles Marineris, erstreckt sich über 4000 km. Sein größter Vulkan, Olympus Mons, ist ein wahrer Gigant. Am Fuß ist er etwa 650 km breit und er erhebt sich 24 km in die Marsatmosphäre. Die Oberfläche ist mit Staub eines roten Gesteins bedeckt, das Eisenoxide (Rost) enthält. Mars begleiten die beiden Monde Phobos und Deimos. Sie sind vermutlich Planetoiden, die von seiner Schwerkraft eingefangen wurden.

Den Mars beobachten

Mars ist ein ziemlich schneller Planet und wandert nahezu durch ein Sternbild pro Monat, wenn er nicht gerade in Opposition steht. Die meiste Zeit steht er unbeachtet am Nachthimmel und gleicht einem gewöhnlichen »Stern« der Größenklasse 1,7. Doch alle zwei Jahre und zwei Monate steigt seine Helligkeit dramatisch an, wenn er sich in Opposition befindet. Durch seine Nähe zur Erde während dieser Zeit wird er zum zweithellsten Planeten am Himmel nach Venus. Danach nehmen seine Größe und Helligkeit ab, weil sich die Erde durch ihre höhere Bahngeschwindigkeit von ihm entfernt. Den Mars kann man tatsächlich nur in einem zweimonatigen Fenster um seine Opposition beobachten, sodass Beobachter diese Zeit sehnsüchtig erwarten. Seine elliptische Umlaufbahn bringt ihn besonders nah an die Erde zu bestimmten Oppositionen, die alle 15 oder 17 Jahre vorkommen.

MARS IN DATEN

MITTLERER ABSTAND ZUR SONNE	**227,9 Millionen km**
UMLAUFZEIT	**686,9 Tage**
ROTATIONSZEIT	**24 Stunden 37 Minuten 23 Sekunden**
GRÖSSTE HELLIGKEIT	**-2.9**
GRÖSSTER ABSTAND ZUR ERDE	**401,3 Millionen km**
KLEINSTER ABSTAND ZUR ERDE	**54,5 Millionen km**
GRÖSSTE SCHEINBARE GRÖSSE	**25,7 Bogensekunden**
ANZAHL DER MONDE	**2**

GRÖSSENVERGLEICH

VERSCHIEDENE GRÖSSE
Diese Kombination aus zwei Aufnahmen des Hubble-Weltraumteleskops zeigt, wie sich die scheinbare Größe des Mars in einem Teleskop verändert. Mars ist in Konjunktion am weitesten von der Erde entfernt (rechts), wenn sich die Sonne zwischen ihm und der Erde befindet. In Opposition (links) ist er dagegen erdnah. Die zwei Monate um die Opposition bieten eine fantastische Möglichkeit, ihn genauer zu beobachten.

Entdeckung des Mars

Viele Zivilisationen haben den roten Planeten nach ihrem Kriegsgott benannt wie die Babylonier (»Nergal«) oder die Römer (»Mars«). Die verbesserte Auflösung der Teleskope im 19. Jahrhundert führte zu einer neuen Begeisterung für den Planeten, nachdem man mehr Oberflächen- und Atmosphärenmerkmale erkannte. Gegen Ende des 19. Jahrhunderts sah der italienische Astronom Giovanni Schiaparelli »Kanäle« auf dem Mars. Obwohl sie eine Täuschung waren, trug Schiaparelli sie wie die Namen vieler anderer Oberflächenmerkmale, die heute noch benutzt werden, in eine Karte ein.

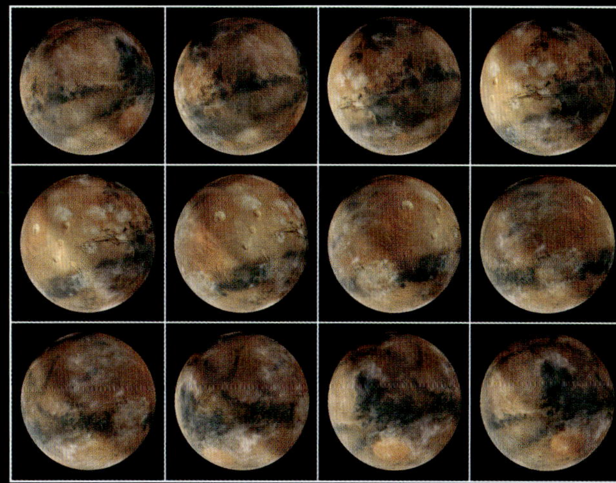

VERÄNDERTE ANSICHTEN

Diese Computergrafik zeigt eine vollständige Rotation des Mars. In der oberen Reihe erkennt man die massiven Valles Marineris direkt unterhalb des Äquators. In der mittleren Reihe wandert Olympus Mons als »Daumenloch« einer Bowlingkugel über die Oberfläche. Die untere Reihe zeigt die orangefarbene Scheibe des Hellas-Beckens oberhalb des Südpols mit der weiten, dunklen Utopia Planitia.

Die Marslandschaft

Die auffälligsten Merkmale auf dem Mars sieht man sogar mit kleinen Teleskopen, wenn Mars am erdnächsten ist, als helle und dunkle Strukturen. Die Polarkappen aus wässrigem Eis und gefrorenem Kohlendioxid sind leicht zu entdecken. Mit einem größeren Teleskop sieht man die wichtigsten Oberflächenmerkmale, Stürme und sogar weißen Wolken. Mars dreht sich bedächtig – sein Tag ist nur 37 Minuten länger als ein Tag auf der Erde –, sodass man viel Zeit zur Beobachtung und Aufzeichnung von Merkmalen besitzt, bevor diese verschwinden.

DIE MONDE DES MARS

Den Mars begleiten zwei Monde – der innere Phobos mit 23 km und der äußere Mond Deimos mit 13 km Durchmesser. Durch ihre geringe Größe sind sie dunkle Ziele für Beobachter und sie werden häufig von der Helligkeit des Mars überstrahlt, insbesondere der nähere Phobos (unten, rechts im Bild beim Transit oder Durchgang). Wenn sich Mars in Opposition befindet und die Monde so weit wie möglich vom Planeten entfernt sind, sieht man diese winzigen Welten – mit Größenklasse 11,7 (Phobos) und 12,8 (Deimos) – in mittelgroßen Teleskopen.

JUPITER

Hinter den Bahnen der inneren erdähnlichen Planeten liegt das Reich der Gasriesen – der erste und größte von ihnen ist Jupiter.

MOND KREIST UM JUPITER
Der innerste Hauptmond Io wirft einen Schatten auf den Planeten, obwohl er in einem Abstand von etwa 500 000 km um ihn kreist.

Eine Welt voller Stürme

Jupiter ist der größte Planet des Sonnensystems mit dem elffachen Durchmesser der Erde. Er ist eine gewaltige Kugel, auf der kräftige Stürme wüten. Seine Atmosphäre aus Wasserstoff und Helium wird ständig von Winden mit bis zu 625 km/h verwirbelt. Durch seine enorme Schwerkraft besitzt er eine riesige Anzahl Satelliten oder Monde und ihn umgibt ein schwach sichtbares Ringsystem. Weil Jupiter aus denselben Materialien wie die Sonne besteht, entsteht häufig die falsche Vorstellung eines misslungenen Sterns, so als ob er einmal fast genug Masse für Kernreaktionen gehabt hätte, was aber nicht geschah. Doch wenn Jupiter weiter gewachsen wäre und ungefähr zwölfmal so viel Masse besäße, würde seine Kerntemperatur hoch genug sein, um ihn als ein quasi stellares Objekt einzustufen, das man Braunen Zwerg nennt.

Den Jupiter beobachten

Jupiter erkennt man leicht mit bloßem Auge, weil er selbst in seiner dunkelsten Phase heller als Sirius leuchtet, der hellste Stern. Aufgrund seiner geringen Bahngeschwindigkeit wandert er nur langsam am Himmel entlang und durchquert jährlich nur ein Sternbild. Er befindet sich alle 13 Monate in Opposition (am erdnächsten Punkt leuchtet er am hellsten). In diesen Zeiten ist der Planet ein großartiges Ziel für Astronomen, weil man sogar in Ferngläsern die Planetenscheibe und seine vier größten Monde sieht. In einem Teleskop erkennt man seine leicht zusammengepresste Form, die durch seine schnelle Rotation entsteht. Dadurch wölbt sich sein Äquator auf bis zu 143 000 km Durchmesser, während der Poldurchmesser nur 134 000 km beträgt. Durch seine schnelle Rotation ist eine Beobachtung besonders interessant, weil sich seine Oberflächenstrukturen ständig ändern.

JUPITER IN DATEN	
MITTLERER ABSTAND ZUR SONNE	**778,3 Millionen km**
UMLAUFZEIT	**11,86 Jahre**
ROTATIONSZEIT	**9 Stunden 50 Minuten 30 Sekunden**
GRÖSSTE HELLIGKEIT	**-2,9**
GRÖSSTER ABSTAND ZUR ERDE	**968,1 Millionen km**
KLEINSTER ABSTAND ZUR ERDE	**588,5 Millionen km**
GRÖSSTE SCHEINBARE GRÖSSE	**59 Bogensekunden**
ANZAHL DER MONDE	**79**

GRÖSSENVERGLEICH

JUPITER IM TELESKOP
Mit einem kleinen Teleskop erkennt man Jupiters Hauptmonde, die als helle Sterne auf beiden Seiten des Planeten erscheinen. Die dunklen Streifen ober- und unterhalb des Äquators, die man nord- und südäquatoriale Bänder nennt, sollten auch sichtbar sein.

GROSSER ROTER FLECK
Die Jupiteratmosphäre prägen Stürme, die durch seine Infrarotwärme und schnelle Rotation entstehen. Der Große Rote Fleck ist ein gewaltiger Wirbelsturm, der ständig seine Form, Größe und Farbe ändert und sich gegen den Uhrzeigersinn dreht.

Bänder und Zonen

In kleinen Teleskopen sind Jupiters Bänder sofort erkennbar. Die dunklen Streifen warmen Gases nennt man Bänder, während die helleren kühleren Gases Zonen heißen. In größeren Teleskopen werden die Unterschiede deutlicher. Zwei auffällige Bänder säumen den Äquator, das nord- und südäquatoriale Band. Die Umrisse der Bänder, Zonen und Strukturen in ihnen ändern sich ständig und weisen auf enorme, wirbelnde Störungen in der Atmosphäre hin. Durch seine schnelle Rotation (knapp zehn Stunden pro Umdrehung) kann man in einer Nacht einen bestimmten Punkt beobachten, wie er über den Planeten wandert. Die auffälligste Struktur ist der Große Rote Fleck, der so breit wie eine südtropische Zone ist und in das südäquatoriale Band drückt. Dieser gewaltige Wirbelsturm dreht sich gegen den Uhrzeigersinn und wütet seit mindestens 350 Jahren. Seine Fläche ist doppelt so groß wie die Erde. Während die Gase erwärmt werden und sich bewegen, ändert der Fleck seine Form und seine Farbe von einem blassen zu einem intensiven Rot.

DIE JUPITERMONDE BEOBACHTEN

Jupiter begleiten fast 80 Monde; die Gesamtanzahl ist vermutlich knapp 100. Die meisten Monde sind winzige Brocken aus Gestein und Eis, sodass ein Beobachter mit Fernglas oder kleinem Teleskop nur die vier größten sieht: Io, Europa, Ganymed und Callisto (mit steigenden Abstand zu Jupiter). Diese vier Monde nennt man auch die galileischen Monde nach dem berühmten italienischen Astronomen Galileo Galilei, der sie mit seinem neuen Teleskop im Januar 1610 entdeckte. Sie erscheinen als dunkle Lichtpunkte auf beiden Seiten des Äquators. Manchmal fehlt ein Mond, weil er sich vor oder hinter Jupiter befindet. Die Bahn des Io ist nur wenig größer als die des Erdmonds und aufgrund Jupiters großer Schwerkraft braucht er nur einen Tag und 18,5 Stunden für einen Umlauf (dies entspricht also einem seiner Monate). Io wandert so schnell, dass man seine Bewegung leicht innerhalb einer Stunde erkennt.

JUPITERMONDE
Diese Grafik zeigt die Bewegungen der vier galileischen Monde über mehrere Stunden. Die Monde im oberen Teil sind von links nach rechts Io, Ganymed, Europa und Callisto.

ENORME STÜRME
Riesige Wirbelstürme sieht man auf diesem Bild, das von der NASA-Sonde Juno aufgenommen wurde, als sie in einer Höhe von 52 000 km über den Südpol des Jupiter flog.

SATURN

Saturn ist der zweitgrößte Planet des Sonnensystems. Dem bloßen Auge erscheint er als heller, cremefarbener Punkt. Sein Ringsystem sieht man erst mit einem Teleskop.

Ringe und Monde

Alle Riesenplaneten – Jupiter, Saturn, Uranus und Neptun – besitzen Ringsysteme, aber keines gleicht den wunderschönen Saturnringen; die Ringe der anderen sind dunkler und lockerer. Sie bestehen aus Milliarden großer, heller Eisbrocken, die um den Planeten wie winzige Monde kreisen und das Sonnenlicht reflektieren. Von einer Kante zur anderen erstrecken sich die flachen, dünnen Ringe 280 000 km durch das All, aber sie sind durchschnittlich nur 1 km dick. Ihr Ursprung ist unbekannt, aber sie existierten vermutlich bereits, als Saturn entstand. Wahrscheinlich zerfielen kleinere Monde und Ringteilchen nach Kollisionen. Saturn besitzt 82 bekannte Monde. Titan, der größte Saturnmond, ist größer als Merkur und besitzt eine Atmosphäre.

DIE SATURNMONDE

Mit einem kleinen Teleskop sieht man einige Hauptmonde des Saturn – in der Reihenfolge ihrer Helligkeit Titan (Größenklasse 8,4), Rhea (9,7), Tethys (10,3), Dione (10,4) und Iapetus (10,1 bis 11,9). Der eisige, aber unglaublich schwammartige Hyperion ist der größte irregulär geformte Körper des Sonnensystems und misst 410 × 260 × 220 km. Er gehörte vermutlich früher zu einem größeren Körper, der auseinandergebrochen ist. Die viel kleinere Pandora ist ein Schäfermond, d. h. ein Mond, dessen Schwerkraft den F-Ring zusammenhält.

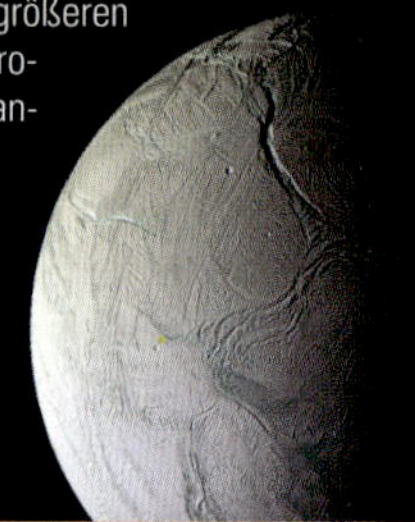

SATURNMOND ENCELADUS

Entfernte Umlaufbahn

Mit zunehmendem Abstand zur Sonne nimmt die Bahngeschwindigkeit der Planeten ab, sodass sie sich nur langsam am Himmel bewegen. Saturn, der hinter Jupiter kreist, braucht etwas über zwei Jahre, um ein Sternbild zu durchqueren. Eine Opposition erfolgt alle 54 Wochen. In seiner hellsten Phase erscheint Saturn dem bloßen Auge als weißlicher Stern, aber in einem Teleskop mit mindestens 25-facher Vergrößerung wird er zu einem lohnenden Anblick. Sogar in einem kleinen Teleskop lohnen die Ringe die Beobachtung.

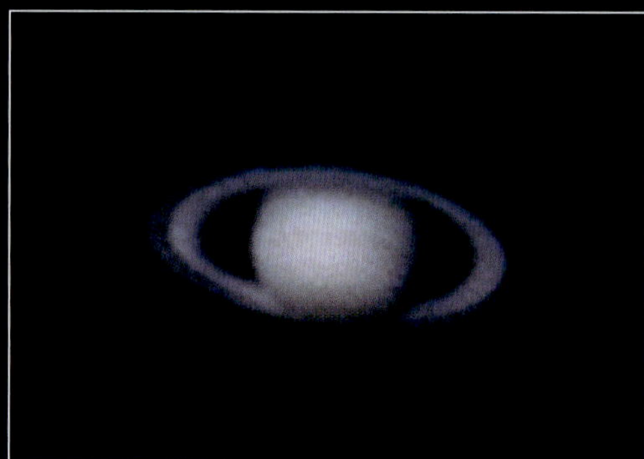

SATURN IM TELESKOP
Die Saturnoberfläche zeigt nur wenige Einzelheiten außer einer dunklen Schattierung, aber durch sein Ringsystem – 2,25-mal so groß wie der Planet – ist er sogar in kleinen Teleskopen am Nachthimmel nicht zu übersehen.

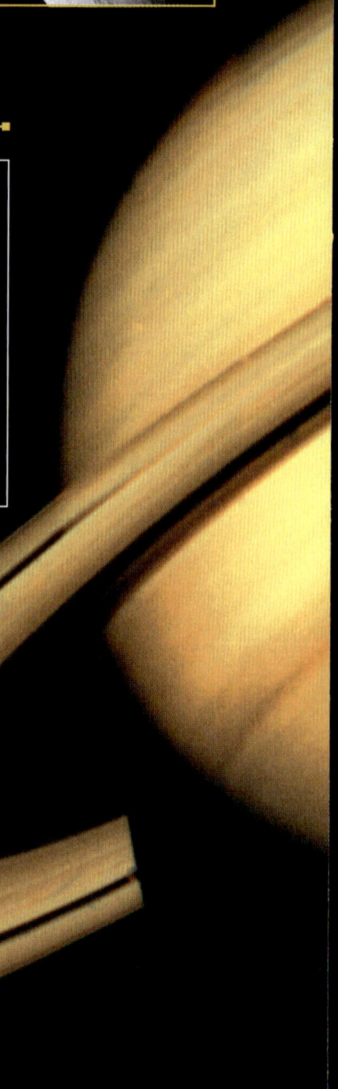

SATURN IN DATEN

MITTLERER ABSTAND ZUR SONNE	**1427 Millionen km**
UMLAUFZEIT	**29,46 Jahre**
ROTATIONSZEIT	**10 Stunden 40 Minuten**
GRÖSSTE HELLIGKEIT	**-0,3**
GRÖSSTER ABSTAND ZUR ERDE	**1 658,5 Millionen km**
KLEINSTER ABSTAND ZUR ERDE	**1 195,5 Millionen km**
GRÖSSTE SCHEINBARE GRÖSSE	**20,1 Bogensekunden**
ANZAHL DER MONDE	**82**

GRÖSSENVERGLEICH

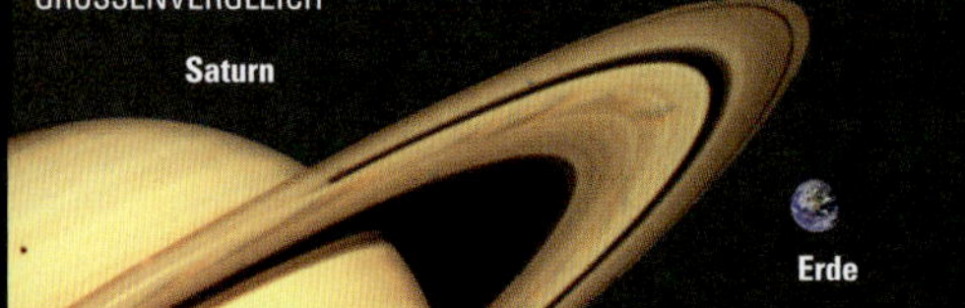

Die Saturnringe

Zu den interessantesten Beobachtungen gehört die Änderung des Blickwinkels auf die Ringe. Über einen Zeitraum von etwa 7,5 Jahren wechselt die Sicht von der Kantensicht, wenn die Ringe nahezu unsichtbar sind, bis zu einer vollständig geöffneten 27°-Neigung, bei der man in Opposition sehr viele Einzelheiten der Ringe erkennt. Die größere Neigung lenkt auch mehr Sonnenlicht zur Erde, sodass der Planet heller erscheint. Der Planet besitzt aufgrund seiner kleinen scheinbaren Größe nur wenige auffällige Merkmale. Im Gegensatz zu Jupiter erzeugt die Saturnatmosphäre keine farbigen Kontraste außer einigen hellen und dunklen Bändern in der Atmosphäre.

ACHSENNEIGUNG
Die Saturnachse ist um 27° geneigt, sodass sein Nord- und Südpol abwechselnd zur Sonne weisen. Die Neigung beeinflusst auch unseren Blick auf den Planeten und seine Ringe.

Die Ringe beobachten

Mit einem kleinen bis mittelgroßen Teleskop sieht man gerade noch eine eindeutige dunkle Lücke in dem Ringsystem, die man die Cassinische Teilung nennt. Sie trennt zwei Hauptringe um 4700 km. Erst Raumsonden zeigten alle sieben Ringe, die mit Buchstaben bezeichnet sind: D, C, B, A, F, G und E (von innen nach außen). Die ungewöhnliche Reihenfolge spiegelt die Reihenfolge wider, in der sie entdeckt wurden. Von der Erde sieht man nur die Ringe A, B und C. Von ihnen ist B der hellste und C der dunkelste Ring. Hinter der Cassinischen Teilung ist der C-Ring ein leichtes Ziel. Diesen dunklen Ring (den man auch Crêpe-Ring nennt) sieht man am besten, wenn er sich vor dem Planeten befindet. Innerhalb des A-Rings liegt ein dunkles Band, das Encke Minimum. Am äußeren Rand des A-Rings befindet sich eine weitere Lücke, die Enckesche Teilung. Andere Ringe, Lücken und Teilungen sind zu dunkel, um sie von der Erde aus zu beobachten.

DIE SICHTBAREN SATURNRINGE
Diese Aufnahme stammt von der Raumsonde Cassini, aber auch ein großes Amateurteleskop zeigt die A-, B- und C-Ringe.

URANUS UND NEPTUN

In dem dunklen, kalten Außenbereich des Sonnensystems liegen die letzten Planeten, die kühlen, blauen Gasriesen Uranus und Neptun.

Die äußeren Planeten

Die beiden äußersten Planeten haben ähnliche Größe, Zusammensetzung und Aussehen. Beide Planeten bestehen vorwiegend aus Wasserstoff und Helium mit Wasser, Ammoniak und Methan, das ihre blaue Farbe erzeugt. Uranus ist eine strukturlose, düstere grün-blaue Kugel, während Neptun eine durchscheinende, blaue Welt mit einigen Flecken, Stürmen und weißen Schleierwolken aus gefrorenem Methan darstellt. Auf Neptun herrschen größere Windgeschwindigkeiten – mit 2000 km/h sind sie die höchsten aller Planeten. Uranus ist der größere Planet, aber sein Durchmesser ist nur 1500 km größer als der von Neptun. Beide Planeten besitzen Ringsysteme, die aber aus dunklem Material bestehen und nur schmale Ringe bilden. Jeden Planeten begleitet eine ansehnliche Mondfamilie, die man mit starken Teleskopen beobachten kann.

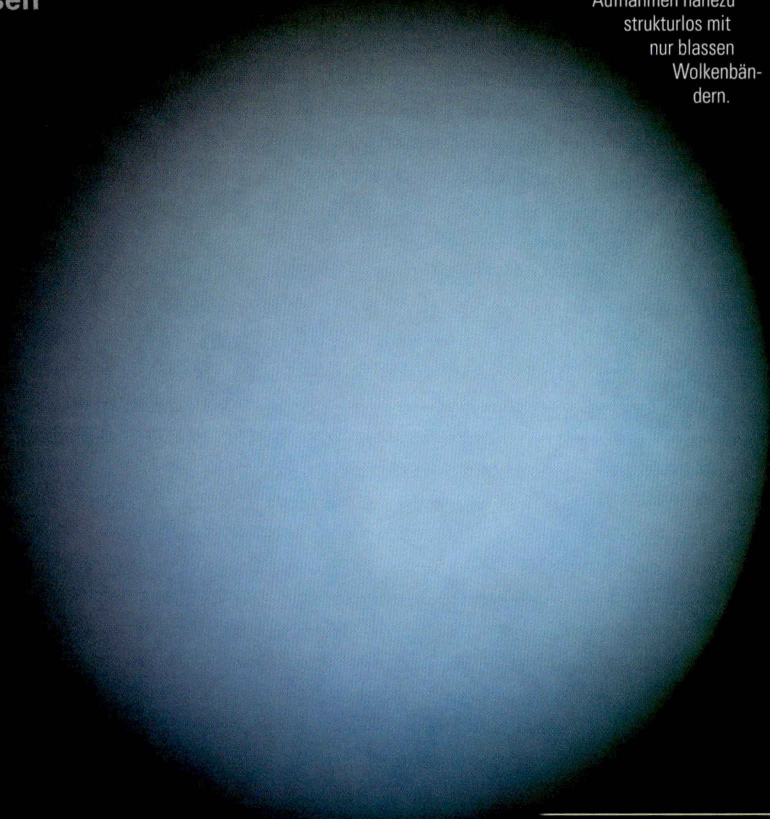

STRUKTURLOSER PLANET
Im sichtbaren Licht erscheint Uranus auch auf den besten Aufnahmen nahezu strukturlos mit nur blassen Wolkenbändern.

URANUS IN DATEN

MITTLERER ABSTAND ZUR SONNE	**2871 Millionen km**
UMLAUFZEIT	**84,01 Jahre**
ROTATIONSZEIT	**17 Stunden 14 Minuten**
GRÖSSTE HELLIGKEIT	**5,5**
GRÖSSTER ABSTAND ZUR ERDE	**3157 Millionen km**
KLEINSTER ABSTAND ZUR ERDE	**2582 Millionen km**
GRÖSSTE SCHEINBARE GRÖSSE	**3,7 Bogensekunden**
ANZAHL DER MONDE	**mehr als 27**

GRÖSSENVERGLEICH

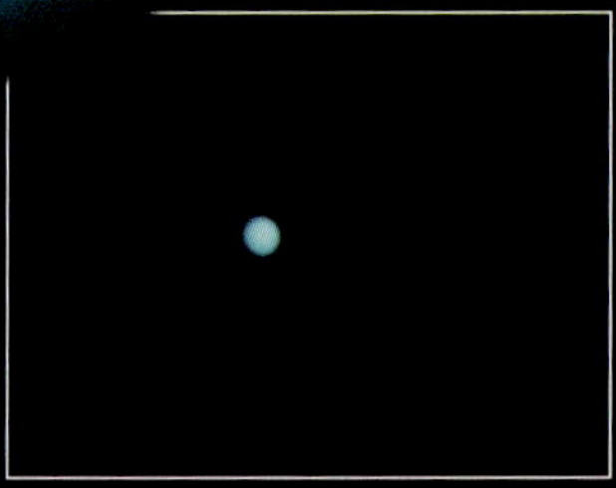

URANUS IM TELESKOP
Sogar im Teleskop erscheint Uranus nur als eher enttäuschende, blass grünliche Scheibe. Der Planet ist so weit entfernt, dass er nur 0,25 Prozent des Sonnenlichts empfängt, das auf die Erde strahlt.

Entfernte Welten entdecken

Uranus und Neptun verdanken ihre Entdeckung der Erfindung des Teleskops. Uranus wurde tatsächlich als erster Planet mithilfe des Teleskops entdeckt. Der Astronom William Herschel beobachtete ihn mit seinem 15-cm-Teleskop im Garten seines Hauses in der englischen Stadt Bath. Später entdeckte man Abweichungen der Uranusbahn, die durch eine weitere Welt und ihre Anziehungskraft erklärt werden konnten. Die Suche nach dem achten Planeten endete 1846, nachdem Neptun als erster Planet durch Berechnungen im Sternbild Wassermann (Aquarius) entdeckt wurde.

ACHSENNEIGUNG DES URANUS

Das ungewöhnlichste Merkmal des Uranus ist seine Achsenneigung – der Planet liegt scheinbar auf der Seite. Die Achse der Erde ist zum Vergleich um 23,4 Grad, die des Jupiter nur um 3,1 Grad und die des Neptuns ist um 29,6 Grad geneigt. Dagegen beträgt die Neigung der Uranusachse 97,86 Grad. Vermutlich war der Planet früher mit einem anderen Objekt zusammengestoßen. Nur die Venus besitzt eine noch stärkere Neigung ihrer Achse. Nach einer Theorie wurde unsere Nachbarwelt so heftig getroffen, dass sie nahezu auf dem Kopf steht. Die Achsenneigung der Venus beträgt 177,3 Grad.

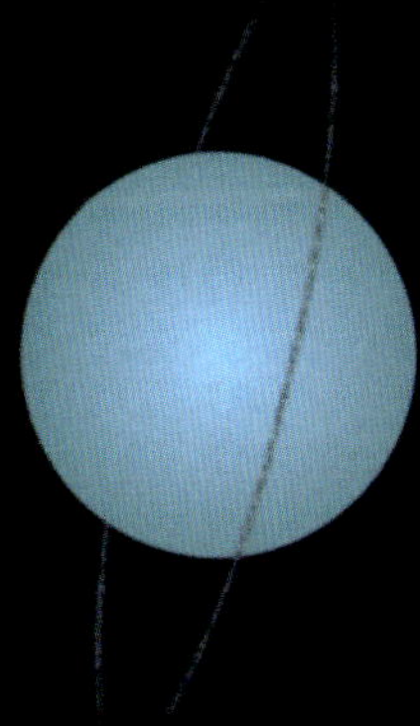

AUF DER SEITE LIEGEND
Die Rotationsachsen aller Planeten sind geneigt. Nur Uranus besitzt eine so extreme Neigung, dass sein Äquator und dunkles Ringsystem fast senkrecht zur Bahn stehen.

NEPTUN IN DATEN

MITTLERER ABSTAND ZUR SONNE	**4497 Millionen km**
UMLAUFZEIT	**164,79 Jahre**
ROTATIONSZEIT	**16 Stunden 7 Minuten**
GRÖSSTE HELLIGKEIT	**7,8**
GRÖSSTER ABSTAND ZUR ERDE	**4678 Millionen km**
KLEINSTER ABSTAND ZUR ERDE	**4306 Millionen km**
GRÖSSTE SCHEINBARE GRÖSSE	**2,3 Bogensekunden**
ANZAHL DER MONDE	**mehr als 13**

GRÖSSENVERGLEICH

Uranus und Neptun beobachten

Mit zunehmendem Abstand zur Sonne wird die Lichtmenge geringer, die reflektiert wird, sodass die Beobachtung dieser weit entfernten Planeten zur Herausforderung wird. Auf seiner 84-jährigen Umlaufbahn bewegt sich Uranus unglaublich langsam und benötigt sieben Jahre, um ein Sternbild zu durchqueren. Neptun ist mehr als 1600 Millionen km weiter von der Sonne entfernt als Uranus und benötigt für einen Umlauf 165 Jahre – er durchquert ein Sternbild in 15 Jahren. Beide Planeten stehen einmal jährlich in Opposition, aber aufgrund ihrer Entfernung erhöht sich ihre Größenklasse nur um wenige Zehntel. Uranus erreicht eine Größenklasse bis zu 5,5 und sieht mit bloßem Auge nur wie ein dunkler »Stern« aus. Mit Ferngläsern findet man den Planeten schnell, aber erst in einem starken Teleskop sieht man mehr als einen Lichtpunkt. Neptun erreicht nur Größenklasse 7,8 und ist für das bloße Auge unsichtbar. Mit mittelstarken Ferngläsern kann man ihn lokalisieren und erst im Teleskop erkennt man die Planetenscheibe.

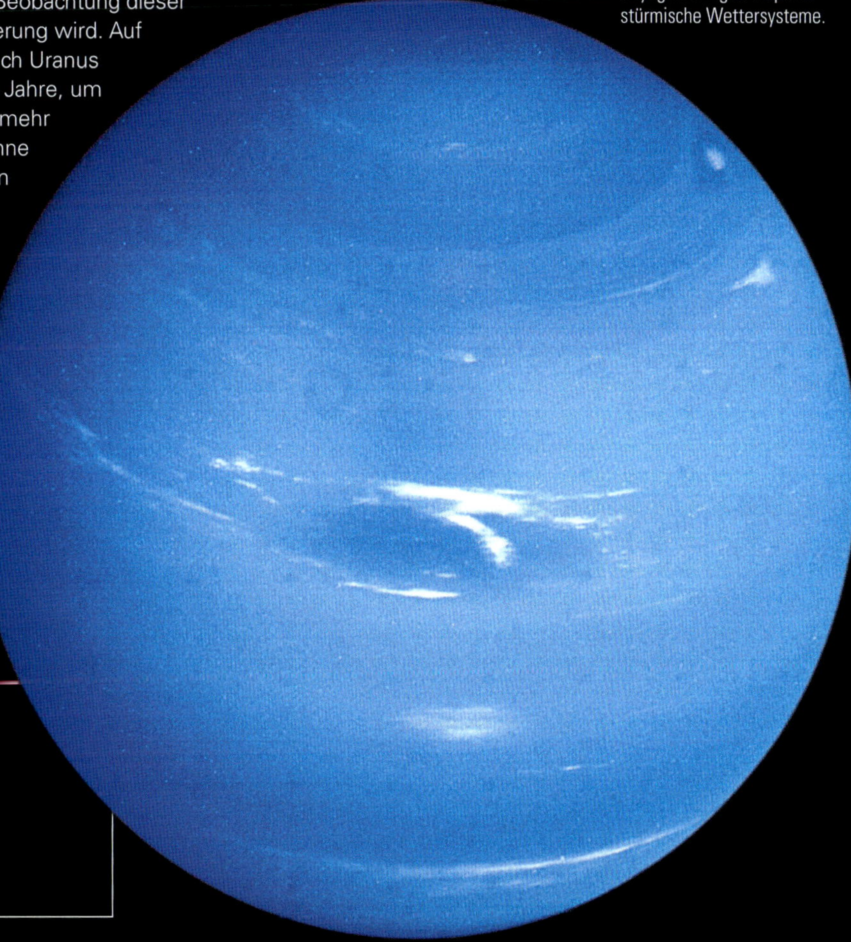

WINDIGE WELT
Nahaufnahmen der Raumsonde Voyager 2 zeigen Neptuns stürmische Wettersysteme.

NEPTUN IM TELESKOP
Neptun ist kleiner als Uranus, aber durch das leuchtende Blau seiner Atmosphäre hebt er sich vor der Dunkelheit des Weltraums besser ab.

ZWERGPLANETEN & PLANETOIDEN

Neben den acht Planeten kreisen zahllose Kleinkörper um die Sonne. Die größten Objekte wurden als Zwergplaneten und Planetoiden klassifiziert.

Die Zwergplaneten

Seit seiner Entdeckung 1930 war Pluto bis 2006 der neunte Planet des Sonnensystems. Doch gegen Ende des zweiten Jahrtausends erkannte man, dass Pluto nicht der einzige Kleinkörper hinter Neptun war. Er gehört zu dem entfernten Gürtel aus kleineren Objekten, von denen einige ebenso groß wenn nicht sogar größer als Pluto sind. Um die Anzahl der Planeten zu begrenzen, hat die Internationale Astronomische Union ihre Eigenschaften und die der Zwergplaneten und Planetoiden definiert. Nach dieser Einteilung enthält das Sonnensystem jetzt acht Planeten und fünf Zwergplaneten. Die beiden bedeutendsten Zwergplaneten – Pluto und Eris – sind sehr weit entfernt, während Ceres (früher als größter Planetoid eingestuft) in einem Gürtel erdartiger Objekte kreist, der sich zwischen Mars und Jupiter befindet.

PLUTO
Das farbverstärkte Bild des Pluto zeigt viele Details der Oberfläche des Zwergplaneten, etwa große Flächen aus Stickstoff-, Kohlenmonoxid- und Methaneis.

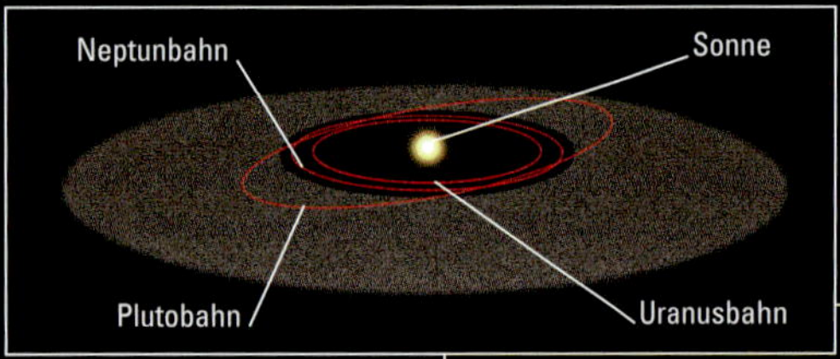

DER EDGEWORTH-KUIPERGÜRTEL
In einer Entfernung von 4,5–7,5 Milliarden km zur Sonne liegt der Edgeworth–Kuipergürtel, der die Grenze des Sonnensystems bildet. Er enthält mehr als 35 000 Körper, die größer als 100 km sind, wie den exzentrisch kreisenden Pluto.

Gürtel der kleineren Welten

Hinter Neptun kreist ein Schwarm eisiger Körper um die Sonne, den man den Edgeworth–Kuipergürtel nennt. Er gleicht dem inneren Planetoidengürtel, aber er ist weiter entfernt, sehr viel größer und enthält mehr Objekte. Die Kleinkörper des Planetoidengürtels bestehen hauptsächlich aus Gestein und Metall, aber die des Edgeworth–Kuipergürtels sind eisige Welten, die ihr großer Abstand zur Sonne vor dem Schmelzen bewahrt.

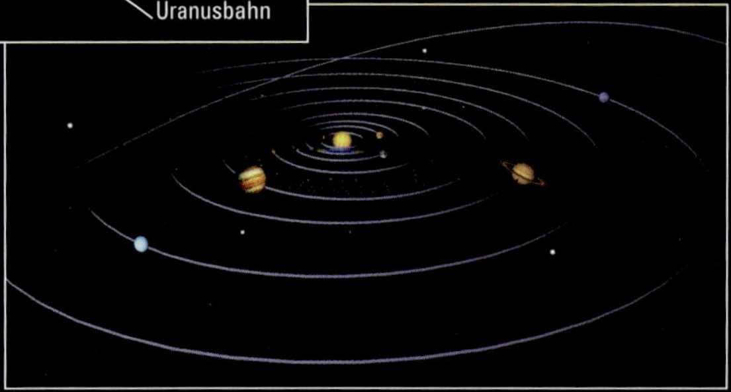

PLANETOIDENGÜRTEL
Der Planetoidengürtel zwischen Mars und Jupiter enthält Millionen unregelmäßig geformter Gesteinsbrocken.

Ceres, die Königin des Planetoidengürtels

Zwischen den Umlaufbahnen des Mars und Jupiter liegt der Planetoidengürtel (auch Asteroidengürtel genannt). In ihm kreisen Hunderttausende kleine Welten, die aus Gestein, Metall oder aus beiden bestehen. Die Bildung des Gürtels geht wahrscheinlich auf die enorme Schwerkraft des Jupiters zurück. Ihre unregelmäßigen Formen entstanden nach Kollisionen untereinander. Einige Bruchstücke nach solchen Zusammenstößen schlugen auf der Erde als Meteoriten ein und wurden auf ihre chemische Zusammensetzung untersucht. Seitdem Ceres als ein Zwergplanet eingestuft wurde, ist nun Vesta der größte Planetoid. Obwohl ihr Durchmesser nur halb so groß wie der von Ceres ist, erscheint Vesta heller am Himmel aufgrund ihrer helleren Oberfläche.

CERES
Der Zwergplanet hat einen Durchmesser von 940 km. Ceres wurde aufgrund ihres fast kugelförmigen Körpers als Zwergplanet eingestuft.

Pluto und die Plutoiden

Astronomen kennen inzwischen mehr als 1000 Körper des Edgeworth-Kuipergürtels, von denen Pluto der hellste ist. Diese Körper werden auch transneptunische Objekte (TNOs) genannt, obwohl sich Pluto zu bestimmten Zeiten innerhalb der Neptunbahn bewegt. Die TNOs, die als Zwergplaneten eingestuft sind, nennt man Plutoiden. Ein Plutoid – Eris, die 2006 entdeckt wurde – ist tatsächlich größer als Pluto. Sie besitzt nur einen bekannten Mond, Dysnomia (das drittgrößte Objekt des Edgeworth-Kuipergürtels), während um Pluto fünf Monde kreisen. Bis zum Januar 2010 wurde die Existenz der vier Plutoiden Pluto, Eris, Haumea und Makemake bestätigt und etwa zehn weitere Kandidaten (u. a. Quaoar, Orcus, Ixion und Sedna) wurden entdeckt. Astronomen erforschen jetzt, wie und wo diese Zwergplaneten entstanden.

PLANETOID 243 IDA
Ida ist ein typischer unregelmäßiger Planetoid, der ungefähr 58 km lang und 23 km breit ist. Ihre zahlreichen, verwitterten Krater lassen vermuten, dass sie kein junges Objekt ist.

PLUTO UND GROSSE PLANETOIDEN BEOBACHTEN

Pluto sieht man erst mit einem großen Teleskop, weil seine höchste Größenklasse nur schwache 13,6 erreicht. Durch die geringe Größe des Zwergplaneten und seine enorme Entfernung zur Erde sieht man nie mehr als einen sternartigen Punkt. Als Trost bleibt dem Beobachter, dass er bis zum Rand des Sonnensystems blickt.

Ungefähr 120 Planetoiden erreichen die Größenklasse 11,0 während eines Jahres, sodass ein Amateurastronom viele Möglichkeiten zur Beobachtung dieser winzigen Welten hat. Vesta kann man als einzigen Planetoiden mit bloßem Auge sehen, weil sie Größenklasse 5,3 erreicht. Um Planetoiden zu identifizieren oder zu lokalisieren, braucht man Ferngläser oder ein kleines Teleskop und auch zwei oder mehrere klare, aufeinanderfolgende Nächte – oder mindestens einige, die nicht zu weit auseinanderliegen. Planetoiden erscheinen wie Sterne, sodass man sie nur über ihre Bewegung vor den Hintergrundsternen erkennt.

Die Suche nach Planetoiden wird einfacher, wenn man weiß, wo man suchen muss. Informationen hierzu findet man in astronomischen Zeitschriften, Magazinen und dem Internet. Mit astronomischer Software kann man sich auch Karten für bestimmte Tage ausdrucken.

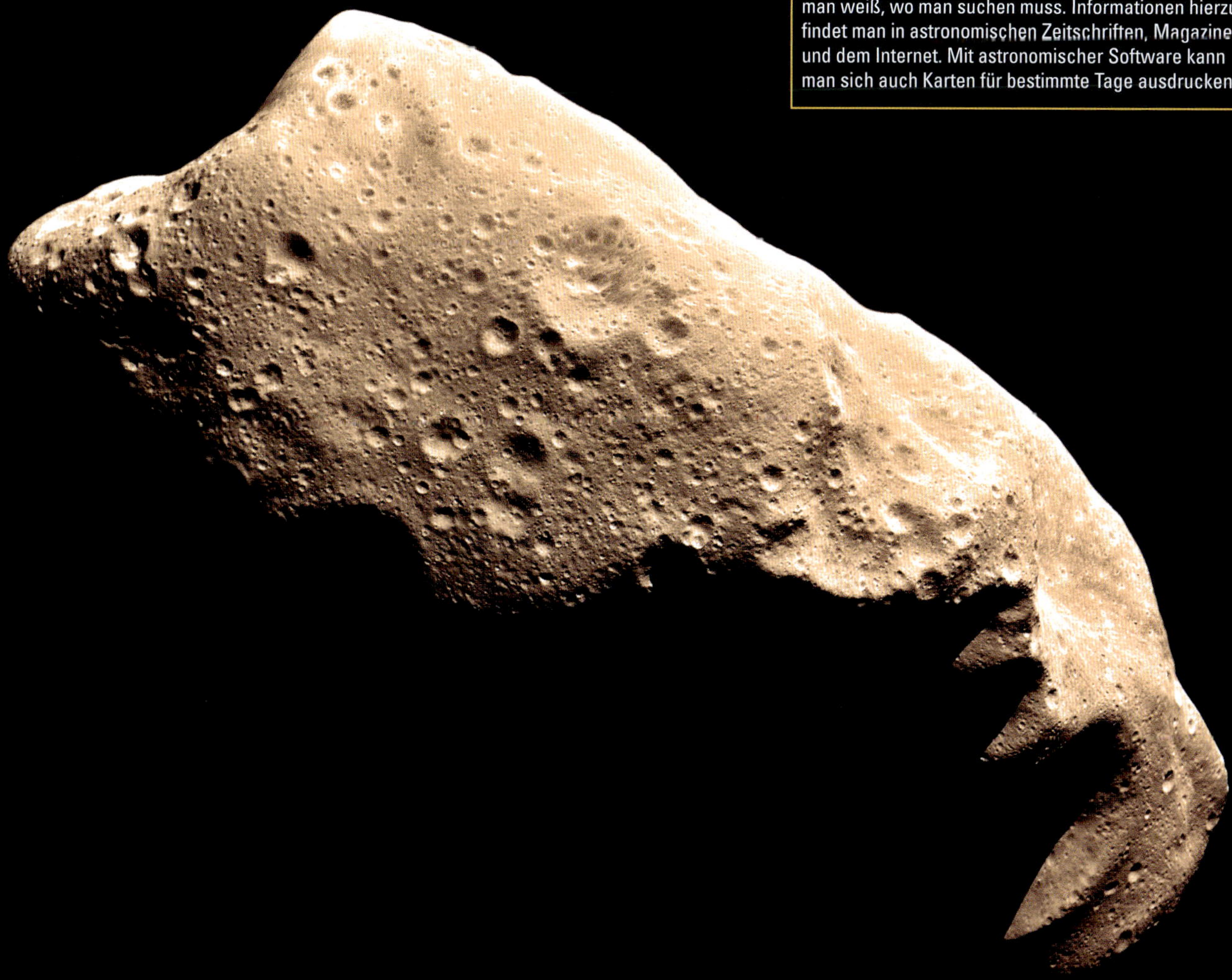

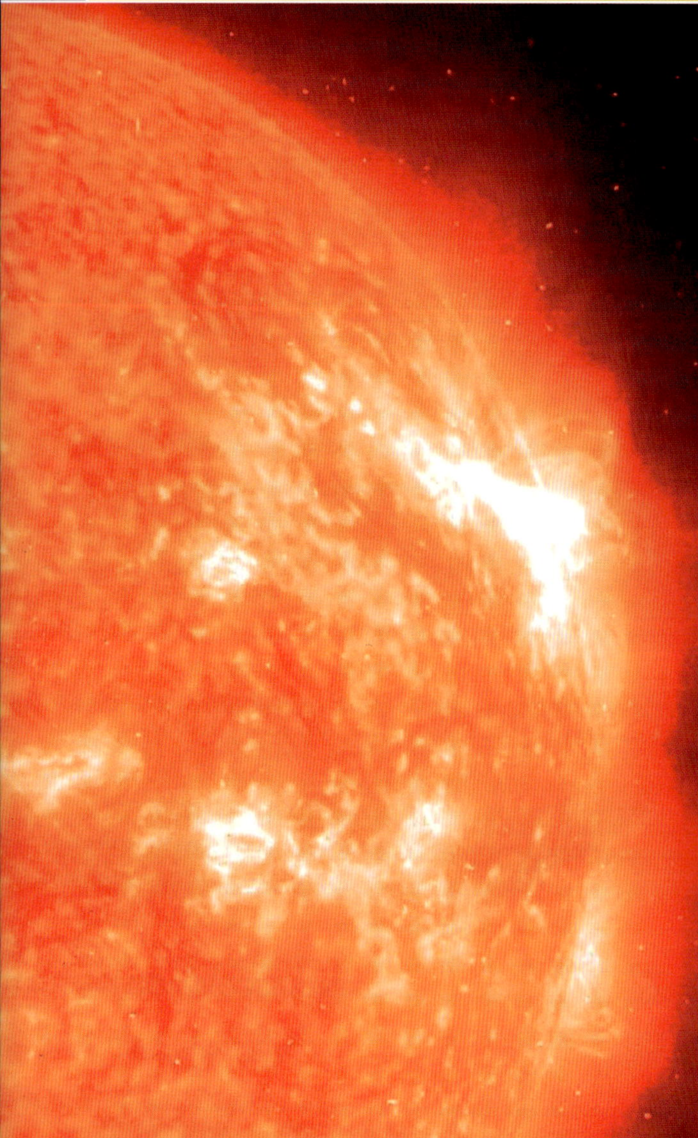

DIE SONNE

Das Zentrum des Sonnensystems ist ein faszinierendes Objekt, das man nur mit größter Vorsicht beobachten kann.

Der hellste Stern

Die Astronomie ist so sehr mit der Nacht verbunden, dass man schnell vergisst, dass tagsüber ein greller Stern leuchtet. Doch diesen Stern beobachtet man nicht so einfach wie die Sternbilder, weil man nicht direkt zu ihm sehen darf. Diese massive Kugel aus leuchtendem Gas besitzt die unglaubliche Größenklasse –26,7 und ist deshalb viel zu hell, um sie mit bloßem Auge zu beobachten, ohne die Netzhaut zu beschädigen. **Warnung:** Man darf niemals mit bloßem Auge, durch ein Fernglas oder Teleskop direkt in die Sonne blicken. Ihr grelles Licht kann sofort zu Augenschäden oder zur Erblindung führen.

Die Sonne sicher beobachten

Man kann Sonnenteleskope mit eingebauten Filtern erwerben, die eine direkte Beobachtung der Sonne erlauben (siehe S. 54), die aber zur Spezialausrüstung zählen. Der Markt bietet auch Sonnenfilter für Teleskope als Zubehör und Sonnenferngläser an. Sie muss man vorsichtig benutzen, um Schädigungen zu vermeiden. Mit einem normalen kleinen Teleskop nutzt man als sicherste Art die Projektion, um die Sonne zu beobachten. Dabei leitet man das Bild der Sonne durch das Okular auf einen weißen Karton. Je weiter der Karton vom Okular entfernt ist, umso größer, aber auch dunkler wird das Bild der Sonne.

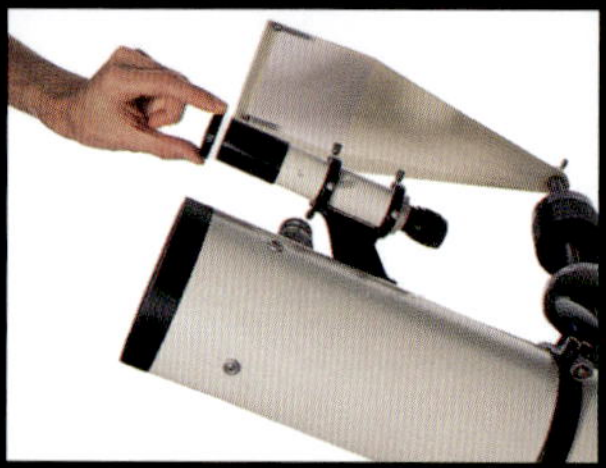

1 DEN SUCHER ABDECKEN Da man niemals direkt in die Sonne blicken darf, setzt man eine Kappe auf den Sucher. Bei Linsenteleskopen verdeckt man auch die Hauptlinse.

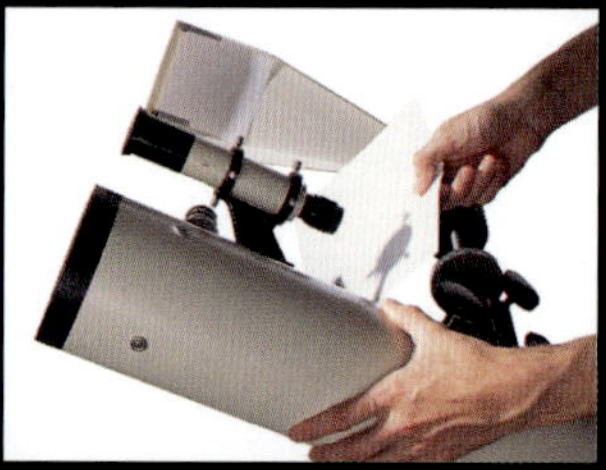

2 DIE SONNE AUFFINDEN Um das Teleskop auf die Sonne auszurichten, sucht man die Position, bei der der Schatten des Teleskops oder des Suchers am kürzesten ist.

3 DAS BILD SCHARF STELLEN Dazu entfernt man die Kappe des Teleskops und fokussiert das Bild auf weißen Karton. Die Ausrichtung wird fixiert und das Bild scharf gestellt.

UNSER LOKALER STERN

Die Sonne ist unser nächster Stern und eine riesige Wasserstoff- und Heliumkugel, die perfekt durch gegenseitige Kräfte ausbalanciert ist. Das heiße Gas würde in den Weltraum entweichen, wenn die Schwerkraft dem nicht entgegenwirkte – das Gewicht der einzelnen Gasschichten drückt nach innen. Die Sonne muss in perfektem Gleichgewicht stehen, denn instabile Sterne ändern ihre Helligkeit, Größe und die Energieabgabe, sodass Entstehung von Leben auf der Erde schwierig oder sogar unmöglich wäre.

Die Sonne und alle anderen Objekte des Sonnensystems entstanden aus einer Gas- und Staubwolke (dem Sonnennebel) vor etwa 4,7 Milliarden Jahren. Sie ist ein normaler Hauptreihenstern (siehe S. 16–17) und als gelber Zwerg klassifiziert. Sie wird sich an ihrem Lebensende zu einem Roten Riesen aufblähen. Aber bis zu diesem Stadium und den spürbaren Auswirkungen auf die Planeten vergehen noch mehrere Milliarden Jahre.

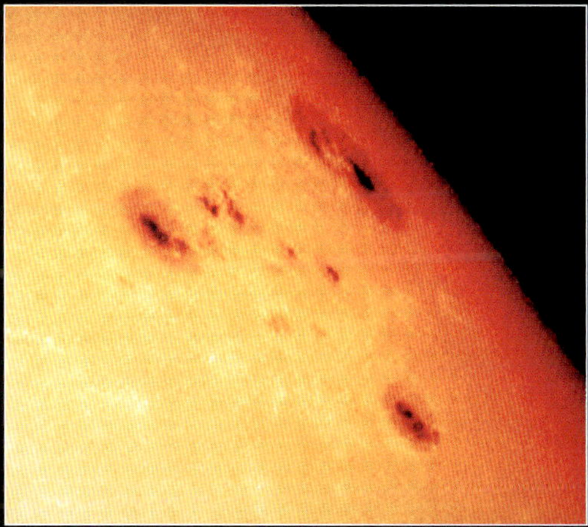

Das Licht eines Sterns

Wenn man mit entsprechenden Sicherheitsmaßnahmen die Sonne betrachtet, sieht man tatsächlich ihre Photosphäre (helle Schicht), die eine Temperatur von etwas unter 5500 °C aufweist. In die Photosphäre eingebettet sind Flächen niedrigerer Temperatur, die Sonnenflecken. Sie zeigen hellere und dunklere Gebiete (Penumbra und Umbra) und erscheinen häufig in Gruppen. Sie erscheinen und verschwinden periodisch und dauern wenige Tage bis zu einigen Wochen. Dabei bewegen sie sich scheinbar täglich, während sich die Sonne um ihre Achse dreht. Die Granulation der Sonnenoberfläche sieht man in besonderen Teleskopen mit großer Öffnung. Diese Sprenkel sind Taschen aus heißem Gas, das zur Oberfläche aufsteigt und dort etwa 20 Minuten sichtbar ist. Den äußeren Bereich der Sonnenatmosphäre, die Korona, sieht man nur, wenn die Sonne während einer totalen Finsternis bedeckt ist.

DIE SONNENOBERFLÄCHE
Sonnenflecken erscheinen als dunkle Flächen auf ihrer Oberfläche. Sie entstehen durch Störungen des solaren Magnetfelds.

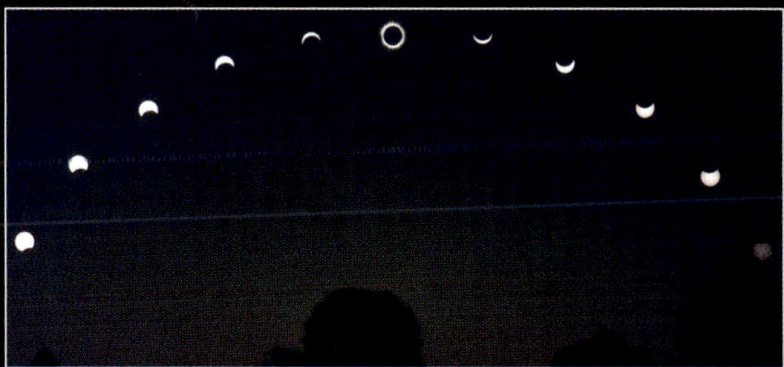

Sonnenfinsternisse

Bei einer Sonnenfinsternis blockiert der Mond das Sonnenlicht zur Erde. Sie erfolgt nur, wenn Sonne, Mond und Erde genau auf einer Linie liegen. Die Sonne ist der größte Körper und ihr Durchmesser ist fast 400-mal so groß wie der des Monds. Gleichzeitig liegt sie etwa 400-mal weiter von der Erde entfernt, sodass die Sonne und der Mond am Himmel gleich groß erscheinen. Dadurch kann der Mond die Sonne in den wenigen Minuten der Totalität vollständig bedecken, sodass man die Korona sieht. Steht man außerhalb der Totalitätszone (außerhalb des Kernschattens oder der Umbra des Monds), erlebt man nur eine partielle Sonnenfinsternis, weil nur ein Teil der Sonne bedeckt ist. Totale Sonnenfinsternisse sind an jedem einzelnen Ort der Erde sehr selten, aber partielle sieht man über größere Gebiete.

SONNENFINSTERNIS
Eine mehrfach belichtete Aufnahme (oben) zeigt die Stadien einer totalen Sonnenfinsternis und den Moment der totalen Finsternis (mittlerer Punkt), wenn nur die Korona der Sonne sichtbar ist. Zu Beginn und am Ende der Totalitätsphase scheinen am Rand der rauen, mit Kratern übersäten Mondoberfläche kleine Anteile des Sonnenlichts hindurch, was man auch Perlschnurphänomen (rechts) nennt.

DIE ZONE DER TOTALITÄT
Der Mond ist viel kleiner als die Sonne, sodass sein Schatten während einer Sonnenfinsternis kegelförmig ist. Er besteht aus der zentralen Umbra (der Totalitätszone) und der Penumbra (Bereich der partiellen Sonnenfinsternis).

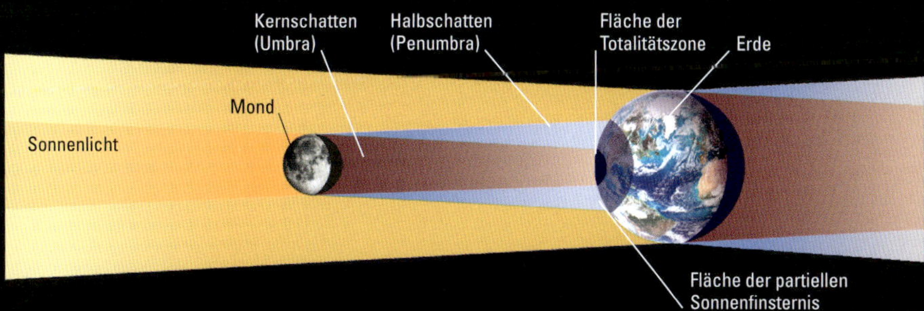

SONNENFINSTERNIS-BETRACHTER
Ein sicherer und leicht herzustellender Betrachter für Sonnenfinsternisse besteht aus zwei Kartons. Ein Karton hat eine kleine Öffnung in seiner Mitte. Fällt das Sonnenlicht durch die Öffnung, erzeugt es auf dem zweiten Karton ein Bild. Um das Bild schärfer darzustellen, muss man den Abstand zwischen den Karton ändern.

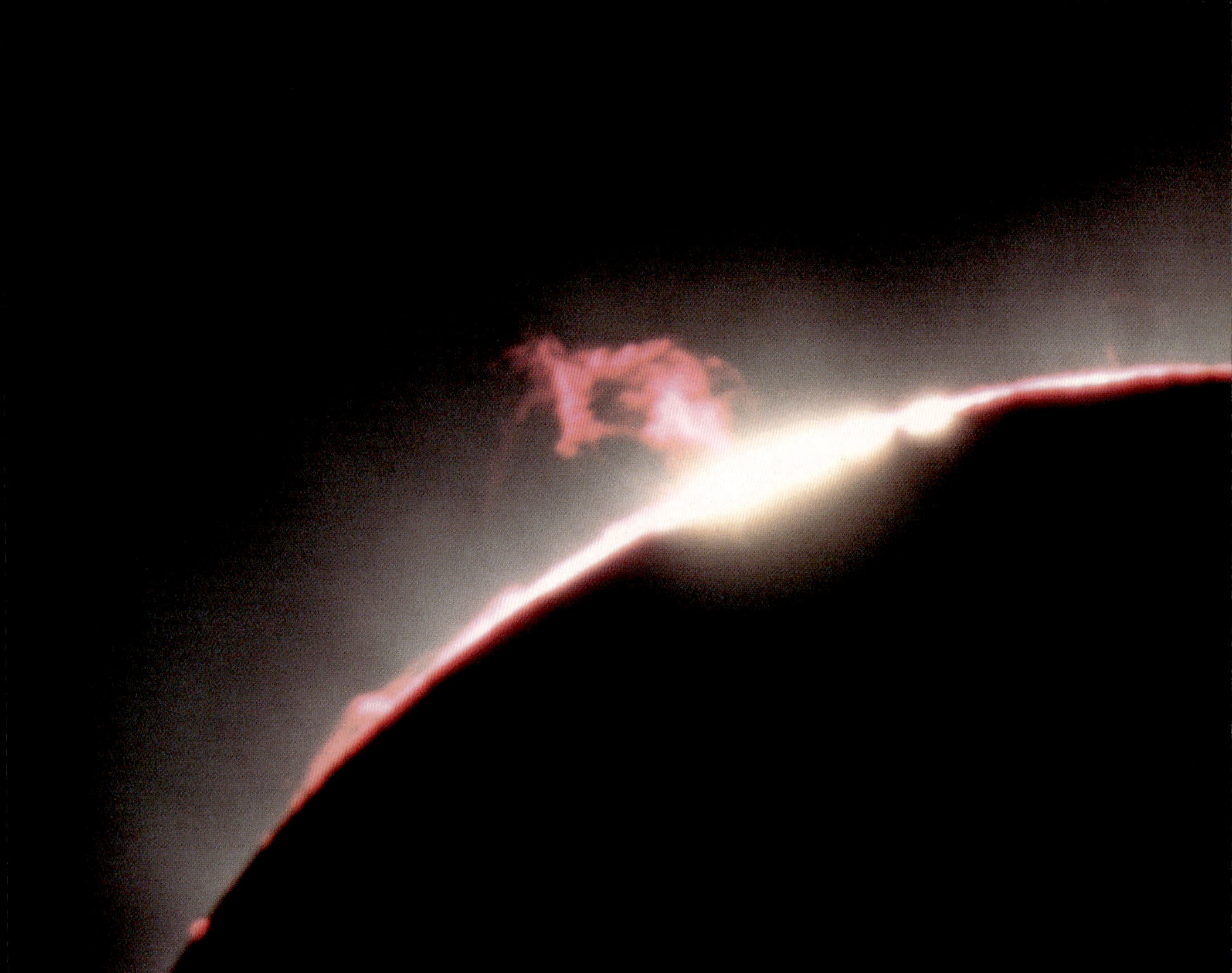

RING AUS FEUER
Kurz vor Beginn und kurz nach dem Ende der Totalitätsphase brechen einige Sonnenstrahlen am unebenen Rand der Mondoberfläche durch. Diesen Effekt nennt man auch Perlschnurphänomen.

DER MOND

Der Mond ist der einzige natürliche Erdsatellit. Er kreist so nah um die Erde, dass man einige Oberflächenstrukturen mit bloßem Auge erkennt.

Unser engster Nachbar

Der Mond kreist in einem Abstand von 384 400 km um die Erde. Weil sein Radius ein Viertel des Erdradius beträgt, ist er groß genug, um Erde und Mond als Doppelplanet zu sehen. Wie alle Monde und Planeten emittiert er selbst kein Licht – der Mondschein ist tatsächlich nur reflektiertes Sonnenlicht. Der Mond ist ein wunderbares Beobachtungsziel. Bereits im Fernglas zeigt er seine weiten Ebenen, Krater, tiefen Täler und rauen Gebirgszüge.

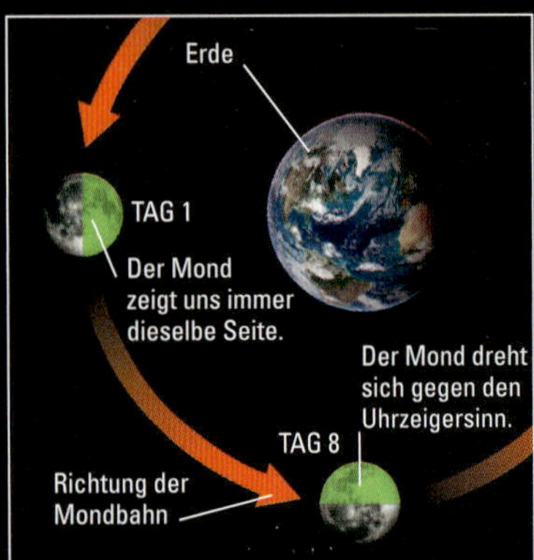

GEBUNDENE ROTATION
Der Mond dreht sich langsamer als die Erde. Er kreist in 27,3 Tagen einmal um die Erde und braucht genauso lang für eine Rotation. Deshalb weist immer dieselbe Seite zur Erde, sodass die abgewandte Seite nie sichtbar ist.

Die Mondumlaufbahn

Während der Mond um die Erde kreist, zeigt er verschiedene Phasen. Bei Neumond liegt er zwischen der Erde und der Sonne. Wenn sich alle drei Körper auf einer Linie befinden, erfolgt eine Sonnenfinsternis (siehe S. 193). Doch durch die Neigung der Mondbahn bewegt er sich die meiste Zeit ober- oder unterhalb der Sonne. Nach einigen Tagen sieht man den Mond als schmale Sichel am westlichen Abendhimmel kurz nach Sonnenuntergang. Während der Mond sich weiter östlich bewegt, sieht man den Halbmond und schließlich den Vollmond 14½ Tage nach Neumond. Bei Vollmond hat er die Hälfte seiner Umlaufbahn vollendet. Liegen zu diesem Zeitpunkt alle drei Körper auf einer Linie, erfolgt eine weitere Finsternis – eine Mondfinsternis. Obwohl der Mond für einen Umlauf 27,3 Tage braucht, dauert sein Phasenzyklus 29,5 Tage, weil sich die Erde selbst bewegt hat und man den Mond aus einem anderen Winkel sieht.

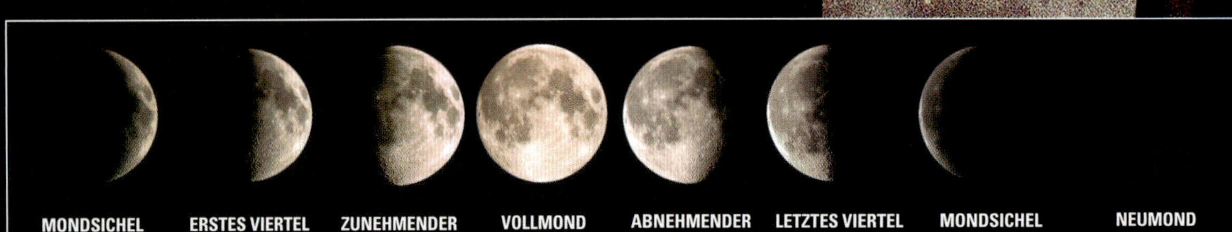

MONDPHASEN
Die Sonne beleuchtet immer nur eine Hälfte des Monds. Der Anteil der beleuchteten Fläche, den man sieht, hängt von der Position des Monds auf seiner Bahn ab. Der Mond nimmt zu, wenn die beleuchtete Fläche von der abendlichen Sichel bis zum Vollmond größer wird, die anschließend bis zum Neumond abnimmt.

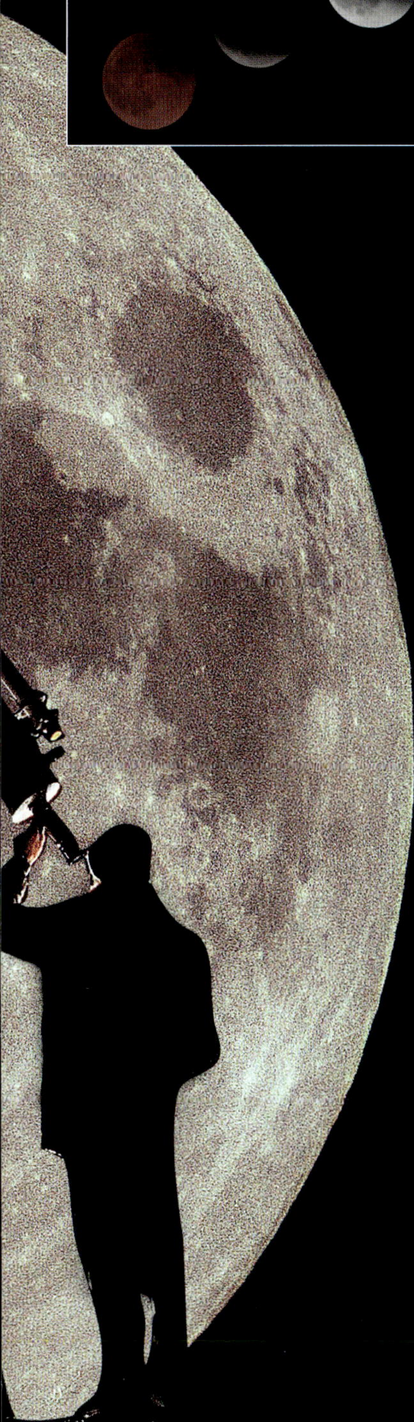

RÖTLICHER MOND
Während einer totalen Finsternis fällt kein Licht direkt auf den Mond. Er erscheint aber rötlich und nicht schwarz, weil das Sonnenlicht von der Erdatmosphäre gestreut wird.

Mondfinsternisse

Eine Mondfinsternis ist nicht so beeindruckend wie eine Sonnenfinsternis, aber auch sie bietet einen erstaunlichen Anblick. Sie tritt ein, wenn die Erde zwischen dem Mond und der Sonne liegt und die Ebene der Mondbahn mit der Ebene der Erdbahn übereinstimmt – das Ereignis erfolgt mehrere Male jährlich immer bei Vollmond. Als erstes Zeichen einer totalen Mondfinsternis verdunkelt sich die östliche Mondseite. Innerhalb weniger Stunden wandert die Dunkelheit über die Mondscheibe, während sich der Mond im Erdschatten bewegt (Halbschatten oder Penumbra). Wenn der Mond genau der Sonne gegenüberliegt, befindet sich der Vollmond im dunkelsten Abschnitt des Erdschattens (Kernschatten oder Umbra) und leuchtet rötlich. Schließlich wandert der Mond aus dem Kernschatten in den Halbschatten. Manchmal verdunkelt sich der Himmel enorm während der Totalität, wenn der Mond vollständig bedeckt ist. Die dunkleren Sterne, die normalerweise vom reflektierten Sonnenlicht überstrahlt werden, werden am Himmel direkt um den inzwischen rötlich-braunen Mond sichtbar. Eine Mondfinsternis kann über 90 Minuten dauern, sodass man im Gegensatz zu einer totalen Sonnenfinsternis ausreichend Zeit besitzt, um das Ereignis zu beobachten.

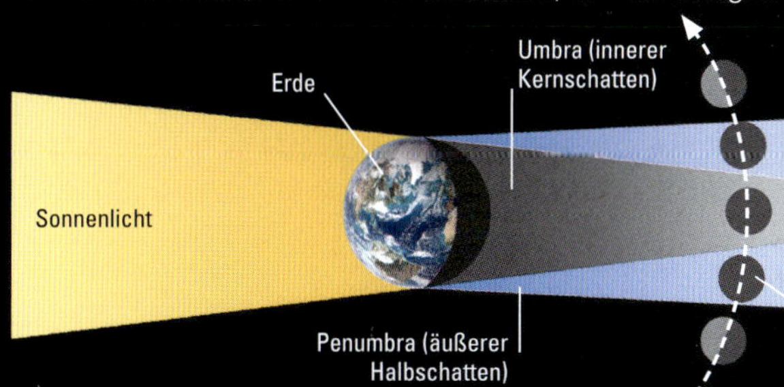

WEG DER MONDFINSTERNIS
Bei einer totalen Mondfinsternis wandert der Vollmond durch alle Abschnitte des Erdschattens wie den schwächeren Halbschatten (Penumbra) und den inneren Kernschatten (Umbra).

ENTSTEHUNG DES ERDMONDS

Eine der weltweit anerkannten Theorien über die Entstehung des Monds besagt, dass ein großer Körper (ungefähr so groß wie der Mars) mit der jungen Erde zusammenstieß. Dabei wurde eine gewaltige Menge geschmolzenes Material auf eine Umlaufbahn um die Erde freigesetzt, das zum Teil aus den oberen Erdschichten, aber auch vom Einschlagkörper selbst stammt. Durch Schwerkraft verklumpte dieses Material und bildete den Mond. Seitdem entfernt sich der Mond jährlich um etwa 4 cm von der Erde. Aufgrund von Gezeiteneffekten der Schwerkraft gewinnt der Mond Energie aus dem Erde-Mond-System und entfernt sich, während er gleichzeitig die Erdrotation abbremst. Doch diese Auswirkungen sind gering, weil ein Tag alle 100 000 Jahre um 2,2 Sekunden länger wird.

1. KOLLISION
Der Mond entstand vermutlich, nachdem ein großer Planetoid die junge Protoerde traf. Riesige Mengen geschmolzener Silikate wurden aus dem Erdmantel herausgeschleudert und bildeten eine massive Wolke aus Gas, Staub und Gestein. Die Wärme strahlte ab und die Wolke kühlte sich ab.

2. BILDUNG DES MONDS
Der größte Teil des herausgeschleuderten Materials sammelte sich auf einer Bahn um die Erde und bildete einen dichten Ring. Einzelne Gesteinsbrocken kollidierten mit anderen, bis ein Körper die Bahn beherrschte. Er wurde zum einzigen natürlichen Satelliten der Erde – dem Mond.

Die Mondoberfläche beobachten

Die Mondoberfläche weist die Narben ständiger Einschläge und Lavaausbrüche auf, die vor allem in seiner Entstehungszeit stattfanden. Mit bloßem Auge erscheint der Mond zuerst als graue Welt mit hellen und dunklen Flecken. Doch wenn man sich an den Anblick gewöhnt hat, erkennt man auch einige Stellen mit den größten Einschlägen. Diese Strahlenkrater entstanden, wenn Körper auf dem Mond einschlugen und geschmolzenes Gestein herausschleuderten. Solche Strahlen erkennt man häufig leicht mit bloßem Auge um den Kopernikus- und den Tycho-Krater. Ferngläser zeigen die Krater und andere Merkmale der dunklen und hellen Landschaft deutlicher, sodass ein Beobachter mehrere Maria (»Meere«) auf der Mondoberfläche erkennt. Aber um in diese fesselnde Welt einzutauchen, braucht man ein Teleskop.

Die Maria sind weite **Lavaströme** aus Basalt, wie sie auch **Vulkane** auf der **Erde** herausschleudern.

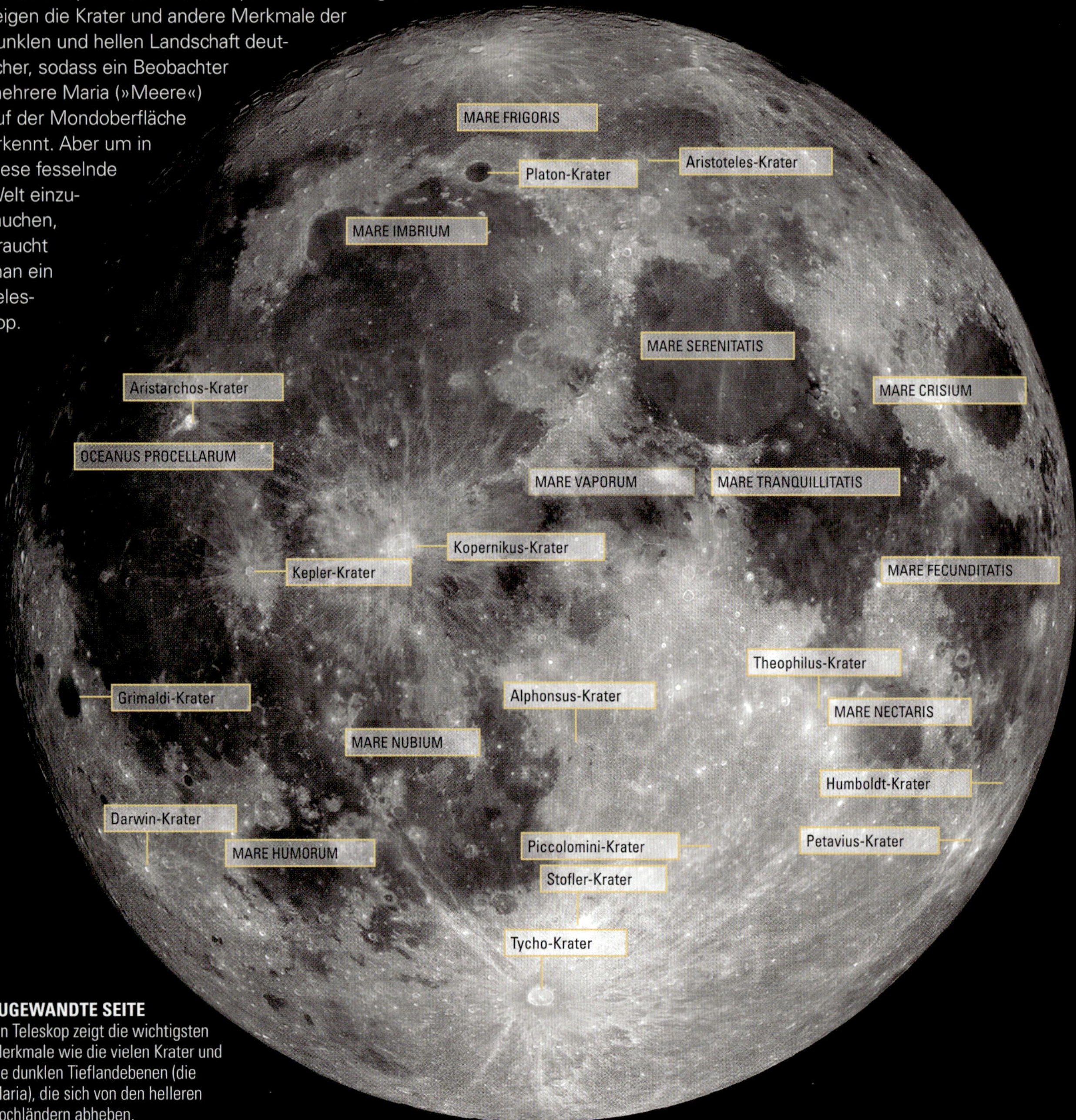

ZUGEWANDTE SEITE
Ein Teleskop zeigt die wichtigsten Merkmale wie die vielen Krater und die dunklen Tieflandebenen (die Maria), die sich von den helleren Hochländern abheben.

Die beste Zeit für Beobachtungen

Obwohl der Mond der Erde immer dieselbe Seite zeigt, ändert sich während eines Monats das Aussehen seiner Merkmale, weil Sonnenlicht aus unterschiedlichen Winkeln auf sie trifft. Der Anblick des Vollmonds kann enttäuschend sein, weil seine Oberfläche gleichmäßig beleuchtet ist und kaum Kontraste aufweist. Die Wochen vor oder nach Neumond eignen sich am besten. Wenn der Mond ab- oder zunimmt, sieht man den Terminator – die Grenze zwischen der hellen und dunklen Seite. Durch die langen Schatten heben sich einige Merkmale reliefartig ab.

DER TERMINATOR
Sonnenlicht fällt auf dem Mond sehr flach am Terminator ein, der Grenze zur dunklen Seite. Dadurch entsteht ein hoher Kontrast, der die meisten Einzelheiten offenbart.

OBERFLÄCHENMERKMALE DES MONDS

MEER (MARE, MEHRZAHL: MARIA)
Die Menschen glaubten früher, dass die dunklen Flecken auf dem Mond Meere waren – lateinisch *Maria*. Heute weiß man zwar, dass auf dem dunklen, nicht beleuchteten Grund der Krater um die Mondpole Wasser existiert, aber die Maria sind nur glatte Ebenen aus Gestein. Sie entstanden vor langer Zeit durch geschmolzene Lava, die Becken auf der Mondoberfläche überflutete. Die Maria sind deshalb jünger als die hellen Hochländer; daher weisen sie auch weitaus weniger Krater als die Hochländer auf.

EINSCHLAGKRATER
Einschlagkrater entstanden, wenn Objekte auf dem Mond einschlugen. Die weiteren Folgen hingen von vielen Faktoren wie der Größe des Objekts ab. Im Allgemeinen brachte die freigesetzte Energie die Mondoberfläche zusammen mit dem Objekt oder dessen Teilen zum Schmelzen. Das geschmolzene Material spritzte nach außen und kühlte zu den Kraterrändern oder Kraterwällen ab. Wenn das Gestein ausreichend Energie erhalten hatte und noch geschmolzen war, konnte es in die Mitte des Kraterbeckens zurückprallen. Dort erstarrte es und bildete einen Zentralberg.

KLUFT, FURCHE (RUPES, MZ.: RUPES)
Diese geraden Merkmale entstanden durch vertikalen Versatz der Mondkruste entlang von Verwerfungen. Das Gebiet einer Seite wurde entweder gehoben oder gesenkt, sodass eine Klippe oder Geländestufe entstand. Das wohl schönste Beispiel ist die Gerade Wand oder Rupes Recta, die über 125 km durch das Mare Nubium verläuft. Die längste Kluft ist Rupes Altai mit 427 km Länge. Sie ist vermutlich ein Ringabschnitt, der das Nectaris-Becken (ein riesiger Einschlagkrater) nach seiner Entstehung umgab.

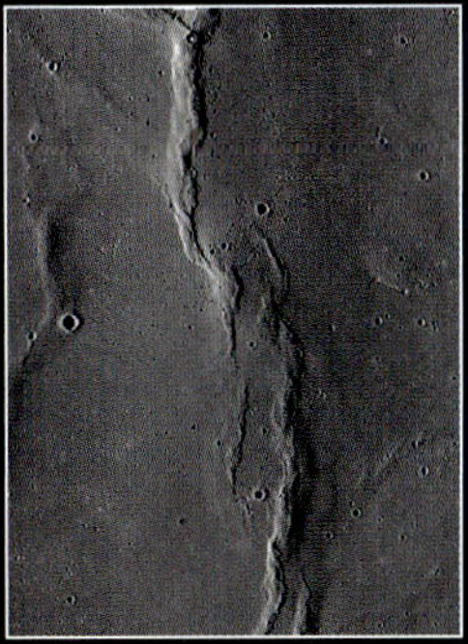

MEERESRÜCKEN (DORSUM, DORSA)
Diese sanft ansteigenden Rücken der Maria bildeten sich, als das geschmolzene Gestein in den Maria abkühlte und sich zusammenzog. Einige Rücken deuten auch auf versteckte Merkmale unter der Oberfläche. Rücken erstrecken sich bis zu Hunderte Kilometer über die Mondoberfläche, sind aber nur wenige hundert Meter hoch. Man sieht sie leicht in der Nähe des Terminators, weil die tief stehende Sonne längere Schatten wirft. Dorsa Smirnov, ein Rücken im Mare Serenitatis, ist 222 km lang.

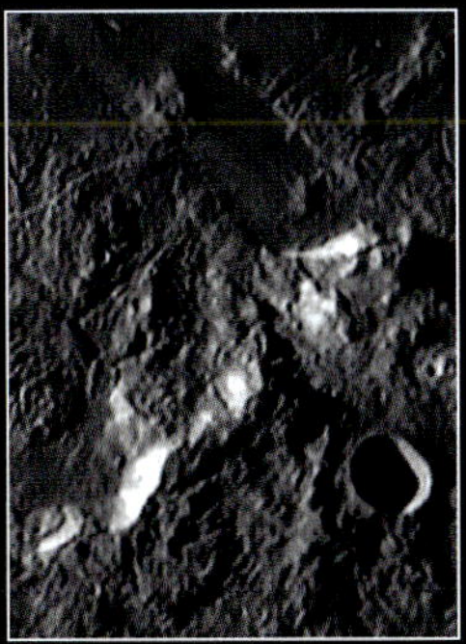

BERG (MONS), GEBIRGE (MONTES)
Berge kommen als einzelne Gipfel oder Gebirgszüge vor. Einige Gebirge besitzen bekannte Namen wie der Mont Blanc in den Mondalpen. Abseits der Maria ist der Mond mit Gebirgshochländern übersät, aber auch in den Maria existieren Berge – wie Inseln auf der Erde, die tatsächlich nur die Gipfel der Meeresgebirge sind. Sichtbar sind ein oder zwei Gipfel, die zu hoch waren, um von der Lava bedeckt zu werden. Der höchste Berg ist der 5,5 km hohe Mons Huygens in den Montes Apenninus.

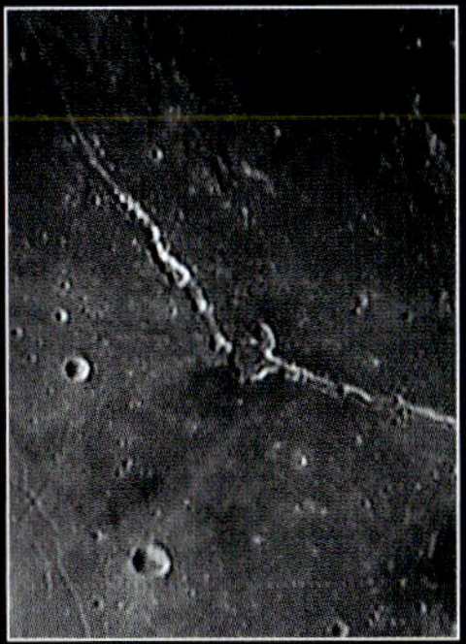

RILLE (RIMA, MEHRZAHL: RIMAE)
Rillen sind genau das Gegenteil der Dorsa (oben). Sie erheben sich nicht über der Oberfläche, sondern schneiden in sie wie ein Graben oder die Rille einer Schallplatte. Rillen sind viel breiter als Rücken und erreichen mehrere Kilometer Breite. Sie bildeten sich an Stellen, an denen sich Land absenkte, weil z. B. die Decke einer alten, langen Lavaröhre zusammenbrach. Sie können deshalb auch weit über 100 km lang sein. Die längste Rille ist die Rima Hesiodus mit 256 km Länge auf dem Wall des Hesiodus-Kraters.

KOMETEN UND METEORE

Wenn Bruchstücke von Kometen in die Erdatmosphäre eindringen, erzeugen sie Meteore – die Sternschnuppen.

Schmutzige Schneebälle

Kometen sind große Brocken aus Eis und Staub, die um die Sonne kreisen. Ihre lang gestreckten Bahnen führen sie häufig in den interstellaren Raum. Sobald sich ein Komet der Sonne nähert, verdampft sein Eis und erzeugt einen beeindruckenden Anblick. Auf ihrer Reise um die Sonne verlieren Kometen ständig winzige Staubkörnchen – Meteoroiden –, die beim Eintritt in die Erdatmosphäre zu Meteoren (Sternschnuppen) werden. Jährlich dringen Tausende Tonnen Staub aus dem Weltraum in die Erdatmosphäre ein.

KOMETENSCHWEIF
Der Halleysche Komet zeigt die charakteristische runde Koma und einen Schweif. Wir können sie sehen, da die Sonnenenergie Material aus dem Kern freisetzt, das das Sonnenlicht reflektiert.

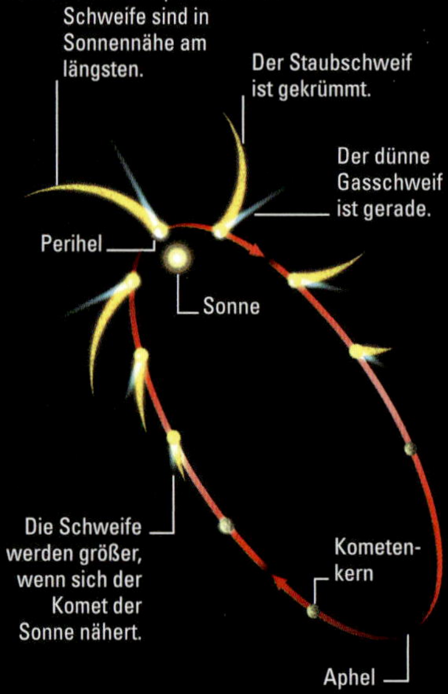

Woher stammen die Kometen?

Kometenkerne sind zwischen 1 bis 50 km groß und vermutlich die Überreste der Entstehung des Sonnensystems. Nachdem die Sonne schließlich zu leuchten begann, drückte ihre Strahlung leichteres Material hinter die Umlaufbahnen der Planeten in den Edgeworth-Kuipergürtel (siehe S. 190). Dieser ist wahrscheinlich die Heimat der kurzperiodischen Kometen – sie benötigen bis zu 200 Jahre für einen Umlauf. Sehr viel weiter außerhalb befindet sich vermutlich ein riesiges Depot der Kometen, das als Oortsche Wolke einen Halo um das Sonnensystem bildet. Aus ihr stammen die langperiodischen Kometen, die Jahrtausende für einen Umlauf brauchen. Wenn ihre Bahnen die der Planeten kreuzen, werden ihre Bahnen kürzer oder die Kometen werden nach einer Kollision zerstört. Durch die Schwerkraft eines Planeten oder Sterns können Kometen zur Sonne umgelenkt werden, sodass ihr Kern eine helle Koma und Schweife bildet, die den Himmel erleuchten.

STERNE MIT SCHWEIFEN
In Sonnennähe verdampft ein Komet und setzt Staub frei, der sich verteilt und eine helle Koma formt; Kern und Koma bilden den Kopf. Die Strahlung der Sonne bläst den Staub der Koma weg, und der Sonnenwind wandelt einige Gase in Ionen um, sodass zwei Schweife entstehen.

KOMETEN BEOBACHTEN

Große langperiodische Kometen wie Hale-Bopp (links) kehren erst nach Jahrtausenden zurück, aber man kann jedes Jahr mehrere kurzperiodische Kometen beobachten. Die Erscheinungsdaten veröffentlichen Astronomiezeitschriften. Die meisten Kometen sind ziemlich dunkel und man braucht mindestens ein Fernglas. Selbst damit sieht man häufig nur einen Schweif. Doch neue Kometen werden immer wieder entdeckt und schnell veröffentlicht. Viele Kometen sieht man nur als verschwommene Lichtflecken, deren Bewegungen man nur in mehreren Nächten vor dem dunklen Hintergrund erkennt. Besonders hilfreich bei der Beobachtung ist, etwas seitlich neben den Kometen zu blicken (siehe S. 48).

METEORSTRÖME BEOBACHTEN

Datum und Ort der jährlichen periodischen Meteorschauer sind bekannt. Eine Tabelle im Anhang führt die wichtigsten Meteorströme auf (siehe S. 237). Man sieht sie am besten mit bloßem Auge an einem dunklen Standort mit Blick in Richtung des Ausgangssternbilds. Um Nackenbeschwerden zu vermeiden, ist ein Liegestuhl sehr empfehlenswert. Lichtverschmutzung oder Mondlicht mindert die Anzahl der sichtbaren Meteore. Bei Halb- oder Vollmond zum Höhepunkt der Meteorströme überstrahlt sein Licht viele dunklere Meteore. Der Neumond bietet dagegen sehr gute Sichtbedingungen.

Größere Meteoroiden – von der Größe einer **Murmel** – erscheinen heller als **alle Sterne und Planeten.**

Meteore und Meteorströme

Sternschnuppen oder Meteore kann man in jeder klaren, dunklen Nacht sehen. Jedes winzige Teilchen, das sie verursacht, ist ein Bruchstück auf einer Bahn, welche die Erdbahn kreuzt. Die Teilchen treffen auf die Atmosphäre mit Geschwindigkeiten von bis zu 74 km pro Sekunde, verdampfen und erzeugen dadurch einen glühenden Streifen. Gelegentlich verursachen umherirrende Meteoroiden – vermutlich Trümmer einiger früherer Kometen – Meteorschauer, die man sporadische Meteore nennt und die jederzeit auftreten können. Dagegen erscheinen die periodischen Meteorströme zu bestimmten Zeiten eines Jahres. Diese strömen scheinbar immer vom selben Punkt am Himmel, den man Radiant nennt. Das Sternbild, in dem der Radiant liegt, gibt den Schauern ihren Namen. Die Lyriden haben als Radianten das Sternbild Leier (Lyra). Bei den periodischen Meteorschauern kreuzt die Erde jährlich die Bahn mit einem Strom aus Trümmern eines Kometen, die dort bereits seit Jahrhunderten existieren und in ihre Atmosphäre eindringen. Ein guter Meteorschauer wie die Perseiden (Reste des Kometen Swift–Tuttle, der 1992 an der Erde vorbeiflog) erzeugt 90 oder mehr Meteore stündlich.

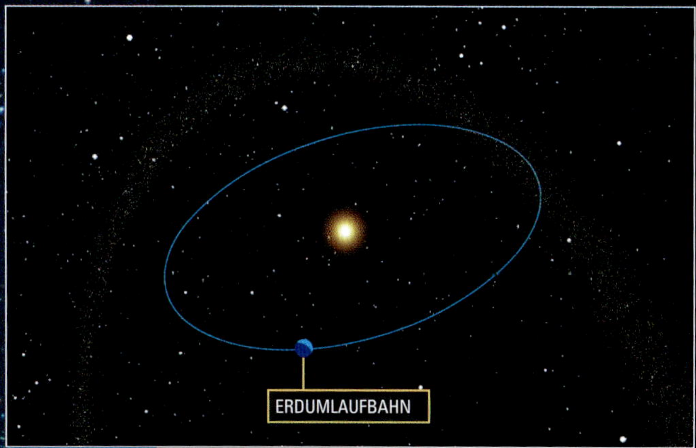

URSPRUNG EINES METEORSTROMS
Wenn die Erde eine Kometenbahn (die Staubspur im Bild oben) kreuzt, wandert sie durch die Trümmer des Kometen. Jedes Teilchen, das in die Erdatmosphäre eindringt, wird zum Meteor.

ATMOSPHÄRENPHÄNOMENE

Nicht alle interessanten Ziele der Beobachtung befinden sich im All. Viele faszinierende Phänomene am Himmel erzeugt die Erde selbst.

Irdische Lichteffekte

Wenn Licht oder geladene Teilchen der Sonne entweder direkt oder vom Mond reflektiert die Erdatmosphäre erreichen, führen die atmosphärischen Bedingungen manchmal zu wunderschönen Effekten für Beobachter auf dem Boden. Einige Phänomene wie die Polarlichter (Aurorae) kann man nur an bestimmten Orten oder zu bestimmten Zeiten sehen. Andere brauchen gute Wetterbedingungen, während wiederum andere zu jeder Zeit und an jedem Ort erscheinen.

MONDHALO
Ein Mondhalo entsteht durch hexagonale Eiskristalle in der Atmosphäre, die das Mondlicht in einem Kreis um den Mond mit einem Radius von 22° brechen. Die zufällig angeordneten Eiskristalle bilden aus Sicht eines Beobachters einen Ring um das Objekt, das Licht ausstrahlt.

NEBENSONNEN
Nebensonnen erscheinen als helle Flecken etwa 22° neben der Sonne. Obwohl sie durch Eiskristalle entstehen, sieht man sie häufig auch bei warmem Wetter. Das Bild oben zeigt mehrere Arten atmosphärischer Halo-Erscheinungen.

Nebensonnen und -monde

Nebensonnen (auch Sonnenhunde oder Parhelia) sind helle Lichtflecken, die normalerweise paarweise neben der Sonne erscheinen. Sie entstehen durch Lichtbrechung in horizontal angeordneten hexagonalen Eiskristallen von Zirruswolken und sie kommen häufig vor. Wenn die Eiskristalle nicht perfekt angeordnet sind, erscheinen Nebensonnen als Teil eines Halos (wie bei dem Mondhalo oben). Sehr selten sind horizontale Kreise um die Sonne sichtbar, die durch die Nebensonnen verlaufen und die man parhelische Kreise nennt. Nebenmonde (auch Paraselenae oder Mondhunde) kommen seltener vor als Parhelia, weil nur der (fast) volle Mond ausreichend Licht reflektiert. Sie sind ein unvergessliches Ereignis.

Leuchtende Nachtwolken

Die nachts leuchtenden, dünnen, fedrig weißen Wolken bestehen aus Eiskristallen, die nach Sonnenuntergang in Höhen von ungefähr 75 bis 85 km auftreten. Sie bleiben tagsüber unsichtbar, wenn der helle Himmel ihr schwaches Licht überstrahlt. Sie leuchten erst, nachdem die Sonne untergegangen ist und ihr Licht aber noch in die obere Atmosphäre strahlt. Sie sind in den Sommermonaten auf beiden Halbkugeln auf Breitengraden zwischen 50° und 65° Nord und Süd sichtbar. Die Teilchen, um die sich die Eiskristalle entwickeln, stammen vermutlich aus dem Weltraum als Mikrometeoroiden sowie von Vulkanasche und Staub.

LEUCHTENDE WOLKEN
Leuchtende Nachtwolken kommen jahreszeitlich vor und treten im Norden von Mai bis August und im Süden von November bis Februar auf.

Polarlichter

Dieses magische Schauspiel entsteht durch elektrisch geladene Teilchen des Sonnenwinds, die durch das Erdmagnetfeld in die Polargebiete der Erde geleitet werden. Dort ionisieren sie in der oberen Atmosphäre Atome und Moleküle und regen sie zum Leuchten an, das man als Nordpolarlicht (Aurora Borealis) bzw. Südpolarlicht (Aurora Australis) erlebt. Die Lichtschau kann sich bis mehr als 300 km über der Erdoberfläche erstrecken. Welche Farben man sieht, hängt von der Energie der ankommenden Teilchen ab und welche atmosphärischen Atome bzw. Moleküle sie anregen. Polarlichter können mehrere Stunden dauern. Sie beginnen häufig mit einem tiefen, weich grünen Bogen, der an Helligkeit und Größe zunimmt, bevor rote und grüne Strahlen erscheinen, die sich als gewelltes Band am Himmel entlang ziehen. Wegen der Perspektive scheinen sich die Strahlen oft genau über dem Kopf des Beobachters zu vereinen.

ANDERE LICHTER AM HIMMEL

Jeden Tag und jede Nacht geschieht viel am Himmel und die große Entfernung macht es schwer zu erkennen, wo oder was ein bestimmtes Objekt ist.

VENUS
Venus ist der hellste Planet und steht bei Sonnenuntergang tief über dem westlichen Horizont. Darüber steht die Sichel des zunehmenden Monds.

Unidentifizierte Himmelsobjekte

Wenn man ein helles Licht am Himmel sieht, das man nicht erkennt, prüft man zuerst, ob es sich bewegt. Dazu beobachtet man dieses Objekt einige Minuten (wenn es sich bewegt, wird es in wenigen Sekunden offensichtlich). Bleibt das Objekt dagegen stationär, ist es wahrscheinlich ein Planet. In ihrer hellsten Phase ist Venus weitaus heller als jeder Stern und wird häufig mit einem UFO verwechselt. Wenn man das Objekt innerhalb von drei Stunden bei Sonnenaufgang oder -untergang sieht, ist es sehr wahrscheinlich die Venus. Das Objekt kann aber auch Mars oder Jupiter sein, die weniger hell als Venus leuchten, aber dennoch hellen Sternen gleichen. Wenn sich ein ähnlich helles Objekt bewegt, kann es sich auch um ein Flugzeug handeln. Beim Landeanflug erkennt man teils auch rote und grüne Positionslichter.

Die Internationale Raumstation

Ein weiteres Objekt, das sich bewegt und hell erscheint, fliegt mit konstanter Geschwindigkeit am Nachthimmel entlang. Man hört von ihm kein Geräusch, weil es sich im Weltraum in ungefähr 590 km Höhe befindet. Es ist die Internationale Raumstation (ISS). Die Station wurde immer heller, seitdem 1989 das erste Modul in den Weltraum gebracht wurde, weil jedes zusätzliche Modul den Anteil des reflektierten Sonnenlichts erhöhte. Doch erst nachdem 2009 die letzten Sonnenpaneele installiert waren, wurde sie so hell, dass man sie sogar tagsüber sehen kann.

BAHN DER ISS
Diese Langzeitaufnahme zeigt die ISS am Nachthimmel. Wenn man ihre genaue Position und Uhrzeit des Überflugs kennt, sieht man sie sogar am hellen Tag.

IRIDIUMSATELLITEN

Iridiumsatelliten bilden ein Netzwerk zur Kommunikation. In größerer Höhe als die ISS kreisen 66 dieser Satelliten um die Erde. Iridiumsatelliten sind tagsüber und nachts sichtbar, aber sie sind äußerst hell und sehr schnell. Wenn man einen bewegten Punkt sieht, der kurz hell aufleuchtet und dann innerhalb von zehn Sekunden wieder dunkler wird, nennt man diese kurzzeitige Spiegelung des Sonnenlichts ein Iridiumflackern. Einzelheiten über Zeit und Ort von Iridiumflackern gibt es unter: www.heavens-above.com.

DIE HELLSTEN SATELLITEN
Das Iridiumflackern entsteht durch die Antennen der Satelliten, die wie ein türgroßer Spiegel wirken und das Sonnenlicht direkt zu einer bestimmten Stelle auf der Erde reflektieren.

Die **Venus**, Meteore, schnelle Satelliten und sogar **Eiskristalle** wurden schon für UFOs gehalten.

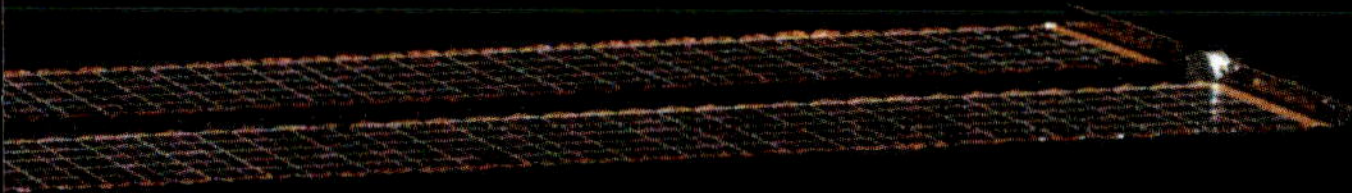

Satelliten

Satelliten kann man jede Nacht sehen. Sie gleichen lichtschwachen Sternen und durchqueren den Himmel in Minuten. Ihre scheinbar langsame Fortbewegung entsteht durch die große Entfernung zur Erde. Die meisten kreisen tatsächlich mit etwa 27 000 km/h um die Erde und brauchen nur ungefähr 90 Minuten, um einen Umlauf zu vollenden. Wie bei der Internationalen Raumstation kann man einen Satelliten nur deshalb sehen, weil er das Licht der Sonne reflektiert. Keines dieser Objekte besitzt ein eigenes Licht. Wenn ein Satellit auf seiner Bahn in den Erdschatten eintritt oder ihn verlässt – was man häufig beobachtet –, verschwindet der Satellit nicht sofort, sondern wird erst nach fünf bis zehn Sekunden dunkler.

HARDWARE IM WELTRAUM
Die ISS ist ein Labor, das die Erde mit 28 000 km/h umkreist. Seine Sonnenpaddel erreichen die Flügelspanne einer Boeing 777 und erzeugen ausreichend Strom für alle Module und Experimente der Weltraumstation.

Wetterballons und Glückslaternen

Am Himmel erscheinen auch Lichter, die sich unregelmäßig verhalten und z. B. ihre Richtung abrupt ändern. Tagsüber oder kurz nach Sonnenuntergang können diese Lichter Wetterballons sein, die aus dem glänzenden, silbrigen Material Mylar bestehen, das Sonnenlicht reflektiert. Ihr Auf- und Abstieg und andere Bewegungen können unerfahrene Beobachter verwirren. In der Nacht können sich seltsame Lichter als chinesische Laternen (»Glückslaternen«, »Partyballons«) erweisen. Wetterballons und China-Laternen sind der Atmosphäre ausgeliefert. Weil sie als leichte Objekte schnell aufsteigen, sind sie unterschiedlichen Windrichtungen ausgesetzt. Eine chinesische Laterne steigt z. B. sanft auf, bevor sie plötzlich auf einen anderen Kurs gerät (weil Winde in der höheren Schichten ihre Bahn ändern) oder ganz verschwindet (weil der Wind das Teelicht ausgeblasen hat). Diese Vorgänge gleichen einem außerirdischen Raumschiff, das aufsteigt und zu einem entfernten Planeten startet, und erklären vermutlich zahlreiche UFO-Sichtungen.

WETTERBALLONS
Diese leichten, flexiblen Ballons, die häufig für UFOs gehalten werden, steigen weltweit regelmäßig auf, um Wetterbedingungen zu messen. Sie können Höhen bis zu 40 km oder mehr erreichen.

6

STERNKARTEN

Im Lauf des Jahres wandert die Erde um die Sonne. Durch ihre wechselnde Position sind von einem Ort auf der Erde zu unterschiedlichen Zeiten verschiedene Sterne sichtbar. Die folgenden Sternkarten dienen Beobachtern auf der Nord- oder Südhalbkugel als monatliche Führer.

NUTZUNG DER STERNKARTEN

Sternkarten eignen sich sehr gut für Beobachtungen mit bloßem Auge. Mit ihrer Hilfe kann man Beobachtungen vorbereiten und Sterne am Himmel auffinden.

Monatliche Himmelskarten

Dieser Abschnitt enthält Himmelskarten für jeden Monat eines Jahres für Beobachtungen auf der Nord- und auf der Südhalbkugel. Sie zeigen neben den sichtbaren Sternen auch einige der bekanntesten Himmelsobjekte wie Sternhaufen und Nebel. Diese Seite erklärt, wie man die Karten benutzt, um möglichst viele der enthaltenen Informationen zu nutzen.

BLOSSES AUGE
Sternkarten sind sehr nützlich, um mit bloßem Auge Sternbilder und hellere Himmelsobjekte zu lokalisieren.

1 Um die Sternkarten zu nutzen, muss man den Breitengrad seines Standorts kennen. Auf der Landkarte (links) wählt man den farbigen Breitengrad, der dem Breitengrad des Standorts am ehesten entspricht (ein Unterschied von 10° hat nur geringen Einfluss auf die Sterne, die man sehen kann).

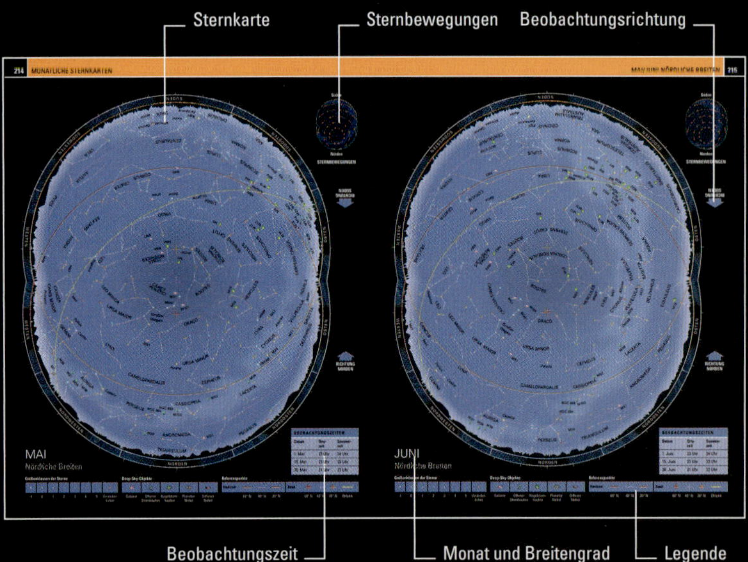

2 Die Karten für einen bestimmten Monat zeigen den Himmel um 22 Uhr zur Monatsmitte – die Zeit entspricht der normalen Zeit einer Zeitzone. Während der Sommerzeit (MESZ) zeigen die Karten den Himmel, wie er eine Stunde später aussieht. Der Nachthimmel erscheint am Monatsanfang um 23 Uhr genau so wie am Monatsende um 21 Uhr oder zur Monatsmitte um 22 Uhr. Bei abweichenden Beobachtungszeiten nutzt man eine andere Monatskarte. Für jeweils zwei Stunden vor oder nach 22 Uhr geht man einen Monat zurück oder vorwärts. Wenn man den Nachthimmel am 15. Januar um Mitternacht beobachten will, wählt man dazu die Karte des Februars.

DAS ENTHALTEN DIE STERNKARTEN

OBJEKT	BESCHREIBUNG
Milchstraße	Ein milchiges Band auf den Karten zeigt die Milchstraße. Mithilfe der Karten findet man die Monate, in denen die Milchstraße sehr gut sichtbar ist und sich über die Karte erstreckt. Für südliche Breitengrade bietet sich dazu der Februar und für nördliche der September an.
Sternbilder	Die Sternbilder sind auf jeder Karte durch die Verbindungslinien ihrer hellsten Sterne dargestellt. Weitere Informationen zu den Sternbildern und ihren Himmelsobjekten findet man in Kapitel 4.
Nebel	Die Gebiete, die sehenswerte Nebel enthalten, sind auf den Karten verzeichnet.
Sterne	Die Karten zeigen die Sterne des Nachthimmels bis zur Größenklasse 5, die man mit bloßem Auge gut sehen kann. Dadurch bieten sich die Karten zur Beobachtung mit bloßem Auge oder dem Fernglas an. Die Helligkeit der Sterne wird durch die Größe des Symbols auf der Karte wiedergegeben. Dazu enthält jede Karte eine Legende. Auch die Farbe der Sterne wird angedeutet.
Zenit	Der Zenit (der Punkt direkt über dem Kopf des Beobachters) ist für verschiedene Breitengrade in den Karten verzeichnet. Dabei entsprechen die Farben des Zenits den Farben der Horizontlinie für den jeweiligen Breitengrad. Mithilfe der Legende und Landkarte (oben links) findet man den Zenit, der dem Standort am ehesten entspricht.
Galaxien	Eine Auswahl der hellsten Galaxien des Nachthimmels ist in den Karten verzeichnet – jede Galaxie wird durch ein Galaxiensymbol dargestellt.
Offene und Kugelsternhaufen	Bekannte Offene und Kugelsternhaufen sind auf den Karten mit ihrer Messier- oder NGC-Nummer aufgeführt. Sie sind gute Ziele für kleine Teleskope. Hellere Galaxien kann man sogar mit einem starken Fernglas beobachten.
Ekliptik	Die Ekliptik, die scheinbare Bahn der Sonne, wird durch eine helle, gelbe Linie dargestellt. Zwar zeigen die Karten keine Planeten, aber man findet sie stets in der Nähe der Ekliptik.

3 Zur Beobachtung wählt man die entsprechende Monatskarte, die dem eigenen Standort entspricht (nördliche oder südliche Breitengrade). Dann dreht man sich nach Norden (z. B. mithilfe eines Kompasses) und hält das Buch senkrecht zum Boden, sodass die Richtung NORDEN (am unteren Seitenrand) zum Boden weist.

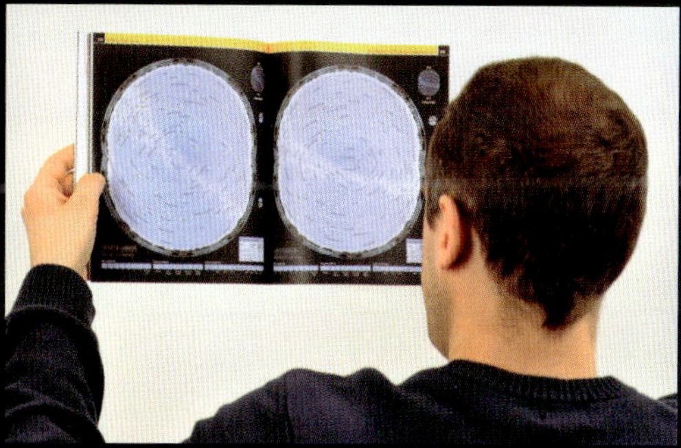

AUSRICHTEN DER KARTEN

Um den nördlichen Himmel zu beobachten, dreht man sich nach Norden und hält die Karte so, dass der Pfeil »RICHTUNG NORDEN« nach oben weist. Die Sternpositionen stimmen nur für die angegebenen Zeiten. Um den südlichen Himmel zu beobachten, dreht man sich nach Süden und dreht die Karte um 180°, sodass der südliche Horizont unten liegt.

4 Dann wählt man die farbige Linie, die dem Breitengrad des eigenen Standorts entspricht. Ihr Kreis zeigt das Gebiet, das man auf diesem Breitengrad sieht.

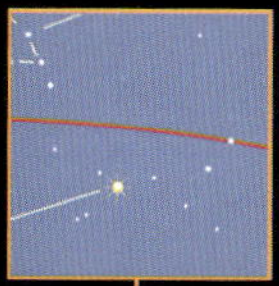

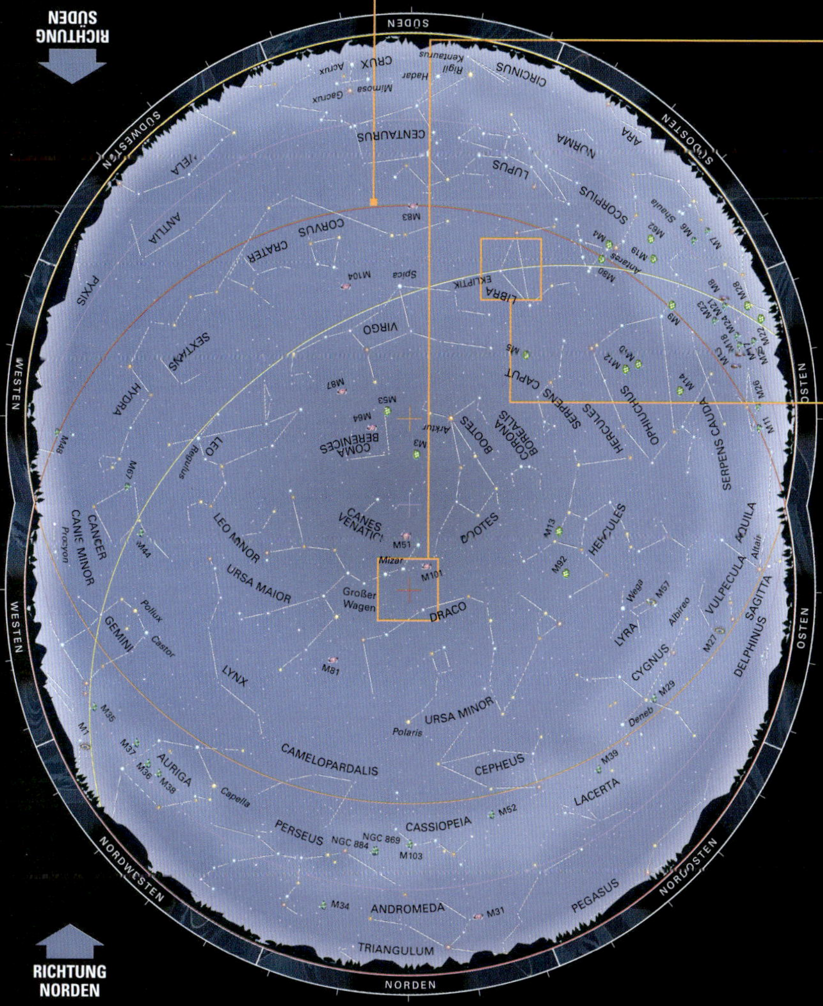

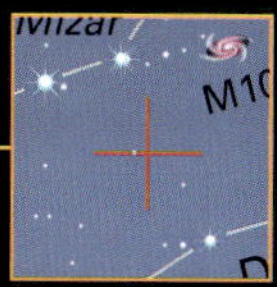

5 Der untere Abschnitt des Kreises am unteren Kartenrand stellt den nördlichen Horizont dar, der direkt vor dem Beobachter liegt. Der gegenüberliegende Abschnitt ist der südliche Horizont. Die Sterne außerhalb des Kreises sind nicht sichtbar. Die Karte enthält auch ein Kreuz in der Kreismitte mit der gleichen Farbe wie die Linie. Das Kreuz stellt den Zenit dar, den höchsten Punkt am Himmel direkt über dem Beobachter.

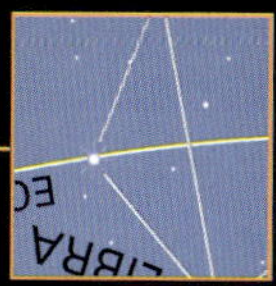

6 Die gelbe Linie auf den Karten stellt die Ekliptik dar. Der Mond und die Planeten wandern immer eng entlang an der Ekliptik, wenn sie am Nachthimmel sichtbar sind.

7 Um den südlichen Himmel zu beobachten, dreht man sich um und dreht das Buch so, bis die Richtung SÜDEN zum Boden weist. Der untere Kreisabschnitt stellt den südlichen und der obere Abschnitt den nördlichen Horizont dar.

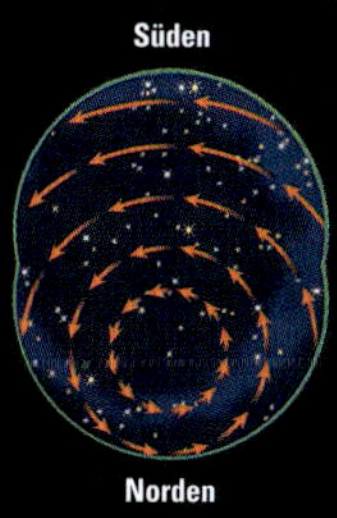

8 Jede Karte enthält auch ein Diagramm, das die Richtung der Sternbewegungen während der Nacht zeigt. Sterne, die weiter entfernt von den Himmelspolen liegen, wandern schneller als die in seiner Nähe, bis sie hinter dem Horizont untergehen. Zirkumpolare Sterne drehen sich um die Pole, ohne unterzugehen.

LEGENDE

Sterne der Größenklasse 5 und heller sind auf den Karten eingezeichnet. Symbole weisen den Amateurastronomen auf interessante Himmelsobjekte hin.

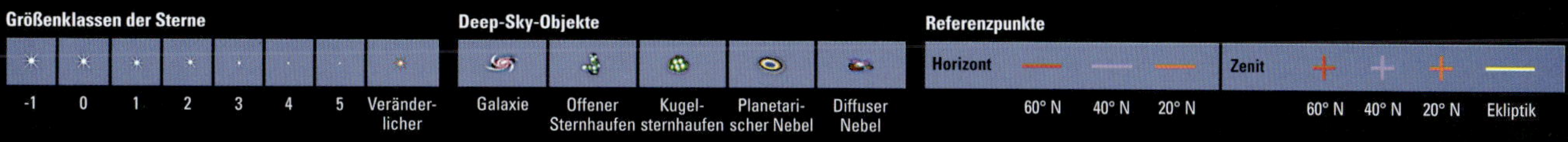

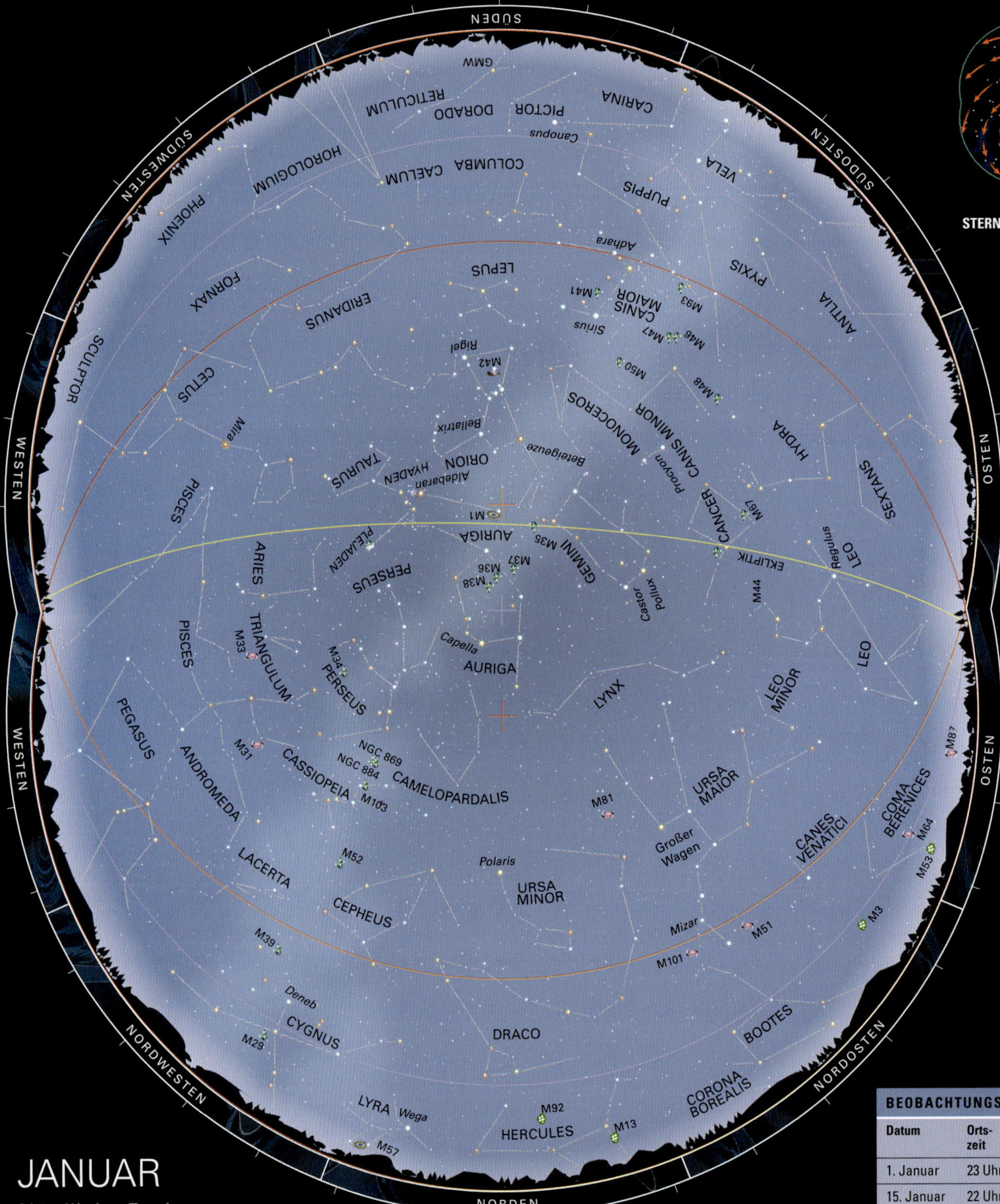

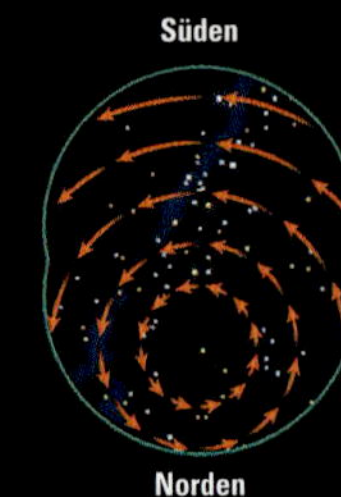

STERNBEWEGUNGEN

RICHTUNG SÜDEN

RICHTUNG NORDEN

JANUAR

Nördliche Breiten

BEOBACHTUNGSZEITEN

Datum	Ortszeit	Sommerzeit
1. Januar	23 Uhr	24 Uhr
15. Januar	22 Uhr	23 Uhr
30. Januar	21 Uhr	22 Uhr

Größenklassen der Sterne

-1 0 1 2 3 4 5 Veränderlicher

Deep-Sky-Objekte

Galaxie | Offener Sternhaufen | Kugelsternhaufen | Planetar. Nebel | Diffuser Nebel

Referenzpunkte

Horizont: 60° N, 40° N, 20° N

Zenit: 60° N, 40° N, 20° N

Ekliptik

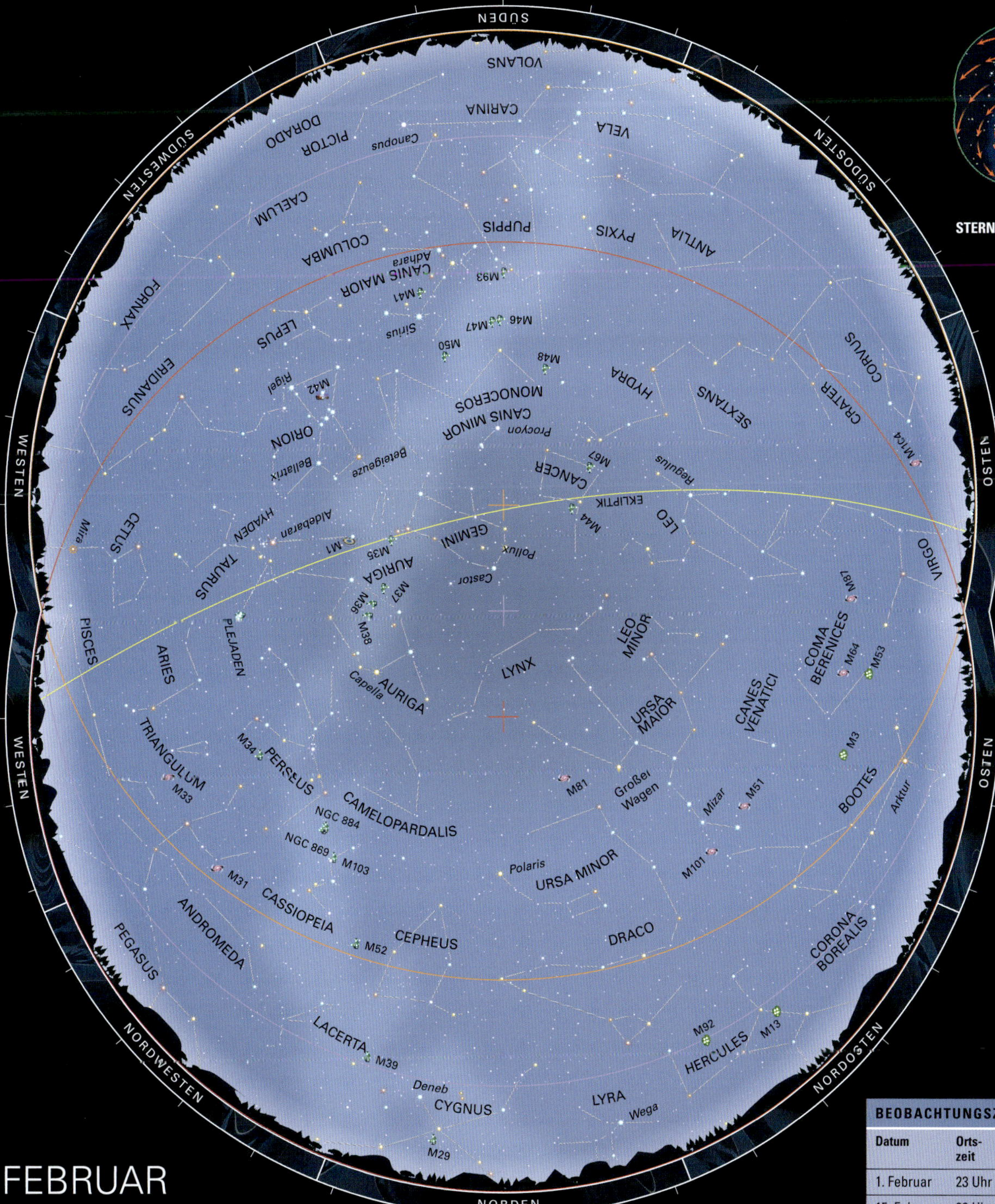

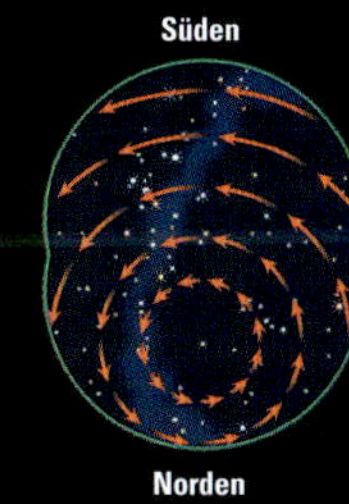

STERNBEWEGUNGEN

RICHTUNG SÜDEN

RICHTUNG NORDEN

FEBRUAR

Nördliche Breiten

BEOBACHTUNGSZEITEN		
Datum	Ortszeit	Sommerzeit
1. Februar	23 Uhr	24 Uhr
15. Februar	22 Uhr	23 Uhr
1. März	21 Uhr	22 Uhr

Größenklassen der Sterne

-1 · 0 · 1 · 2 · 3 · 4 · 5 · Veränderlicher

Deep-Sky-Objekte

Galaxie · Offener Sternhaufen · Kugelsternhaufen · Planetar. Nebel · Diffuser Nebel

Referenzpunkte

Horizont: 60° N · 40° N · 20° N

Zenit: 60° N · 40° N · 20° N

Ekliptik

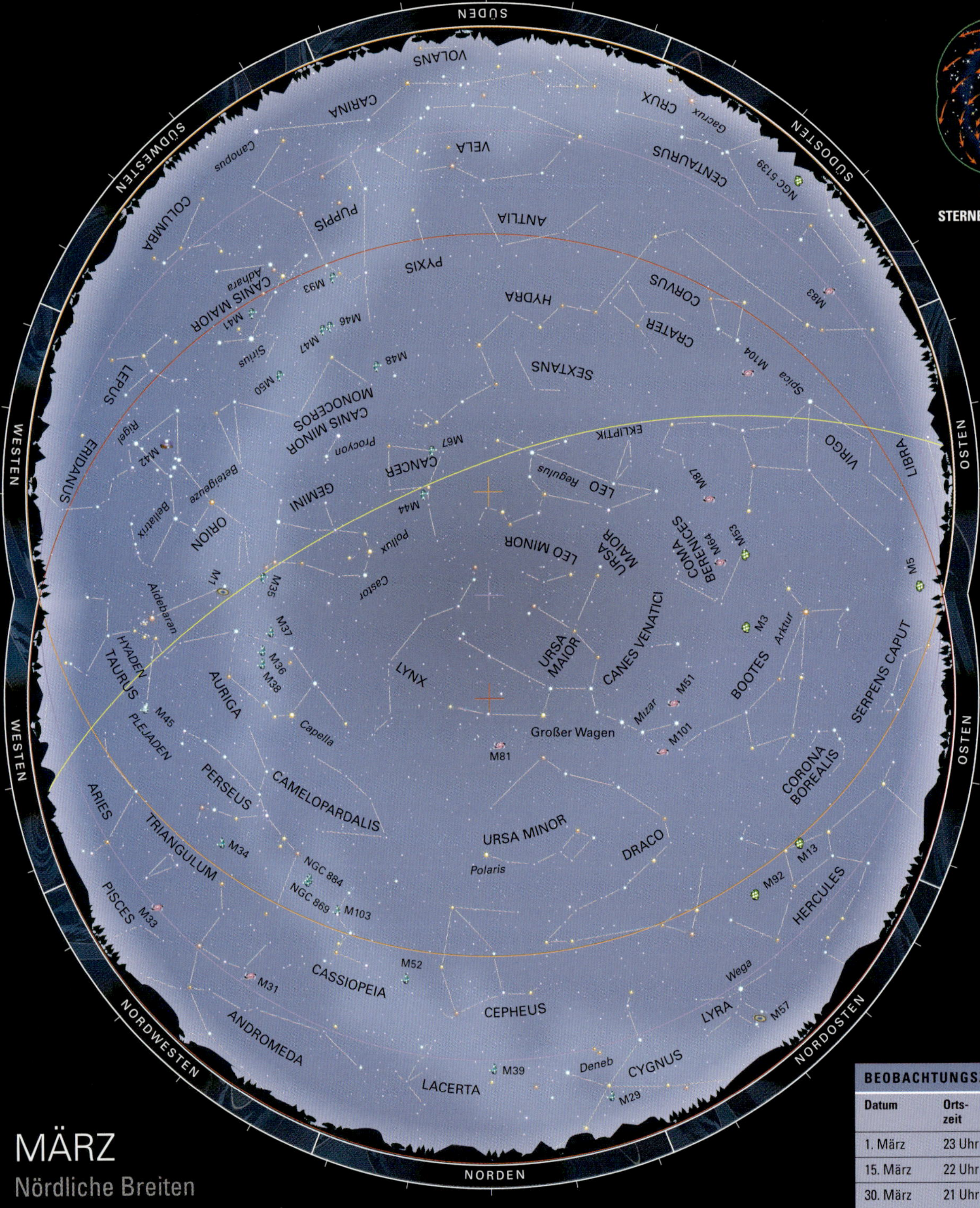

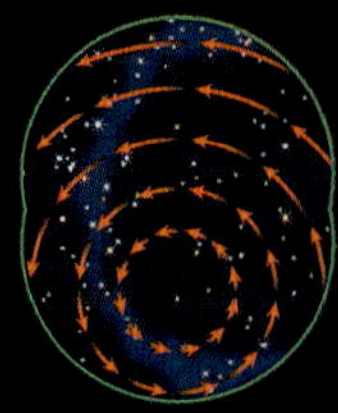

STERNBEWEGUNGEN

RICHTUNG SÜDEN

RICHTUNG NORDEN

MÄRZ

Nördliche Breiten

BEOBACHTUNGSZEITEN		
Datum	**Orts-zeit**	**Sommer-zeit**
1. März	23 Uhr	24 Uhr
15. März	22 Uhr	23 Uhr
30. März	21 Uhr	22 Uhr

Größenklassen der Sterne

-1 · 0 · 1 · 2 · 3 · 4 · 5 · Veränderlicher

Deep-Sky-Objekte

Galaxie · Offener Sternhaufen · Kugelsternhaufen · Planetar. Nebel · Diffuser Nebel

Referenzpunkte

Horizont: 60° N · 40° N · 20° N

Zenit: 60° N · 40° N · 20° N · Ekliptik

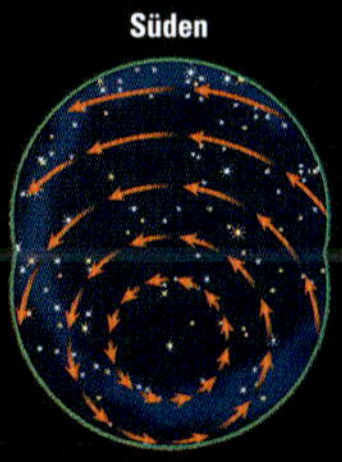

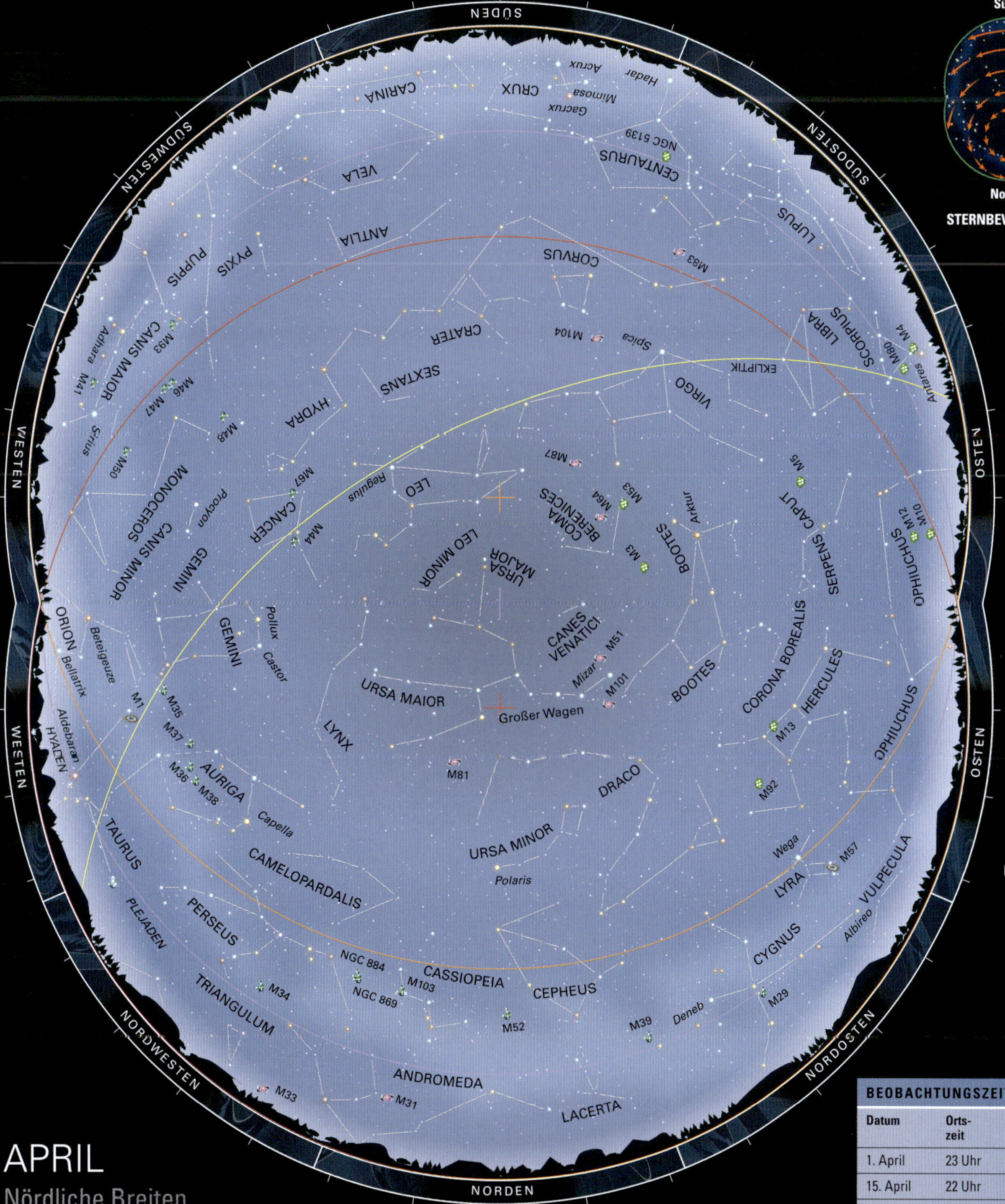

RICHTUNG SÜDEN

RICHTUNG NORDEN

APRIL

Nördliche Breiten

BEOBACHTUNGSZEITEN

Datum	Ortszeit	Sommerzeit
1. April	23 Uhr	24 Uhr
15. April	22 Uhr	23 Uhr
30. April	21 Uhr	22 Uhr

Größenklassen der Sterne

-1 · 0 · 1 · 2 · 3 · 4 · 5 · Veränderlicher

Deep-Sky-Objekte

Galaxie · Offener Sternhaufen · Kugelsternhaufen · Planetar. Nebel · Diffuser Nebel

Referenzpunkte

Horizont: 60° N · 40° N · 20° N

Zenit: 60° N · 40° N · 20° N · Ekliptik

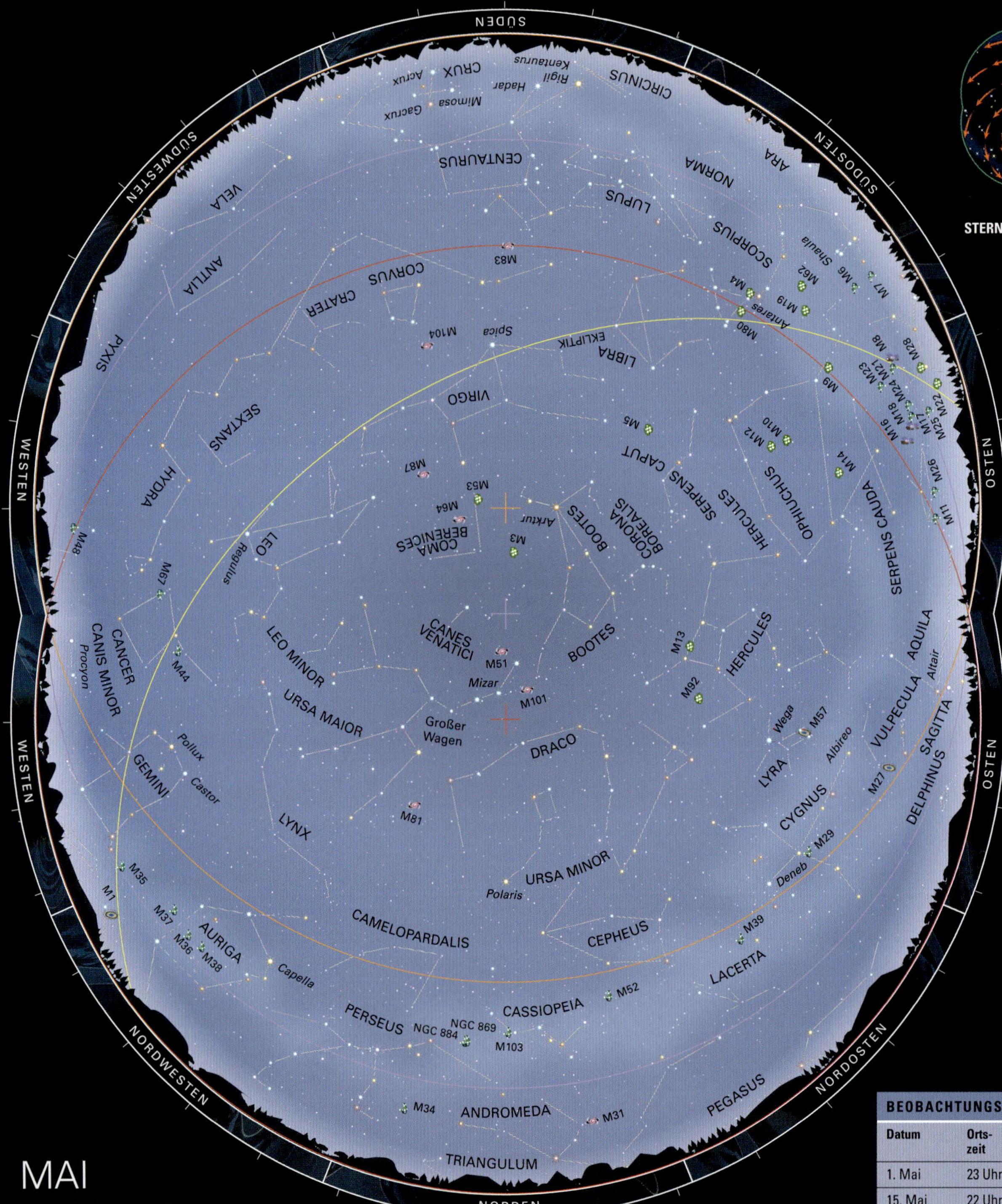

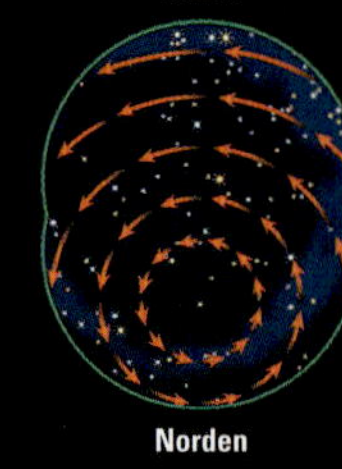

STERNBEWEGUNGEN

RICHTUNG SÜDEN

RICHTUNG NORDEN

MAI

Nördliche Breiten

BEOBACHTUNGSZEITEN		
Datum	Ortszeit	Sommerzeit
1. Mai	23 Uhr	24 Uhr
15. Mai	22 Uhr	23 Uhr
30. Mai	21 Uhr	22 Uhr

Größenklassen der Sterne

-1 0 1 2 3 4 5 Veränderlicher

Deep-Sky-Objekte

Galaxie | Offener Sternhaufen | Kugelsternhaufen | Planetar. Nebel | Diffuser Nebel

Referenzpunkte

Horizont: 60° N, 40° N, 20° N

Zenit: 60° N, 40° N, 20° N, Ekliptik

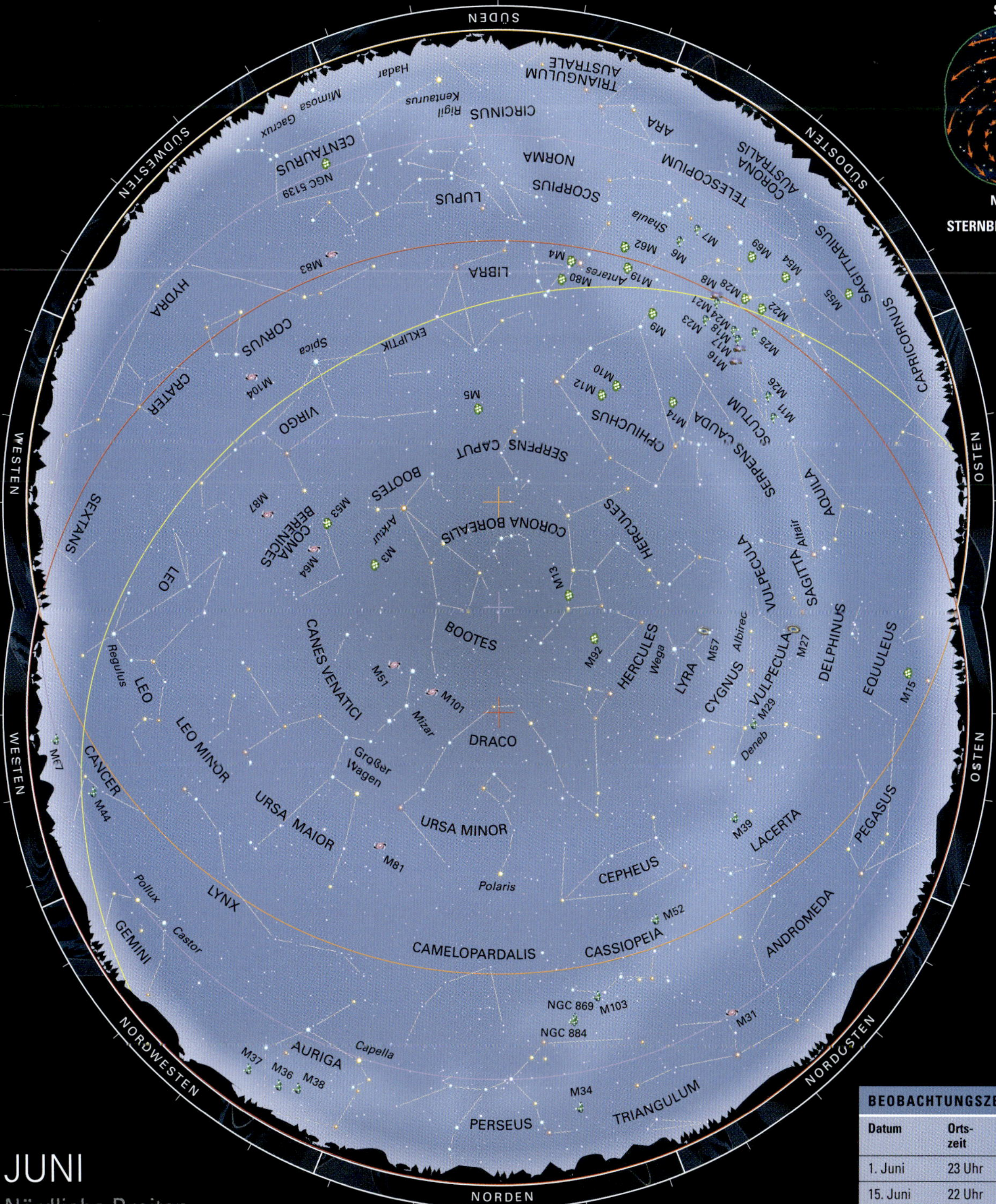

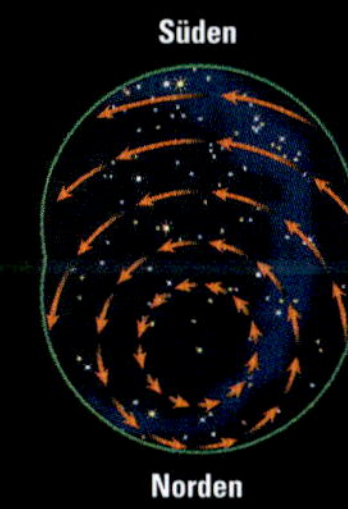

STERNBEWEGUNGEN

RICHTUNG SÜDEN

RICHTUNG NORDEN

JUNI
Nördliche Breiten

BEOBACHTUNGSZEITEN

Datum	Ortszeit	Sommerzeit
1. Juni	23 Uhr	24 Uhr
15. Juni	22 Uhr	23 Uhr
30. Juni	21 Uhr	22 Uhr

Größenklassen der Sterne

-1 | 0 | 1 | 2 | 3 | 4 | 5 | Veränderlicher

Deep-Sky-Objekte

Galaxie | Offener Sternhaufen | Kugelsternhaufen | Planetar. Nebel | Diffuser Nebel

Referenzpunkte

Horizont: 60° N | 40° N | 20° N

Zenit: 60° N | 40° N | 20° N | Ekliptik

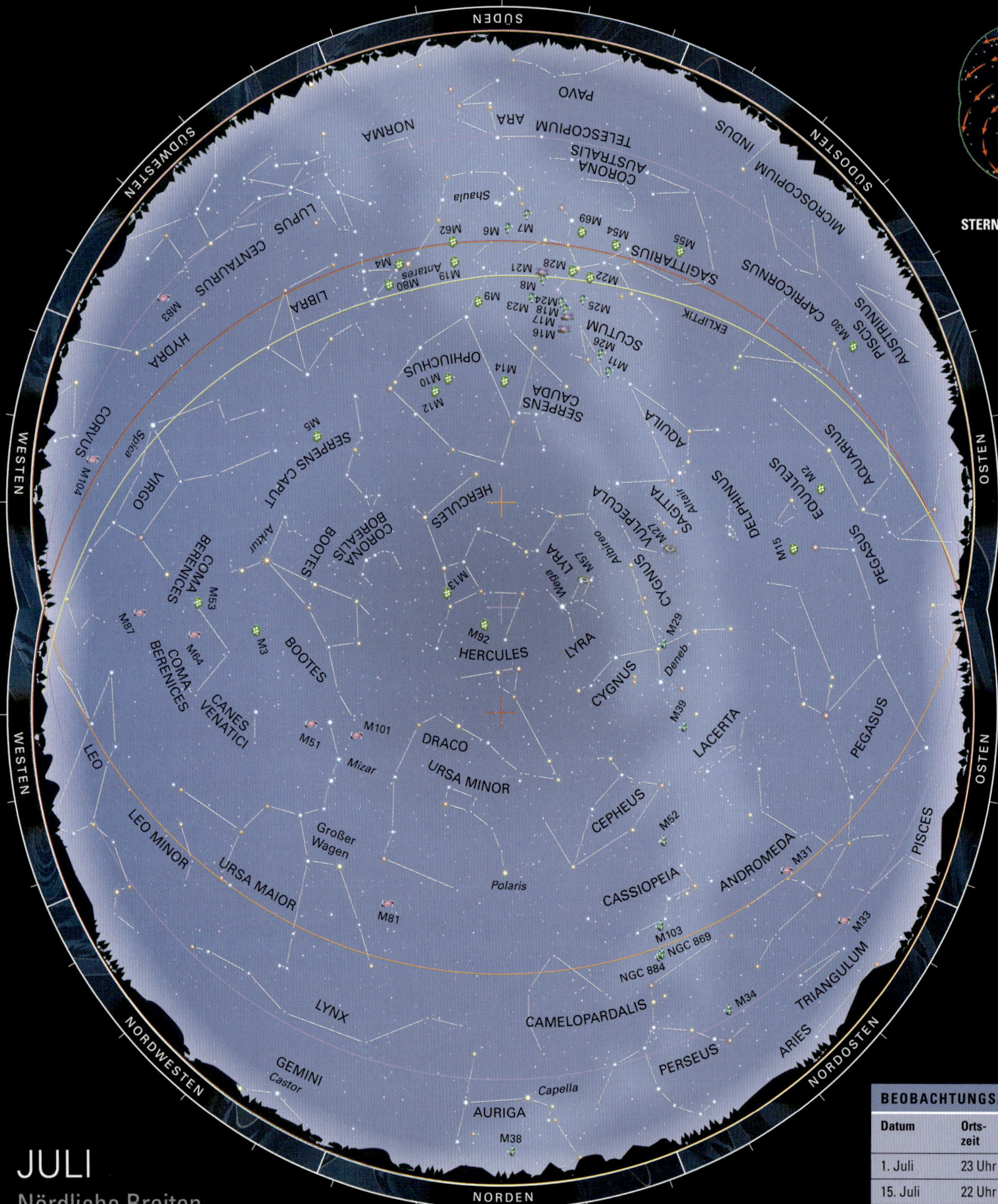

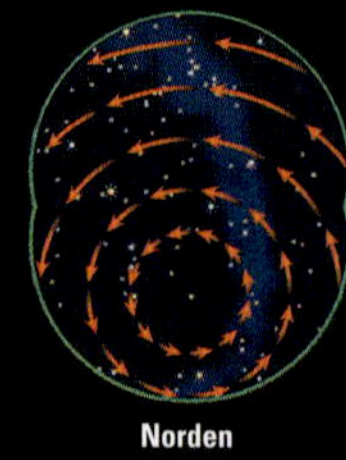

STERNBEWEGUNGEN

RICHTUNG SÜDEN

RICHTUNG NORDEN

JULI

Nördliche Breiten

BEOBACHTUNGSZEITEN		
Datum	Ortszeit	Sommerzeit
1. Juli	23 Uhr	24 Uhr
15. Juli	22 Uhr	23 Uhr
30. Juli	21 Uhr	22 Uhr

Größenklassen der Sterne

-1 | 0 | 1 | 2 | 3 | 4 | 5 | Veränder-

Deep-Sky-Objekte

Galaxie | Offener | Kugelstern- | Planetar. | Diffuser

Referenzpunkte

Horizont: 60° N | 40° N | 20° N

Zenit: 60° N | 40° N | 20° N | Ekliptik

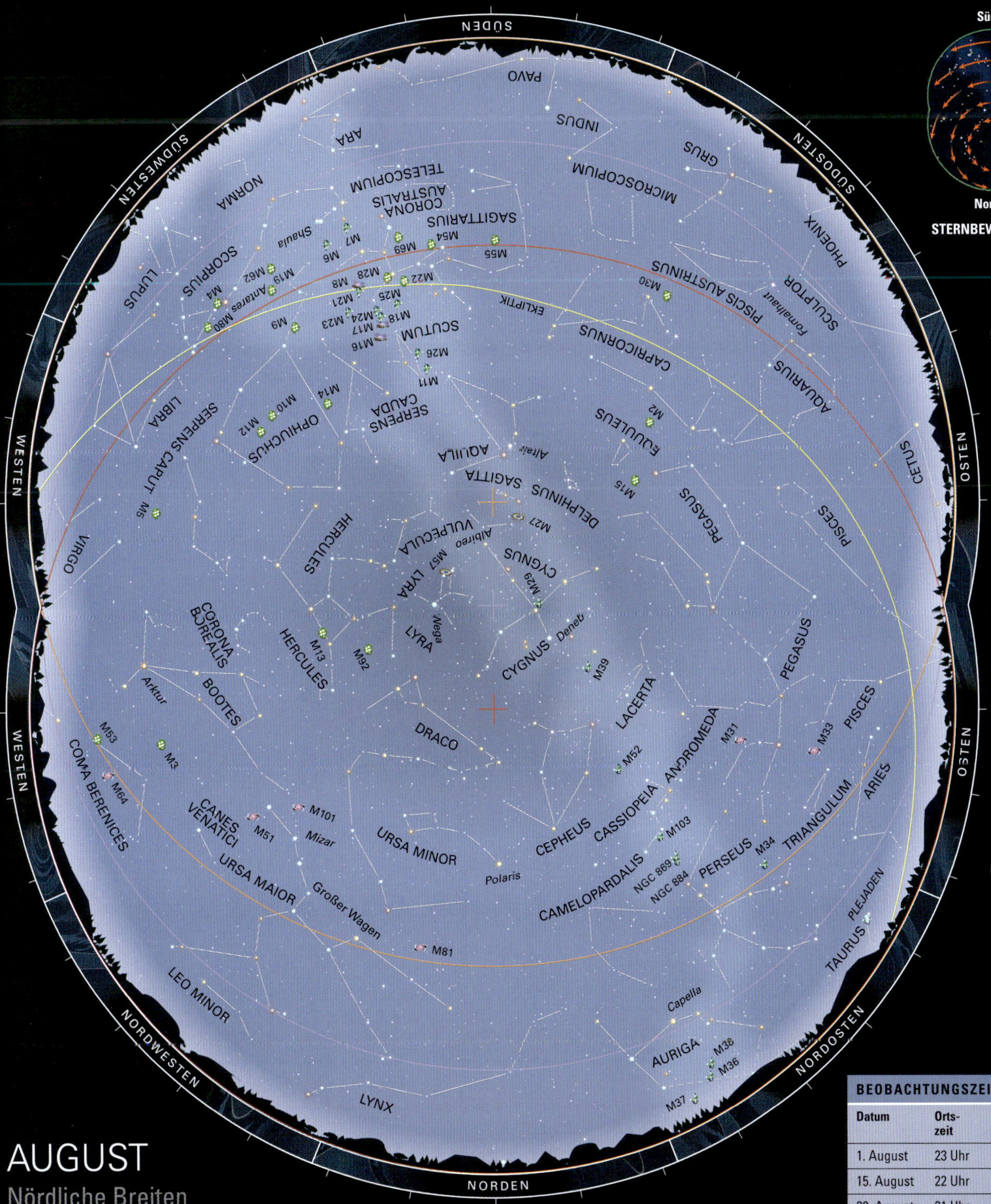

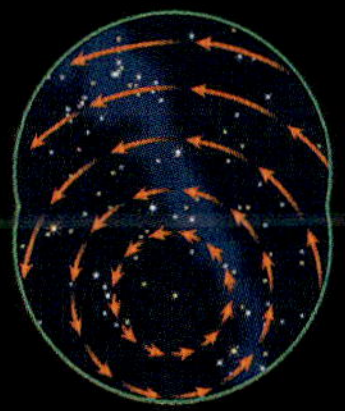

STERNBEWEGUNGEN

RICHTUNG SÜDEN

RICHTUNG NORDEN

AUGUST

Nördliche Breiten

BEOBACHTUNGSZEITEN

Datum	Ortszeit	Sommerzeit
1. August	23 Uhr	24 Uhr
15. August	22 Uhr	23 Uhr
30. August	21 Uhr	22 Uhr

Größenklassen der Sterne

-1 | 0 | 1 | 2 | 3 | 4 | 5 | Veränderlicher

Deep-Sky-Objekte

Galaxie | Offener Sternhaufen | Kugelsternhaufen | Planetar. Nebel | Diffuser Nebel

Referenzpunkte

Horizont: 60° N | 40° N | 20° N

Zenit: 60° N | 40° N | 20° N | Ekliptik

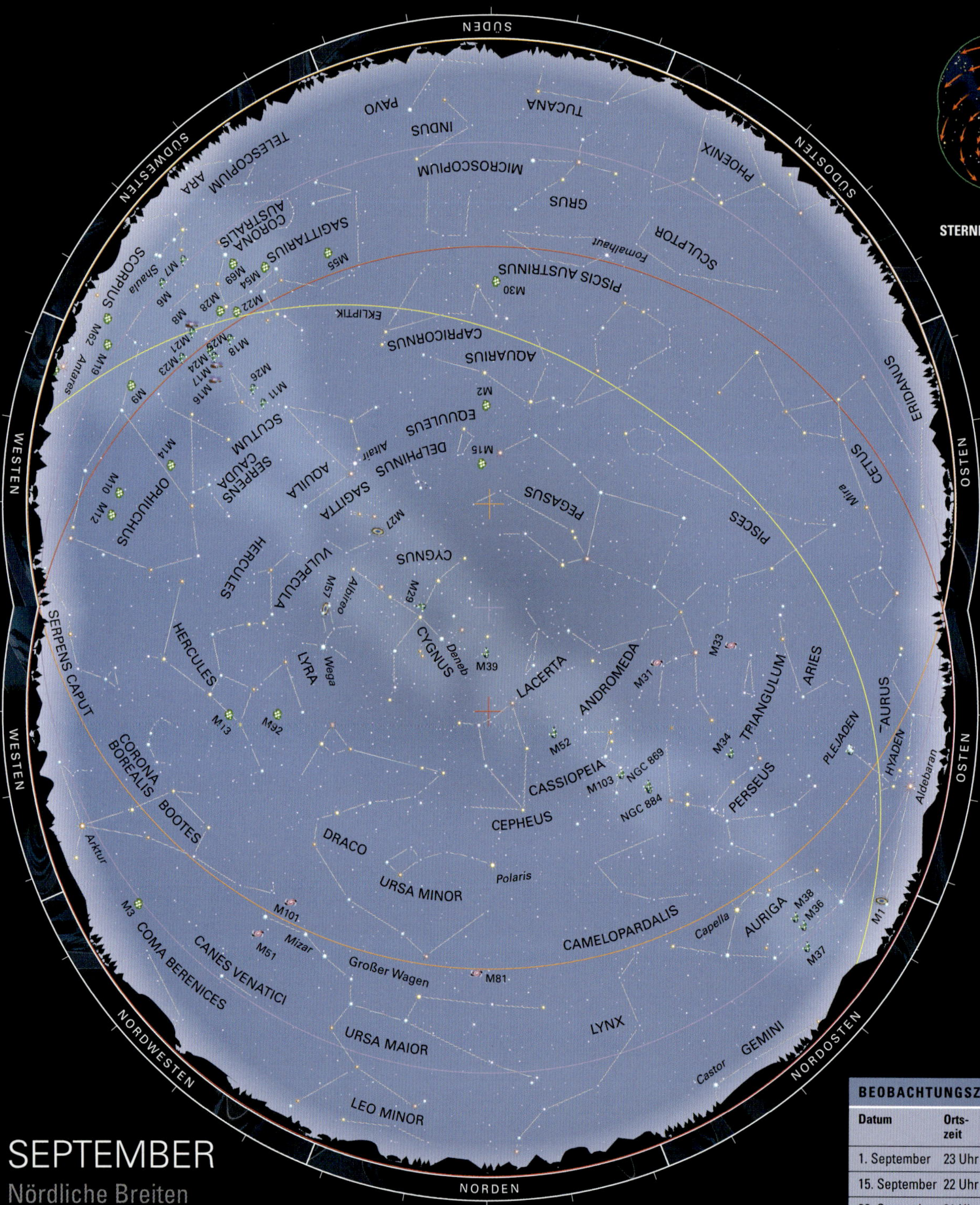

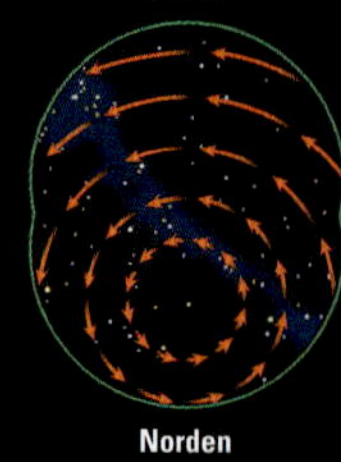

STERNBEWEGUNGEN

RICHTUNG SÜDEN

RICHTUNG NORDEN

SEPTEMBER

Nördliche Breiten

BEOBACHTUNGSZEITEN		
Datum	**Orts-zeit**	**Sommer-zeit**
1. September	23 Uhr	24 Uhr
15. September	22 Uhr	23 Uhr
30. September	21 Uhr	22 Uhr

Größenklassen der Sterne

-1 · 0 · 1 · 2 · 3 · 4 · 5 · Veränder-licher

Deep-Sky-Objekte

Galaxie · Offener Sternhaufen · Kugelstern-haufen · Planetar. Nebel · Diffuser Nebel

Referenzpunkte

Horizont: 60° N · 40° N · 20° N

Zenit: 60° N · 40° N · 20° N · Ekliptik

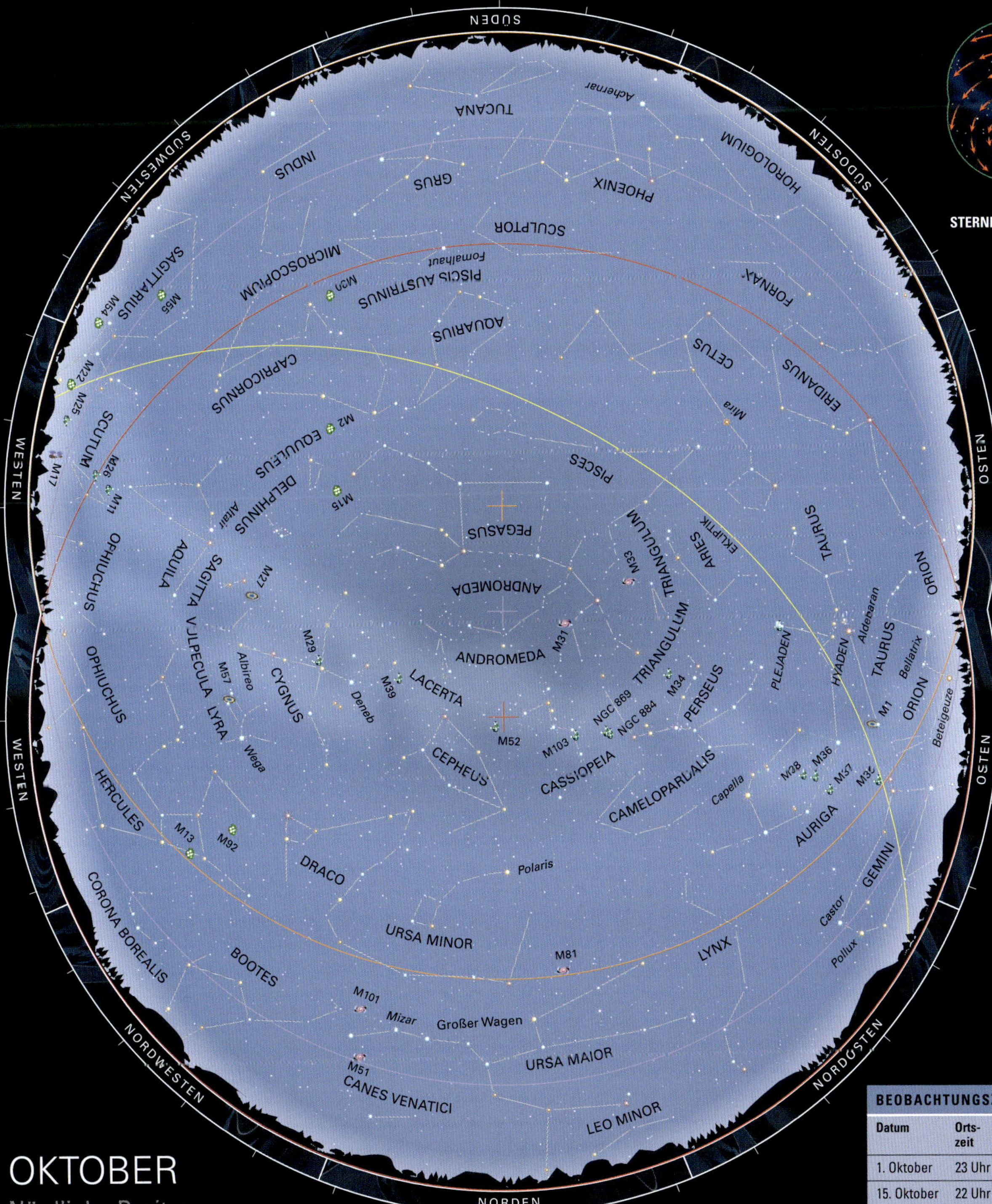

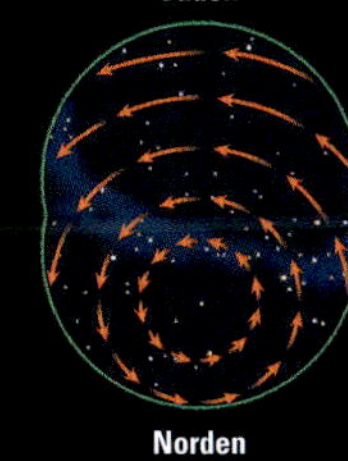

STERNBEWEGUNGEN

RICHTUNG SÜDEN

RICHTUNG NORDEN

OKTOBER

Nördliche Breiten

BEOBACHTUNGSZEITEN		
Datum	Ortszeit	Sommerzeit
1. Oktober	23 Uhr	24 Uhr
15. Oktober	22 Uhr	23 Uhr
30. Oktober	21 Uhr	22 Uhr

Größenklassen der Sterne

-1 0 1 2 3 4 5 Veränderlicher

Deep-Sky-Objekte

Galaxie · Offener Sternhaufen · Kugelsternhaufen · Planetar. Nebel · Diffuser Nebel

Referenzpunkte

Horizont: 60° N · 40° N · 20° N

Zenit: 60° N · 40° N · 20° N · Ekliptik

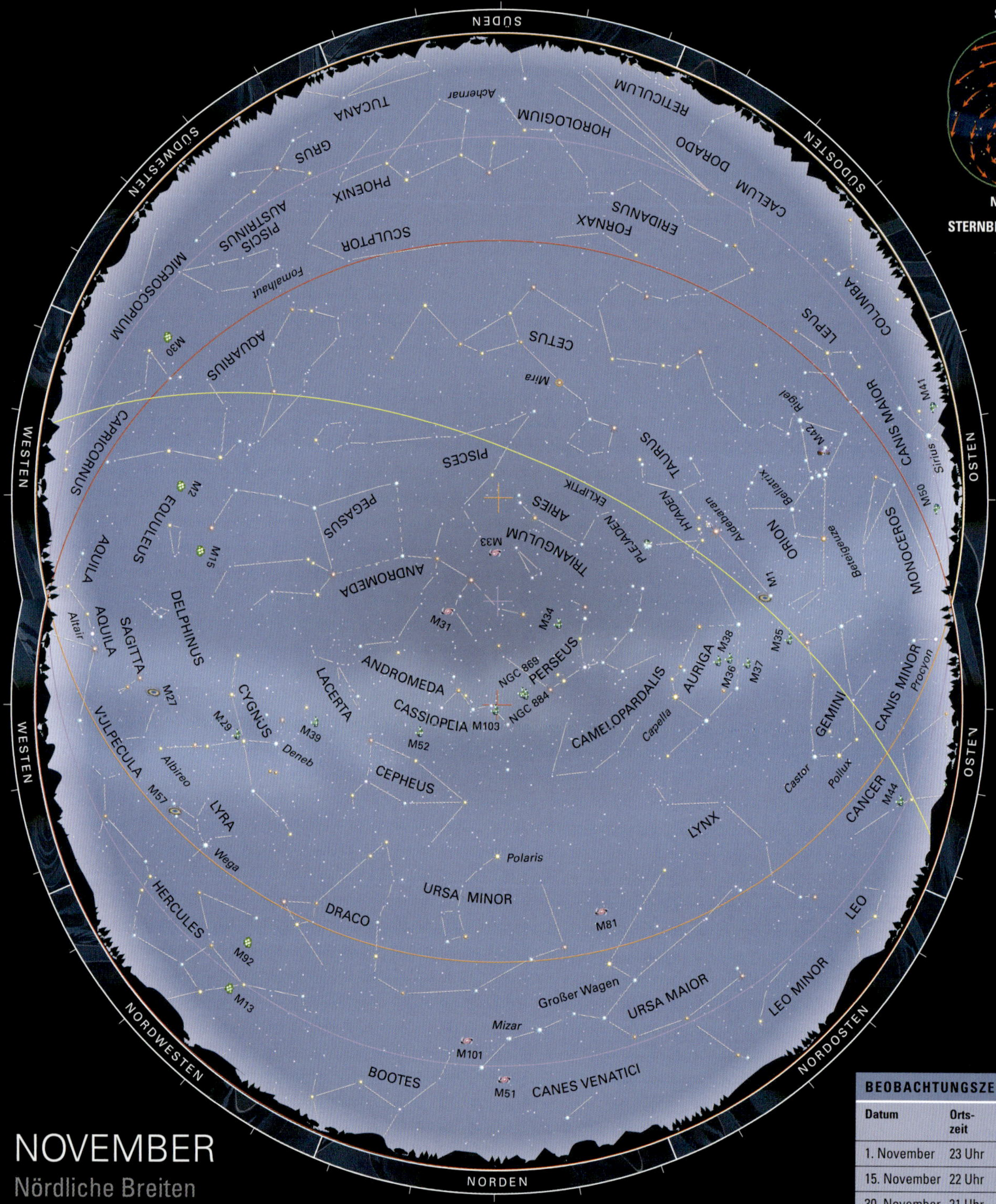

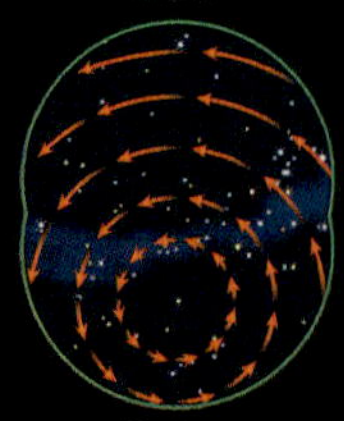

STERNBEWEGUNGEN

RICHTUNG SÜDEN

RICHTUNG NORDEN

NOVEMBER

Nördliche Breiten

BEOBACHTUNGSZEITEN

Datum	Ortszeit	Sommerzeit
1. November	23 Uhr	24 Uhr
15. November	22 Uhr	23 Uhr
30. November	21 Uhr	22 Uhr

Größenklassen der Sterne

-1 · 0 · 1 · 2 · 3 · 4 · 5 · Veränderlicher

Deep-Sky-Objekte

Galaxie · Offener Sternhaufen · Kugelsternhaufen · Planetar. Nebel · Diffuser Nebel

Referenzpunkte

Horizont: 60° N · 40° N · 20° N

Zenit: 60° N · 40° N · 20° N · Ekliptik

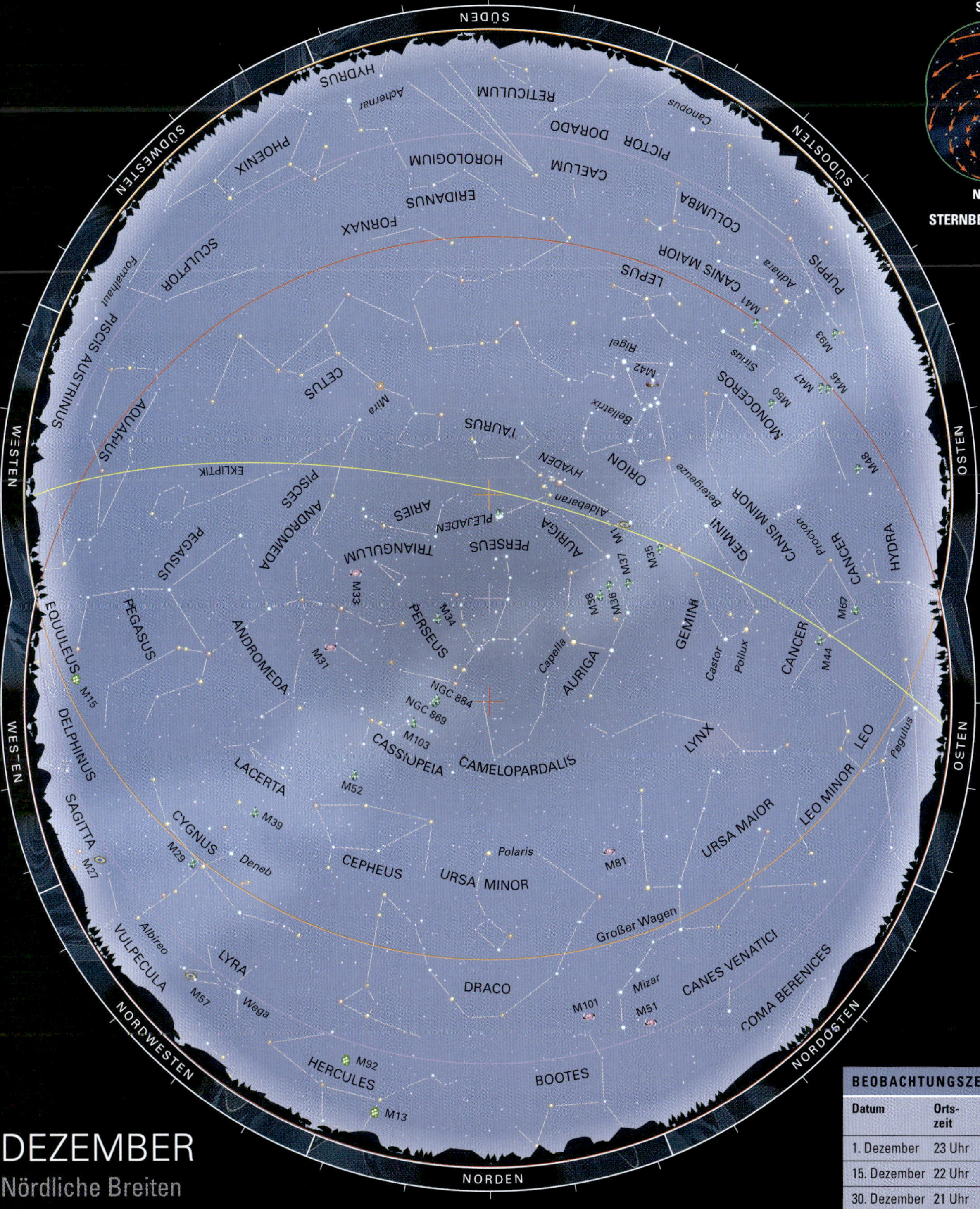

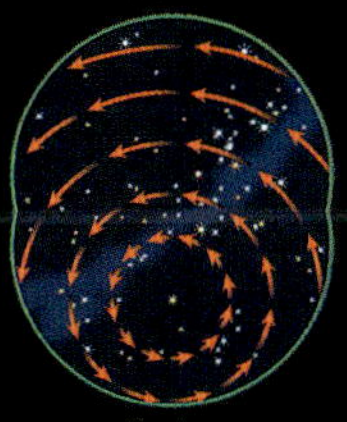

STERNBEWEGUNGEN

RICHTUNG SÜDEN

RICHTUNG NORDEN

DEZEMBER

Nördliche Breiten

BEOBACHTUNGSZEITEN

Datum	Ortszeit	Sommerzeit
1. Dezember	23 Uhr	24 Uhr
15. Dezember	22 Uhr	23 Uhr
30. Dezember	21 Uhr	22 Uhr

Größenklassen der Sterne

-1, 0, 1, 2, 3, 4, 5, Veränderlicher

Deep-Sky-Objekte

Galaxie, Offener Sternhaufen, Kugelsternhaufen, Planetar. Nebel, Diffuser Nebel

Referenzpunkte

Horizont: 60° N, 40° N, 20° N

Zenit: 60° N, 40° N, 20° N

Ekliptik

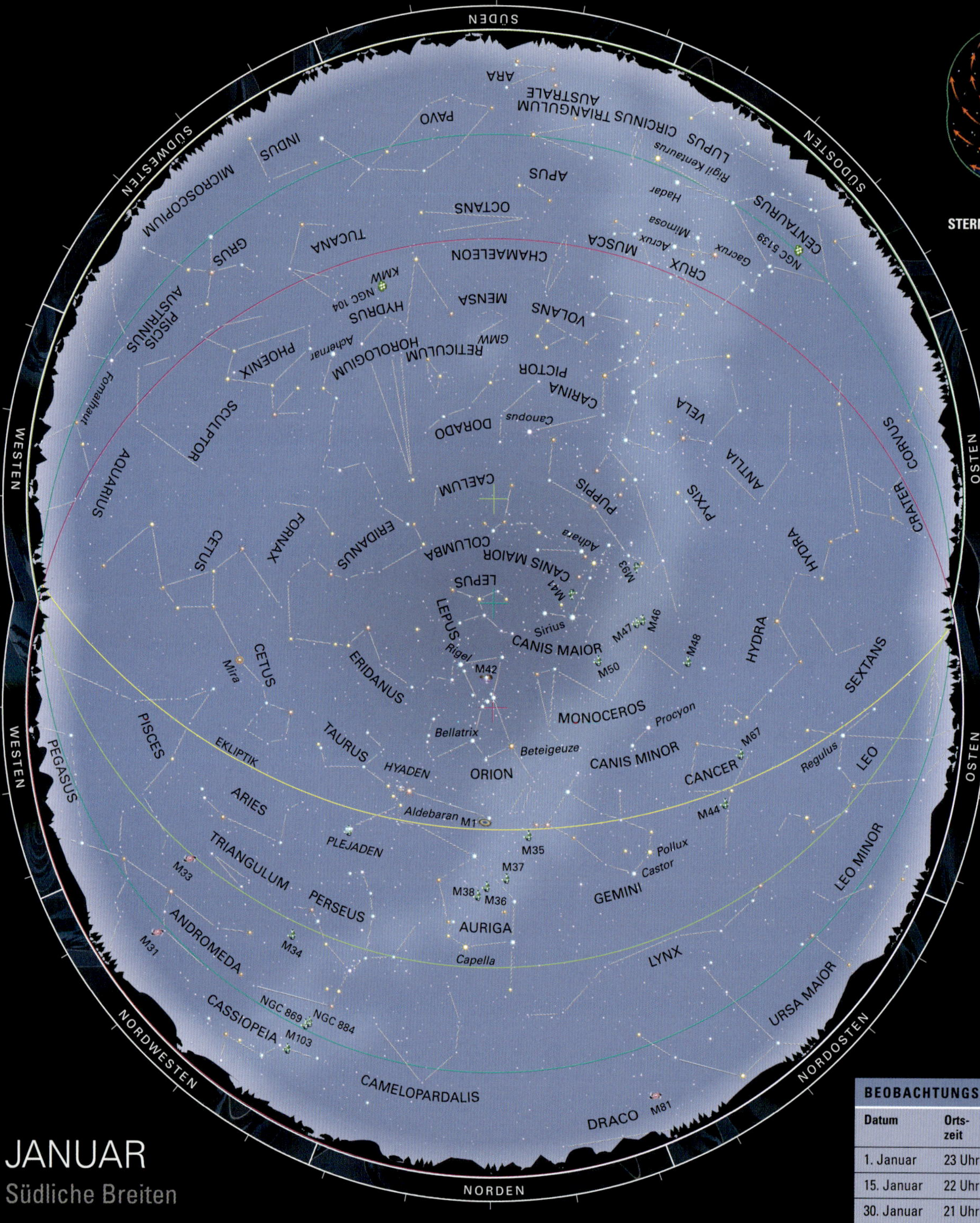

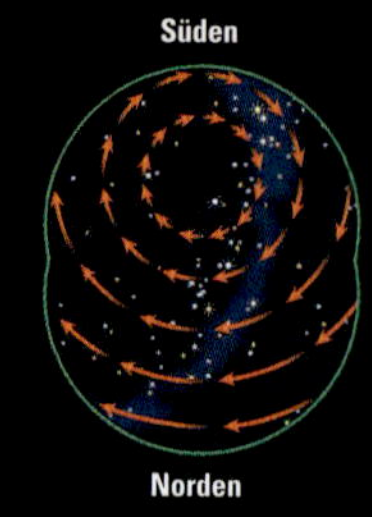

STERNBEWEGUNGEN

RICHTUNG SÜDEN (upside down)

RICHTUNG NORDEN

JANUAR

Südliche Breiten

BEOBACHTUNGSZEITEN

Datum	Ortszeit	Sommerzeit
1. Januar	23 Uhr	24 Uhr
15. Januar	22 Uhr	23 Uhr
30. Januar	21 Uhr	22 Uhr

Größenklassen der Sterne

-1 · 0 · 1 · 2 · 3 · 4 · 5 · Veränderlicher

Deep-Sky-Objekte

Galaxie · Offener Sternhaufen · Kugelsternhaufen · Planetar. Nebel · Diffuser Nebel

Referenzpunkte

Horizont: 0° · 20° S · 40° S

Zenit: 0° · 20° S · 40° S · Ekliptik

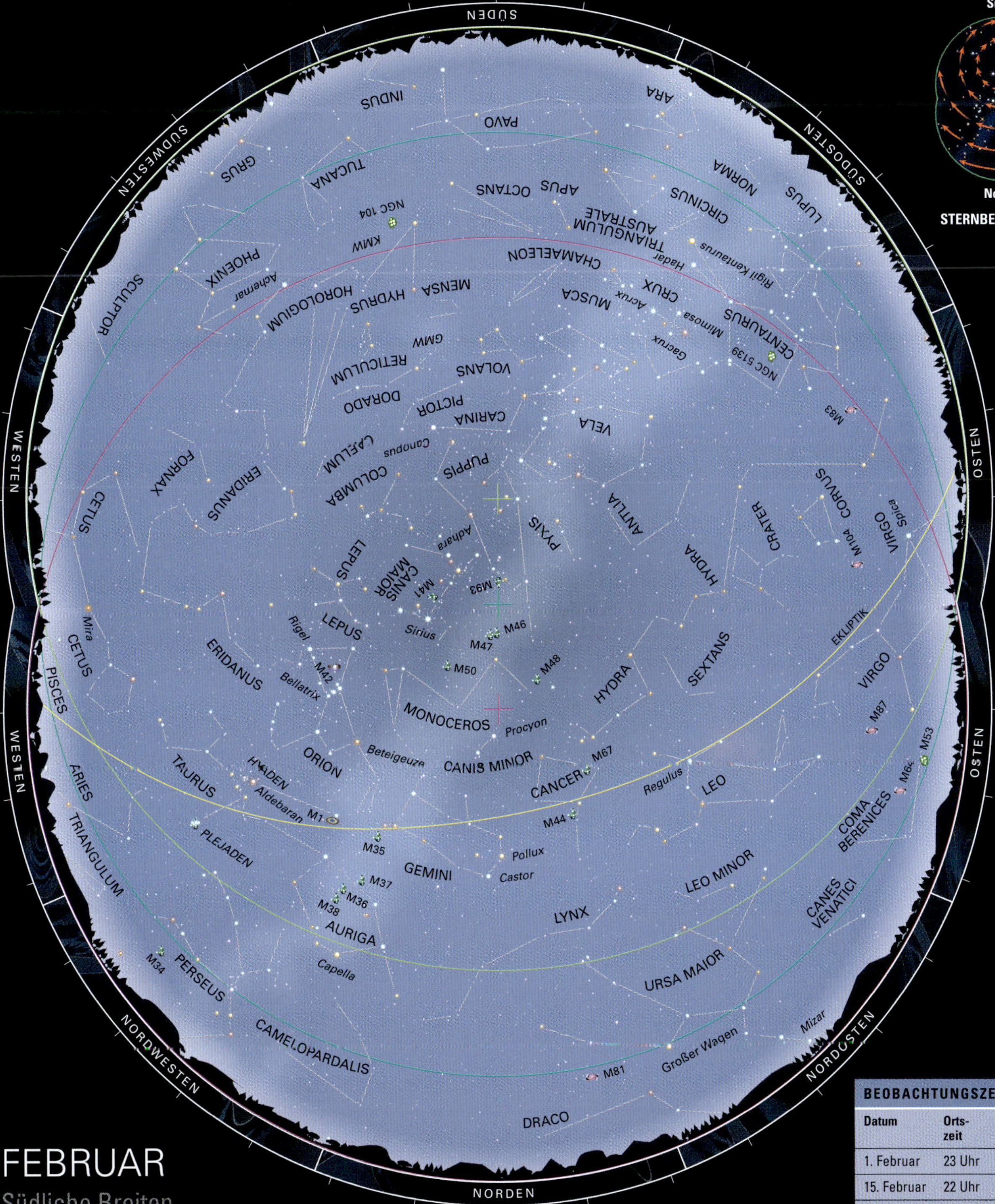

STERNBEWEGUNGEN

RICHTUNG SÜDEN

RICHTUNG NORDEN

BEOBACHTUNGSZEITEN		
Datum	Ortszeit	Sommerzeit
1. Februar	23 Uhr	24 Uhr
15. Februar	22 Uhr	23 Uhr
1. März	21 Uhr	22 Uhr

FEBRUAR

Südliche Breiten

Größenklassen der Sterne

-1 | 0 | 1 | 2 | 3 | 4 | 5 | Veränderlicher

Deep-Sky-Objekte

Galaxie | Offener Sternhaufen | Kugelsternhaufen | Planetar. Nebel | Diffuser Nebel

Referenzpunkte

Horizont: 0° | 20° S | 40° S

Zenit: 0° | 20° S | 40° S | Ekliptik

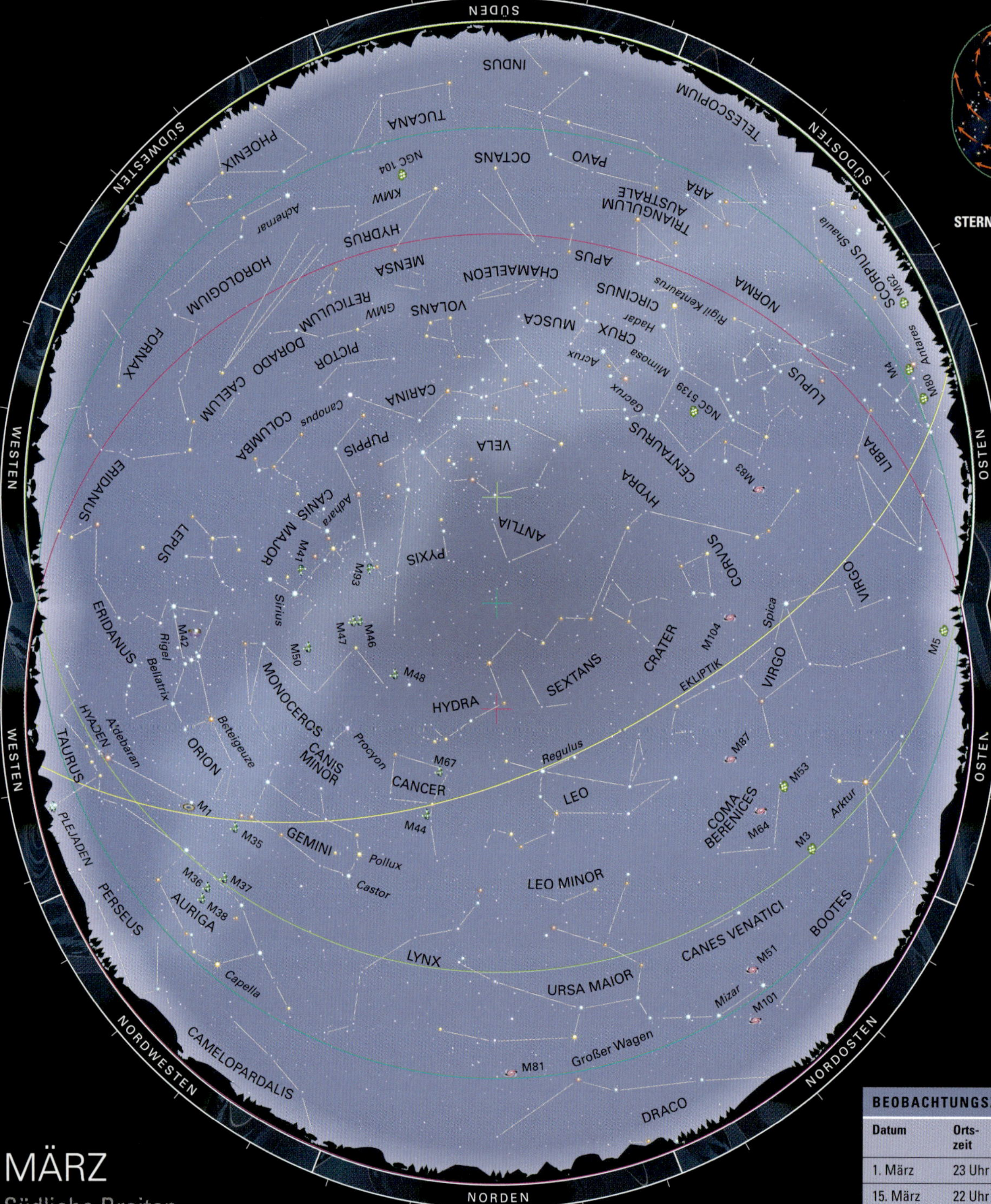

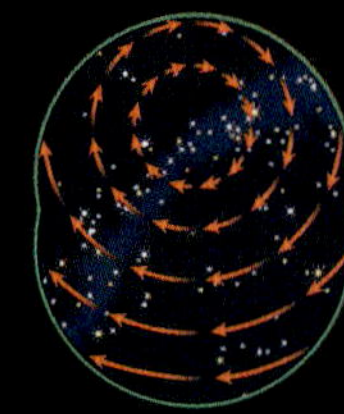

STERNBEWEGUNGEN

RICHTUNG SÜDEN

RICHTUNG NORDEN

MÄRZ

Südliche Breiten

BEOBACHTUNGSZEITEN		
Datum	Ortszeit	Sommerzeit
1. März	23 Uhr	24 Uhr
15. März	22 Uhr	23 Uhr
30. März	21 Uhr	22 Uhr

Größenklassen der Sterne

–1 0 1 2 3 4 5 Veränderlicher

Deep-Sky-Objekte

Galaxie · Offener Sternhaufen · Kugelsternhaufen · Planetar. Nebel · Diffuser Nebel

Referenzpunkte

Horizont: 0° · 20° S · 40° S

Zenit: 0° · 20° S · 40° S

Ekliptik

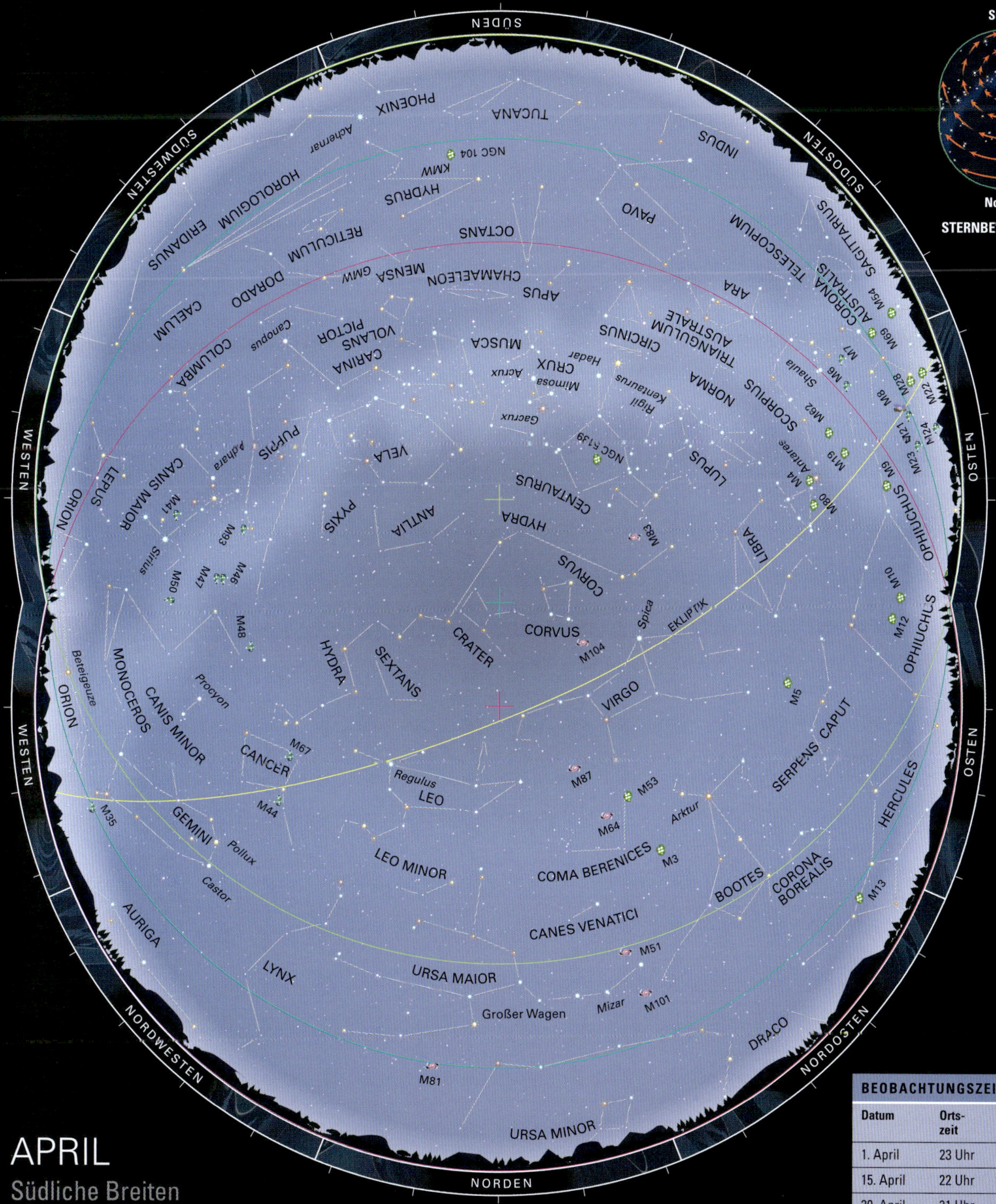

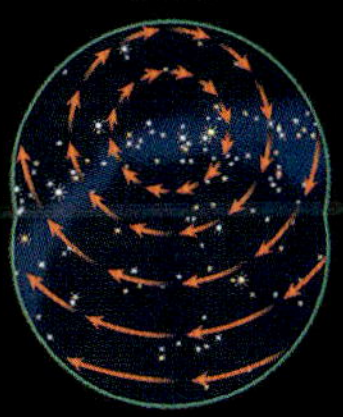

STERNBEWEGUNGEN

APRIL

Südliche Breiten

BEOBACHTUNGSZEITEN

Datum	Ortszeit	Sommerzeit
1. April	23 Uhr	24 Uhr
15. April	22 Uhr	23 Uhr
30. April	21 Uhr	22 Uhr

Größenklassen der Sterne

-1	0	1	2	3	4	5	Veränder-

Deep-Sky-Objekte

Galaxie	Offener	Kugelstern-	Planetar.	Diffuser

Referenzpunkte

Horizont	0°	20° S	40° S	Zenit	0°	20° S	40° S	Ekliptik

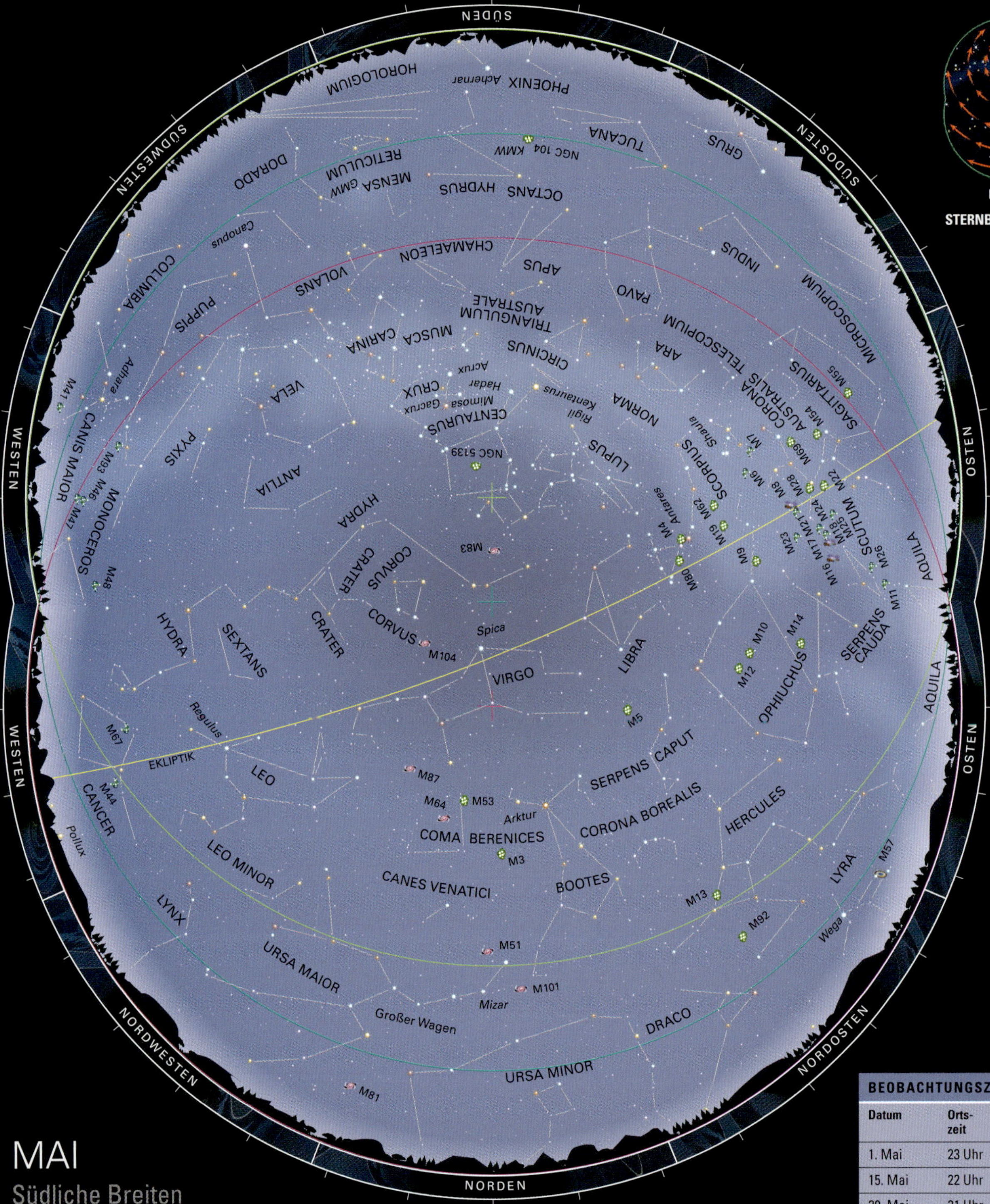

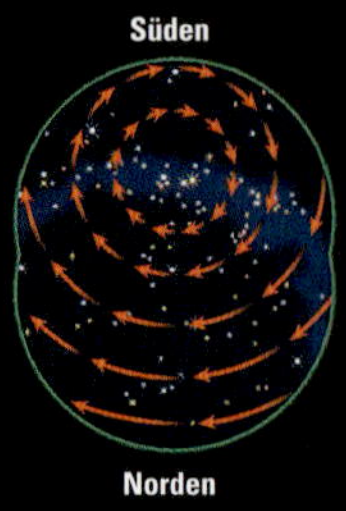

STERNBEWEGUNGEN

MAI

Südliche Breiten

BEOBACHTUNGSZEITEN		
Datum	Ortszeit	Sommerzeit
1. Mai	23 Uhr	24 Uhr
15. Mai	22 Uhr	23 Uhr
30. Mai	21 Uhr	22 Uhr

Größenklassen der Sterne

-1, 0, 1, 2, 3, 4, 5, Veränderlicher

Deep-Sky-Objekte

Galaxie, Offener Sternhaufen, Kugelsternhaufen, Planetar Nebel, Diffuser Nebel

Referenzpunkte

Horizont: 0°, 20° S, 40° S

Zenit: 0°, 20° S, 40° S, Ekliptik

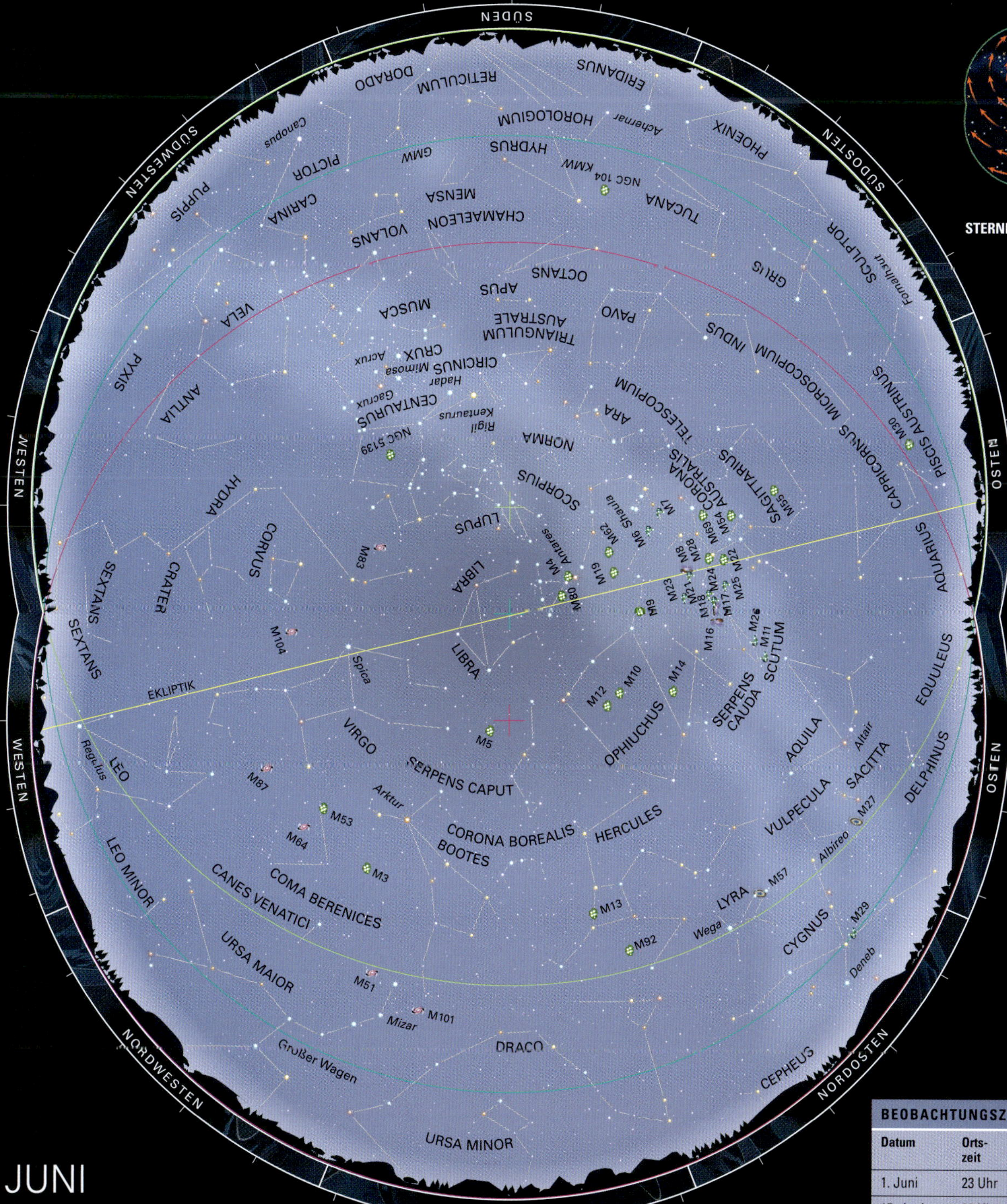

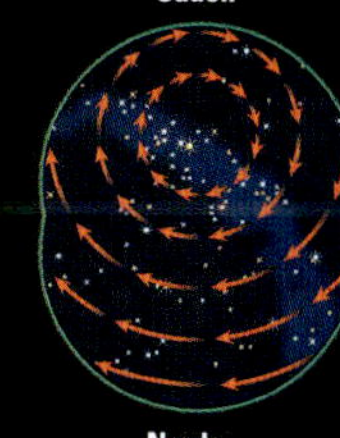

STERNBEWEGUNGEN

RICHTUNG SÜDEN

RICHTUNG NORDEN

JUNI
Südliche Breiten

BEOBACHTUNGSZEITEN		
Datum	**Ortszeit**	**Sommerzeit**
1. Juni	23 Uhr	24 Uhr
15. Juni	22 Uhr	23 Uhr
30. Juni	21 Uhr	22 Uhr

Größenklassen der Sterne
-1 · 0 · 1 · 2 · 3 · 4 · 5 · Veränderlicher

Deep-Sky-Objekte
Galaxie · Offener Sternhaufen · Kugelsternhaufen · Planetar. Nebel · Diffuser Nebel

Referenzpunkte
Horizont: 0° · 20° S · 40° S
Zenit: 0° · 20° S · 40° S · Ekliptik

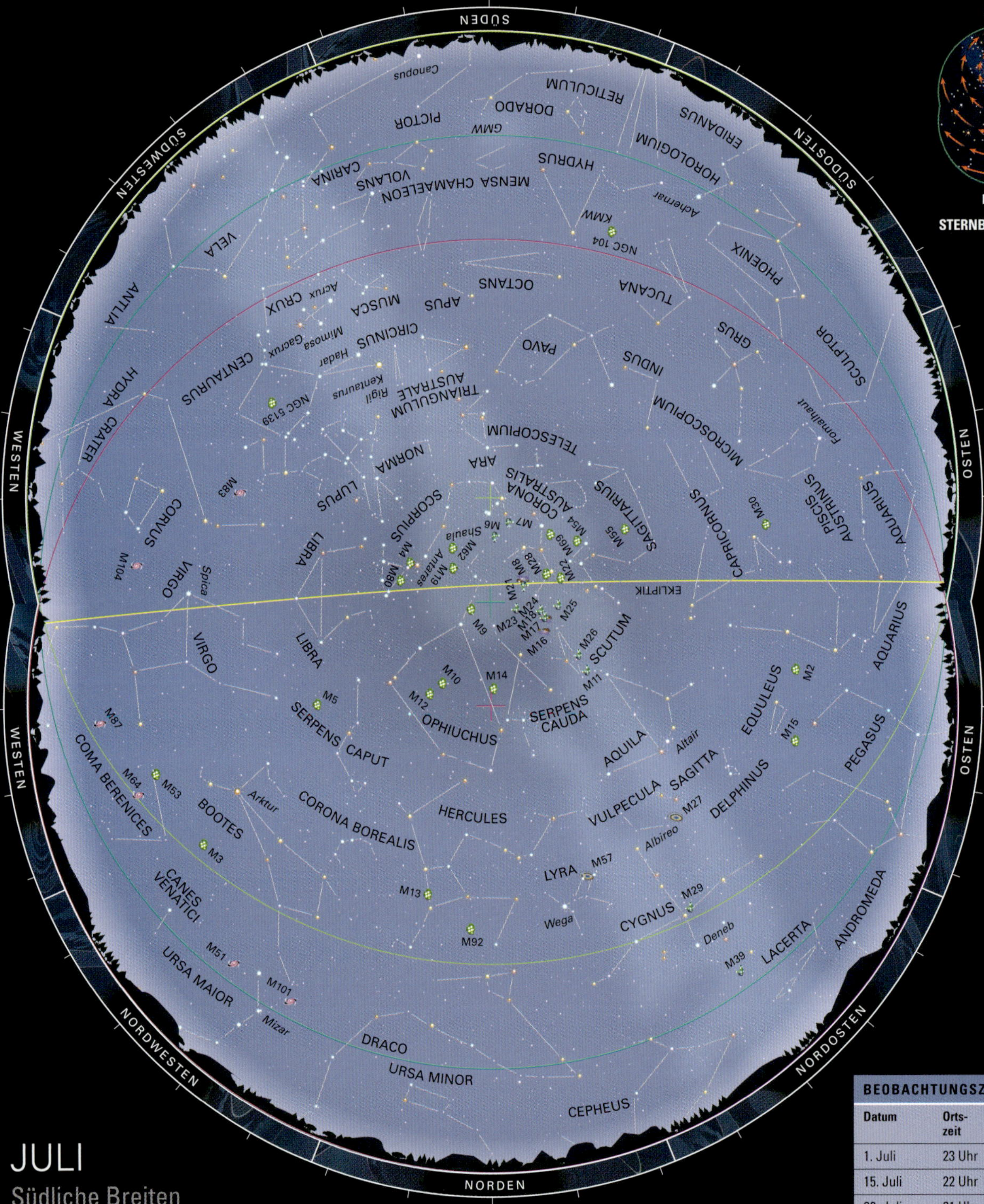

STERNBEWEGUNGEN

RICHTUNG SÜDEN

RICHTUNG NORDEN

BEOBACHTUNGSZEITEN		
Datum	Ortszeit	Sommerzeit
1. Juli	23 Uhr	24 Uhr
15. Juli	22 Uhr	23 Uhr
30. Juli	21 Uhr	22 Uhr

JULI
Südliche Breiten

Größenklassen der Sterne

-1 | 0 | 1 | 2 | 3 | 4 | 5 | Veränderlicher

Deep-Sky-Objekte

Galaxie | Offener Sternhaufen | Kugelsternhaufen | Planetar. Nebel | Diffuser Nebel

Referenzpunkte

Horizont: 0° | 20° S | 40° S

Zenit: 0° | 20° S | 40° S | Ekliptik

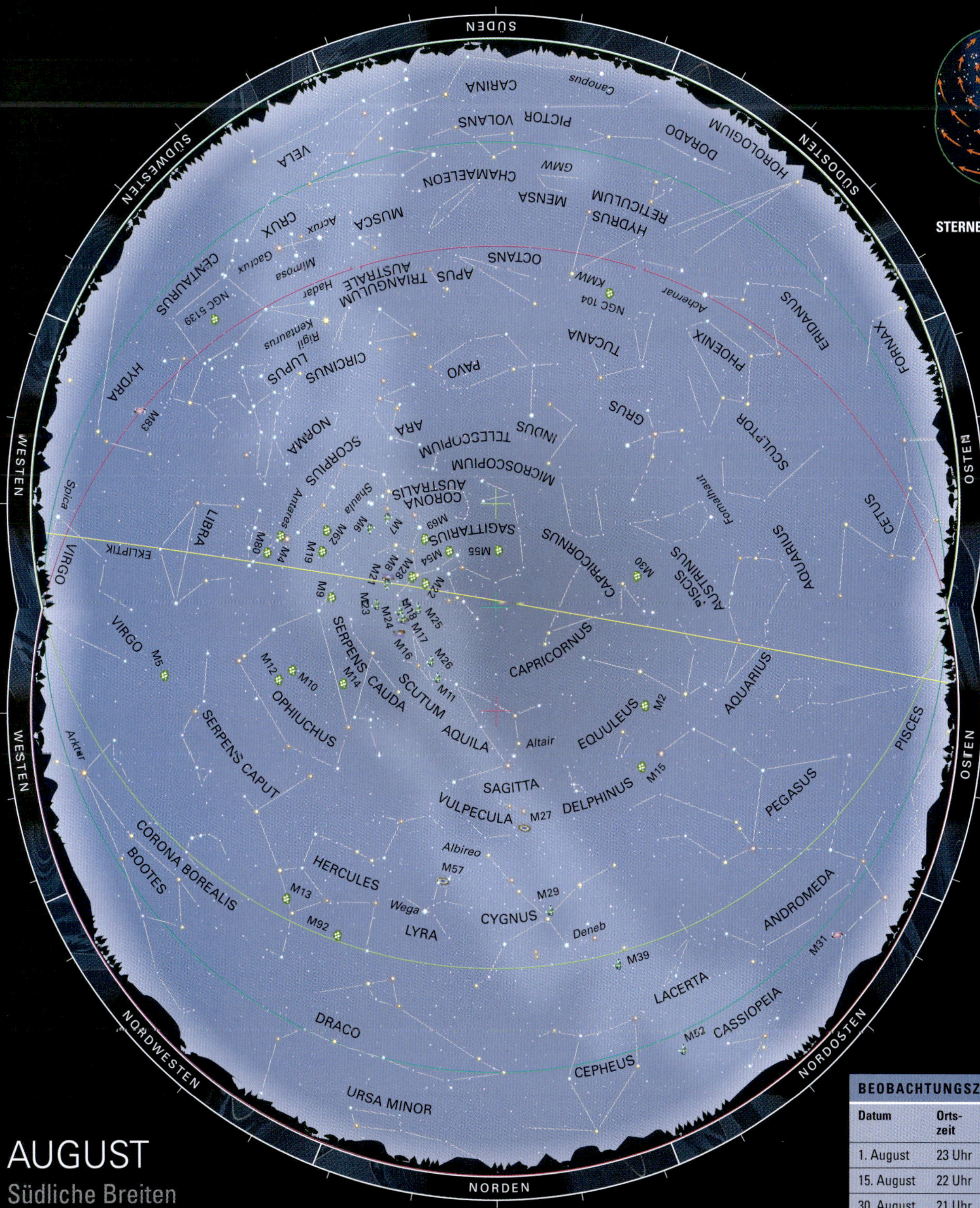

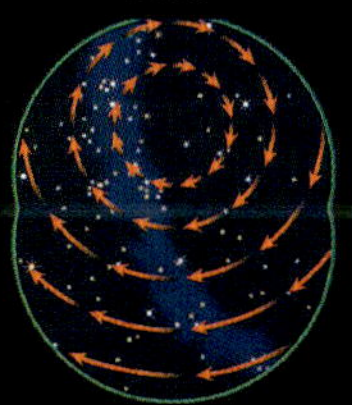

STERNBEWEGUNGEN

AUGUST

Südliche Breiten

BEOBACHTUNGSZEITEN

Datum	Ortszeit	Sommerzeit
1. August	23 Uhr	24 Uhr
15. August	22 Uhr	23 Uhr
30. August	21 Uhr	22 Uhr

Größenklassen der Sterne

-1 · 0 · 1 · 2 · 3 · 4 · 5 · Veränderlicher

Deep-Sky-Objekte

Galaxie · Offener Sternhaufen · Kugelsternhaufen · Planetar. Nebel · Diffuser Nebel

Referenzpunkte

Horizont: 0° · 20° S · 40° S

Zenit: 0° · 20° S · 40° S · Ekliptik

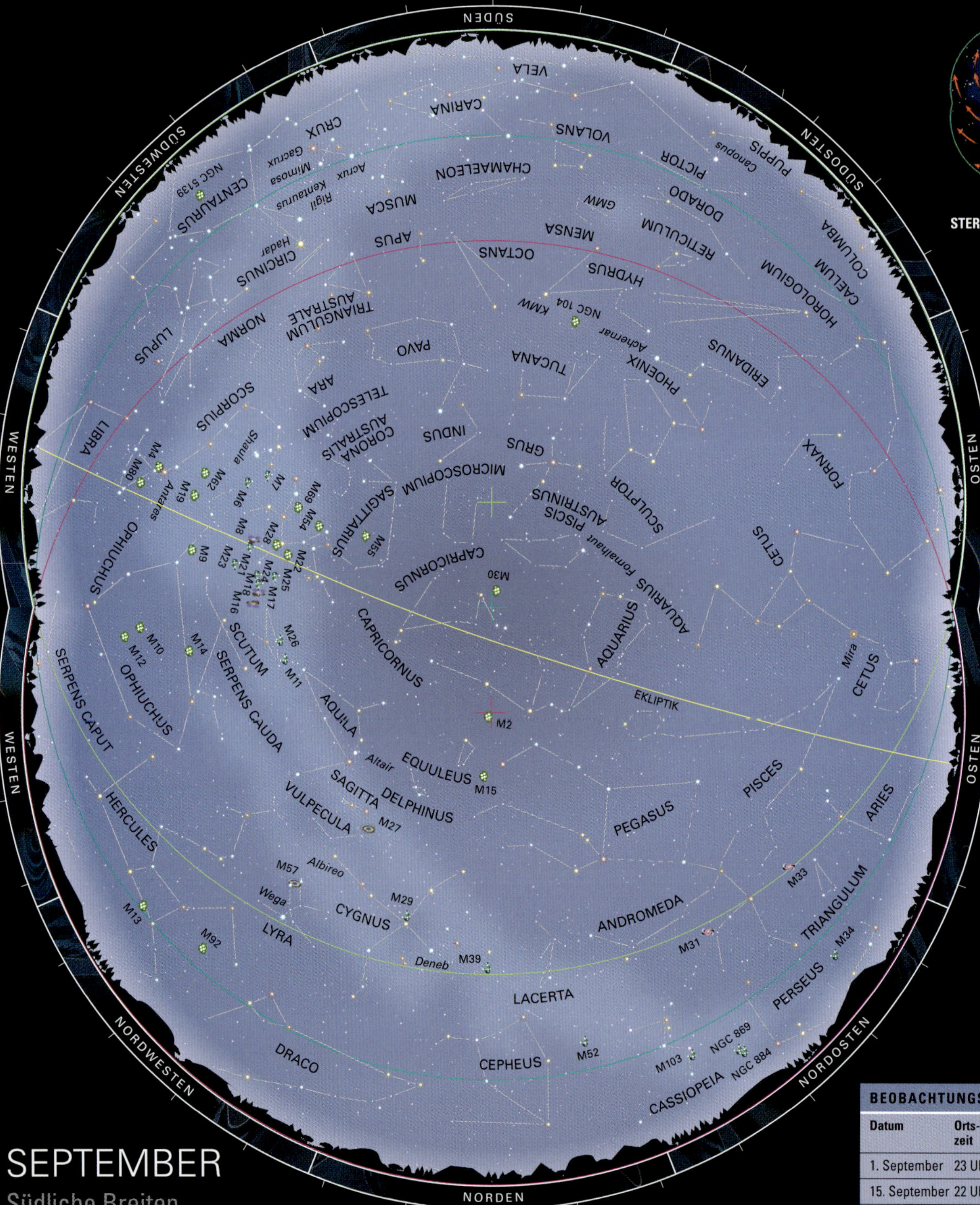

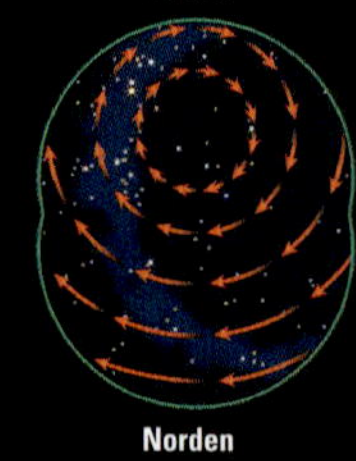

STERNBEWEGUNGEN

RICHTUNG SÜDEN

RICHTUNG NORDEN

SEPTEMBER

Südliche Breiten

BEOBACHTUNGSZEITEN

Datum	Ortszeit	Sommerzeit
1. September	23 Uhr	24 Uhr
15. September	22 Uhr	23 Uhr
30. September	21 Uhr	22 Uhr

Größenklassen der Sterne

-1 | 0 | 1 | 2 | 3 | 4 | 5 | Veränderlicher

Deep-Sky-Objekte

Galaxie | Offener Sternhaufen | Kugelsternhaufen | Planetar. Nebel | Diffuser Nebel

Referenzpunkte

Horizont: 0° | 20° S | 40° S

Zenit: 0° | 20° S | 40° S | Ekliptik

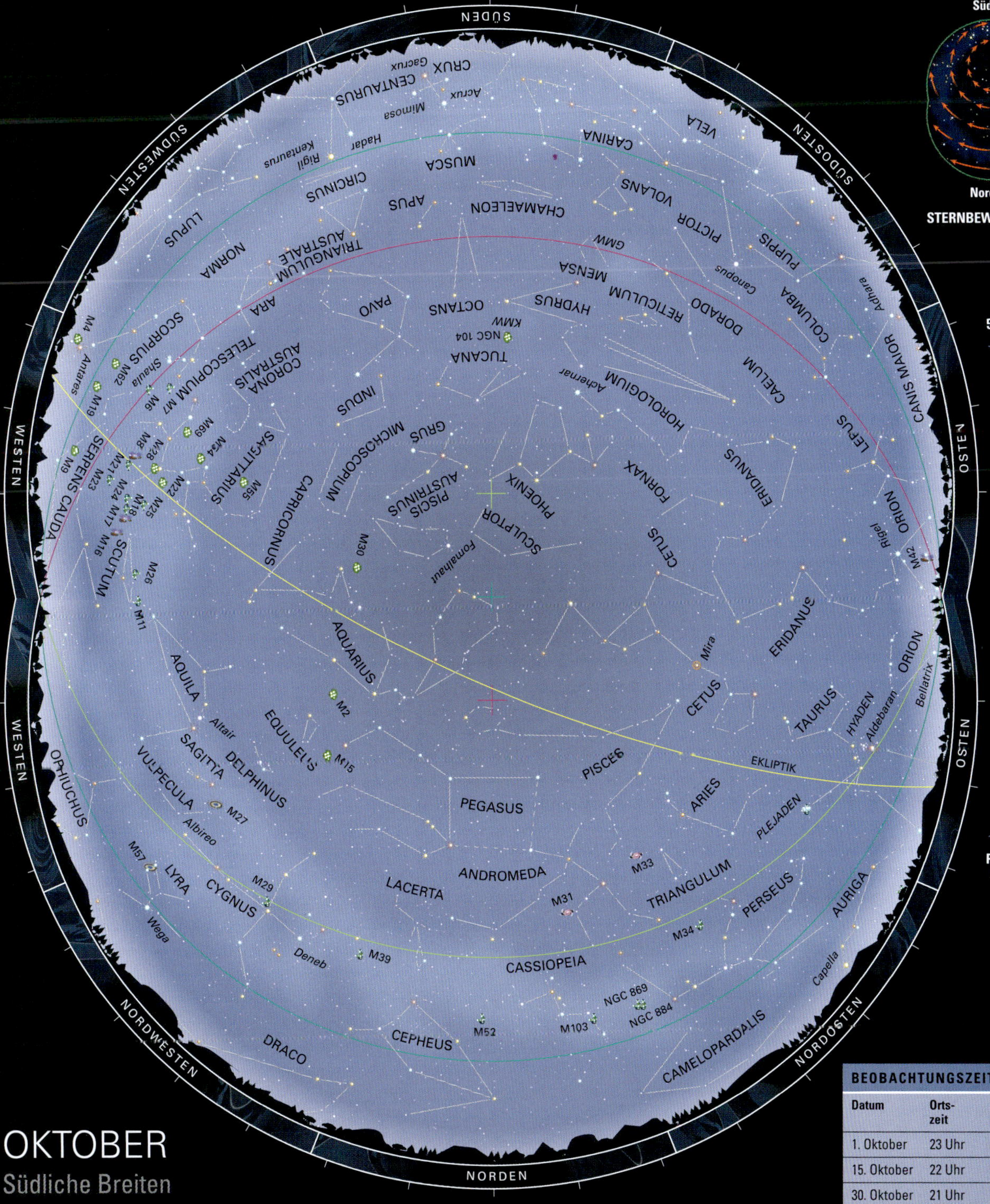

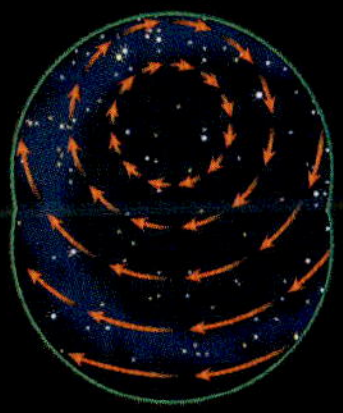

STERNBEWEGUNGEN

RICHTUNG SÜDEN

RICHTUNG NORDEN

OKTOBER
Südliche Breiten

BEOBACHTUNGSZEITEN		
Datum	Ortszeit	Sommerzeit
1. Oktober	23 Uhr	24 Uhr
15. Oktober	22 Uhr	23 Uhr
30. Oktober	21 Uhr	22 Uhr

Größenklassen der Sterne

-1 0 1 2 3 4 5 Veränder-

Deep-Sky-Objekte

Galaxie Offener Kugelstern- Planetar. Diffuser

Referenzpunkte

Horizont 0° 20° S 40° S

Zenit 0° 20° S 40° S Ekliptik

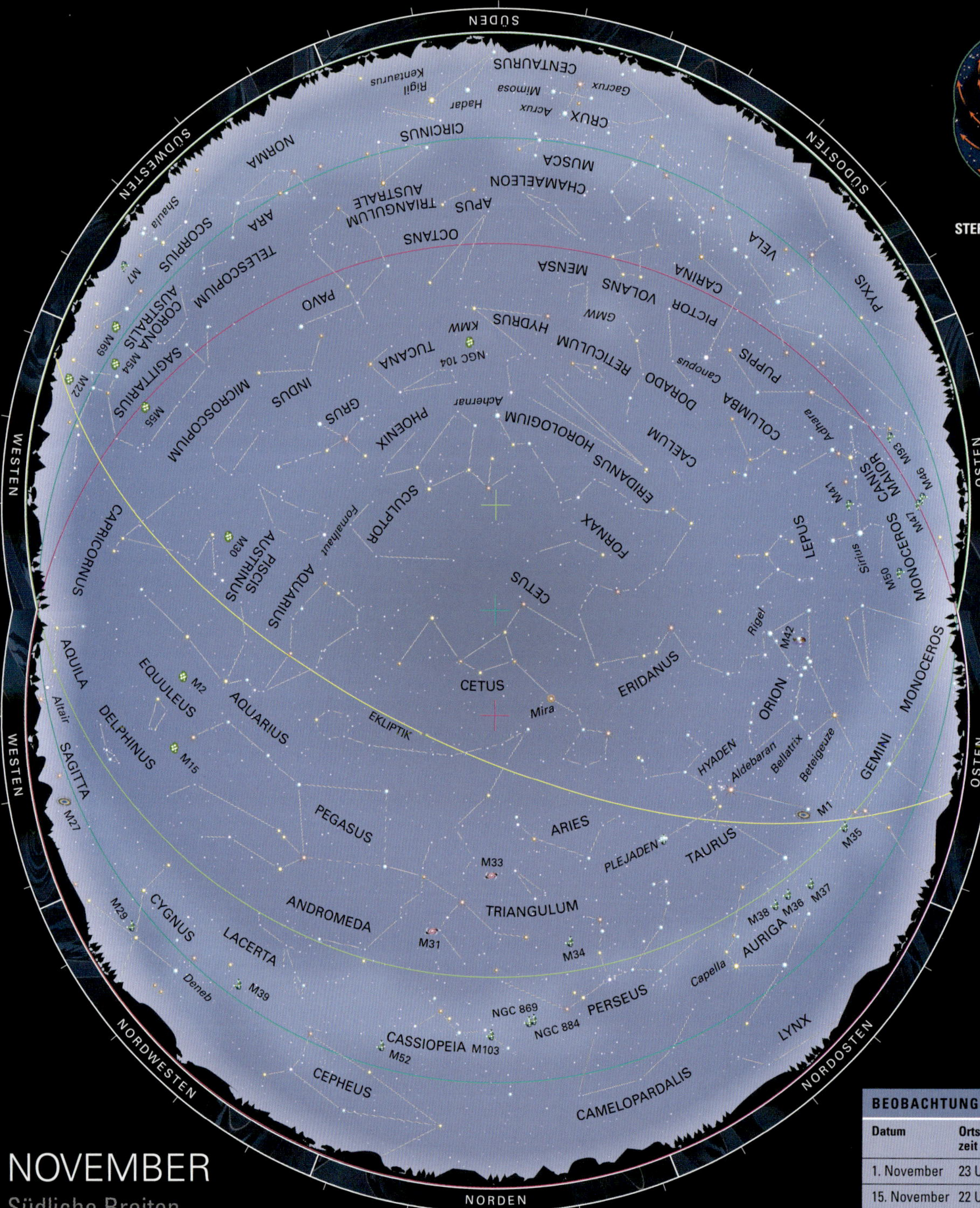

RICHTUNG SÜDEN

RICHTUNG NORDEN

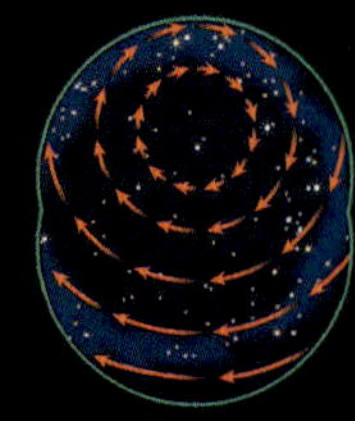

STERNBEWEGUNGEN

NOVEMBER

Südliche Breiten

BEOBACHTUNGSZEITEN

Datum	Ortszeit	Sommerzeit
1. November	23 Uhr	24 Uhr
15. November	22 Uhr	23 Uhr
30. November	21 Uhr	22 Uhr

Größenklassen der Sterne

-1 · 0 · 1 · 2 · 3 · 4 · 5 · Veränderlicher

Deep-Sky-Objekte

Galaxie · Offener Sternhaufen · Kugelsternhaufen · Planetar. Nebel · Diffuser Nebel

Referenzpunkte

Horizont: 0° · 20° S · 40° S

Zenit: 0° · 20° S · 40° S · Ekliptik

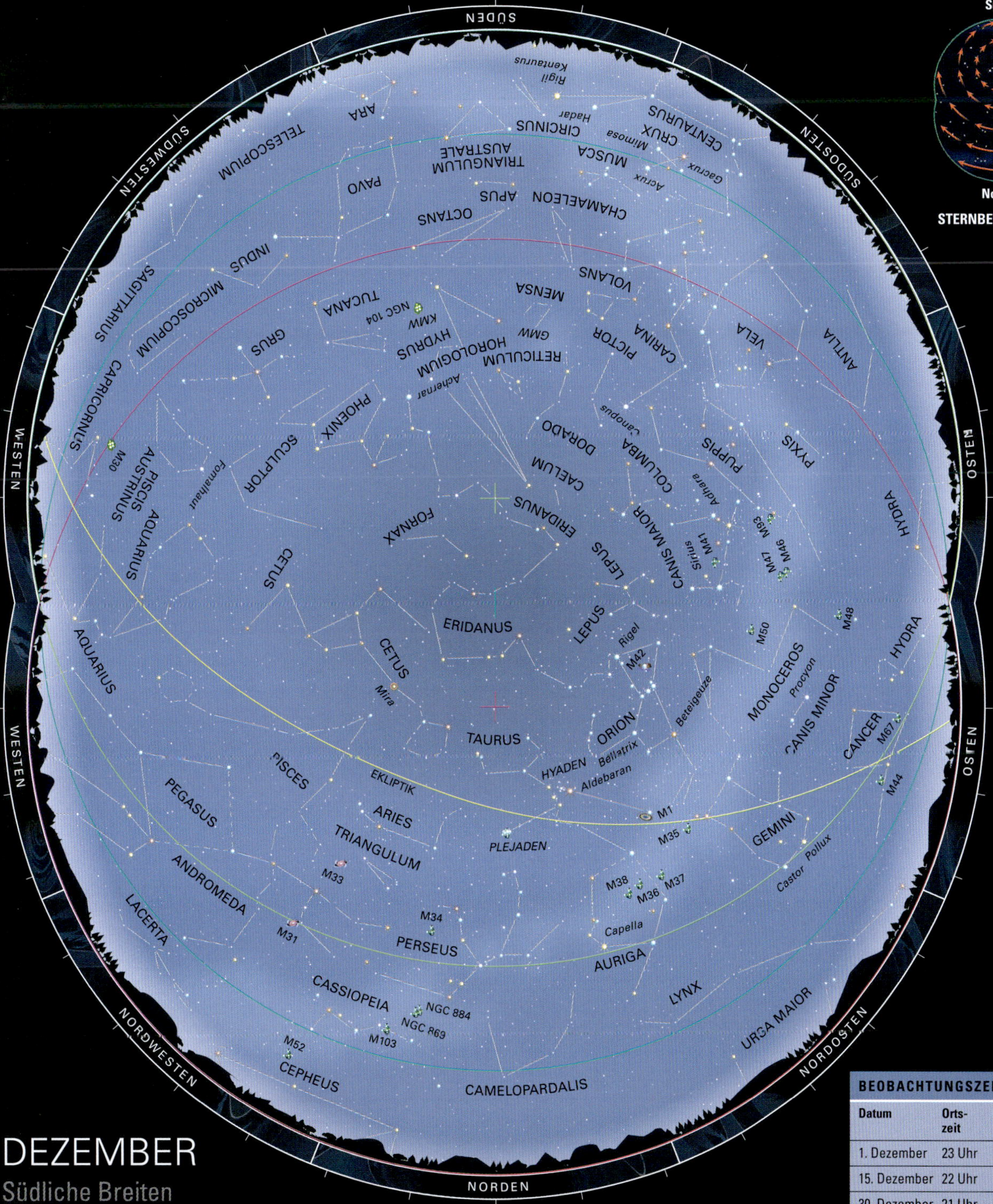

STERNBEWEGUNGEN

RICHTUNG SÜDEN

RICHTUNG NORDEN

DEZEMBER

Südliche Breiten

BEOBACHTUNGSZEITEN

Datum	Ortszeit	Sommerzeit
1. Dezember	23 Uhr	24 Uhr
15. Dezember	22 Uhr	23 Uhr
30. Dezember	21 Uhr	22 Uhr

Größenklassen der Sterne: -1, 0, 1, 2, 3, 4, 5, Veränder-

Deep-Sky-Objekte: Galaxie, Offener, Kugelstern-, Planetar., Diffuser

Referenzpunkte: Horizont 0°, 20° S, 40° S; Zenit 0°, 20° S, 40° S, Ekliptik

7

ANHANG

Dieses Kapitel bietet wertvolle Informationen für Beobachter wie eine Liste der sichtbaren Himmelsobjekte in prägnanter und übersichtlicher Form. Ein Glossar erläutert die wichtigsten astronomischen Begriffe.

TABELLEN

Die Tabellen enthalten ausführliche Informationen über die Himmelskörper des Sonnensystems wie ihre Größe, Bahnen und physikalischen Eigenschaften. Sehenswerte Sterne und Deep-Sky-Objekte, der Messier-Katalog und eine Liste aller 88 Sternbilder sind auch aufgeführt. Mithilfe dieser Tabellen kann man interessante Ziele für eine nächtliche Beobachtung entdecken.

DIE PLANETEN

NAME	MERKUR	VENUS	ERDE	MARS	JUPITER	SATURN	URANUS	NEPTUN
Äquator-durchmesser	4875 km	12 104 km	12 756 km	6780 km	142 984 km	120 536 km	51 118 km	49 532 km
Masse (Erde = 1)	0,05	0,8	1	0,1	318	95	14,5	17,1
Volumen (Erde = 1)	0,05	0,9	1	0,2	1321	763,6	63,1	57,7
Durchschnittliche Oberflächen -/ Wolkentemperatur	-180 bis 430 °C (Oberfläche)	464 °C (Oberfläche)	15 °C (Oberfläche)	-125 bis 25 °C (Oberfläche)	-110 °C (obere Wolkenschicht)	-140 °C (obere Wolkenschicht)	-214 °C (obere Wolkenschicht)	-220 °C (obere Wolkenschicht)
Schwerkraft (Erde = 1)	0,4	0,9	1	0,4	2,5	1,1	0,9	1,1
Anzahl der Monde	0	0	1	2	79	82	mehr als 27	mehr als 13
Mittlerer Abstand zur Sonne	57,9 Millionen km	108,2 Millionen km	149,6 Millionen km	227,9 Millionen km	778,3 Millionen km	1430 Millionen km	2871 Millionen km	4497 Millionen km
Umlaufzeit	88 Tage	224,7 Tage	365,3 Tage	687 Tage	11,9 Jahre	29,5 Jahre	84 Jahre	164,8 Jahre
Rotationszeit	59 Tage	243 Tage	23,9 Stunden	24,6 Stunden	9,9 Stunden	10,66 Stunden	17,24 Stunden	16,1 Stunden
Neigung der Rotationsachse	2,1°	177,3°	23,5°	25,2°	3,1°	26,7°	97,9°	29,6°
Scheinbare Helligkeit	-1,9 bis 5,7	-4,6 bis -3,8	keine Angabe	-2,9 bis 4,5	-2,9	-0,2 bis 1,2	5,5	7,8

SEHENSWERTE PLANETOIDEN

NAME	GASPRA	ANNEFRANK	TOUTATIS	VESTA	MATHILDE	IDA	EROS
Mittlerer Abstand zur Sonne	331 Millionen km	331 Millionen km	376 Millionen km	353 Millionen km	396 Millionen km	428 Millionen km	218 Millionen km
Bahn-geschwindigkeit	71 568 km/h	unbekannt	60 084 km/h	69 624 km/h	64 728 km/h	unbekannt	87 696 km/h
Umlaufzeit	3,3 Jahre	3,3 Jahre	4,0 Jahre	3,6 Jahre	4,3 Jahre	4,8 Jahre	1,8 Jahre
Rotationszeit	7 Stunden	unbekannt	5,4 und 7,3 Tage (zwei Achsen)	5,3 Stunden	418 Stunden	4,6 Stunden	5,3 Stunden
Größe	18 km	6 km	4,3 km	560 km	66 km	60 km	31 km
Entdeckung	30. Juli 1916	23. März 1942	4. Januar 1989	27. März 1807	12. November 1885	29. September 1884	13. August 1898

JÄHRLICHE METEORSTRÖME				
METEORSTROM	**HÖHEPUNKT DATUM**	**ZEITRAUM**	**MAX. ANZAHL PRO STUNDE**	**BEMERKUNGEN**
Quadrantiden	3. Januar	1. – 6. Januar	90	Gelbliche und bläuliche Meteore bei mittlerer Geschwindigkeit.
Alpha-Centauriden	8. Februar	28. Januar – 21. Februar	20	Ein südlicher Schauer mit sehr hellen, schnellen Meteoren.
Virginiden	7. – 15. April	10. März – 21. April	5	Lang gestreckte Spuren aus mehreren Radianten.
Lyriden	22. April	16. – 28. April	15	Schnelle Meteore des Kometen Thatcher.
Eta-Aquariiden	6. Mai	21. April – 24. Mai	60	Ein guter südlicher Schauer mit sehr schnellen, hellen Meteoren des Halleyschen Kometen.
Arietiden	7. Juni	22. Mai – 30. Juni	55	Ein Schauer am Tag mit einigen sichtbaren Meteoren vor der Dämmerung.
Juni-Bootiden	28. Juni	27. – 30. Juni	unterschiedlich	Ein langsamer Schauer mit gelegentlichen starken Anstiegen des Kometen Pons–Winnecke.
Capricorniden	5. – 20. Juli	10. Juni – 30. Juli	5	Langsame, gelbliche und bläuliche helle Meteore. Mehrere Höhepunkte und Radianten.
Delta-Aquariiden	28. Juli – 8. August	15. Juli – 19. August	25	Ein südlicher Schauer mit doppeltem Höhepunkt.
Piscis-Austriniden	28. Juli	16. Juli – 8. August	5	Schauer der Südhalbkugel mit ziemlich langsamen Meteoren.
Alpha-Capricorniden	1. August	15. Juli – 25. August	5	Erzeugt langsame Streifen über viele Sekunden.
Perseiden	12. August	23. Juli – 22. August	90	Viele helle Meteore mit Spuren, stammen vom Kometen Swift–Tuttle.
Alpha-Aurigiden	1. September	25. August – 7. September	7	Gelegentliche Ausbrüche auf über 100 pro Stunde wurden beobachtet.
Giacobiniden oder Draconiden	8. Oktober	6. – 10. Oktober	unterschiedlich	Langsame Meteore des Kometen Giacobini–Zinner.
Orioniden	21. Oktober	5. – 30. Oktober	25	Schnelle Meteore des Halleyschen Kometen.
Tauriden	4. –12. November	1. – 25. November	10	Helle und langsame Meteore mit zwei Höhepunkten des Kometen Encke.
Leoniden	17. November	14. – 21. November	unterschiedlich	Sehr schnelle Meteore mit Spuren, stammen vom Kometen Tempel–Tuttle.
Geminiden	14. Dezember	6. – 18. Dezember	100	Mittelschnelle, helle Meteore des Planetoiden Phaethon (3200).
Ursiden	22. Dezember	17. – 25. Dezember	10	Langsame Meteore des Kometen Tuttle.

LEONIDEN-METEORSCHAUER (LANGZEITAUFNAHME)

HELLSTE STERNE VON DER ERDE AUS

RANG	SCHEINBARE HELLIGKEIT	BENENNUNG NACH BAYER	NAME	ABSTAND ZUR ERDE (LICHTJAHRE)
1	-1,4	Alpha (α) Canis Maioris	Sirius	8,6
2	-0,7	Alpha (α) Carinae	Canopus	310
3	-0,3	Alpha (α) Centauri	Rigil Kentaurus	4,4
4	-0,04	Alpha (α) Bootis	Arktur	75
5	0,0	Alpha (α) Lyrae	Wega	26
6	0,1	Alpha (α) Aurigae	Capella	42
7	0,2	Beta (β) Orionis	Rigel	770
8	0,4	Alpha (α) Canis Minoris	Procyon	11,6
9	0,5	Alpha (α) Eridani	Achernar	140
10	0,0–1,3	Alpha (α) Orionis	Beteigeuze	650
11	0,6	Beta (β) Centauri	Hadar	525
12	0,8	Alpha (α) Aquilae	Altair	16,8
13	0,8–1,0	Alpha (α) Tauri	Aldebaran	65
14	0,8	Alpha (α) Crucis	Acrux	320
15	1,0	Alpha (α) Virginis	Spica	220
16	1,0	Alpha (α) Scorpii	Antares	600
17	1,2	Beta (β) Geminorum	Pollux	34
18	1,2	Alpha (α) Piscis Austrini	Fomalhaut	25
19	1,3	Alpha (α) Cygni	Deneb	1500
20	1,3	Beta (β) Crucis	Mimosa	350

ERDNÄCHSTE STERNE

RANG	STERN	ABSTAND ZUR ERDE (LICHTJ.)	STERNBILD	SCHEINBARE HELLIGKEIT
1	Alpha (α) Centauri Sternsystem:		Kentaur	
	Proxima Centauri	4,2		11,1
	Alpha (α) Centauri	4,4		-0,3
2	Barnards Stern	6,0	Schlangenträger	9,6
3	Wolf 359	7,8	Löwe	13,4
4	Lalande 21185	8,3	Großer Bär	7,5
5	Sirius	8,6	Großer Hund	-1,4
6	Luyten 726–8	8,7	Walfisch	12,5
7	Ross 154	9,7	Schütze	10,4
8	Ross 248	10,3	Andromeda	12,3
9	Epsilon (ε) Eridani	10,5	Eridanus	3,7
10	Lacaille 9352	10,7	Südlicher Fisch	7,3
11	Ross 128	10,9	Jungfrau	11,1
12	EZ Aquarii	11,3	Wassermann	13,3
13	Procyon	11,4	Kleiner Hund	0,4
14	Bessels Stern	11,4	Schwan	5,2
15	Struve 2398	11,5	Drache	8,9
16	Groombridge 34	11,6	Andromeda	8,1
17	Epsilon (ε) Indi	11,8	Inder	4,7
18	DX Cancri	11,8	Krebs	14,8
19	Tau (τ) Ceti	11,9	Walfisch	3,5
20	GJ 1061	12,1	Pendeluhr	13,1

KUGELSTERNHAUFEN M15

STERNHAUFEN				
NAME DES HAUFENS	**ART DES HAUFENS**	**STERNBILD**	**SCHEINBARE HELLIGKEIT**	**ABSTAND ZUR ERDE (LICHTJAHRE)**
47 Tucanae	Kugel	Tukan	4,0	13 400
Praesepe	Offener	Krebs	3,7	577
Butterfly-Sternhaufen	Offener	Skorpion	4,2	2000
Hyaden	Offener	Stier	4,2	150
Schmuckkäst.	Offener	Kreuz des Südens	7,1	6500
M4	Kugel	Skorpion	6,0	6800
M12	Kugel	Schlangenträger	6,6	16 000–18 000
M14	Kugel	Schlangenträger	6,4	23 000–30 000
M15	Kugel	Pegasus	6,2	33 600
M52	Offener	Kassiopeia	7,3	5000
M68	Kugel	Wasserschlange	7,5	33 000–44 000
M93	Offener	Achterschiff	6,2	3600
M107	Kugel	Schlangenträger	8,9	20 900
NGC 3201	Kugel	Segel	8,2	15 000
NGC 4833	Kugel	Fliege	5,3	17 000
Omega (ω) Centauri	Kugel	Kentaur	4,2	17 000
Plejaden	Offener	Stier	1,5	380

MEHRFACHSTERNE				
NAME	**STERNBILD**	**ANZAHL DER STERNE**	**SCHEINBARE HELLIGKEIT**	**ABSTAND ZUR ERDE (LICHTJAHRE)**
Castor	Zwillinge	6	1,9	50
Sigma (σ) Orionis	Orion	5	3,8	1150
Alcyone	Stier	4	2,9	368
Algol	Perseus	4	2,1–3,4	93
Alamak	Andromeda	4	2,3	355
Epsilon (ε) Lyrae	Leier	4	4,7	160
Mizar & Alkor	Großer Bär	4	2,3	81
Theta (θ) Orionis	Orion	4	4,7	1800
Albireo	Schwan	3	3,2	385
Beta (β) Monocerotis	Einhorn	3	3,7	700
Omikron (ο) Eridani	Eridanus	3	9,5	16
Rigel	Orion	3	0,2	770
15 Monocerotis	Einhorn	2	4,7	1020
Epsilon (ε) Aurigae	Fuhrmann	2	3,1	2040
Izar	Bärenhüter	2	2,4	210
M40	Großer Bär	2	8,4	385
Polaris	Kleiner Bär	2	2,0	430
Zeta (ζ) Bootis	Bärenhüter	2	3,8	180

VERÄNDERLICHE STERNE						
NAME	**ART DES VERÄNDERLICHEN**	**STERNBILD**	**NIEDRIGSTE SCHEIN-BARE HELLIGKEIT**	**GRÖSSTE SCHEINBARE HELLIGKEIT**	**ZEITRAUM**	**ABSTAND ZUR ERDE (LICHTJAHRE)**
Rasalgethi	Bedeckungsverändl.	Herkules	4,1	3,1	128 Tage	382
Delta (δ) Cephei	Pulsationsverändl.	Kepheus	4,4	3,5	5,3 Tage	982
Eta (η) Aquilae	Pulsationsverändl.	Adler	3,9	3,5	7,2 Tage	1173
Eta (η) Geminorum	Bedeckungsverändl.	Zwillinge	4,2	3,3	233 Tage	349
Gamma (γ) Cassiopeiae	Irregulärer Verändl.	Kassiopeia	3,0	1,6	unterschiedlich	613
Lambda (λ) Tauri	Bedeckungsverändl.	Stier	3,9	3,4	4 Tage	370
Mira	Pulsationsverändl.	Walfisch	10,0	2,0	332 Tage	418
My (μ) Cephei	Pulsationsverändl.	Kepheus	5,1	3,4	730 oder 4400 Tage	5258
W Virginis	Cepheidenverändl.	Jungfrau	10,8	9,6	17 Tage	10 000
R Coronae Borealis	Irregulärer Verändl.	Nördliche Krone	14,8	5,8	unterschiedlich	6037
RR Lyrae	Pulsationsverändl.	Leier	8,1	7,1	0,6 Tage	744
Algol	Bedeckungsverändl.	Perseus	3,4	2,1	2,9 Tage	93
Zeta (ζ) Geminorum	Pulsationsverändl.	Zwillinge	4,2	3,6	10,2 Tage	1168

STERNBILDER (NACH GRÖSSE AUFGEFÜHRT)

RANG	LATEIN. NAME	ABKÜRZUNG	FLÄCHE (°)²	BENANNT VON
1	Hydra	Hya	1303	Ptolemäus
2	Virgo	Vir	1294	Ptolemäus
3	Ursa Maior	UMa	1280	Ptolemäus
4	Cetus	Cet	1231	Ptolemäus
5	Hercules	Her	1225	Ptolemäus
6	Eridanus	Eri	1138	Ptolemäus
7	Pegasus	Peg	1121	Ptolemäus
8	Draco	Dra	1083	Ptolemäus
9	Centaurus	Cen	1060	Ptolemäus
10	Aquarius	Aqr	980	Ptolemäus
11	Ophiuchus	Oph	948	Ptolemäus
12	Leo	Leo	947	Babylonier
13	Bootes	Boo	907	Ptolemäus
14	Pisces	Psc	889	Ptolemäus
15	Sagittarius	Sgr	867	Ptolemäus
16	Cygnus	Cyg	803	Ptolemäus
17	Taurus	Tau	797	Ptolemäus
18	Camelopardalis	Cam	757	Petrus Plancius
19	Andromeda	And	722	Ptolemäus
20	Puppis	Pup	673	Nicolas de Lacaille
21	Auriga	Aur	657	Ptolemäus
22	Aquila	Aql	652	Ptolemäus
23	Serpens	Ser	637	Ptolemäus
24	Perseus	Per	615	Ptolemäus
25	Cassiopeia	Cas	598	Ptolemäus
26	Orion	Ori	594	Ptolemäus
27	Cepheus	Cep	588	Ptolemäus
28	Lynx	Lyn	545	Johannes Hevelius
29	Libra	Lib	538	Römer
30	Gemini	Gem	514	Ptolemäus
31	Cancer	Cnc	506	Ptolemäus
32	Vela	Vel	500	Nicolas de Lacaille
33	Scorpius	Sco	497	Ptolemäus
34	Carina	Car	494	Nicolas de Lacaille
35	Monoceros	Mon	482	Petrus Plancius
36	Sculptor	Scl	475	Nicolas de Lacaille
37	Phoenix	Phe	469	Keyser/De Houtman

STERNBILDER (NACH GRÖSSE AUFGEFÜHRT)

RANG	LATEIN. NAME	ABKÜRZUNG	FLÄCHE (°)²	BENANNT VON
38	Canes Venatici	CVn	465	Johannes Hevelius
39	Aries	Ari	441	Ptolemäus
40	Capricornus	Cap	414	Babylonier
41	Fornax	For	398	Nicolas de Lacaille
42	Coma Berenices	Com	386	Caspar Vopelius
43	Canis Maior	CMa	380	Ptolemäus
44	Pavo	Pav	378	Keyser/De Houtman
45	Grus	Gru	365	Keyser/De Houtman
46	Lupus	Lup	334	Ptolemäus
47	Sextans	Sex	314	Johannes Hevelius
48	Tucana	Tuc	295	Keyser/De Houtman
49	Indus	Ind	294	Keyser/De Houtman
50	Octans	Oct	291	Nicolas de Lacaille
51	Lepus	Lep	290	Ptolemäus
52	Lyra	Lyr	286	Ptolemäus
53	Crater	Crt	282	Ptolemäus
54	Columba	Col	270	Petrus Plancius
55	Vulpecula	Vul	268	Johannes Hevelius
56	Ursa Minor	UMi	255	Ptolemäus
57	Telescopium	Tel	252	Nicolas de Lacaille
58	Horologium	Hor	249	Nicolas de Lacaille
59	Pictor	Pic	247	Nicolas de Lacaille
60	Piscis Austrinus	PsA	245	Ptolemäus
61	Hydrus	Hyi	243	Ptolemäus
62	Antlia	Ant	238	Nicolas de Lacaille
63	Ara	Ara	237	Ptolemäus
64	Leo Minor	LMi	232	Johannes Hevelius
65	Pyxis	Pyx	221	Nicolas de Lacaille
66	Microscopium	Mic	210	Nicolas de Lacaille
67	Apus	Aps	206	Keyser/De Houtman
68	Lacerta	Lac	201	Johannes Hevelius
69	Delphinus	Del	189	Ptolemäus
70	Corvus	Crv	184	Ptolemäus
71	Canis Minor	CMi	183	Ptolemäus
72	Dorado	Dor	179	Keyser/De Houtman
73	Corona Borealis	CrB	179	Ptolemäus
74	Norma	Nor	165	Nicolas de Lacaille

STERNBILDER (NACH GRÖSSE AUFGEFÜHRT)

RANG	LATEIN. NAME	ABKÜRZUNG	FLÄCHE (°)²	BENANNT VON
75	Mensa	Men	153	Nicolas de Lacaille
76	Volans	Vol	141	Keyser/De Houtman
77	Musca	Mus	138	Keyser/De Houtman
78	Triangulum	Tri	132	Ptolemäus
79	Chamaeleon	Cha	132	Keyser/De Houtman
80	Corona Australis	Cra	128	Ptolemäus
81	Caelum	Cae	125	Nicolas de Lacaille
82	Reticulum	Ret	114	Nicolas de Lacaille
83	Triangulum Australe	TrA	110	Keyser/De Houtman
84	Scutum	Sct	109	Johannes Hevelius
85	Circinus	Cir	93	Nicolas de Lacaille
86	Sagitta	Sge	80	Ptolemäus
87	Equuleus	Equ	72	Ptolemäus
88	Crux	Cru	68	Augustin Royer

GALAXIEN

NAME/ MESSIER-NUMMER	GALAXIEN-ART	STERNBILD	SCHEINBARE HELLIGKEIT	ABSTAND ZUR ERDE (LICHTJAHRE)
Andromeda-nebel (M31)	Spiral-galaxie	Andromeda	4,5	2,5 Millionen
Black Eye-Galaxie (M64)	Spiral-galaxie	Haar der Berenike (Coma Berenices)	8,5	17 Millionen
Bodes Galaxie (M81)	Spiral-galaxie	Großer Bär (Ursa Maior)	6,9	12 Millionen
M82 (Zigarren-Galaxie)	Spiral-galaxie	Großer Bär (Ursa Maior)	8,4	12 Millionen
Große Magellansche Wolke (GMW)	irreguläre Galaxie	Goldfisch (Dorado)	0,4	179 000
Kleine Magellansche Wolke (KMW, NGC 292)	irreguläre Galaxie	Tukan (Tucana)	2,3	200 000
Sombrero-galaxie (M104)	Spiral-galaxie	Jungfrau (Virgo)	9,0	30 Millionen
Triangulum-nebel (M33)	Spiral-galaxie	Dreieck (Triangulum)	5,7	3 Millionen
Whirlpool-Galaxie (M51)	Spiral-galaxie	Jagdhunde (Canes Venatici)	8,4	23 Millionen

STERNBILD KREUZ DES SÜDENS (CRUX)

NEBEL

NAME	ART DES NEBELS	STERNBILD	SCHEINBARE HELLIGKEIT	ABSTAND ZUR ERDE (LICHTJ.)
Katzenaugen-nebel	Planetarisch	Drache	8,1	3600
Konusnebel	Dunkelnebel	Einhorn	3,9	2500
Crescent-Nebel	Planetarisch	Schwan	7,4	4700
Hantelnebel	Planetarisch	Fuchs	7,6	1000
Adlernebel	Emission	Schlange	6,0	7000
Eight-Burst-Nebel	Planetarisch	Segel	8,1	2000
Eskimonebel	Planetarisch	Zwillinge	8,6	3800
Eta-Carinae-Nebel	Emission	Schiffskiel	1,0	7500
Helixnebel	Planetarisch	Wassermann	6,5	650
Hourglass-Nebel	Planetarisch	Fliege	11,8	8000
IC 2944	Emission	Kentaur	4,5	5900
Lagunennebel	Emission	Schütze	5,8	5200
Orionnebel	Emission	Orion	4,0	1350
Eulennebel	Planetarisch	Großer Bär	9,8	2600
Ringnebel	Planetarisch	Leier	9,0	2000
Saturn-Nebel	Planetarisch	Wassermann	8,0	5200
Stingray-Nebel	Planetarisch	Altar	10,8	18 000
Tarantelnebel	Emission	Goldfisch	5,0	160 000
Trifidnebel	Emission	Schütze	9,0	7000
Schleiernebel	Supernova-überrest	Schwan	7,0	2000

MESSIER-KATALOG			
MESSIER-NUMMER	STERNBILD	ALLGEMEINER NAME	ART DES OBJEKTS
M1	Stier	Krebsnebel	Supernovaüberrest
M2	Wassermann	–	Kugelsternhaufen
M3	Jagdhunde	–	Kugelsternhaufen
M4	Skorpion	–	Kugelsternhaufen
M5	Schlange (Kopf)	–	Kugelsternhaufen
M6	Skorpion	Schmetterlings-Sternhaufen	Offener Sternhaufen
M7	Skorpion	Ptolemäus-Sternhaufen	Offener Sternhaufen
M8	Schütze	Lagunen-nebel	Emissionsnebel
M9	Schlangenträger	–	Kugelsternhaufen
M10	Schlangenträger	–	Kugelsternhaufen
M11	Schild	Wildenten-sternhaufen	Offener Sternhaufen
M12	Schlangenträger	–	Kugelsternhaufen
M13	Herkules	Großer Kugel-sternhaufen	Kugelsternhaufen
M14	Schlangenträger	–	Kugelsternhaufen
M15	Pegasus	–	Kugelsternhaufen
M16	Schlange (Schwanz)	Adlernebel	Offener Sternhaufen/ Emissionsnebel
M17	Schütze	Omega-/ Schwannebel	Emissionsnebel
M18	Schütze	–	Offener Sternhaufen
M19	Schlangenträger	–	Kugelsternhaufen
M20	Schütze	Trifidnebel	Emissions-/Reflexions-/ Dunkelnebel
M21	Schütze	–	Offener Sternhaufen
M22	Schütze	–	Kugelsternhaufen
M23	Schütze	–	Offener Sternhaufen
M24	Schütze	Sagittarius-Sternwolke	Sternfeld
M25	Schütze	–	Offener Sternhaufen
M26	Schild	–	Offener Sternhaufen
M27	Fuchs	Hantelnebel	Planetarischer Nebel
M28	Schütze	–	Kugelsternhaufen
M29	Schwan	–	Offener Sternhaufen
M30	Steinbock	–	Kugelsternhaufen

MESSIER-KATALOG			
MESSIER-NUMMER	STERNBILD	ALLGEMEINER NAME	ART DES OBJEKTS
M31	Andromeda	Andromedanebel	Spiralgalaxie
M32	Andromeda	–	elliptische Zwerggalaxie
M33	Dreieck	Triangulum-, Dreiecksnebel	Spiralgalaxie
M34	Perseus	–	Offener Sternhaufen
M35	Zwillinge	–	Offener Sternhaufen
M36	Fuhrmann	–	Offener Sternhaufen
M37	Fuhrmann	–	Offener Sternhaufen
M38	Fuhrmann	–	Offener Sternhaufen
M39	Schwan	–	Offener Sternhaufen
M40	Großer Bär	Winnecke 4	Doppelstern
M41	Großer Hund	–	Offener Sternhaufen
M42	Orion	Orionnebel	Emissions-/Reflexionsnebel
M43	Orion	De Mairans Nebel	Emissions-/Reflexionsnebel
M44	Krebs	Praesepe	Offener Sternhaufen
M45	Stier	Plejaden/ Siebengestirn	Offener Sternhaufen
M46	Achterschiff	–	Offener Sternhaufen
M47	Achterschiff	–	Offener Sternhaufen
M48	Wasserschlange	–	Offener Sternhaufen
M49	Jungfrau	–	Elliptische Galaxie
M50	Einhorn	–	Offener Sternhaufen
M51	Jagdhunde	Whirlpool-Galaxie	Spiralgalaxie
M52	Kassiopeia	–	Offener Sternhaufen
M53	Haar der Berenike	–	Kugelsternhaufen
M54	Schütze	–	Kugelsternhaufen
M55	Schütze	–	Kugelsternhaufen
M56	Leier	–	Kugelsternhaufen
M57	Leier	Ringnebel	Planetarischer Nebel
M58	Jungfrau	–	Balkenspiralgalaxie
M59	Jungfrau	–	elliptische Galaxie
M60	Jungfrau	–	elliptische Galaxie
M61	Jungfrau	–	Spiralgalaxie
M62	Schlangenträger	–	Kugelsternhaufen

MESSIER-KATALOG

MESSIER-NUMMER	STERNBILD	ALLGEMEINER NAME	ART DES OBJEKTS
M63	Jagdhunde	Sonnenblumen-Galaxie	Spiralgalaxie
M64	Haar der Berenike	Black-Eye-Galaxie	Spiralgalaxie
M65	Löwe	–	Spiralgalaxie
M66	Löwe	–	Spiralgalaxie
M67	Krebs	–	Offener Sternhaufen
M68	Wasserschlange	–	Kugelsternhaufen
M69	Schütze	–	Kugelsternhaufen
M70	Schütze	–	Kugelsternhaufen
M71	Pfeil	–	Kugelsternhaufen
M72	Wassermann	–	Kugelsternhaufen
M73	Wassermann	–	Asterismus
M74	Fische	–	Spiralgalaxie
M75	Schütze	–	Kugelsternhaufen
M76	Perseus	Kleiner Hantelnebel	Planetarischer Nebel
M77	Walfisch	–	Balkenspiralgalaxie
M78	Orion	–	Reflexionsnebel
M79	Hase	–	Kugelsternhaufen
M80	Skorpion	–	Kugelsternhaufen
M81	Großer Bär	Bodes Galaxie	Spiralgalaxie
M82	Großer Bär	Zigarren-Galaxie	Spiralgalaxie
M83	Wasserschlange	Südl. Feuerrad-, Südl. Pinwheel-Galaxie	Balkenspiralgalaxie
M84	Jungfrau	–	linsenförmige Galaxie
M85	Haar der Berenike	–	linsenförmige Galaxie
M86	Jungfrau	–	linsenförmige Galaxie
M87	Jungfrau	Virgo A	elliptische Galaxie
M88	Haar der Berenike	–	Spiralgalaxie
M89	Jungfrau	–	elliptische Galaxie
M90	Jungfrau	–	Spiralgalaxie
M91	Haar der Berenike	–	Balkenspiralgalaxie
M92	Herkules	–	Kugelsternhaufen

MESSIER-KATALOG

MESSIER-NUMMER	STERNBILD	ALLGEMEINER NAME	ART DES OBJEKTS
M93	Achterschiff	–	Offener Sternhaufen
M94	Jagdhunde	–	Spiralgalaxie
M95	Löwe	–	Balkenspiralgalaxie
M96	Löwe	–	Spiralgalaxie
M97	Großer Bär	Eulennebel	Planetarischer Nebel
M98	Haar der Berenike	–	Spiralgalaxie
M99	Haar der Berenike	–	Spiralgalaxie
M100	Haar der Berenike	–	Spiralgalaxie
M101	Großer Bär	Feuerrad-, Pinwheel-Galaxie	Spiralgalaxie
M102	nicht eindeutig, welches Objekt Messier beschrieb	–	–
M103	Kassiopeia	–	Offener Sternhaufen
M104	Jungfrau	Sombrero-Galaxie	Spiralgalaxie (Typ Sa)
M105	Löwe	–	elliptische Galaxie
M106	Jagdhunde	–	Spiralgalaxie
M107	Schlangenträger	–	Kugelsternhaufen
M108	Großer Bär	–	Balkenspiralgalaxie
M109	Großer Bär	–	Balkenspiralgalaxie
M110	Andromeda		elliptische Zwerggalaxie

M8, DER LAGUNENNEBEL

ALMANACH

Am Himmel geschieht immer etwas, aber zu bestimmten Zeiten ist die Beobachtung besonders interessant – vor allem bei seltenen Ereignissen oder solchen, die du vielleicht nie zuvor gesehen hast. Der Almanach zeigt Ereignisse der nächsten Jahre, etwa Sonnen- und Mondfinsternisse und die besten Zeiten für die Planetenbeobachtung.

LEGENDE
Vollmond
Neumond
Totale Mondfinsternis
Partielle Mondfinsternis
Totale Sonnenfinsternis
Partielle Sonnenfinsternis
Ringförmige Sonnenfinsternis

Opposition und Konjunktion

Steht einer der unteren Planeten Merkur oder Venus direkt zwischen der Erde und der Sonne, nennt man dies untere Konjunktion. Steht er von uns aus gesehen direkt hinter der Sonne, steht er in der oberen Konjunktion. Ein Planet in Konjunktion steht am Himmel nahe der Sonne und ist wegen ihrer Helligkeit nicht zu sehen (siehe S. 176). In der größten Elongation stehen untere Planeten am Himmel am weitesten von der Sonne entfernt und sind am besten zu beobachten. Ein oberer Planet kann am Himmel der Sonne gerade gegenüber stehen: Er steht in Opposition. Dann ist er den Großteil der Nacht sichtbar, er ist am hellsten und steht am höchsten am Himmel.

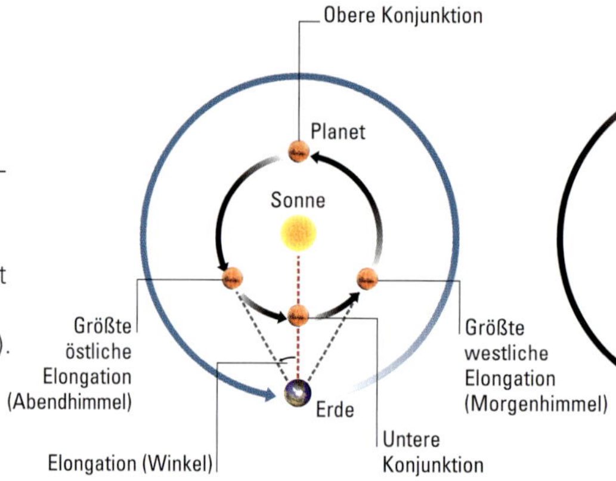

UNTERE PLANETEN
Merkur und Venus nennt man untere Planeten. Das bedeutet einfach, dass ihre Umlaufbahn näher an der Sonne liegt als die Erdumlaufbahn.

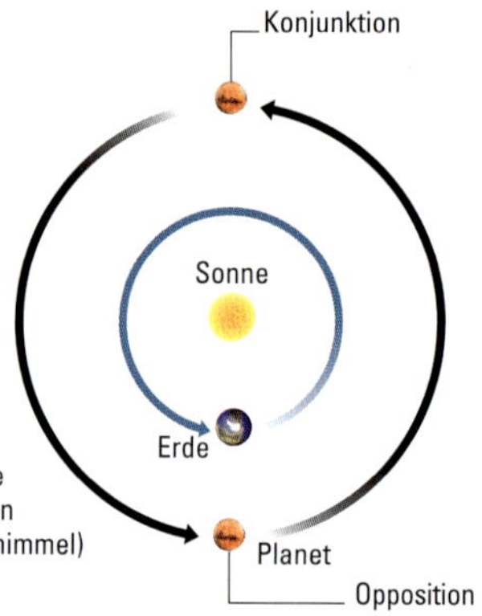

OBERE PLANETEN
Die Planeten, die die Sonne außerhalb der Erdumlaufbahn umkreisen, nennt man obere Planeten: Mars, Jupiter, Saturn, Uranus und Neptun.

Finsternisse

Wenn sich von der Erde gesehen die Bahnen von Sonne und Mond schneiden, erleben wir eine Finsternis. Da die Mondbahn geneigt ist, steht der Mond nur selten genau vor der Sonne: Es kommt zur Sonnenfinsternis (siehe S. 193). Bei totalen Sonnenfinsternissen bedeckt der Mond die Sonne völlig. Wenn der Mond das Zentrum der Sonnenscheibe passiert, aber zu weit weg ist, um sie ganz zu bedecken, ist die Finsternis ringförmig. Bei partiellen Sonnenfinsternissen bedeckt der Mond nur einen Teil der Sonne. Steht der Mond der Sonne gegenüber, kann er in den Erdschatten eintreten: Wir sehen eine Mondfinsternis (siehe S. 197).

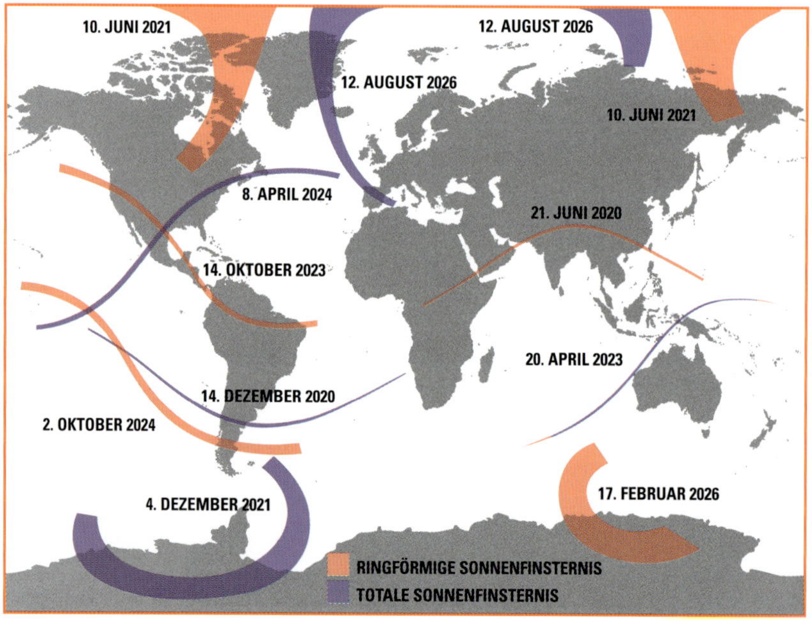

KARTE DER SONNENFINSTERNISSE
Die Karte zeigt die Daten und Schattenbahnen der nächsten Sonnenfinsternisse. Die am 20. April 2023 ist hybrid: Sie ist zeitweise total, beginnt und endet aber ringförmig.

2020

Chile und Argentinien hatten Glück: Im Vorjahr konnte man dort im Juli eine totale Sonnenfinsternis sehen, und im Dezember 2020 fand eine zweite statt. Am Nachthimmel war im Oktober der Mars in Opposition auffällig; er schien hell im Sternbild Fische. Im März konnte man die Venus am Abendhimmel gut sehen, als sie in der größten östlichen Elongation stand.

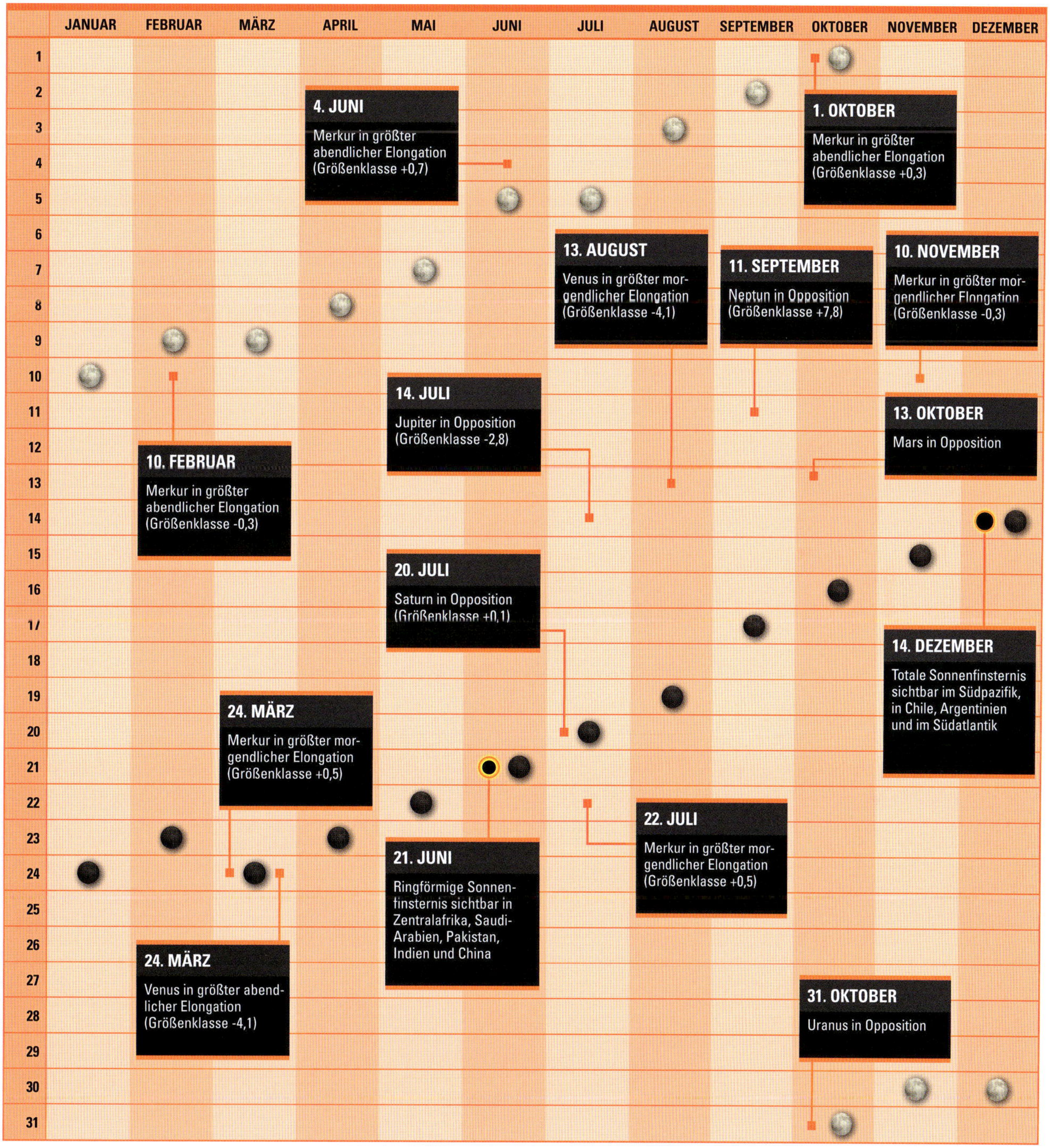

2021

In diesem Jahr finden vier Finsternisse statt: eine ringförmige und eine totale Sonnenfinsternis in den hohen nördlichen bzw. südlichen Breiten sowie eine partielle und eine totale Mondfinsternis, die beide um den Pazifik zentriert sind. Unter den Planeten glänzt die Venus im Oktober am Abendhimmel und der Jupiter scheint hell Ende August in seiner Opposition im Sternbild Wassermann.

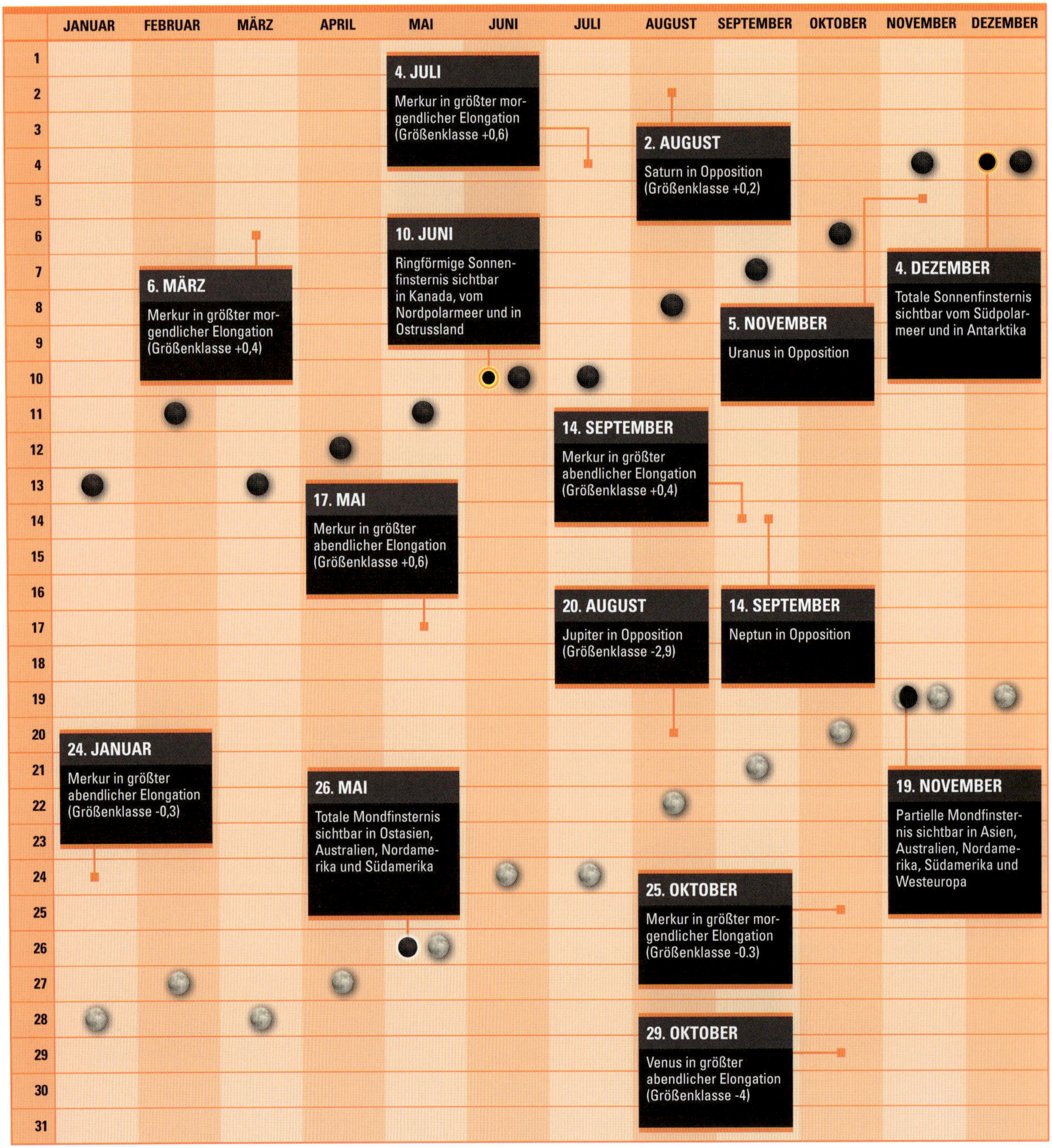

2022

Erst ab August können wir Planeten am Abendhimmel sehen. Davor ist nur die Venus sichtbar, die hell am Morgenhimmel strahlt und ihre größte westliche (morgendliche) Elongation am 20. März erreicht. Wenn du aber zu der Zeit genau hinsiehst, erkennst du zwei »Sterne« nahe der Venus, die aber tatsächlich die Planeten Mars und Saturn darstellen.

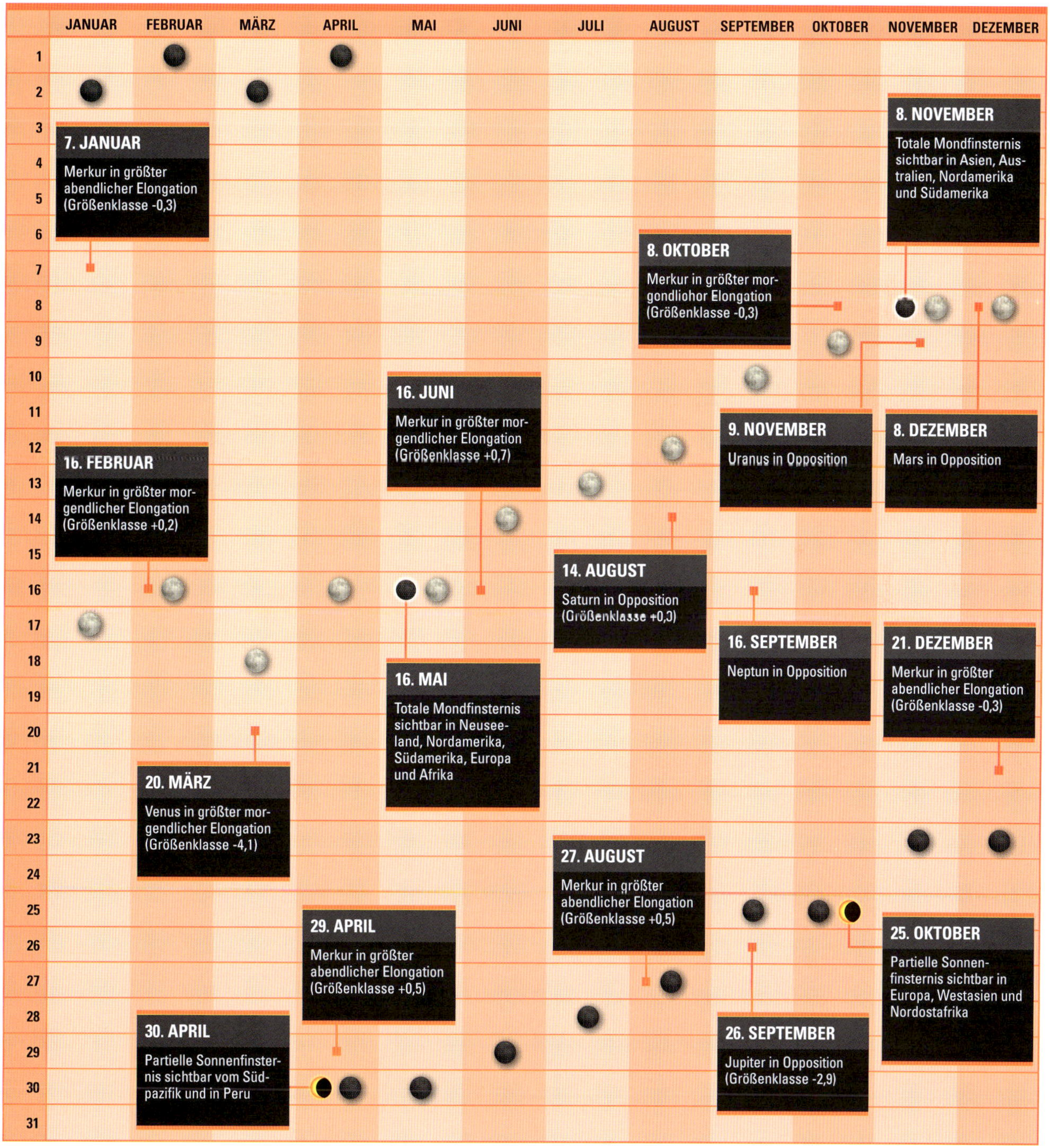

2023

Die Sonnenfinsternis am 20. April ist ein seltenes Ereignis: eine Mischung aus einer ringförmigen und einer totalen Sonnenfinsternis, die man hybride Sonnenfinsternis nennt. Bei diesem Typ von Sonnenfinsternissen kommt uns der Mond in der Mitte der Finsternis nahe genug, um die Sonne völlig zu verdecken. Zu Beginn und Ende ist er weiter weg, sodass die Finsternis dann ringförmig ist.

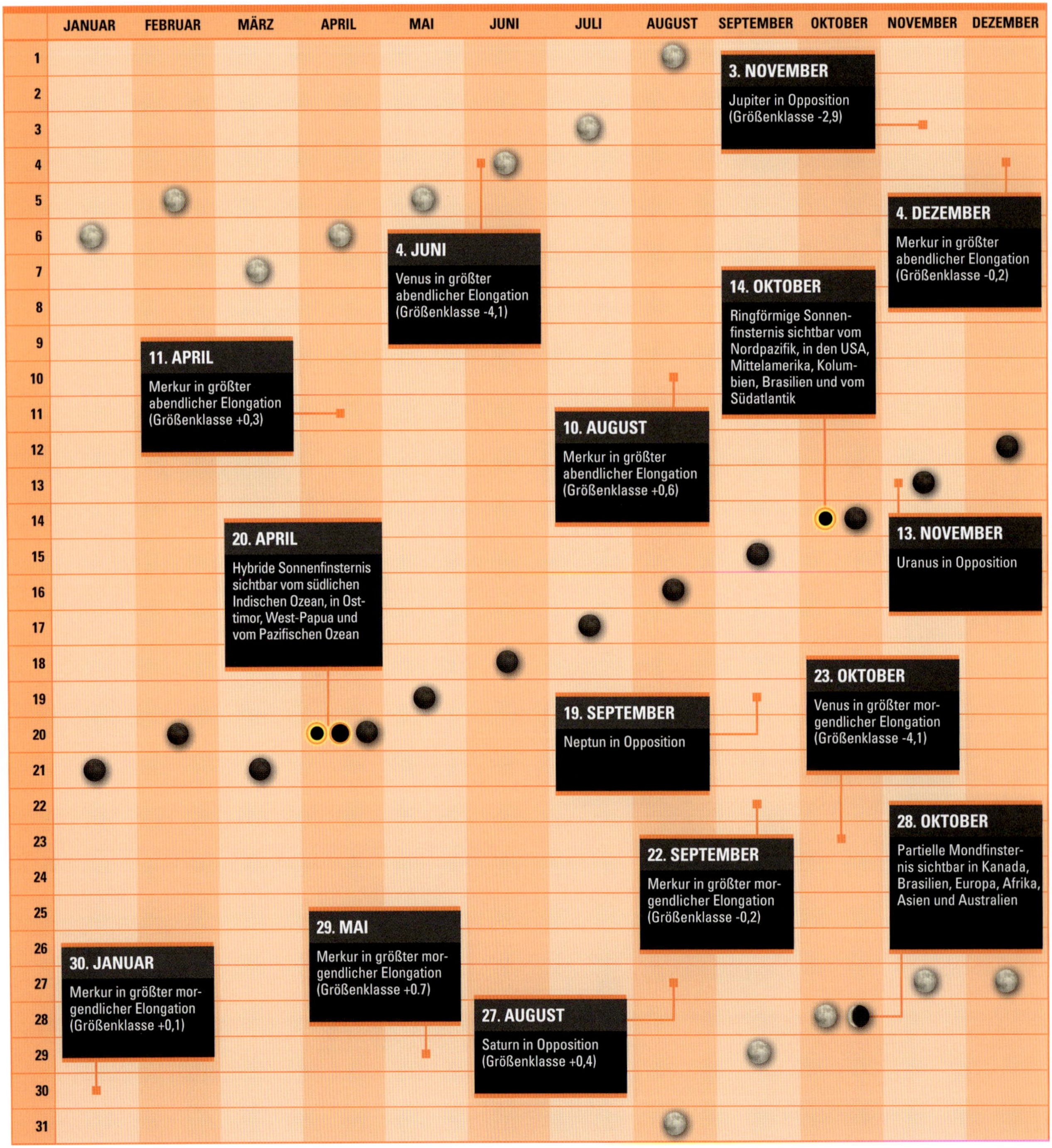

2024

Das wohl wichtigste Ereignis ist die totale Sonnenfinsternis am 8. April mit einer Bahn über Nordamerika, ähnlich wie der einer Finsternis von 2017. Manchmal haben einzelne Gebiete das Glück, dank der Anordnung von Sonne, Erde und Mond das spektakuläre Schauspiel zweimal in wenigen Jahren zu erleben. Sie wird die wohl von den meisten Menschen beobachtbare Sonnenfinsternis des Jahrzehnts sein.

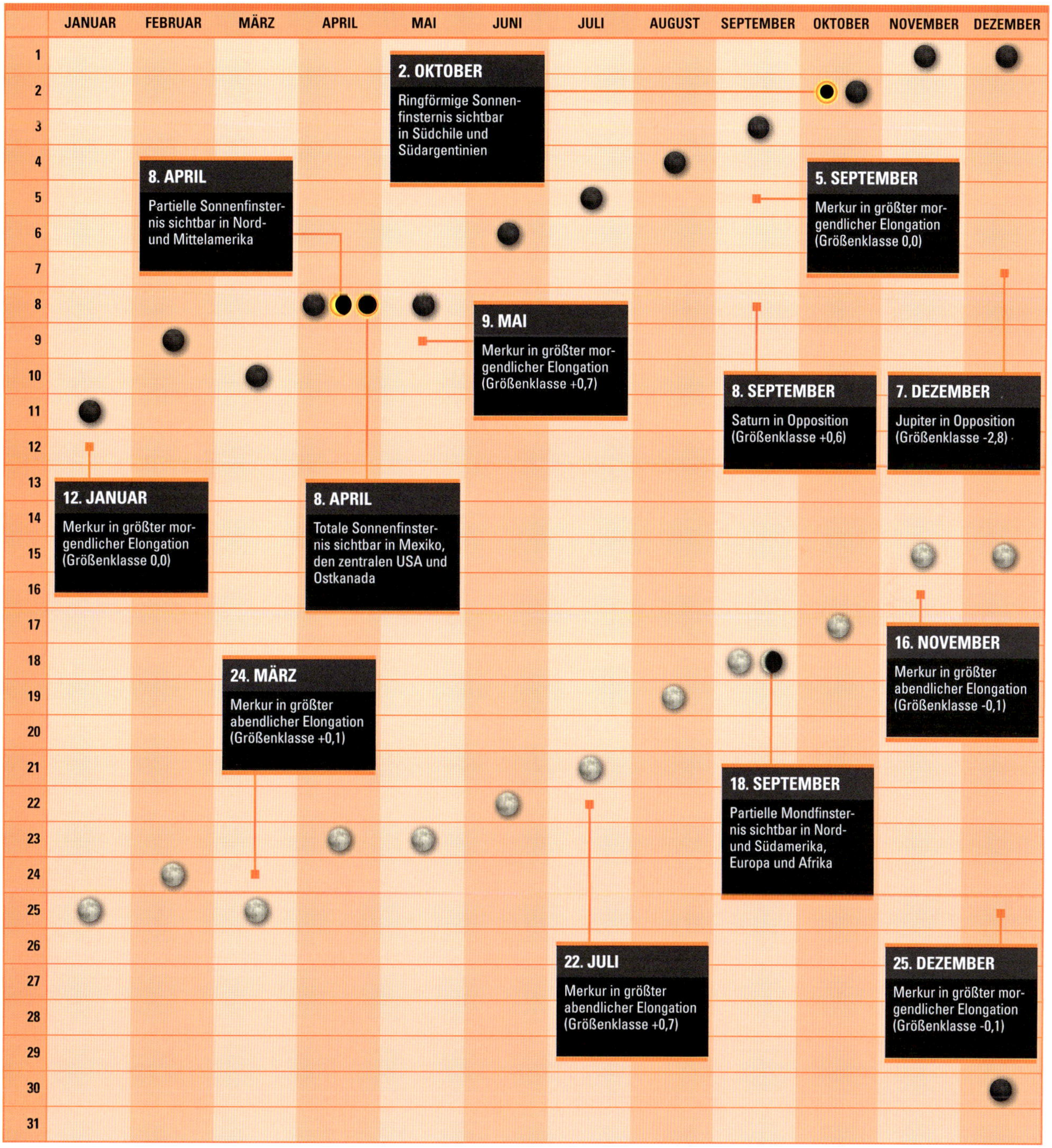

2025

Am späten Abendhimmel zu Jahresbeginn sollte man auf zwei Planeten achten: Jupiter ist zweifellos der hellste Himmelskörper, und weiter östlich liegt der schwächere, aber dennoch sehr helle rote Mars. In diesem Jahr gibt es auch zwei totale Mondfinsternisse. Die am 14. März ist in Nord- und Südamerika sichtbar, während Afrika, Mittel- und Osteuropa, Asien und Australien eine weitere am 7. September erleben.

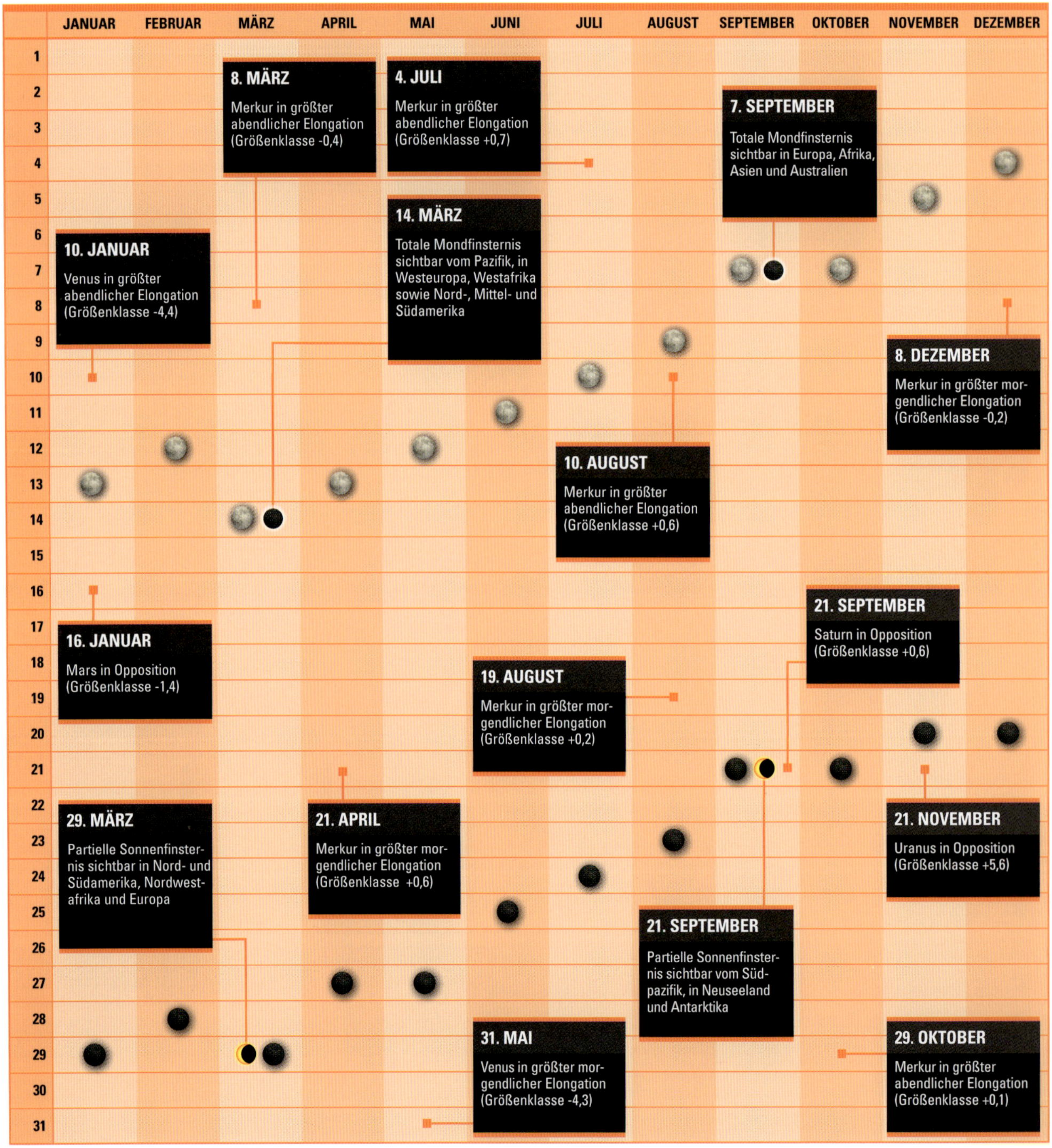

2026

Wie im Vorjahr eröffnet Jupiter das Jahr als hellster »Stern« des Abends. Am frühen Abend des 12. August läuft die Schattenbahn einer totalen Sonnenfinsternis über Nordwestspanien und erreicht kurz vor Sonnenuntergang die Balearen. Das bedeutet, dass der Nachthimmel mondlos ist für den jährlichen Meteorschauer der Perseiden, den man später in der gleichen (und der folgenden) Nacht sieht.

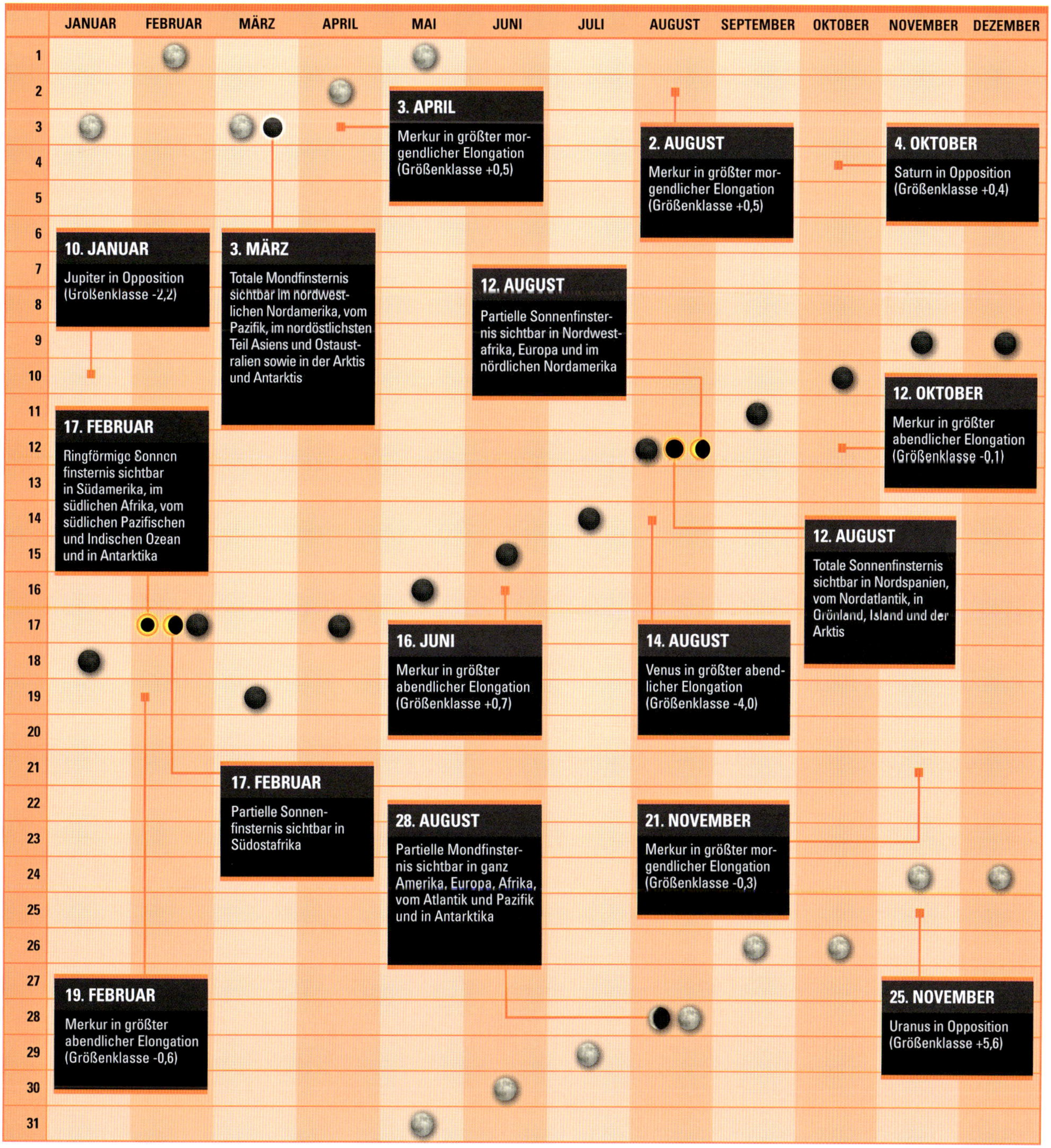

GLOSSAR

Albedo (lat.: albus = weiß) Ein Maß für die Lichtreflexion von Oberflächen. Sie liegt zwischen 0 für dunkle Körper, die kein Licht reflektieren, und 1 für Körper, die alles Licht reflektieren.

altazimutale Montierung Eine Teleskopmontierung, um ein Teleskop horizontal um 360° (Azimut) und vertikal um 90° (Höhe) zu drehen.

äquatoriale Montierung Eine polar ausgerichtete Teleskopmontierung, um die Bewegung der Himmelskörper zu verfolgen, mit einer Achse für die Rektaszension (RA) und einer für die Deklination.

Asterismus Ein auffälliges Sternmuster, das nicht als eigenständiges Sternbild gilt.

Asteroid (griech.: sternartig) siehe *Planetoid.*

Azimut Der horizontale Winkel (in Grad) zwischen dem Nordpunkt auf dem Horizont eines Beobachters und einem Himmelsobjekt.

Barlowlinse Eine Linse für Teleskope, die vor dem Okular angebracht wird, um Brennweite und Vergrößerung eines Teleskops um das Zwei- bis Dreifache zu erhöhen.

Blende Eine Zahl, die aus dem Verhältnis der Brennweite (in Millimeter) zu ihrer Öffnung (in Millimeter) gebildet wird. Teleskope mit großer Blendenzahl eignen sich für helle Objekte; kleine Blendenzahlen besser fur dunkle Objekte.

Brennweite Der Abstand zwischen dem Objektiv eines Teleskops und dem Brennpunkt.

CCD-Kamera (engl.: Charge Coupled Device-Kamera) Eine Kamera, die mit einem Fotometer Bilder aufnimmt. Ein CCD wandelt mit seinen empfindlichen Sensoren Lichtphotonen in elektrische Signale um, aus denen Bilder entstehen.

Deep-Sky-Objekt Objekt außerhalb des Sonnensystems, etwa Nebel, Haufen oder Galaxien.

Deklination Eine Koordinate des Äquatorsystems. Sie gibt den Winkelabstand oberhalb oder unterhalb des Himmelsäquators (0°) an.

Doppelstern Zwei Sterne, die sich gegenseitig anziehen und um einen gemeinsamen Schwerpunkt (das Baryzentrum) kreisen. Viele Doppelsterne kann man mit kleinen Teleskopen auflösen.

Drahtauslöser Ein Zubehör für Kameras, um eine Kamera erschütterungsfrei auszulösen.

Drehbare Sternkarte Eine Sternkarte, die die zu bestimmten Zeiten an einem Ort sichtbaren Sterne in einem drehbaren Fenster zeigt.

DSLR Digitale Spiegelreflexkameras, werden häufig in der Astrofotografie benutzt, um das Licht dunkler Galaxien oder Nebel einzufangen, da sie sehr flexibel sind.

Ekliptik Der Großkreis am Himmel, in dem die Ebene der Erdbahn die Himmelskugel schneidet und auf dem die Sonne scheinbar wandert.

elektromagnetisches Spektrum Die gesamte Energie, die verschiedene Himmelobjekte abgeben. Unsere Augen sehen nur einen kleinen Ausschnitt des Spektrums, das sichtbare Licht.

elliptische Galaxie Eine Galaxie mit einer elliptischen Form. Elliptischen Galaxien fehlen große Mengen Gas und Staub, sodass in ihnen im Gegensatz zu Spiralgalaxien keine neuen Sterne entstehen.

Emissionsnebel Eine riesige Wolke aus interstellarem Staub und Gas, die normalerweise durch die Strahlen benachbarter Sterne oder Sternhaufen leuchtet. Der Orionnebel (M42) ist ein Emissionsnebel.

Fokussierung (Entfernungseinstellung) Die Vorrichtung an einem Teleskop, um ein Bild im Okular scharf darzustellen.

Galaxie Eine Ansammlung aus Sternen, die durch ihre Schwerkraft zusammengehalten wird. Zu den Arten zählen elliptische, linsenförmige, irreguläre und Spiralgalaxien wie die Milchstraße. Galaxien sind zwischen wenigen Tausend bis zu mehreren Hunderttausenden Lichtjahren groß.

Helligkeit siehe *scheinbare Helligkeit.*

Himmelskugel Eine gedachte Kugel um die Erde, an der die Sterne und Himmelskörper angebracht sind. Die Koordinaten der Himmelskugel gleichen den Breiten- und Längengraden der Erde und werden Deklination und Rektaszension (RA) genannt.

Höhe Der Winkelabstand (in Grad) eines Körpers über dem Horizont. Die Höhe nimmt Werte zwischen 0° (für Körper auf dem Horizont) bis zu 90° ein (für Körper direkt über dem Beobachter).

Komet (Schweifstern) Ein eisiger Himmelskörper, der aus dem äußeren Sonnensystem stammt und auf einer elliptischen Bahn um die Sonne kreist. In Sonnennähe entwickelt ein Komet eine Koma und einen Schweif aus Gas und Staub.

Korona Die äußere Atmosphäre der Sonne. Sie ist nur während einer totalen Sonnenfinsternis als Halo sichtbar. Die Korona ist sehr viel heißer als die Sonnenoberfläche mit einer Temperatur von etwa 2 Millionen °C.

kosmische Hintergrundstrahlung (3-Kelvin-Strahlung) Die Reststrahlung des Urknalls, die im Universum als Mikrowellenstrahlung existiert.

Kugelsternhaufen Eine Kugel aus Hunderten bis Tausenden von Sternen, die durch ihre Schwerkraft zusammengehalten werden. Kugelsternhaufen sind viele Milliarden Jahre alte Objekte.

Maksutov-Cassegrain Ein katadioptrisches Teleskop, das Licht mit einem Primärspiegel, einem Sekundärspiegel und einer Korrektorlinse oder -platte sammelt und bündelt. Maksutov-Cassegrain-Teleskope sind sehr kompakt gebaut und eignen sich zur Beobachtung des Monds und der Planeten.

Meteor Ein Meteoroid, der in die Erdatmosphäre eindringt und den man auch Sternschnuppe nennt. Ein Meteor verglüht durch Reibung mit Teilchen der Erdatmosphäre bei sehr hohen Geschwindigkeiten.

Meteorit Ein Meteoroid, der auf der Erde einschlägt. Meteoriten werden nach ihrer Zusammensetzung in Stein-, Eisen- oder Steineisenmeteoriten eingeteilt.

Meteoroid Ein Kleinkörper, der zwischen wenigen Millimetern bis zu mehreren Metern groß ist. Aus Meteoroiden entstehen Meteore, wenn sie in die Erdatmosphäre eindringen.

Milchstraße Der Name der Spiralgalaxie, zu der auch das Sonnensystem gehört. Die Milchstraße hat vermutlich einen Durchmesser von 180 000 Lichtjahren und enthält ungefähr zwischen 200 und 400 Milliarden Sterne.

Mond Ein natürlicher Satellit, der um einen Planeten kreist. Die meisten Planeten des Sonnensystems haben einen Mond oder eine Mondfamilie.

Nord- und Südhimmelspol Die beiden gedachten Punkte am Himmel, an denen die Erdachse die Himmelskugel schneidet. Auf der Nordhalbkugel liegt der Stern Polaris sehr dicht am nördlichen Himmelspol.

Offene Sternhaufen Eine lockere Ansammlung aus Sternen, die zur selben Zeit entstanden sind und normalerweise mehrere Hundert bis mehrere Tausend Mitglieder enthalten. Offene Sternhaufen befinden sich in den Armen von Spiralgalaxien. Einige liegen noch innerhalb der Nebel, in denen sie geboren wurden.

Öffnung Der Durchmesser des Hauptspiegels oder der Hauptlinse (die auch Primärspiegel oder Objektivlinse genannt werden) eines Teleskops. Teleskope mit großen Öffnungen sammeln mehr Licht und eignen sich besser für dunkle Objekte.

Okular Eine Linse, durch die ein Beobachter sieht, und die ein Bild vergrößert. Die Zahl an der Seite gibt die Brennweite des Okulars wieder.

Optischer Apparat Das Rohr eines Teleskops mit Linsen oder Spiegeln

Photon Ein winziges Lichtquant elektromagnetischer Energie wie das sichtbare Licht. Obwohl sich elektromagnetische Strahlen wie Wellen ausbreiten, verhalten sie sich gleichzeitig wie Teilchen – die Photonen. Astronomen versuchen, von schwachen Objekten selbst noch einzelne Photonen einzufangen.

Photosphäre Die sichtbare Oberfläche der Sonne oder eines anderen Sterns. Das heiße Gas unterhalb dieser Schicht ist undurchsichtig, aber oberhalb durchsichtig. Die Temperatur der Photosphäre beträgt etwa 5500 °C.

Planet Ein Himmelskörper, der seine Umlaufbahn um die Sonne von planetarischen Trümmern befreit hat und aufgrund seiner Schwerkraft nahezu rund ist. Das Sonnensystem hat acht Planeten.

Planetarischer Nebel Ein Nebel, den ein sterbender Stern von etwa Sonnengröße erzeugt. Dabei stößt der Stern seine äußeren Hüllen ab, die als glühende Schicht aus Gas und Staub einen Planetarischen Nebel bilden. Den Begriff prägte William Herschel, weil diese Nebel in seinem Teleskop wie Planeten aussahen.

Planetoid (griech.: planetenartig) Ein kleiner unregelmäßiger Körper des Sonnensystems, der zwischen wenigen Metern und mehreren Hundert Kilometern groß ist. Planetoiden bestehen aus Gestein und/oder Metall und sind vermutlich die Überreste des Materials der Planetenentstehung.

Planisphäre siehe *drehbare Sternkarte.*

Plasma Ein Aggregatzustand aus ionisiertem Gas mit gleicher Anzahl positiv und negativ geladener Teilchen, das Elektrizität leitet und von Magnetfeldern beeinflusst wird. Plasma stellt mindestens 99 Prozent des Universums dar.

Polaris Diesen Stern nennt man auch Nordstern oder Polarstern. Er liegt in der zirkumpolaren Nordhälfte in dem Sternbild Kleiner Bär (Ursa Minor) sehr dicht am nördlichen Himmelspol.

Polarlichter (lat.: Aurora) Ein Phänomen der oberen Erdatmosphäre (und der einiger anderer Planeten), bei der Energieteilchen der Sonne das Magnetfeld der Erde stören und mit elektrisch geladenen Teilchen über den Polargebieten zusammenstoßen.

protoplanetarische Scheibe Eine Scheibe aus Staub, Gestein und Gas, die einen jungen Stern umgibt. In einer protoplanetarischen Scheibe entstehen Planeten. Viele protoplanetarische Scheiben wurden um andere Sterne beobachtet.

Protuberanz Ein gewaltiger Gasausbruch in der Sonnenatmosphäre. Protuberanzen erscheinen durch bestimmte Filter als große rote Bögen, die von der Sonnenphotosphäre aufsteigen.

Pulsar Ein stark magnetisierter Neutronenstern mit einem starken Magnetfeld, der entsteht, wenn ein massiver Stern in einer Supernova untergeht. Wenn die Pole des Magnetfelds nicht an der Achse des Neutronensterns ausgerichtet sind, emittiert der Stern Strahlungsströme mit hoher Geschwindigkeit und wird zum Pulsar.

Reflexionsnebel Ein Nebel, dessen Staubteilchen das Licht benachbarter Sterne streuen.

Rektaszension (RA) Eine Koordinate der Himmelskugel im Äquatorsystem. Die Rektaszension entspricht dem Winkelabstand in Stunden, Minuten und Sekunden vom Frühlingspunkt, an dem die Ekliptik im Frühling den Himmelsäquator schneidet.

Roter Riese Wenn ein Stern mit ähnlicher Masse wie die Sonne stirbt, schwillt er an und kühlt langsam zu einem Roten Riesen ab.

scheinbare Helligkeit Die scheinbare Helligkeit ist ein Maß für die an einem Ort empfangene Energie eines Himmelskörpers.

Schmidt–Cassegrain Ein Teleskop, das mit einem Primärspiegel, Sekundärspiegel und einer Korrektionsplatte Licht sammelt und ein Bild erzeugt.

Seeing Ein Maß für die Luftunruhe in der Atmosphäre, die zur schlechten Sicht führen kann.

Sonnenfleck Ein Gebiet intensiver magnetischer Aktivität in der Sonnenphotosphäre. Es erscheint dunkler, weil es kühler ist als seine Umgebung. Sonnenflecken treten häufig als Gebiete nördlicher und südlicher Polarität paarweise auf.

Sonnensystem Die Familie der Planeten und anderer Kleinkörper, die um die Sonne kreisen. Im Sonnensystem existieren acht anerkannte Planeten, einige Zwergplaneten und eine große Zahl kleinerer Körper und Monde.

Sonnenwind Der ständige Strom geladener Teilchen von der Sonne. Durch ihre Wechselwirkungen mit dem Edmagnetfeld entstehen die Polarlichter über den Erdpolen.

Spektrallinie Eine bestimmte Wellenlänge der Emission oder Absorption in einem Spektrum. Spektrallinien dienen als Fingerabdruck verschiedener Elemente eines Objekts, um die chemische Zusammensetzung entfernter Sterne, Galaxien oder planetarischer Atmosphären zu bestimmen.

Spektrum Die Aufteilung der elektromagnetischen Strahlung von Objekten wie Sternen oder Galaxien in einzelne Wellenlängen. Das Spektrum eines Objekts zeigt seine chemische Zusammensetzung, Bewegung und die Temperatur.

Spiralgalaxie Eine Galaxie, von deren Zentrum Spiralarme aus hellen jungen Sternen ausgehen. Spiralgalaxien enthalten viel Gas und Staub, in denen neue Sterne entstehen. Balkenspiralgalaxien besitzen einen zentralen Balken aus Sternen.

Stern Eine riesige Kugel aus glühendem Plasma, das durch Kernreaktionen Energie erzeugt. Unsere Sonne ist ein mittelgroßer Stern. Die massivsten Sterne besitzen mehr als 150-mal so viel Masse wie die Sonne.

Sternbild Ein Abschnitt des Himmels, dessen hellste Sterne zu einem Bild mit gedachten Linien verbunden werden. Der Himmel wurde von Astronomen offiziell in 88 Sternbilder unterteilt.

Sucher Ein kleines Teleskop oder eine Vorrichtung am Hauptteleskop, um Himmelsobjekte aufzufinden. Rotpunktsucher vergrößern die Ansicht nicht, sie erfassen ein Ziel mit einem Punkt oder Kreis.

Supernovaüberrest Der verstreute Rest eines explodierten massereichen Sterns. Viele Supernovaüberreste sind mit Amateurteleskopen sichtbar wie der Krebsnebel im Sternbild Stier (Taurus), der Überrest eines Sterns, der 1054 explodierte.

Taukappe Eine zylindrische Erweiterung, die auf Teleskope montiert wird und Spiegel, Linsen oder Okulare vor Kondenswasser schützt.

Tierkreis Das Band am Himmel um die Ekliptik, durch das scheinbar die Sonne, der Mond und die Planeten wandern.

Umlaufbahn Die Bahn eines Himmelskörpers, etwa von Planeten, Monden oder künstlichen Satelliten, unter dem Einfluss der Schwerkraft um einen anderen Himmelskörper. Geschlossene Umlaufbahnen (etwa der Planeten) sind Ellipsen.

Veränderlicher Ein Stern, dessen Helligkeit sich mit der Zeit ändert. Der Helligkeitswechsel erfolgt durch innere oder äußere Gründe wie die Bedeckung durch einen anderen Stern.

Vergrößerung Die Verstärkung der scheinbaren Winkelgröße eines Objekts durch ein optisches System. Die Vergrößerung eines Teleskops errechnet sich aus dem Verhältnis der Brennweite des Teleskops und der Brennweite des Okulars.

Weißer Zwerg Der dichte, enorm heiß glühende Sternrest, nachdem ein Stern mit ähnlicher Masse wie die Sonne untergegangen ist. Dabei stößt der Stern seine äußeren Hüllen ab – sie werden zu einem Planetarischen Nebel – und wird schließlich selbst zu einem Weißen Zwerg.

Zenit Der Punkt am Himmel, der sich direkt über dem Beobachter befindet und deshalb eine Höhe von 90° aufweist.

zirkumpolar Stern oder Himmelsobjekt, das von einem bestimmten Standort aus gesehen stets über dem Horizont bleibt und nicht untergeht.

REGISTER

Seitenzahlen in **fett** verweisen auf einen Haupteintrag. Seitenzahlen in *kursiv* verweisen auf Abbildungen.

A

B

C

D

E

F

G

H

M

Q

R

S

T

U

V

W

X, Y, Z

DANK

Anton Vamplew
Vielen Dank an alle, die an diesem Buch beteiligt waren, insbesondere meiner Frau Gillian und meinen Kindern Morten und Etienne. Für weitere Anregungen danke ich: Rob, Monika, David, Tash, Mike, Nina, Katy und Mike W., Keith, Carmel, Trevor, Cherry, Andy, Jane, Emma, Jamie, Tracy und Tremaine. Vielen Dank auch an Marek und allen anderen bei Cobalt id für ihr Vertrauen!

Will Gater
Ich danke meinen Freunden, meiner Familie und Mitarbeitern für ihre Unterstützung, während ich an diesem Buch arbeitete, Marek, Louise und Sarah bei Cobalt id für ihre gute Arbeit und Peter Frances bei Dorling Kindersley für seine wertvollen Ratschläge.

Dank des Verlages
Dorling Kindersley bedankt sich für ihre Arbeit an der ersten Auflage bei Francis Wong für das Design, Peter Francis (Lektorat), Sarah Larter (Cheflektorat), Michelle Baxter (Bildredaktion), Mark Cavanagh (Umschlag-design), Tony Phipps und Inderjit Bhullar (Herstellung). Dorling Kindersley dankt Surya Sankash Sarangi für Bildrecherchen für die zweite Auflage.

Für ihre Arbeit an der dritten Auflage dankt Dorling Kindersley Nobina Chakravorty und Debjyoti Mukherjee für Designassistenz, Suefa Lee und Janashree Singha (Lektorat); Tarun Sharma (DTP-Designer); Priyanka Sharma und Saloni Singh (Covergestaltung).

Cobalt id dankt Dorothy Frame für das Register und Jacqueline Mitton für die redaktionelle Arbeit; Lee Sproats und Neil Parker bei Green Witch, Cambridge, die uns ihre Ausstattung, Teleskope, Ferngläser und andere Ausrüstungen zur Verfügung stellte, und auch für ihr großes Wissen bei den Fotoaufnahmen. Green Witch unter www.green-witch.com.

Der Verlag dankt auch Michael Hattey bei Starlight-xpress, Robert Crawford bei Optical Vision Ltd (ww.opticalvision.co.uk) und Cor Berrevoets (www.astronomie.be/registax) für Bilder und Rachel Pillai dafür, dass sie geduldig Modell stand.

BILDNACHWEIS

Dorling Kindersley dankt folgenden Institutionen und Personen für die Erlaubnis, Bilder abzudrucken.

Legende: o=oben; m=Mitte; u=unten; l=links; r=rechts; O=oberhalb; U=unterhalb.

1m Corbis: Stocktrek Images. **6–7mO** Corbis: Reuters. **8–9** Getty: Stocktrek Images. **10or** Corbis: Ed Darack/Science Faction; **10m** NASA: G.Schneider, E. Young, G. Rieke, A. Cotera, H.Chen, M.Rieke, R. Thompson; **10–11m** Corbis: NASA/JPL-Caltech. **11ur** HST: NASA, ESA, S. Beckwith (STScI) und HUDF-Team. **12mU** Corbis: Christie's Images; **12ur** Corbis: Tony Hallas; **12or** SPL: David Nunuk; **12mU** SPL: Chris Butler. **12–13m** SPL: Chris Cook. **13ur** NASA: NASA/JPL-Caltech. **14or** Corbis: Roger Ressmeyer; **14ur** Corbis: Bettmann. **15ul** Corbis: Historical Premium. **16or** Corbis: Fred Hirschmann/Science Faction; **16um** SPL: John Sanford. **17ul** Corbis: Dennis di Cicco; **17ur** Getty: Kauko Helavuo; **17ur** HST: Fred Walter (State University of New York at Stony Brook); **17ulm** NASA: NASA, ESA und R. Kirshner (Harvard-Smithsonian Center for Astrophysics). **18or** HST: NASA, ESA und Hubble SM4 ERO-Team; **18ul** SPL: Mark Garlick. **19um** HST: F. Paresce, R. Jedrzejewski (STScI) NASA/ESA; **19ur** HST: F. Paresce, R. Jedrzejewski (STScI) NASA/ESA; **19ol** SPL: John Chumack. **20ml** Will Gater; **20ur** Corbis: Richard Crisp/ Science Faction; **20–21m** NASA: NASA: HST/ESA, STScI, J. Hester und P. Scowen (ASU). **21om** Corbis: Tony Hallas/Science Faction; **21or** Corbis: Stocktrek Images; **21um** Corbis: Stocktrek Images; **21ul** Getty: Robert Gendler/Visuals Unlimited. **22mO** SPL: Celestial Image Co.; **22mU** SPL: NOAO/AURA/NSF. **23mlO** Corbis: Tony Hallas/Science Faction. **23ml**; **23mr**; **23ul**; **23ur** Corbis: Stocktrek Images; **23mrU** Robert Gendler; **23mrO** SPL: Eckhard Slawik; **23mlU** SPL: Eckhard Slawik. **24-25m** ESA / Hubble & NASA. **26ul** HST: NASA, ESA und Hubble SM4 ERO-Team; **26ulm** HST: NASA, ESA und Hubble Heritage-Team (STScI/AURA); **26urm** HST: NASA, ESA und Hubble Heritage-Team (STScI/AURA); **26ur** HST: Laurent Drissen, Jean-Rene Roy und Carmelle Robert. **26–27m** Corbis: Encyclopedia. **27ul** Corbis: Roger Ressmeyer; **27mr** HST: John Bahcall, Mike Disney und NASA/ESA. **28ml**; **28mr** SPL: John Chumack; **28m** SPL: Larry Landolfi. **29mlO** SPL: NASA/JPL-Caltech/S. Stolovy; **29mO** SPL: Eckhard Slawik. **30–31m** Corbis: Frank Lukasseck. **32or** Corbis: Stapleton Collection; **32u** Getty: Panoramic Images. **33mrO** Corbis: Kerrick James; **33mr** Corbis: Amana; **33mrU** Getty: Takanori Yamakawa/ Sebun Photo; **33ml** istockphoto: Stiv Kahlina. **34or** istockphoto: Christian Miller; **34ml** istockphoto: Stiv Kahlina. **34–35m** m. frdl. Genehmigung von Peter Wienerroither. **35ml** Corbis: Stapleton Collection. **37or** SPL: Dr. Fred Espenak. **38–39m** Corbis: Louie Psihoyos/Science Faction. **40ml** Corbis: The Gallery Collection; **40or** istockphoto: Oksana Struk; **41u** Corbis: Alessandro della Bella. **42mr** Archives Charmet: The Bridgeman Art Library; **42or** Corbis: Tony Hallas/Science Faction; **42ul** SPL: Science Photo Library. **44or** Corbis: Steve Nagy/Design Pics; **44ml** Corbis: Tony Hallas/Science Faction; **44ur** istockphoto: evirgen. **45ul** Corbis: Dennis di Cicco; **45om** SPL: Frank Zullo. **46–47m** Getty: Andy Caulfield. **48or**; **48ur** Corbis: Roger Ressmeyer; **48ml** Getty: Thomas Backer. **49mr** Corbis: Stocktrek Images; **49ul** Getty: Jamie Cooper; **49um** www.perezmedia.net: Jeremy Perez; **49mrU** www.perezmedia.net: Jeremy Perez. **50or** Corbis: Roger Ressmeyer; **50mlU** Getty: Robert Postma. **52ul** GPL: Robin Scagell; **52mlO** istockphoto: Manfred Konrad; **52or** istockphoto: Kimeveruss; **52mr** istockphoto: Kristian Sekulic; **52mrO** Optical Vision Ltd.; **52mrU** Optical Vision Ltd. **54or** Will Gater. **55ul** Will Gater; **55ml** Will Gater. **56mU**; **56mr**; **56um** Corbis: Keren Su; **56or** Getty: John Lund; **56mrO** Getty: John Lund. **57om** Corbis: Roger Ressmeyer; **57or** www.perezmedia.net: Jeremy Perez; **57ur** Corbis: Richard Crisp/ Science Faction. **60mlO** Corbis: Roger Ressmeyer; **60or** Getty: Keith Douglas; **60mO** SPL: Eckhard Slawik. **62ml** Getty: Handout. **63o** Corbis: HO/Reuters. **64–65m** Alamy: J. Marshall - Tribaleye Images. **66or** SPL: John Chumack; **66ul** Will Gater; **66mr** Swarovski Optik KG. **67ur** Corbis: Robert Llewellyn; **67m** www.ilangainc.com: courtesy of iLanga, Inc; **67ml** Will Gater. **68mrO** Corbis: Roger Ressmeyer; **68or** Corbis: Roger Ressmeyer; **68ur** Will Gater; **68mr** Will Gater; **68mlu** Will Gater; **68ul** Will Gater. **69m** Corbis: Tony Hallas/Science Faction. **70–71m** Getty: Getty Images. **72ul** Corbis: Keren Su; **72or** Getty: Sisse Brimberg & Cotton Coulson. **73mr** Corbis: Stapleton Collection; **73ul** Wikimedia Commons: U.S. Naval Observatory Library. **74um** SPL: NOAO/AURA/ NSF. **78–79u** HST: A. Fujii. **80–81m** HST: ESO und Digitized Sky Survey 2. **82or** Science Photo Library: Gerard Lodriguss; **82ur** Getty: LWA. **83um** Corbis: Roger Ressmeyer; **83ur** Corbis: Tony Hallas/Science Faction; **83mU** Getty: LWA. **86mU** Getty: National Geographic/Getty Images. **87mO** Getty: Michael Melford. **88or** ESA / Hubble: NASA, Digitized Sky Survey 2 / Davide de Martin; **88mU** Getty: Stocktrek Images. **89mr**

Robert Gendler; **89ol** Robert Gendler; **89ur** SPL: Jean-Charles Cuillandre. **90mO** Science Photo Library: Gerard Lodriguss; **90ur** GPL: Robin Scagell. **91mr** Matt Ben Daniel. **92mr** Corbis: Roger Ressmeyer; **92ol** GPL: Jeremy Perez. **93m** Alamy Stock Photo: Stocktrek Images, Inc.; **93ur** Corbis: Tony Hallas/Science Faction. **94mO** GPL: Robin Scagell; **94ur** GPL: Robin Scagell. **95ur** Corbis: Roger Ressmeyer; **95mO** GPL: Robin Scagell. **96m** Corbis: STScI/NASA; **96ul** Corbis: STScI/NASA; **96ur** Getty: Stocktrek Images. **97ur** GPL: Robin Scagell; **97ol** SPL: NOAO. **98ur** SPL: Dr. Rudolph Schild. **99ml** GPL: Robin Scagell; **99ur** Wikisky: NASA/ESA. **100ur** Corbis: Stocktrek Images; **100or** SPL: NOAO/AURA/NSF. **101mU** Corbis: Richard Crisp/Science Faction. **102mr** Getty: LWA; **102or** SPL: Eckhard Slawik. **103om** Getty: Science & Society Picture Library; **103ur** Getty: Stocktrek Images. **104om** Corbis: Roger Ressmeyer; **104ur** SPL: Science & Society Picture Library. **105mlU** Dreamstime.com: David Hajnal; **105mr** Corbis: Stocktrek Images; **105ur** Getty: Stocktrek Images. **108mO** GPL: Robin Scagell; **108mU** SPL: John Chumack. **109mr** Getty: SSPL. **110ur** SPL: John Sanford; **110o** SPL: Jerry Lodriguss. **111ul** Getty: Robert Gendler/Visuals Unlimited; **111u** Getty: Getty Images; **111mr** SPL: Celestial Image Co. **112mU** GPL: Robin Scagell; **112or** Robert Gendler. **113ur** Corbis: Radius Images. **116om** Corbis: Roger Ressmeyer; **116ul** GPL: Robin Scagell. **117m** Dreamstime.com: Procyab; **117ur** Corbis: Stocktrek Images. **118–119m** Corbis: Tony Hallas/Science Faction. **120mO** GPL: Robin Scagell; **120ur** SPL: Robert Gendler. **121ur** Alamy Stock Photo: Steven Milne; **121mrO** Corbis: Stapleton Collection. **122m** Corbis: Stocktrek Images; **122mu** Dreamstime.com: Tognarini Franco; **122or** Getty: Robert Gendler/Visuals Unlimited. **123ur** Corbis: Stapleton Collection. **124o** Shutterstock.com: PlanilAstro; **124ur** Shutterstock.com: Tragoolchitr Jittasaiyapan. **125mrU** Getty: Stocktrek Images; **125** SPL: Mark Garlick. **126om** Getty: Stocktrek Images; **126u** Alamy Stock Photo: Stocktrek Images, Inc. **127ul** Corbis: STScI/NASA; **127mr** SPL: Eckhard Slawik. **128m** Science Photo Library: John Chumack. **129m** Getty Images: William Attard McCarthy – McCarthy's PhotoWorks; **129ur** Getty: Time & Life Pictures/Getty Images; **129ml** SPL: John Chumack. **130um** Getty: Robert Gendler/Visuals Unlimited; **130mr** SPL: NOAO/AURA/NSF. **131mr** Corbis: Tony Hallas/Science Faction. **132or** Corbis: Stocktrek Images. **133ml** Wikimedia Commons: Europäische Südsternwarte. **134or** SPL: John Chumack; **134u** SPL: John Chumack. **135m** Corbis: Richard Crisp/Science Faction; **135um** Corbis: NASA - Hubble Heritage-Team; **135ur** Corbis: Roger Ressmeyer. **138mrO** Corbis: TAKASHI KATAHIRA/amanaimages; **138mU** SPL: Eckhard Slawik. **139ml** GPL: Robin Scagell; **139ul** Getty: Stocktrek Images; **139mr** SPL: Celestial Image Co. **140–141ml** GPL: Robin Scagell. **142ur** Corbis: STScI/NASA; **142mU** GPL: Robin Scagell; **142um** Getty: Stocktrek Images. **142–143m** GPL: Robin Scagell. **143ol** Corbis: Stocktrek Images. **144ml** SPL: NOAO. **145ur** NASA: NASA, ESA, N. Smith (Univ. of California, Berkeley), Hubble Heritage-Team (STScI/AURA); **145mO** SPL: Celestial Image Co.; **145ol** SPL: Celestial Image Co. **146–147m** Corbis: Stocktrek Images. **148ur** Corbis: STScI/NASA; **148mU** HST: Hubble Heritage-Team (STScI/AURA/NASA/ESA); **148or** Robert Gendler. **149um** Corbis: Stocktrek Images; **149mU** Getty: Stocktrek Images; **149mr** NASA: AAO: Photograph by David Malin. **150mr** Corbis: Bettmann. **151mU** Corbis: Dennis di Cicco; **151ul** Getty: Robert Gendler/Visuals Unlimited. **152mr** SPL: Royal Observatory, Edinburgh. **153um** Corbis: Stocktrek Images; **153om** Getty: Robert Gendler/Visuals Unlimited; **153ur** HST: Ron Gilliland (Space Telescope Science Institute) und NASA/ESA. **154mr** Art Archive: Museo del Prado Madrid. **155ur** Getty: Robert Gendler/Visuals Unlimited; **155ul** NASA: NASA/STScI/WikiSky. **156mrO** GPL: Robin Scagell. **157mO** Galaxy Picture Library: Robin Scagell; **158om** Alamy Stock Photo: Science History Images; **158mr** SPL: NOAO / AURA / NSF; **158mU** Alamy Stock Photo: Science History Images. **159or** GPL: Robin Scagell; **159ul** SPL: NOAO. **160um** Getty: Stocktrek Images; **160ur** HST: NASA, ESA und G. Bacon (STScI). **161cmrU** GPL: Robin Scagell; **161m** NASA: NASA/JPL-Caltech/T. Currie (CfA). **162om** HST: Margarita Karovska (Harvard-Smithsonian Center for Astrophysics) und NASA/ESA; **162um** NASA. **163ul** Getty: Stocktrek Images. **164m** Credner: Till Credner. **164–165mU** NASA. **165ml** GPL: Robin Scagell; **165ml** NASA; **165mr** SPL: NOAO/AURA/NSF. **166mr** Science Photo Library: NOAO / AURA / NSF. **167m** Corbis: Stocktrek Images; **167mU** Alamy Stock Photo: Matteo Omied; **167mr** NASA. **168ur** Getty: Robert Gendler/Visuals Unlimited; **168or** SPL: Jerry Lodriguss. **170mU** GPL: Robin Scagell. **171ur** Robert Gendler. **172–173m** Getty: Getty/Digital Vision. **174ur** Getty: AFP/Getty Images. **174–175m** SPL: Larry Landolfi. **176mr** Corbis: NASA/Corbis; **176u** SPL: Internationale Astronomische Union. **176–177ol** GPL: Robin Scagell. **177ul** Corbis: NASA/Corbis; **177om** GPL: Robin Scagell; **177mlO** GPL: Robin Scagell; **177mO** GPL: Robin Scagell. **178mr** GPL: Robin Scagell; **178ol** SPL: Eckhard Slawik; **178mO** Wikimedia Commons: NASA/JPL. **179ur** Corbis: Bettmann; **179or** Corbis: NASA/JPL-Caltech; **179or** Corbis: NASA/Corbis; **179m** Getty: Digital Vision. **180ul** Corbis: NASA/JPL-Caltech; **180ul** Corbis: NASA/Corbis; **180or** Corbis: William Radcliffe/Science Faction; **180or** NASA. **180–181mU** Corbis: Bettmann. **181ur** Corbis: Michael Benson/Kinetikon Pictures; **181m** Corbis: William Radcliffe/Science Faction. **182ur** GPL: Robin Scagell; **182ur** HST: NASA/ESA, The Hubble Heritage-Team; **182or** NASA: JPL. **182–183or** Corbis: NASA - Hubble Space Telescope - /Science Faction. **183m** Corbis: Bettmann. **184–185** NASA: JPL-Caltech / SwRI / MSSS / Betsy Asher Hall / Gervasio Robles. **186ul** Corbis: NASA/Corbis; **186or** Corbis: STScI/NASA; **186or** Getty: Stocktrek Images. **186–187mr** SPL: John Chumack. **187m** Corbis: NASA - digital version copyright/Science Faction; **187ur** NASA: JPL/STScI. **188mr** Corbis: Bettman; **188ul** Corbis: NASA/Corbis; **188ur** Getty: StockTrek. **189or** Corbis: NASA/Corbis; **189or** SPL: NASA; **189om** W.M. KECK Observatory. **190or** JHUAPL / SWRI; **190mlO**; **190mU** Dorling Kindersley: PAL; **190ul** JPL-CALTECH / UCLA / MPS / DLR / IDA. **191l** Corbis: EPA. **192mU**; **192um**; **192ur** PAL: Dorling Kindersley; **192ol** SPL: John Chumack. **193mrO** Corbis: George Shelley; **193mU** Corbis: Stocktrek. **194–195m** Corbis: Roger Ressmeyer. **196m** Getty: Chris Ware; **196ml** projectfullmoon.com: Michael Light; **196mlU** SPL: John Sanford; **196–197ol** Corbis: Jeff Vanuga. **197m** Corbis: Stocktrek Images; **197um**; **197ur** PAL: Dorling Kindersley. **198or** Alamy: J Marshall - Tribaleye Images. **199mlO** Alamy Stock Photo: Manuel Mata; **199mU** Alamy Stock Photo: NASA Image Collection; **199or** Corbis: Bettmann; **199ul** George Tarsoudis; **199mlU** George Tarsoudis; **199mrO** George Tarsoudis; **199ur** George Tarsoudis. **200u** Corbis: Aaron Horowitz; **200ml** NASA: JPL/Brown Univ. **201ml** Corbis: Tony Hallas/Science Faction; **201or** Corbis: Tony Hallas/Science Faction; **201ur** PAL: Dorling Kindersley. **202m** Corbis: Hinrich Baesemann/dpa; **202ml** SPL: Stephen J. Krasemann; **202ur** SPL: Pekka Parviainen. **203or** Corbis: Comstock Select. **204m** SPL: NASA. **204–205ol** SPL: David Ducros. **205ur** SPL: Phil Dauber. **206–207m** HST: NASA, ESA und H. Bond (STScI). **208or** SPL: Science Source. **209m** Corbis: Aaron Horowitz. **234–235r** Corbis: Tony Hallas/Science Faction. **237u** SPL: NOAO/AURA/NSF. **238ul** SPL: Jerry Schad. **243ur** Corbis: Tony Hallas/Science Faction.

Cover: Vorn und hinten: Dreamstime.com: Biletskiy
Vorn: Dreamstime.com: Pavel Rodimov (u)
Hinten: Corbis: Richard Crisp / Science Faction (Mro);
Getty Images: Keith Douglas (Mlo); NASA: JPL / SSI (Mglo)
Buchrücken: Dreamstime.com: Biletskiy (o), Pavel Rodimov (Boy)